AKÉ-ASSI LAURENT

Biographie du savant

Comment il est devenu le génie de la brousse et des universités

YAO NGoran Bazin

AKÉ-ASSI LAURENT

Biographie du savant

Comment il est devenu le génie de la brousse et des universités

L'Harmattan
Côte d'Ivoire

5-7, rue de l'École-Polytechnique ; 75005 Paris

www.editions-harmattan.fr

ISBN : 978-2-343-19661-9
EAN : 9782343196619

Abidjan – Le 18 Juillet 2005
Professeur Aké-Assi Laurent (74 ans)

Abidjan – Le 18 Juillet 2005
Professeur Aké-Assi Laurent (74 ans)

-

« Avec Aké-Assi, j'ai découvert que tout homme, quelle que soit son origine, peut immédiatement accéder aux formes les plus élevées de la culture »

***(Georges Mangenot)**.*[1]

[1] Préface de Professeur Georges Mangenot dans le livre d'AKE-ASSI Laurent, intitulé : *Contribution à l'étude floristique de la Côte d'Ivoire et des pays limitrophes,* Editions Paul Lechevalier, Paris, 1963.

REMERCIEMENTS

La réalisation de la biographie de professeur Aké-Assi Laurent n'aurait pas été possible si des hommes et des femmes, qui l'ont connu, n'ont pas accepté de rendre témoignage sur sa vie, son parcours et son œuvre. Je voudrais saisir l'occasion pour les remercier du fond de mon cœur.

Je voudrais remercier particulièrement les membres de la famille du savant avec, en tête, maman Aké-Assi née Assy Delphine et ses enfants : Yolande, Evelyne, Marie-Hélène, Emma, Larissa et Michel.

Je voudrais adresser une mention spéciale à Madame Simone Mangenot à Paris. Cette femme, aujourd'hui âgée de 97 ans, a vu « *défiler* » chez elle, le savant Aké-Assi Laurent. Elle m'a procuré des textes confidentiels portant sur l'évaluation des travaux du poulain par le Maître, le professeur Georges Mangenot.

Je voudrais prier messieurs Mao Nguessan et Gnaba Logon Jean de recevoir ici mes sincères remerciements. Ma rencontre avec chacun de vous, au tout début de ce travail, a été décisive. Elle m'a, en effet, permis d'éclairer ma lanterne et de savoir ce que je devrais chercher pour avoir une connaissance suffisante de la vie et du parcours de votre grand ami. Gbocho Elellé Joseph, je vous prie de recevoir ici l'expression de ma gratitude. Vous qui avez rencontré Aké-Assi Laurent en France lors de sa formation scientifique et l'avez vu évoluer professionnellement, vous m'avez beaucoup appris sur le savant.

Mes mots de remerciement vont également aux professeurs et éminents membres de l'ASCAD : Barthélémy Kotchi (Président), Aouti Salomon, Aïdara Daouda, Séry Bailly. Tous, vous avez accepté, avec la spontanéité ''ake-assienne'' de me fournir des témoignages épatants, éblouissants. J'ai beaucoup apprécié votre spontanéité et surtout votre franchise. Les rencontres avec vous ont été, au-delà de la biographie du savant, une source extraordinaire d'enrichissement personnel.

Dans cet exercice de remerciement, si difficile, je ne peux oublier les autres enseignants des universités de Cocody et d'Abobo-Adjamé que j'ai eu le privilège de rencontrer. Messieurs les Professeurs Traoré Dossahoua, Konan Kouassi Edouard, Ipou Ipou, Nguessan Konan Edouard, vous m'avez fait l'honneur de me fournir des informations inédites sur notre génie national. Les plus essentielles parmi ces informations ont été intégrées.

Je remercie également Dr Francis Lauginie, ami et fidèle collègue du savant, et monsieur Jean-Pierre Bonafos, vous qui n'avez pas abandonné la nature africaine. Monsieur Kouassi Brou Mathieu, vous m'avez fourni des éléments précieux sur votre coopération avec Aké-Assi pour la promotion de l'ethnobotanique en Côte d'Ivoire.

Professeur Diabaté Idriss et monsieur Goran Konan Edgar, vous qui m'avez devancé dans la quête de promotion de notre savant auprès du public en réalisant les œuvres filmiques sur lui. Je n'ai fait que vous emboîter le pas. L'idée d'écrire la biographie de Professeur Aké-Assi Laurent a émergé, en grande partie, à la suite de la présentation du film ''*Génie de la brousse*''. Le ''*Bois sacré de professeur Aké-Assi* '' a été, pour moi, un stimulant dans la conduite ultérieure de mon travail. Je vous en remercie très sincèrement et je sais, maintenant, combien il est difficile de travailler sur le savant Aké-Assi tant l'œuvre proposée est grande. Lors de nos rencontres, nous avons tous conclu que notre travail de promotion du savant Aké-Assi n'est pas encore fini !

Mesdames Coulibaly Madongui et Eponon, vous qui aviez côtoyé le savant pendant des années, sur son lieu de travail, en tant que secrétaires. Vous m'avez suffisamment éclairé en faisant ressortir des éléments cachés sur les relations presque paternelles entre le savant et vous, ses collaboratrices.

Messieurs Chiffon Dominique et Gagne Arthur, vous voudriez recevoir mes vifs encouragements pour le défi de la pérennisation de l'œuvre du savant pour laquelle vous êtes déjà mobilisés.

Je vous dis merci à vous monsieur Datté Jean Jacques, gendre de professeur. Dans votre rôle de porte-parole de la famille, vous m'avez beaucoup appris notamment sur la particularité de la gestion par Professeur Aké-Assi de ses relations avec ses gendres.

Je voudrais adresser mes vifs remerciements à tous ceux qui, à des degrés divers, ont accepté de me donner leurs opinions sur le personnage, son parcours et son œuvre. Je confesse que je ne peux pas citer nommément chacun d'entre vous. Vos diverses contributions m'ont permis d'élargir le champ de mes investigations et de proposer la présente biographie.

AVANT-PROPOS

La journée du vendredi 4 févier 2011 avait été très spéciale pour moi. C'est ce jour-là, en effet, que j'ai rencontré pour la première fois le professeur Aké-Assi Laurent. Cette rencontre a eu lieu à l'Ecole Nationale de Statistique et d'Economie Appliquée (ENSEA), Université de Cocody, Abidjan. Une rencontre entre le Ministre de la Recherche Scientifique du Gouvernement du Professeur Aké N'Gbo Jean Marie et les responsables des centres et instituts de recherche de Côte d'Ivoire y avait été organisée. Le Ministre Kété Kata Joseph était venu présenter à la communauté des chercheurs la « *vision de la politique du Président Laurent Gbagbo en matière de recherche scientifique* ».

A la table d'honneur, il y avait, outre le Ministre Kéké Kata Joseph, Monsieur Gabriel Guigui Lohoury, Conseiller Spécial du Président de la République pour la recherche scientifique, et le Professeur Aké-Assi Laurent. Dans son intervention, le Conseiller Spécial du Président de la République, Monsieur Guigui Lohoury, a fait la remarque suivante : « *Si on demande, dans la rue, à des citoyens : qui est Didier Drogba ou qui est Alpha Blondy, toutes les personnes interrogées donneraient facilement la réponse. Mais, si on leur demandait qui est Aké-Assi Laurent, très peu parmi elles trouveraient la réponse* ». Cela veut dire que les deux stars du football et du reggae sont plus connues que la star de la botanique. Plus généralement, les sommités du monde de la recherche ne sont pas connues de leurs concitoyens. Ce déficit de connaissance des chercheurs par leurs concitoyens est un problème auquel il convient de remédier.

Dans la salle, professeur Aké-Assi Laurent, invité d'honneur de la cérémonie, a été le dernier à intervenir après les deux premiers personnages cités. Professeur Aké-Assi Laurent a dit, à peu près, ceci: « *C'est un honneur pour moi de m'adresser à vous, chers collègues chercheurs. J'ai consacré 50 années de ma vie à la recherche. J'ai construit une grande maison qui est restée inhabitée pendant quinze ans. Elle est trop grande pour moi. La plupart de mes enfants sont des filles. Elles sont mariées et sont parties vivre avec leurs maris. Je voudrais faire de cette maison un centre de recherche, après l'avoir équipé. A ce jour, j'ai cherché un peu partout sans succès. Il y a quinze jours, on m'a téléphoné à la maison pour me dire qu'un ministre voudrait me voir. J'ai voulu aller rencontrer le Ministre à son cabinet, parce que chez moi est petit. La personne a insisté pour dire que le Ministre voudrait me rencontrer à mon domicile. J'ai accepté. On y a mis un peu d'ordre. Le Ministre est arrivé avec sa famille un dimanche. Ils sont restés chez moi de 16 heures à 18 heures. Il y a deux jours, on m'a appelé pour me demander de participer symboliquement à cette rencontre avec monsieur le Ministre. Lorsque je suis arrivé ce matin, je me suis assis au fond de la salle, loin de la place des officiels. Les hôtesses sont allées me chercher pour me faire asseoir devant. J'ai dit que comme je n'ai pas porté une veste* (Professeur Aké-Assi était habillé en chemisette), *je ne voulais pas me mettre devant, pour ne pas 'gâter' la cérémonie* »[2].

A la fin de son intervention, Professeur Aké-Assi Laurent a été longuement ovationné par l'ensemble des participants. Ce tonnerre d'applaudissements était, à mon avis, dû non seulement aux quelques mots pleins d'humour et d'humilité prononcés, séance tenante par le professeur, mais également et surtout comme une reconnaissance des chercheurs présents du mérite de l'homme pour sa contribution à la recherche scientifique nationale. Un coup d'œil sur l'ensemble des participants m'a permis de voir que plusieurs chercheurs, dans la salle, remuaient la tête.

J'ai participé, moi-même, à cette rencontre en tant que directeur adjoint du Centre de Recherches Architecturales et Urbaines (CRAU) de l'Université de Cocody, en compagnie du directeur Lebato Joachim Boguhe. La rencontre a été suivie d'un cocktail. L'occasion était rêvée pour moi de rencontrer et de parler, pour la toute première fois, avec l'illustre professeur que j'ai vu jusque-là uniquement dans le film qui lui est consacré et qui a pour titre : « Le génie de la brousse ». J'ai regardé le film deux fois sur la première chaîne de la télévision nationale. J'ai fait savoir à mes enfants mon intention d'écrire la biographie de l'illustre scientifique.

Après l'ouverture du cocktail, je me suis placé à un endroit d'où je pouvais avoir le regard fixé sur le professeur Aké-Assi Laurent. J'ai attendu qu'il soit un peu plus « libre » pour lui parler. Au fur et à mesure que le temps avançait, je m'approchais de lui. Professeur Aké-Assi Laurent était l'objet de multiples sollicitations. Tous ceux, parmi les chercheurs, qui le connaissaient ou ne le connaissaient pas, venaient vers lui soit pour le saluer soit pour faire sa connaissance ou pour lui exprimer leur admiration ou encore pour le féliciter certainement pour l'ensemble de l'œuvre accomplie sur la terre des hommes. D'autres personnes ont posé avec le professeur Aké-Assi Laurent pour une photo de souvenir. Un étudiant en géographie, un doctorant, était venu prendre un rendez-vous avec lui au sujet de sa thèse. Je me suis rendu compte que professeur Aké-Assi Laurent ne pouvait pas être seul. Il y avait toujours quelqu'un à côté de lui. A un moment donné, j'ai fait un petit forcing et je me suis retrouvé en face de lui. Ma joie était immense. Mais, il me fallait faire vite pour ne pas qu'une autorité vienne me le « ravir » en le sollicitant. Je me suis adressé à lui, en ces termes : « *Bonjour Professeur, je m'appelle Yao Ngoran Bazin. Je suis chercheur au Centre de Recherches Architecturales et Urbaines (CRAU) de l'Université de Cocody. Votre parcours personnel et professionnel a été extraordinaire. La nation ivoirienne et la jeunesse toutes entières ont besoin de savoir tout*

---

[2] Intervention faite par le Pr Aké-Assi Laurent à l'Ecole Nationale Supérieur de Statistiques et d'Economie Appliquée (ENSEA), le 04 février 2011, à l'occasion de la rencontre des Chercheurs de Côte d'Ivoire avec Kété Kata Joseph, Ministre de la Recherche Scientifique.

sur vous. Quelqu'un est-il déjà venu vous voir pour écrire votre biographie? ». Professeur Aké-Assi Laurent s'est empressé de me répondre : « *Personne n'est venue me voir à ce sujet. En plus, moi-même, je n'ai rien écrit puisque je ne suis pas un littéraire. En outre, si on écrit la biographie, qui va la publier ?* ». J'ai repris la parole pour tenter de le rassurer : « *Si nous écrivons votre biographie, Monsieur le Professeur, nous trouverons des gens dans ce pays pour assurer le financement de la publication* ». Après cela, et comme s'il avait été convaincu par ce que je venais de lui dire, Professeur Aké-Assi Laurent m'a posé la question suivante : « *Vous venez d'où ?* ». Je ne savais pas si j'avais bien compris le sens de la question posée. Toujours est-il que j'ai répondu sans hésitation: « *Je viens de Bodokro* ». Ensuite, il m'a demandé : « *Vous êtes Satikran alors ?* ». Je lui ai répondu par la négative pour dire : « *Je suis plutôt Gôli* ». Dès que j'ai dit cela, professeur Aké-Assi Laurent a commencé à me parler en langue baoulé. J'étais fort surpris. En l'écoutant parler le baoulé, j'ai eu le sentiment d'être en face d'un vieux baoulé, tellement son accent était « *pur* ». Je me suis dit que le travail qu'il a eu à réaliser, et qui l'a conduit dans toutes les régions du pays, lui a permis de parler plusieurs langues du pays dont le baoulé.

Les grands hommes ou les grands chercheurs sont également des gens qui parlent plusieurs langues. Je me suis dit que j'aurais l'occasion, lors de nos prochaines rencontres, d'en savoir plus sur les conditions dans lesquelles il a appris à parler la langue baoulé.

Lors de la rencontre du mardi 08 févier 2011, au Centre National de Floristique, quatre jours après celle du vendredi, je n'avais pas oublié de lui demander les circonstances dans lesquelles il a appris à parler la langue baoulé. Il m'a proposé la réponse suivante : « *Mon père avait un campement dans lequel il y avait des baoulé, des abbey et autres. C'est là que j'ai appris à parler la langue baoulé* ».

Dans son bureau du Centre National de Floristique, Professeur Aké-Assi Laurent m'avait remis son volumineux Curriculum Vitae (CV) comportant une liste complète de ses titres et publications scientifiques. Mon travail avait commencé véritablement ce jour-là. Quand j'ai décidé de prendre congé de lui, professeur Aké-Assi Laurent m'avait dit ceci : « *Monsieur Yao, avant vous, plusieurs sont venus le prendre. Ils ne sont plus revenus* ». Plusieurs personnes étaient, en effet, venues prendre le CV de professeur Aké-Assi Laurent. Elles ne sont plus venues confirmer leur engagement à écrire sa biographie. Cette remarque du professeur avait sonné comme un défi auquel je devrais m'attaquer.

INTRODUCTION

La Côte d'Ivoire peut manifester une fierté légitime d'avoir formé des milliers de cadres de très haut niveau dans les différents secteurs de l'activité humaine. Considérée, au moment de son accession à l'indépendance, et à juste raison, comme l'une des nations les moins nanties sur le plan du développement des ressources humaines, la Côte d'Ivoire a réalisé des progrès considérables dans le domaine de la formation des hommes. Les autorités ont bien compris l'importance décisive de la qualité des ressources humaines dans la formulation des politiques de développement et dans la mise en œuvre des programmes et des projets qui en sont issus. A telle enseigne que des cadres de haut niveau exercent dans tous les domaines de l'activité économique et sociale en Côte d'Ivoire.

Ce succès en termes de développement des compétences humaines ne peut pas cacher les lacunes criardes actuelles de notre société. Face aux crises politiques, sociales, culturelles ou économiques que notre société connaît, des voix s'élèvent, de plus en plus, pour poser la question suivante : « *Y a-t-il des modèles dans notre société ?* ». C'est une question essentielle sur laquelle les avis sont partagés. D'un côté, il y a un grand nombre d'Ivoiriens qui répondent que notre société n'a pas de modèles à proposer à la jeunesse. De l'autre, il y a des gens qui pensent, au contraire, que notre société regroupe, en son sein, quelques Ivoiriens que l'on peut prendre pour modèles de vie. Toutefois, ils affirment que ces modèles sont cachés. Par conséquent, ils ne peuvent réellement impacter la jeunesse de notre pays. Que faut-il faire dans ces conditions? Il y a une réponse unique, évidente à cette interrogation. Elle consiste à œuvrer à les faire connaître du grand public. Comment les faire connaître du grand public ? Il y a plusieurs approches que l'on peut adopter. La réalisation de la biographie de ces illustres citoyens constitue l'une de ces approches.

Dans le lot d'Ivoiriens de haute stature politique, sociale, culturelle, artistique, scientifique ou économique, mon choix s'est porté sur Aké-Assi Laurent. La biographie écrite dans ce livre est celle de cet homme, exceptionnel, qualifié de génie ou de génie de la brousse, de génie des plantes, de génie des universités. Il est parti de « rien » ou avec seulement le niveau de la classe de Cours Elémentaire 1(CE1) ; mais il a achevé officiellement sa carrière professionnelle en tant que professeur titulaire d'université.

D'une manière générale, la biographie est perçue comme un texte dans lequel un auteur restitue la vie d'un personnage célèbre, en tout cas un personnage hors du commun. Cela veut dire que l'on n'écrit pas la biographie d'un homme ou d'une femme ordinaire. De ce point de vue, Aké-Assi Laurent peut être considéré comme un homme exceptionnel, d'une simplicité et d'une humilité étonnantes. A travers son histoire personnelle, certains Ivoiriens seront certainement, et positivement, bouleversés, à la fois par son talent, par la manière dont ce talent a été valorisé, par les valeurs et les images laissées par Aké-Assi Laurent auprès de ses concitoyens.

Ecrire la biographie d'une personne célèbre mais mal connue de l'opinion publique de son pays est une activité délicate, du fait essentiellement de l'absence ou de l'insuffisance de témoignages et de documents sur sa vie. Face à la densité du savant Aké-Assi Laurent et à l'immensité de sa contribution à l'avancement de la science botanique en Côte d'Ivoire et en Afrique, j'étais très embarrassé au début du travail. Par quel bout commencer le travail ? Tel était le dilemme auquel j'étais confronté. Je ne savais pas, en effet, s'il fallait décrire, de manière détaillée, l'œuvre réalisée par le chercheur ou s'il fallait que je survole le volet scientifique pour m'intéresser uniquement à la dimension de l'homme. En décidant d'écrire cette biographie, l'un de mes objectifs, c'était de faire connaître le génie au grand public afin que son parcours puisse impacter, dans une certaine mesure, la jeunesse ivoirienne. Pour moi, la question majeure à résoudre, c'est comment Aké-Assi Laurent a-t-il pu accomplir cette œuvre gigantesque ?

Professeur Aké-Assi Laurent a placé la barre tellement haut qu'il va être très difficile aux générations actuelles et futures de la franchir aisément. Il a publié plus de 130 articles dans les revues les plus renommées de son domaine d'action. Il a également fait de multiples communications lors de diverses rencontres scientifiques à travers le monde.

J'avais rendez-vous avec Professeur Aké-Assi Laurent à son bureau, au Centre National de Floristique à 14 heures 30. J'étais arrivé au centre environ dix minutes avant l'heure indiquée. Je l'ai vu arriver à 14 heures 30 très précises, à bord de sa voiture de marque Peugeot 306. Après avoir fait la manœuvre, il s'est garé dans le parking du centre, avec une grande vivacité. J'ai été fort surpris. J'avais pensé, dans un premier temps que ce n'était pas lui. C'était bel et bien lui qui était au volant.

A sa descente de voiture, je me suis approché de lui. J'ai tendu les mains en vue de l'aider à transporter les quelques chemises à rabats qu'il avait dans les bras. Il a très gentiment décliné mon offre après m'avoir remercié pour ma gentillesse. Je me suis dit : « *Ce monsieur annonce déjà les couleurs. Il ne doit pas être un homme ordinaire !* ». La plupart des Ivoiriens, des Africains ayant un rang social élevé ont l'habitude de voir leurs citoyens des catégories modestes se mettre à leur entière disposition, par exemple, soulever leur sac pour les accompagner. Professeur Aké-Assi Laurent ne pratique pas cela. C'est la marque des gens humbles, des gens qui respectent profondément leurs semblables, qui ne cherchent pas à les opprimer, à humilier les plus petits, c'est-à-dire ceux qui n'ont pas eu la chance ou la capacité intellectuelle d'être comme eux.

Professeur Aké-Assi Laurent a écrit une belle, riche et édifiante histoire. Elle est pleine de péripéties, toutes aussi pathétiques les unes que les autres. Une telle histoire mérite d'être contée afin que toute la société ivoirienne la connaisse. Si une telle histoire n'est pas écrite, notre société s'en voudra, un jour ou l'autre, de ne l'avoir pas fait. L'histoire d'Aké-Assi Laurent est tellement dense qu'elle doit être écrite de son vivant. C'est lui seul qui est en mesure de nous fournir tous les détails qui peuvent permettre de mieux la connaître. Pendant qu'il est encore vivant, il faut écrire sa biographie. Le sage Amadou Ampathé Ba ne nous a-t-il pas dit ceci : « *En Afrique, lorsqu'un vieillard meurt, c'est une bibliothèque qui brûle?* ».

Dans cet exercice si difficile, il s'agit de faire ressortir tout ce qui est relatif à la vie du personnage, à son œuvre scientifique et à sa carrière professionnelle, à sa vie familiale et sociale. Il s'agit de répondre à la question suivante : « *Comment les choses se sont-elles passées pour qu'Aké-Assi Laurent réalise cette immense œuvre* ? ». Pendant le déroulement de l'exercice, je me suis aperçu qu'on ne peut pas restituer la totalité des éléments des tranches de vie de l'illustre scientifique, tant on découvre son étendue, chaque jour, qu'on avance dans les investigations.

Aké-Assi Laurent fait incontestablement partie des « Eléphants Chercheurs ». A la différence des autres Eléphants, il joue dans l'équipe nationale senior depuis plus de 60 années. Il n'a jamais perdu sa place de titulaire dans l'équipe nationale des chercheurs. Il a une longévité professionnelle qui est bien au-delà de ce que beaucoup d'autres ont connue. Car, bien que retraité officiellement en 1991, il ne se passe pas un seul jour, sans qu'il ne mette pied dans son laboratoire fétiche, bien sûr lorsqu'il n'est pas en mission hors d'Abidjan ou de la Côte d'Ivoire.

C'est un très grand plaisir voire un privilège pour moi de relater quelques pans de la vie de l'un des hommes les plus exceptionnels que notre société ait engendrés. Je voudrais cependant prévenir le lecteur. Il est impossible de décrire, de manière intégrale et complète, la vie personnelle, sociale ou familiale, culturelle, intellectuelle, professionnelle d'un homme aussi exceptionnel. C'est un travail très difficile. C'est seulement après avoir commencé que je me suis rendu compte de la difficulté à le conduire. Aussi, voudrais-je demander au lecteur toute son indulgence et lui souhaiter du plaisir à lire le peu qui lui est proposé dans le présent livre.

PREMIERE PARTIE
CHEMINS DE LA CONNAISSANCE DE LA VIE

CHAPITRE 1
DE L'ECOLE A LA CONNAISSANCE DE LA BROUSSE

L'écolier Aké-Assi Laurent quitte l'école et retourne au campement. Là, il s'adonne à toutes les activités du milieu rural. Cela s'apparente à un approfondissement de la connaissance de la brousse et des activités diverses auxquelles les populations locales se livrent. Cette bonne connaissance de l'environnement naturel et des activités humaines ne constitue-t-elle pas un atout dans la conduite future de sa vie universitaire, sociale et professionnelle ?

Enfance au village : formation aux activités de la brousse

Aké-Assi Laurent est né en 1931 à Agboville. Il est l'aine d'une famille de cinq enfants (les enfants de sa mère), dont trois garçons et deux filles. Son père, un polygame avec trois femmes, s'appelait Aké Angui et exerçait comme Garde Forestier pour le compte de l'administration coloniale. Dans le cadre de l'exercice de ses activités professionnelles, il rencontrait les botanistes français qui venaient travailler dans les forêts ivoiriennes, à partir du Service Forestier de la Côte d'Ivoire. Sa mère, Ikpé Amoin, était ménagère dans l'un des quatre campements de son mari. Aké-Assi Laurent a perdu son dernier frère, Aké-Adjé, le 05 novembre 2011.

Avec ses camarades d'enfance, Aké-Assi Laurent se livrait aux activités telles que la chasse aux ruminants et aux oiseaux, la pêche et la cueillette de fruits sauvages. Les enfants accompagnaient également les parents au champ ou en brousse pour l'extraction du vin de palme ou la pose de pièges pour le gibier. Ce sont ces activités qui meublaient l'enfance dans l'aire culturelle akyé, en particulier, et akan, en général. Ces activités étaient perçues comme des jeux ou comme des moyens d'accès des jeunes garçons à la catégorie d'âge supérieure. Les petites filles n'étaient pas en reste dans cet environnement. Elles accompagnaient leurs mères au champ, au marigot en vue de puiser de l'eau ou faire la lessive. Elles allaient également collecter le bois de chauffe pour les cuissons diverses, etc.

La pratique de ces activités constituait, en réalité, la véritable école d'apprentissage de la vie au village. Pour les jeunes garçons comme pour les filles, c'était donc le passage obligé vers l'adolescence. Ces activités ne laissaient aucun enfant indifférent, sauf pour ceux qui présentaient de graves déficiences physiques qui les handicapaient à vie. Même ceux qui avaient de tels handicaps s'organisaient, à leur manière, pour prendre une certaine part à ces activités.

Enfant de la brousse, Aké-Assi Laurent se souvient : « *On accompagnait les frères aînés ainsi que les cousins pour tendre les pièges ou faire la chasse. Cela faisait partie de la culture, de la formation des enfants de l'époque. Je suis né à Agboville. Mon père avait quatre campements dont l'un se trouvait à Gboto, entre Agboville et Affery, route d'Abengourou. Il se situe à la limite entre le pays abbey et le pays akyé, à 40 km, non loin du village d'Attobro. C'est dans ce campement que résidait ma mère. C'est là que j'ai grandi. Un autre campement s'appelait « 90» parce qu'il était situé au PK 90 sur les rails avant la « statue » de Rubino. Le troisième campement se trouvait à Koubléké vers Rubino, à environ trois (3) kilomètres sur la route du village d'Anaguiè. Le quatrième et dernier campement était à Anaguiè* ».

Papa Aké Angui avait trois femmes qu'il avait installées dans ses campements. Dans ces différents campements, habitaient également plusieurs communautés ethniques qui s'adonnaient aux activités agricoles, notamment la culture du café et du cacao. C'est dans cet environnement multiethnique que le jeune Aké-Assi Laurent va commencer l'apprentissage de certaines langues nationales.

La pratique des activités citées plus haut ne se faisait pas sans risque pour les enfants. Le danger était partout présent. AKE-ASSI Laurent raconte : « *Un jour, nous étions partis à la chasse aux rats. Nous avons vu un trou. Nous avons commencé à creuser. A un moment donné, nous avions décidé de mettre le feu dans le trou, selon la pratique, afin de faire sortir ou faire mourir le rat qui serait alors étouffé par la fumée. Le plus âgé de notre groupe, un jeune baoulé, qui faisait office de leader, conduisait l'activité. Après avoir mis le feu pendant quelques moments, il décida de mettre sa main dans le trou, en espérant faire sortir le rat ou « Koklobété » mort, étouffé. Mais, au lieu d'un rat, c'était plutôt un serpent qu'il avait saisi. Il ne savait pas qu'il avait saisi un serpent. Lorsque nous avons vu que c'était un serpent qui était dans la main du camarade, nous avons tous crié très fort. Apeurés, nous avons pris la fuite, abandonnant le camarade qui a aussitôt jeté le reptile. Il s'est enfui pour nous rejoindre* ». Ces propos donnent de la frayeur. Les gamins et les grandes personnes vivant en milieu rural sont constamment exposés à des dangers lors de la recherche de certains moyens de subsistance.

Une telle aventure était couramment vécue dans les campagnes. La légende indique que le serpent ne mord pas dans un trou ou dans l'eau. C'est en dehors du trou ou de l'eau que le serpent mord. L'un des plus grands dangers auxquels les hommes, les femmes et les enfants sont confrontés dans les brousses demeure le serpent. Aké-Assi Laurent se souvient encore :

« J'étais monté sur un manguier en vue de cueillir des mangues. Après que je suis monté sur le manguier, j'ai vu un serpent qui descendait du même manguier sur une autre branche. Il était venu se mettre au niveau de la fourche. Coincé au dessus du serpent, j'ai dû descendre en sautant par une autre branche, à travers le feuillage. C'était très risqué. Cependant, je n'avais pas été blessé. J'avais eu très peur ce jour-là ».

Au sujet des pièges au gibier qu'ils allaient tendre, Aké-Assi Laurent raconte : « *On allait tendre les pièges très loin du campement. On passait toute la journée à tendre les pièges. On dormait là-bas et on rentrait le lendemain. Une semaine plus tard, on allait visiter les pièges pour voir s'il y avait des prises. Il y avait toujours des prises. On dépeçait le gibier ; on le boucanait toute la journée. On dormait là-bas également, sous des cabanes, à la belle étoile. On rentrait le lendemain au campement avec les colis* ». La participation à ces activités constituait un excellent moyen de formation des adolescents, notamment sur le plan mental, sur le plan social et autres. On note que savoir tendre un piège, savoir pêcher à la ligne ou savoir chasser les oiseaux ou les animaux sont des activités artistiques. Elles développent chez les adolescents des vertus tels que la patience, le courage, l'endurance, le goût de l'effort, la confiance en soi, la force de caractère et bien d'autres aspects. Ces apports aident ultérieurement l'adolescent à assumer sa responsabilité dans la conduite de sa vie. La plupart des anciens qui ont su tirer leur épingle de jeu pendant leur parcours scolaire ou universitaire doivent, en grande partie, cela aux apports de la pratique de ces activités en brousse pendant leur enfance. Par ces pratiques, ils ont, en effet, reçu une formation relativement complète et solide pendant leur enfance ou adolescence. Elle leur permet de se faire une place au soleil.

Des mots pour le dire existent déjà

La réalisation d'une biographie est un exercice difficile qui demande la combinaison d'éléments à la fois objectifs et subjectifs. Dans tous les cas de figure, la sincérité doit être de mise chez l'auteur durant l'exercice. Et, c'est là que l'on comprend le caractère périlleux de l'exercice. Tout se fait à travers des mots ou des jeux de mots. Au sujet du personnage, on a déjà entendu des mots dont certains sont plus élogieux que ce qu'on pouvait entendre de la bouche des Blancs en faveur d'un Africain. Professeur Georges Mangenot propose le morceau choisi suivant qui situe le lecteur déjà sur le personnage de professeur Aké-Assi:

« En un certain jour d'août 1946, Aké-Assi, que j'étais allé chercher dans son village, s'en fuit avec moi vers notre petit laboratoire. C'était un jeune garçon de 16 ans, taciturne, sachant à peu près lire, écrivant mal, connaissant la nomenclature vernaculaire enseignée par son Père mais ignorant tout de la Botanique. Je n'avais pas grande confiance des services qu'il rendrait. Très

vite, cependant, je remarquai son respect de la vérité scientifique - il ne trichait jamais - son exceptionnelle puissance d'observation et l'extraordinaire intuition qui lui permettait de résoudre rapidement les problèmes d'identification les plus troublants : distinguer des espèces que leurs aspects très semblables conduisaient à confondre ; réunir, au contraire, les états très différents que présentent beaucoup d'espèces suivant les phases de leur développement ; surtout saisir, malgré l'absence de signes apparents, les affinités d'une plante jamais encore rencontrée avec d'autres déjà connues. Ce sens inné, grâce auquel un esprit dépourvu de toute connaissance livresque aperçoit spontanément, par la seule observation de la nature, les relations taxonomiques peu à peu découvertes par les savants, en d'autres termes, cette coïncidence remarquable entre les conclusions de l'instinct et celles de l'observation réfléchie, étaient pour moi sujet d'étonnement et de réflexion.

Ces aptitudes peu communes ne suffisaient cependant pas à permettre au jeune chercheur de nommer les espèces dont il savait si bien discerner les contours et de comprendre leurs rapports d'affinités. Il nous revenait de l'instruire à cet égard et nous l'avons fait sans peine, car il fut un élève tel que l'on n'en trouve pas souvent, animé par une véritable passion de la Botanique, cherchant sans cesse à apprendre et doué d'une surprenante mémoire. Préparateur, Assistant à l'Institut d'Enseignement et de Recherches Tropicales d'Adiopodoumé (ORSTOM), il a conduit sur le terrain tous les botanistes venus en Côte d'Ivoire depuis 1947 et, tout d'abord, Auguste Chevalier, en 1948 et 1949 ; cet éminent savant a dédié à son jeune guide l'étonnante Rubiacée dont il avait fait un genre nouveau (« Assidora problematica ») et, présentant cet arbuste à l'Académie des Sciences, avait écrit : « Je dédie ce genre à Aké-Assi*, jeune prodige africain....Il connait aujourd'hui par leurs noms scientifiques .....environ 2000 espèces végétales de la Côte d'Ivoire et, ce qui est mieux encore, il sait les reconnaître en forêt dense où le mélange des arbres et des arbustes est cependant déconcertant. Son savoir et son sens de l'observation tiennent en vérité du prodige »*[3].

Aké-Assi Laurent a été « *déniché* » par le professeur Georges Mangenot, comme cela se fait généralement, par exemple, dans le domaine sportif où les clubs sont constamment à la recherche d'oiseaux rares pour se renforcer. Les rapports entretenus par les Blancs et les Ivoiriens à l'époque coloniale étaient placés sous le signe du complexe de supériorité des premiers à l'égard des seconds. Dans ces conditions, il était quasiment rare qu'un Africain, qu'un Ivoirien puisse être traité avec autant d'égards. Mais, les discours des Blancs étaient très élogieux à l'endroit d'Aké-Assi Laurent. On ne peut douter de la sincérité des opinions exprimées par les Blancs à une période où les relations entre le colonisateur ou le dominateur et le colonisé ou le dominé étaient difficiles, en tous cas, marquées par le complexe de supériorité à telle enseigne

[3] Journal d'Agriculture Tropicale, Paris, avril 1948.

que des Africains ne pouvaient bénéficier d'aucune complaisance de leur part. De telles paroles étaient prononcées, à cette époque, au sujet d'un jeune africain non encore sorti de l'adolescence et sachant à peine lire et écrivant mal le français, leur langue.

Mais, qui est cet homme que l'on présentait très tôt comme étant un prodige, une merveille ou la petite perle ? Qui est cet homme que l'on présente comme le « *Génie de la brousse* », selon le film de 26 minutes réalisé par Goran Konan Edgar, de la Télévision Ivoirienne ? Qui est cet homme que j'ai proclamé, pour ma part, le « *Génie des universités » ?* Ouvrons, à présent, les yeux et lisons les lignes consacrées au parcours de cet Ivoirien qualifié également de « *hors-norme* » par plusieurs personnes.

Parcours scolaire matériellement difficile

Combien de jeunes africains, contraints de passer toute leur vie en milieu rural et à travailler la terre, en veulent à leurs parents de ne leur avoir pas donné la possibilité de fouler le sol d'une école ? Ils continuent de maudire leurs parents et le feront le reste de leur vie. Dans le même temps, d'autres enfants, après avoir connu l'école, retournent définitivement au village. Aké-Assi Laurent a été scolarisé. Il n'avait donc pas de raison de « *maudire* » ses parents comme ont tendance à le faire tous ceux qui n'ont pas eu la chance de fouler le sol d'une salle de classe. Cependant, il pouvait leur en vouloir de ne lui avoir pas offert toutes les conditions matérielles pour une bonne scolarité. Mais, raisonnablement, en ces temps-là, combien de parents africains pouvaient-ils offrir de meilleures conditions matérielles à leurs enfants pour affronter les difficultés de la vie scolaire?

La réussite d'un enfant ou de tout être humain dans la vie dépend de plusieurs facteurs. Parmi ces facteurs figurent la disposition naturelle de l'enfant lui-même et l'environnement familial dans lequel il nait et évolue. A ces deux facteurs essentiels, on peut ajouter les apports extérieurs que l'enfant acquiert pendant son parcours scolaire ou universitaire s'il a été scolarisé. Pour les enfants qui ont eu la chance d'être scolarisés, l'école constitue un facteur majeur dans leur épanouissement personnel s'ils n'ont pas abandonné le chemin du savoir des Blancs. Sur leur parcours scolaire, certains enfants ont eu la chance de rencontrer des enseignants ou des responsables administratifs des établissements fréquentés qui ont transformé totalement ou partiellement leur vie par la qualité de leurs enseignements, par leur modèle de comportement ou encore par leurs conseils avisés.

Aké-Assi Laurent n'a pas eu une enfance dorée. Elle a été difficile en raison essentiellement des difficultés matérielles de sa famille. Aké-Assi Laurent précise : « *Papa était garde forestier et maman ménagère. C'était assez difficile. Il faut noter que ce n'est pas parce que mon père ne pouvait pas faire face aux dépenses. C'était plutôt de la négligence de sa part. Pour lui, financer la scolarité d'un enfant, c'était, en quelque sorte, jeter de l'argent par la fenêtre. Donc, pour lui, ce n'était pas nécessaire. Surtout qu'il avait fait l'amère expérience des deux premiers fils scolarisés mais qui, en définitive, n'ont rien « fait de bon ». Papa a, en effet, dit : « J'ai dépensé pour rien... ». Par conséquent, nous qui les suivions, papa nous a scolarisés « comme ça » pour ne pas faillir à son devoir de père. C'était certainement un découragement dû aux essais non concluants avec mes frères ainés* ». On note, en effet, que les deux premiers garçons d'Aké Angui (les demi-frères d'Aké-Assi Laurent) avaient été scolarisés à l'Ecole Catholique de Katiola [Nord de la Côte d'Ivoire], pourtant très réputée, à l'époque, par la qualité de son enseignement. Malgré la réputation de cette école, ils n'ont pas donné satisfaction à leur père. On comprend aisément le peu d'importance accordée, par la suite, par Aké Angui à l'école.

La scolarité d'Aké-Assi Laurent a particulièrement souffert de cette situation. Il se souvient de sa brève scolarité : « *Je me rendais à l'école le matin. Par manque d'argent, je ne mangeais pas à midi. On était nombreux et on ne pouvait pas préparer pour nous à la maison à midi. Entre midi et 14 heures, on errait dans la ville d'Agboville. C'est le soir qu'on préparait à la maison. Mais, on ne tenait pas compte du nombre d'enfants que nous étions*». Ces propos, qui traduisent une situation matérielle difficile et réellement vécue, ont été tenus par Professeur Aké-Assi Laurent, le mardi 08 février 2011, lors de notre première rencontre de travail à son bureau au Centre National de Floristique, à l'Université de Cocody.

Aké-Assi Laurent a été inscrit en 1941 par l'épouse du jeune frère de son père à l'Ecole Régionale d'Agboville, à la demande de son géniteur. L'école était totalement gratuite à cette époque. Ensuite, l'administration scolaire ne mettait pas un accent particulier sur la tenue vestimentaire, afin de ne pas décourager les parents démunis à scolariser leurs enfants. Ceux-ci, issus de tous les milieux sociaux, pouvaient donc aller à l'école et recevoir gratuitement l'instruction. On note également que les fournitures scolaires, notamment les livres et les cahiers étaient distribués gratuitement, à cette époque, aux enfants, sans discrimination. La liste des fournitures scolaires n'était pas longue, car l'enseignement consistait principalement à apprendre aux enfants à lire, à écrire et à compter.

Agboville était un important centre ferroviaire et commercial, à l'échelle de la Côte d'Ivoire. L'école régionale de la ville était différente de celle d'un village. Elle accueillait des enfants d'origine sociale, ethnique, culturelle ou économique diverse. Pour les écoliers issus de certaines familles notamment les familles des fonctionnaires et autres commerçants financièrement nantis, tels que les Syriens, la vie scolaire n'était pas difficile. Ainsi, ils pouvaient se payer le luxe de manger le matin, à midi et le soir. En somme, chez eux, les trois repas par jour étaient garantis par les parents. Par contre, pour les autres enfants notamment ceux issus des milieux défavorisés de la ville, la vie scolaire se présentait comme un épouvantail. Aké-Assi Laurent appartenait à cette catégorie d'enfants défavorisés et à l'avenir scolaire incertain. Combien d'enfants ont-ils abandonné prématurément le chemin de l'école comme Aké-Assi Laurent, du fait des difficultés d'ordre matériel qu'ils affrontaient quotidiennement ? Ils étaient très nombreux à avoir, en effet, abandonné l'école pour prendre le chemin des champs où ils pouvaient faire bombance, chaque jour.

La vie était singulièrement difficile à Agboville pour Aké-Assi Laurent. L'écolier Aké-Assi n'avait pas un tuteur dans la ville d'Agboville. En fait, Aké-Assi résidait à Akè M'Po (campement d'Akè), localité située à environ 4 km du centre ville d'Agboville. Il venait à l'école en ville le matin et retournait le soir au campement. Il n'avait pas à manger à midi. C'était un réel problème.

A Agboville, près de la gare ferroviaire, était installé un menuisier du nom d'Andon Kouadio et dont Aké-Assi Laurent va faire la connaissance. Il se souvient des circonstances dans lesquelles cette rencontre s'est faite : « *J'allais m'asseoir près de l'atelier de menuiserie de ce monsieur entre midi et 14 heures. Sa femme lui apportait, chaque midi, le repas. Le menuisier m'invitait à manger. Mais, je refusais de manger* ». On se trouve-là devant un cas de figure où un écolier a effectivement faim. Mais, il refuse le repas qu'on lui propose alors que cela apparait en quelque sorte comme une aubaine pour lui. Cela parait manifestement paradoxal. Interrogé sur son refus de partager le repas du menuisier, Aké-Assi Laurent a indiqué ceci : « *Car, je n'ai jamais pensé à un tel repas, un repas ''luxueux''* ». Un jour, face au refus de l'écolier, la femme du menuiser a dit, à son mari, en langue baoulé : « *Si l'enfant ne mange pas, c'est parce qu'il a peur ou il a honte* ». Sur ce, le menuisier a demandé, explique Aké-Assi Laurent, à sa femme de « *me prendre, afin que j'aille connaître sa maison* ». La femme du menuisier a exécuté cette recommandation. Aké-Assi Laurent poursuit : « *Et, ainsi, au lieu d'aller chaque midi auprès de l'atelier, je pouvais me rendre directement à la maison où elle me gardait à manger* ». Dès lors, le jeune Aké-Assi Laurent pouvait manger, à sa faim, chaque midi et disposer de l'énergie nécessaire pour se consacrer à ses études. Il a donc trouvé des tuteurs qui lui assuraient le repas de midi. Ceux-ci ne le connaissaient pas auparavant. Cela montre que dans la Côte d'Ivoire des années 40-50, une famille, même en ville, pouvait donner à manger à un enfant qu'elle ne connaît pas auparavant. Pour Aké-Assi Laurent, les choses se sont passées ainsi pendant une bonne partie de l'année scolaire. C'est la manifestation de l'hospitalité africaine où l'homme donne à celui qui est dans le besoin et qui tend la main.

Puis vint la douloureuse séparation. Un jour, Aké-Assi Laurent est, en effet, informé par le menuisier qu'il allait quitter Agboville pour Abidjan où il venait d'être affecté. En fait, Andon Kouadio travaillait à la Régie Abidjan Niger (RAN), la société ferroviaire. La perte de cette providence va replonger le jeune Aké-Assi Laurent dans les difficultés d'alimentation entre midi et 14 heures. Il n'a plus de soutien. Il lui faut subsister après le départ d'Andon Kouadio de la ville. Comment doit-il résister? En pareille situation, les plus dégourdis parmi les enfants essaient de développer des stratégies de survie. Aké-Assi Laurent n'a pas croisé les bras. Il explique : « *Des femmes de notre cour grillaient de ''l'aloco'' et des beignets au marché d'Agboville, situé à un kilomètre environ. Elles avaient des bagages à transporter de la cour au lieu où elles vendaient. Leurs bagages comportaient, entre autres, des bois de chauffe et des ustensiles de cuisine. Chaque matin, je transportais une partie des bagages des femmes au marché. Je le faisais pour celle qui me sollicitait la première, la veille. Il s'agissait, avant 06 heures du matin, d'aller déposer, au marché central d'Agboville, son matériel de travail. Après avoir déposé ce matériel, à l'endroit indiqué, je retournais au quartier pour prendre mes effets scolaires. Je prenais le chemin de l'école, en passant par le marché. A cette heure-là, ''l'aloco'' ou le beignet était déjà prêt à être vendu. La dame pour qui j'avais déposé le bois et les ustensiles de cuisine m'en donnait à manger ou me donnait une pièce de monnaie qui me permettait d'acheter de quoi manger à l'école. Quelques fois, le soir, j'avais droit à du foutou que m'offrait une femme de la cour».* On note qu'à cette époque déjà, le jeune Aké-Assi Laurent avait du courage à revendre. Il se livrait à des activités très tôt le matin, avant de se rendre à l'école. A cette époque, la sécurité physique des personnes était garantie en Côte d'Ivoire.

Après le départ d'Andon Kouadio, le menuisier et bienfaiteur, pour Abidjan, Aké-Assi Laurent a continué d'aller jouer dans la zone où il était installé. Là, un Ghanéen, du nom de Koffi, s'est intéressé à lui. Le Ghanéen était le gérant d'un petit restaurant. Il a proposé à Aké-Assi Laurent de venir laver la vaisselle. En retour, il lui donnerait à manger. Le jeune Aké-Assi Laurent a accepté la proposition du Ghanéen. Il a donc travaillé et mangé chez lui pendant quelques jours. Le Ghanéen habitait au quartier dénommé « *Mossikro* ».

Les difficultés rencontrées par l'écolier Aké-Assi Laurent n'étaient pas uniquement d'ordre alimentaire. Elles étaient également d'ordre vestimentaire. L'ancien écolier de l'Ecole Régionale d'Agboville se souvient : « *Quand nous allions à l'école, nous attachions un pagne autour du cou. Il n'y avait pas de tenues scolaires exigées. Mon pagne était déchiré. J'ai décidé d'aller au campement pour voir ma mère pour lui en demander un autre. J'ai eu à parcourir, à pied, une distance d'environ 40 km, puisqu'il n'y avait pas d'automobiles sur les routes, à cette époque. Il n'y avait pas d'insécurité. Sur la route, je rencontrais des femmes dont certaines m'offraient des bananes douces que je mangeais* ». Le jeune Aké-Assi Laurent a parcouru cette distance à pied. Cela apparait comme un exploit. Cela veut également dire qu'il est doté d'un courage exceptionnel. Dans quel état physique le jeune homme arrivait-il chez sa mère ? A cette question, il propose la réponse suivante : « *Je n'étais pas physiquement abattu. Je ne sentais aucune douleur. Je reprenais le même trajet pour le retour dès le lendemain avec le pagne. A chaque fois que mon pagne se déchirait, je parcourais la même distance. Je parcourais régulièrement cette distance le temps qu'a duré ma scolarité* ». On observe là également la forte résistance physique d'Aké-Assi à toute épreuve. Quelle activité humaine (physique ou intellectuelle) pouvait-elle décourager Aké-Assi Laurent?

Du fait des difficultés à se nourrir entre midi et 14 heures, Aké-Assi Laurent quitte Agboville et l'école régionale. Il rejoint le campement de son père où il peut manger à satiété. Il reste au campement environ deux mois. Il convient de noter que du point de vue des résultats scolaires, Aké-Assi Laurent n'était pas un élève moyen ou encore nul. Au contraire, il était parmi les meilleurs de sa classe. Ce n'était donc pas par insuffisance de résultats qu'Aké-Assi Laurent a abandonné l'école. Il se souvient : « *Lorsqu'on faisait les évaluations, j'étais soit le premier soit le deuxième. Mon cousin, Akomian Edy Joseph*[4]*, qui a été sociologue et chercheur au CIRES*[5]*, était soit premier soit deuxième de la classe* ».

Aké-Assi Laurent n'a pas non plus quitté l'école parce qu'il avait un mauvais comportement ou avait commis une faute lourde qui aurait entraîné son exclusion. Exaspéré par sa situation matérielle, il avait voulu tout simplement partir. Aké-Assi était trop jeune pour savoir les conséquences néfastes de cette décision. L'essentiel, pour lui, c'était de partir, de quitter Agboville pour rejoindre sa mère où il n'aurait plus de souci pour manger, quotidiennement.

Il dit également avoir gardé ses cahiers de devoirs d'écolier pendant longtemps. Il indique que pendant qu'il était absent, en 1982 et 1984, parce qu'il était en année sabbatique en France pour sa thèse de doctorat d'Etat, sa servante (fille de ménage) avait jeté ses documents. AKE-ASSI Laurent en veut encore aujourd'hui à sa servante de lui avoir fait perdre des éléments essentiels.

Au sujet du parcours d'Aké-Assi Laurent, la question suivante lui a été posée : « *Professeur, l'on s'étonne très souvent de votre parcours jugé atypique ; que doit-on en retenir ?* »[6]. Il a donné la réponse suivante : «*Mon parcours peut se résumer en deux mots essentiels que sont rupture et réconciliation. Dès la classe du cours élémentaire première année (CE1), je décide de ne plus aller à l'école. J'ai quitté l'école pour aller au campement, chez ma mère, à cause des conditions difficiles pour l'alimentation en ville. Après deux mois, là-bas, j'ai eu l'envie de reprendre l'école. Mais, hélas, cela n'a pas été accepté* ».

Dans un premier temps, Aké-Assi était allé tout seul voir le maître d'école. Ce dernier a catégoriquement refusé. Aké-Assi Laurent retourne

---

[4] *Akomian Edy Joseph est décédé en avril 2011.*

[5] *Centre Ivoirien de Recherches Economiques et Sociales*

[6] Interview accordée à ANDE Magazine et publiée dans le n° 003 de juin 2011, page 6-7.

voir son père pour lui donner la nouvelle du refus du maître de le reprendre dans sa classe. Son père constitue une délégation composée, outre lui-même, d'Achi Marie-Pierre, chef du village[7], et d'un notable. La délégation va voir le Directeur de l'école régionale pour lui faire savoir l'envie de l'enfant de reprendre les cours. Le Directeur de l'école n'a pas voulu entendre raison. Il refuse toujours la demande de papa Aké Angui et de ses compagnons. Il ne veut entendre aucune raison. Il est intransigeant comme savait l'être un instituteur de l'époque, « *car*, disait-il, *une école n'est pas un moulin dans lequel on peut rentrer et sortir comme on veut* ». C'était en 1943. Le refus du Directeur signifie également l'éjection prématurée et définitive d'Aké-Assi Laurent du système éducatif national. Mais, curieusement, il n'en avait pas été particulièrement affecté. Il avait pris cela du bon côté. Il en était de même pour son père qui, de toutes les manières, n'avait jusque-là pas « *pris au sérieux l'affaire de l'école des Blancs* ».

Aké-Assi Laurent affirme que, durant ses trois années de scolarité, il était parmi les premiers élèves à arriver en classe afin de ne pas subir la furia des maîtres qui ne toléraient pas du tout les retards. Il habitait pourtant à quatre (4) km du centre ville. C'est cette distance qu'il parcourait, chaque matin, pour se rendre à l'école. En fait, il était un élève discipliné, consciencieux et respectueux des règles établies. Le respect absolu des règles établies constitue, en effet, l'une des constantes du comportement d'Aké-Assi Laurent.

Fuite de l'école régionale pour le campement de son père

A la suite du refus du Directeur de l'école régionale de réintégrer l'élève Aké-Assi Laurent dans l'effectif des élèves de sa classe, celui-ci se rend dans le campement où se trouve sa mère. Là, il s'adonne aux activités champêtres notamment à déterrer les ignames et les maniocs. Il était âgé de 16 ans.

Un jour, en septembre 1946, le Professeur Georges Mangenot, de l'Université de Paris-Sorbonne, accompagné par les responsables du Service Forestier de la Côte d'Ivoire, sont allés, cet après-midi-là, à Agboville. Ils sont allés rencontrer Aké Angui, le père d'Ake-Assi Laurent, en vue de lui demander d'accompagner le professeur dans la forêt classée d'Oroumbo-Boka, dans les jours à venir. La forêt classée de l'Oroumbo-Boka se trouve au sommet du mont Oroumbo-Boka, 600 mètres d'altitude, près du village d'Assakra. Assakra est situé à environ 11 kilomètres de Lomo-Sud, qui est un village se trouvant à 25 km au Sud de Toumodi sur l'axe routier Abidjan-Toumodi.

---

[7] En fait, il s'agit du Chef du quartier d'Obodjkro (Agboville).

Professeur Aké-Assi Laurent se souvient : « *Il faut noter qu'autrefois, quand des Blancs arrivaient, quelque part, les enfants venaient s'attrouper, en curieux. C'est ce que nous avons fait ce jour-là. Parmi les enfants attroupés, j'étais plus proche de Mangenot. Il m'a demandé si je parle le français. J'ai répondu : ''oui''. Il a demandé à mon père, sans savoir que j'étais son fils : ''Qui est cet enfant ?''. Mon père a dit que j'étais son fils, mais que je ne fais plus l'école. Alors, il a demandé à mon père que je fasse partie de la mission de l'Oroumbo-Boka. Mon père a accepté. Rendez-vous est pris pour l'Oroumbo-Boka, avec rencontre à la gare ferroviaire de Dimbokro, dans trois jours. Le jour J, nous nous sommes rencontrés à l'arrivée du train venant d'Agboville, à 12 heures. Mangenot et M. Duprix, avec un chauffeur d'ethnie godjé (Sassandra) étaient arrivés à bord d'un véhicule de marque Citroën et de type ''T45''. De Dimbokro, nous avons pris, par la route, la direction de Toumodi. Nous sommes allés à Assakra, en passant par Lomo-Sud, à 25 km au Sud de Toumodi. Assakra se trouve à 11 km de l'axe routier Tiassalé-Toumodi. Le village d'Assakra se trouve à la base du Mont Oroumbo-Boka, 600 mètres d'altitude, dont le sommet peut être atteint au bout de deux heures de marche. Il faut noter que les autorités administratives d'alors disposaient d'une bonne case de passage, appelée 'Campement au village d'Assakra' ainsi qu'au sommet du Mont Oroumbo-Boka. Quelques villageois nous ont aidés à transporter nos bagages jusqu'au sommet de la montagne. Nous y avons passé deux nuits. Le sommet du Mont Oroumbo-Boka comportait une végétation à écologie particulière. Ce sommet comprend également un étang très important avec notamment des plantes aquatiques particulières. Une collection importante de ces plantes a été faite par Professeur Mangenot.*

D'Assakra, nous sommes partis en direction d'Abidjan, en passant par Tiassalé et Dabou. N'Douci et Sikensi n'étaient alors que de petits villages. De Dabou, nous sommes arrivés à Adiopodoumé, petit village ébrié. La station de recherche, en création, est située au bord de la lagune, dans une ancienne plantation de caféiers, avec en son sein une maison en bois servant alors de logement et de petit laboratoire. Il y a également un campement ''indigène'' où logeaient alors les quelques travailleurs. Nous sommes à 17 km de la ville d'Abidjan, à laquelle on accède par une route tortueuse, en terre battue, poussiéreuse, sous la forêt jusqu'à la rivière Banco. C'est à Agban que j'ai vu pour la première fois du bitume. Ce qui m'avait frappé, ce jour-là, à Abidjan, c'était le pommier d'eau, Eugenia malaccensis (Myrtaceae). C'était devant l'imprimerie nationale, où il y avait une rangée de quelques pieds de cet arbre aux belles fleurs, grandes, rouges, à nombreuses étamines. A l'anthèse, les pétales et les étamines des fleurs, caducs, tombent et tapissent le sol, donnant ainsi l'impression d'un tapis vélouté. J'ai également vu le Palais du Gouverneur, avec un jardin comportant des plantes comme l'Azobé que je ne connaissais pas. Le Palais, lui-même, était d'un style particulier. Il a été malheureusement détruit après l'indépendance en 1960.

Mon père et moi avions séjourné trois jours à Adiopodoumé, avec Mangenot. Avant le départ de mon père, Mangenot lui avait posé la question suivante : « Puisque ton enfant ne va plus à l'école, peut-il rester avec moi ? ». Mon père lui a répondu : « Je suis d'accord, mais il faut qu'il aille chercher ses effets à Agboville ». C'est ce que j'ai fait. J'étais revenu une semaine après. A mon retour d'Agboville, on m'a affecté une case dans le petit centre en création. Mangenot a appelé le chauffeur de la station, monsieur Georges Tioko, pour me confier à lui, en tant que mon tuteur et mon défenseur. Mais, étant le plus petit et le plus jeune des travailleurs, tout le monde m'a adopté, y compris les villageois des environs. Ceux des villages d'Adiopodoumé et de Niangon-Adjamé m'appelaient '' Petit Assi'' (cf Gnaba Logon Jean). Je n'avais aucun problème pour manger. Les gens étaient généreux ».

La requête de Professeur Georges Mangenot de retenir le jeune Aké-Assi Laurent au centre d'Adiopodumé semble motivée à la fois par sa disponibilité et l'impression laissée lors de la mission effectuée sur la montagne d'Oroumbo-Boka.

L'éjection prématurée d'Aké-Assi Laurent du système éducatif national ne voulait surtout pas dire qu'il avait obscurci les horizons de la vie ou encore moins hypothéqué le reste de sa vie. On ne doit pas non plus dire que pour réussir, les jeunes, qui ont eu la chance d'être scolarisés, doivent quitter tôt l'école et espérer devenir après un génie comme Aké-Assi Laurent.

Félix Houphouët-Boigny, sage et visionnaire, n'a-t-il pas dit que la « *vie est un combat* » et que l'on ne « *juge pas au départ mais à l'arrivée* ». Le parcours d'Aké-Assi Laurent n'est-il pas la parfaite illustration de cette maxime. Le lecteur répondra à cette question à la fin de la lecture de cette biographie, en toute connaissance de cause.

CHAPITRE 2
CHEMINS DE LA CONNAISSANCE SCIENTIFIQUE

La possession ou l'acquisition de la connaissance, quel que soit le domaine de l'activité humaine, est un processus généralement long. Elle ne se fait pas du jour au lendemain, comme sur une baguette magique, mais de manière progressive, jour après jour, mois après mois ou année après année. Les chemins empruntés par les candidats à la connaissance scientifique ne sont pas identiques. Chaque chemin ou chaque parcours est spécifique. La réussite ou l'échec ne dépend pas toujours du chemin emprunté. Elle est intimement liée à la soif de connaissance du candidat et surtout à sa volonté de réussir. Aké-Assi Laurent a emprunté un chemin qui ne semblait pas, au départ du moins, le destiner à une réussite scientifique et professionnelle exceptionnelle. Il est nécessaire, dans notre désir de connaissance, de jeter un regard sur ce parcours.

Aké-Assi Laurent, autodidacte comme Maxime Gorki (1868-1936)[8]

Professeur Erwin Chargaff (1905-2002)[9], biochimiste, parlant des personnes, en particulier des scientifiques, qui sont amenées à créer leur propre chemin, a dit ceci: « *Vous savez, dans une carrière scientifique ou dans une carrière savante, on rencontre deux types tout à fait différents : les uns qui suivent les exemples qu'ils ont vus dans leur jeunesse, c'est-à-dire qui imitent leurs maîtres, et c'est le type plutôt prévalant. Les autres qui, pour diverses raisons, n'ont pas la chance ou n'ont pas voulu la prendre : ce sont les gens qui cherchent à trouver leur chemin par eux-mêmes* »[10].

Le chemin de l'acquisition de la connaissance scientifique emprunté par Aké-Assi Laurent est spécifique, atypique, comme s'il avait été spécialement préparé pour lui, un chemin sur mesure en quelque sorte.

La soif de connaissance est le point de départ de tout processus d'apprentissage chez l'adulte. Cette soif de connaissance a été très forte chez Aké-Assi Laurent. Lorsqu'un homme a envie de posséder de la connaissance, il se donne les moyens matériels et surtout stratégiques de la

---

[8] Maxime Gorki, de son vrai nom Alekseï Maksimovitch Pechkov, est né le 28 mars 1868 et est mort le 18 juin 1936 à Moscou.

[9] Erwin Chargaff, professeur émérite à l'University Columbia de New York, est non seulement un des plus grands biochimistes de ce siècle, mais également un des intellectuels les plus originaux et les plus personnels de la scène scientifique américaine.

[10] Erwin Chargaff, in Le sel de la science, Ferdinand Séguin, Québec Science Editeur, 1980, page 124.

réaliser. L'expérience personnelle d'Aké-Assi Laurent montre que les moyens matériels ou stratégiques que l'on se donne dépendent, en grande partie, du candidat à la connaissance, de sa volonté de réussir et de son engagement personnel à se réaliser. C'est vrai, par la suite, l'environnement extérieur, qu'il soit immédiat ou lointain, peut, dans un sens comme dans l'autre, influencer partiellement ou profondément le mode opératoire ainsi que les résultats escomptés au terme du processus.

Des hommes, qui se sont révélés à la société et au monde entier comme des génies dans leurs domaines d'activité, ont eu des parcours tout à fait particuliers, atypiques. Ils sont parvenus à des niveaux de connaissance qui leur ont permis d'être reconnus comme des savants dans leur société. Parmi ceux-là, il y a le grand homme de lettres et également homme politique russe du nom de plume de Maxime Gorki (1868-1936), avec pour vrai nom Alekseï Maksimovitch Pechkov. A l'occasion de l'inhumation de Maxime Gorki, le 20 juin 1936, l'écrivain français André Gide, prononçant l'une des quatre oraisons funèbres, a dit, au nom de l'Association Internationale des Ecrivains : « *Maxime Gorki aura eu cette destinée singulière et glorieuse de rattacher au passé ce nouveau monde et de le lier à l'avenir. Il a connu l'oppression d'avant-hier, la lutte tragique d'hier ; il a puissamment contribué au triomphe calme et rayonnant d'aujourd'hui. Il a prêté sa voix à ceux qui n'avaient pas encore pu se faire entendre ; à ceux qui, grâce à lui, seront désormais écoutés. Désormais Maxime Gorki appartient à l'histoire. Il prend sa place auprès des plus grands* ».

Il y a des similitudes presque troublantes entre le parcours de l'écrivain russe et celui du botaniste et chercheur ivoirien Aké-Assi Laurent. Les deux personnages n'ont certes pas œuvré dans la même discipline. Ils n'ont donc pas connu les mêmes types de difficulté dans leur parcours. Mais, tous les deux ont eu un parcours scolaire extrêmement bref, et, par conséquent, n'ont pas goûté à la joie que procure généralement à un jeune homme de leur âge l'obtention d'un diplôme classique de l'enseignement primaire ou secondaire. Tous les deux sont de brillants autodidactes.

Il faut rappeler que Maxime Gorki n'a eu aucun diplôme de sa vie. Mais, il a énormément écrit pour réaliser une carrière littéraire d'une richesse inouïe, qui a fasciné toute la Russie et la société savante littéraire mondiale de son époque. Avant de devenir écrivain, Maxime Gorki a connu une jeunesse difficile, on dirait aujourd'hui misérable. Il perd son père à quatre ans après lui avoir transmis le choléra dont il a été, lui-même, miraculeusement guéri. Après deux années passées à l'école, il arrête les études. Il était alors âgé de 11 ans. Huit années après la mort de son père, il perd sa mère. Très tôt, il est donc devenu orphelin de père et de mère. Il est courageux et il va le montrer de manière admirable pour assurer sa subsistance.

Sans soutien, Maxime Gorki eut à exercer une multitude de petits boulots, d'un endroit à l'autre, juste pour survivre. Ainsi, il a été successivement garçon de courses au service d'un marchand de chaussures, apprenti chez un entrepreneur de maçonnerie, marmiton sur un bateau de la Volga, oiseleur chez son grand-père, aide-plongeur sur un bateau de la Volga. Il travaille ensuite dans un atelier d'icônes ou de peinture religieuse réalisée sur du bois. Il est, tour à tour, surveillant de chantier, journalier, portier et jardinier, manœuvre, compagnon dans une fabrique de craquelins. Il travaille également dans une biscuiterie, dans une boulangerie, dans une pêcherie au bord de la mer Caspienne. Enfin, il fut employé des chemins de fer. La liste des petits métiers exercés par Maxime Gorki n'est pas exhaustive. Elle donne toutefois une idée très nette du chemin rocailleux parcouru par le jeune homme, des difficultés et des errances de sa jeunesse. Il devient un écrivain célèbre dès ses débuts littéraires.

Il faut noter qu'à 16 ans, Maxime Gorki eut l'idée d'entrer à l'université. Très vite, il abandonne l'idée parce que personne n'était, évidemment, disposée à l'admettre dans une faculté. Pendant tout ce temps, il fréquente de nombreux intellectuels de son pays dont des écrivains de renom. Finalement, il est devenu un homme riche par ses activités de romancier qui lui rapportèrent suffisamment d'argent et connut une notoriété peu commune sur le plan littéraire et politique. Maxime Gorki déclara, plus tard, ceci : « *Avoir du talent, c'est avoir foi en soi-même, en ses propres forces* ».

Parlant des hommes et des femmes qui ont eu un parcours singulier, atypique, on peut noter celui d'un jeune américain, notre contemporain, devenu, lui aussi, célèbre en quelques années. Son nom est Kevin Liles. Il est né le 26 février 1968 à Baltimore, dans le Maryland (USA). Il a écrit un excellent livre au titre évocateur : « *De stagiaire à PDG- Saisis ta chance : le guide Hip-Hop pour réussir en entreprise* »[11]. Un résumé du livre est proposé par le Service de Communication de l'Ambassade d'Amérique à Abidjan : « *Kevin Liles est le personnage dont l'histoire est écrite par lui-même dans le livre. A la fin de ses études secondaires, il a été inscrit par ses parents à la faculté de médecine. Après deux années d'études, il décida, à la surprise générale de ses parents, de mettre fin à ses études médicales. C'était évidemment le grand désappointement de ses parents qui s'attendaient à avoir un médecin dans la famille. La conséquence est que la rupture se produit, inévitablement, quelque temps après, entre le jeune homme et ses parents. Kevin Liles, désormais sans soutien parental, se retrouve dans les rues de Baltimore, en quelque sorte, un enfant de la rue. Il obtint cependant un poste de stagiaire dans une maison de disques. A partir de là, il va connaître une ascension fulgurante à la direction de Def Jam Records puis de Warner Music Group dont il devient quelques années plus tard le PDG. Dans son livre, Kevin Liles s'adresse à la jeune génération et lui délivre un message surprenant et intemporel : « la clé du succès réside*

[11] « *De stagiaire à PDG- Saisis ta chance : le guide Hip-Hop pour réussir en entreprise* », Kevin Liles, Nouveaux Horizons, 2009, 254 pages.

dans le travail, la volonté, la rigueur et l'enthousiasme. L'important n'est pas d'être blanc ou noir, homme ou femme, d'appartenir à telle religion ou à tel secteur d'activité ; l'important est de se battre pour réaliser sa passion et pour se hisser au niveau des meilleurs ».

Kevin Liles a déjà obtenu plusieurs distinctions dans le domaine du *Hip-Hop* dont la Médaille de la Ville de Paris qui lui a été remise à Paris le 30 juin 2010 par Christophe Girard, adjoint au maire de Paris, Bertrand Delanoë.

Les vrais modèles sont toutes ces personnes qui, comme Maxime Gorki, Aké-Assi Laurent ou Kevin Liles, sont parties de pratiquement rien et qui, de manière progressive, à force de travail dans la rigueur, la discipline et la patience, ont pu accéder à une position sociale, intellectuelle voire financière respectable. La force des grands hommes, c'est que face aux terribles épreuves de la vie et du monde ambiant, ils développent toujours une extraordinaire capacité à se faire une place au soleil, à parvenir à un niveau social où on ne les attendait pas. C'est l'un des caractères communs des hommes qui ont été des génies dans leur domaine après avoir touché l'abime pendant leur enfance. Aké-Assi Laurent, Maxime Gorki et Kevin Liles n'ont pas eu un parcours ordinaire. Mais chacun d'eux a connu une renommée qui a dépassé les limites de leur pays et que seul le destin, c'est-à-dire Dieu, le créateur, peut expliquer à leurs contemporains.

Aké-Assi Laurent a connu un parcours peu ordinaire. Son parcours fut tout aussi singulier, plein, riche en enseignements multiples. Son histoire est celle d'un autodidacte accompli, digne d'intérêt et respecté. Personne ne l'attendait là où il est arrivé, à commencer certainement par lui-même, Aké-Assi Laurent. Tout comme les gens qui n'ont pas été gâtés par le sort, il va trouver des ressources intellectuelles et morales extraordinaires pour conduire le combat. Il a, en effet, combattu durant sa vie pour ne pas accepter, comme une victime expiatoire, sa situation initiale. Pour y parvenir, il a plutôt considéré cette situation comme un stimulant pour conduire sa vie personnelle et celle de sa famille. La curiosité intellectuelle qui l'a animé, de tous temps, a été à la base de son futur succès, comme c'est le cas chez la plupart des autodidactes. Aké-Assi Laurent insiste : « *Je voulais connaître* ». Cette force intellectuelle ou morale lui a permis de faire face à toutes les adversités qui se sont présentées sur son parcours. Aujourd'hui, il continue son combat contre l'oisiveté intellectuelle. C'est bien là un grand mérite qui doit susciter notre respect et considération.

Connaissance des plantes : une tradition des Aké

Aké-Assi Laurent a développé son génie ou son génie créateur durant son parcours en raison de dispositions naturelles voire surnaturelles. C'est un être exceptionnel. Le dictionnaire Le Robert de poche ne donne-t-il pas la définition suivante, entre autres, du mot génie : « *Aptitude supérieure de l'esprit qui rend quelqu'un capable de créations, d'inventions qui paraissent extraordinaires* ». Ainsi défini, le terme "génie" employé pour désigner Aké-Assi Laurent convient parfaitement. Aké-Assi Laurent, par ses créations, ses inventions diverses et par son parcours scientifique et professionnel extraordinaire est bel et bien un génie.

Aké-Assi Laurent est un scientifique de haut rang, un savant tout simplement. Comment en est-il arrivé là ? On peut d'ores et déjà noter qu'Aké-Assi Laurent n'est pas une génération spontanée. En réalité, la connaissance des plantes est une activité traditionnellement exercée par la famille dont il est issu. On peut dire qu'elle se réalise et se transmet de génération en génération. Le goût et la passion d'Aké-Assi Laurent pour la forêt, les plantes et la nature, en général, n'est pas du tout le fait du hasard. Tout ce qu'il fait ou a fait, jusque-là, vient de son père : AKE Angui. Il a donc accumulé des connaissances significatives aux côtés de son père. Il va ensuite améliorer ses connaissances au contact des Blancs dont Georges Mangenot, en apprenant, en particulier, les principes de base de la taxonomie. Il trouve là l'occasion de formaliser et valoriser les connaissances acquises empiriquement auprès de son père.

Tout se passe comme si pour la famille Aké la connaissance de la botanique se transmet de génération en génération. Dans chaque génération, un "génie" de la botanique a émergé. Ainsi, Aké Angui a instruit son fils Aké-Assi Laurent à la botanique. A à son tour, Aké-Assi Laurent a amené sa fille Aké-Assi Emma à choisir la botanique comme spécialité. Elle est aujourd'hui enseignante en botanique à l'université de Cocody. Elle a le grade de maître-assistante. Plus précisément, elle travaille au Centre National de Floristique créé par son géniteur. Aké-Assi Emma a largement profité de la force d'observation, de la perspicacité et de l'immense expérience de son père pour créer sa propre voie, en fonction, bien entendu, de ses capacités propres. Elle reconnait, avec déjà un brin de sagesse et d'humilité, qu'elle ne fera pas exactement comme son père. Si elle devrait atteindre un haut niveau de compétence scientifique et professionnelle semblable à celui de son père, cela serait dû, en grande partie, aux enseignements qu'elle aura pu ou su tirer de son expérience.

Aké-Assi Laurent a-t-il voulu que sa fille Emma soit, coûte que coûte botaniste ? Voici la réponse qu'il a donnée à cette question : « *Elle avait été formée en Belgique. Elle travaillait en qualité d'assistante de production végétale au Ministère des Eaux et Forêts. Son patron d'alors, monsieur Eugène Bony Kouadio*[12]*, a demandé, pour elle, un stage au Centre National de Floristique à l'Université de Cocody en vue d'approfondir ses connaissances en taxonomie. Elle a profité de ce stage pour s'inscrire à la faculté des sciences. Elle a préparé successivement une licence, une maîtrise*

[12] Bony Kouadio Eugène, Ingénieur et Colonel des Eaux et Forêts, est décédé en janvier 2012.

et une thèse de doctorat de troisième cycle. Elle a été donc recrutée à l'Université et est actuellement Maître-Assistante ». Ainsi, partie au départ pour une carrière dans l'administration centrale, Dr Aké-Assi Emma s'est retrouvée à l'université où elle s'adonne à la recherche et à l'enseignement de la science botanique.

A l'analyse, on peut faire observer que l'option prise par Aké-Assi Emma avec la réalisation de la thèse de doctorat en botanique constitue un « *véritable retour à la normale* », la normale ici étant la science botanique à laquelle elle se consacre désormais. Ce n'est donc pas une surprise de voir l'un des enfants Aké-Assi choisir finalement la botanique comme spécialité. Ce qui aurait été surprenant, c'est qu'aucun de ses enfants ne fasse de la botanique son métier.

La plupart des parents ont tendance à diriger leurs enfants vers certaines carrières en fonction d'un certain nombre de facteurs notamment le prestige attaché à chaque carrière, ou encore des avantages matériels ou financiers correspondants. Chaque parent a la liberté d'agir dans telle ou telle direction. Mais, un grand nombre de parents ne cherchent pas toujours à orienter leurs enfants en fonction de leurs valeurs intrinsèques. L'accession à certains métiers est plus difficile que pour d'autres. Et puis, pour embrasser telle ou telle carrière scientifique ou professionnelle, chaque candidat ou candidate doit être psychologiquement et intellectuellement disposé voire préparé. Les échecs surviennent quand cette condition n'est pas remplie. En réalité, dans certains cas, les parents demandent à leurs enfants de réaliser des études qu'ils auraient voulu faire, mais qu'ils n'ont pas pu y accéder pour diverses raisons.

Aké-Assi Laurent, en encourageant sa fille à choisir la botanique, il savait qu'elle a les capacités intellectuelles d'assumer. En plus, en tant que parent, il a, lui-même, la possibilité d'assurer son encadrement, plus facilement qu'il ne pourrait le faire s'il s'agissait d'une autre spécialité. Enfin, par le choix de la botanique par Emma, c'était une manière de perpétuer la tradition de botaniste de la famille Aké. En poussant le raisonnement plus loin, l'on ne serait pas surpris de voir, un jour, l'un des petits enfants Aké choisir la botanique. Cette probabilité peut se produire tant Aké-Assi Laurent est attaché à ses petits-enfants. Les filles d'Aké-Assi indiquent que leur père ne peut rester longtemps, par exemple, une semaine, sans voir ses petits-enfants. Il lui arrive régulièrement de se déplacer spécialement pour aller les voir dans leur quartier. Elles indiquent également qu'à la fin de chaque année, il prépare des cadeaux pour chacun de ses petits-enfants. Les cadeaux sont en nature et en espèces sonnantes. Par son attachement exceptionnel à ses petits enfants, professeur Aké-Assi Laurent n'est-il pas, de manière consciente ou inconsciente, en train de susciter déjà, parmi eux, des vocations de botanistes ? L'avenir permettra de répondre à cette autre question.

Rencontre avec professeur Georges Mangenot

Professeur Georges Mangenot a profondément marqué Aké-Assi Laurent. Beaucoup de choses ayant affecté la vie d'Aké-Assi Laurent sont, en effet, parties de la rencontre avec ce grand homme de science. Tout peut se résumer, à peu près de la manière suivante: un Européen prend l'engagement de s'occuper d'un Africain déscolarisé et de l'amener à devenir ''quelqu'un''. D'un point de vue spirituel, on peut noter que Dieu a certainement utilisé Georges Mangenot. Il aurait pu utiliser une autre personne. Il a donné une infinité de talents à Aké-Assi Laurent. Et, ensuite, il a placé Georges Mangenot sur sa voie. La rencontre entre les deux hommes s'est produite et on connait la suite.

Professeur Georges Mangenot et le jeune Aké-Assi Laurent ont travaillé ensemble pendant des années, des décennies. Il avait le sentiment que son élève, disons, son poulain, avait atteint une certaine maturité. Mangenot se demandait comment un enfant aussi vif d'esprit, c'est-à-dire, intelligent, a-t-il pu être éjecté du système scolaire ivoirien. Il devrait avoir une raison pour le justifier. Cela a conduit Professeur Georges Mangenot à poser directement la question suivante au jeune Aké-Assi Laurent : « *Pourquoi as-tu quitté l'école ?* ». A cette question cruciale du professeur, Aké-Assi Laurent répondit naïvement: « *Je ne sais pas, j'ai quitté l'école comme çà* ». Professeur Georges Mangenot renchérit : « *En quittant l'école, tu sais que tu as perdu. Tu pouvais faire mieux que çà* ». Aké-Assi Laurent a certainement été touché dans son âme, dans son esprit et dans son corps par la remarque de Professeur Georges Mangenot. Il était resté silencieux un moment. Ce silence n'était-il pas ou ne signifiait-il pas sa capacité à contenir son amertume face à la situation. Il était blessé dans son amour-propre. Cela a dû certainement sonner une révolte intérieure qui va, par la suite, se traduire par l'expression de son désir farouche de rectifier le tir pour la suite de sa vie.

Dans tous les cas, toutes ces nombreuses années de collaboration avec Aké-Assi Laurent ont permis à Professeur Georges Mangenot de bien le connaître. Il a compris que le jeune Aké-Assi Laurent avait de beaux horizons, en tous les cas, suffisamment dégagés pour une réussite dans le domaine de la botanique. Il n'a donc pas tari d'éloges au sujet d'Aké-Assi Laurent. Ainsi, il a eu à dire : « *Avec* Aké-Assi, *j'ai découvert que tout homme, quelle que soit son origine peut immédiatement accéder aux formes les plus élevées de la culture* »[13].

Aké-Assi Laurent a eu l'occasion de rencontrer les Européens qui se préoccupaient de la botanique tropicale et qui passaient par la Côte d'Ivoire.

---

[13] Préface de G. Mangenot dans le livre d'AKE-ASSI Laurent, intitulé : *Contribution à l'étude floristique de la Côte d'Ivoire et des pays limitrophes*, Editions Paul Lechevalier, Paris, 1963.

On peut noter que Georges Mangenot a contribué fortement à révéler Aké-Assi Laurent à la Côte d'Ivoire et au monde. Cet homme de science et également humaniste est mort en 1985. Son décès est survenu quelques mois après avoir participé au jury de soutenance de la thèse de doctorat d'Etat de son poulain, de son protégé, le samedi 2 juin 1984 à Abidjan. Aké-Assi Laurent, comme il fallait s'y attendre, en a été profondément bouleversé. Il s'est rendu en France quelque temps après le décès de son mentor. L'épouse de Georges Mangenot avait organisé, un jour, dans leur village près de Nancy en France, un moment de recueillement sur sa tombe. L'occasion fut donnée aux différentes personnes qui avaient travaillé avec l'illustre professeur, et qui n'étaient pas présentes au moment des obsèques, pour lui rendre un hommage mérité.

Ecole d'Apprentissage d'Agriculture de Bingerville

Professeur Georges Mangenot s'est rendu compte que le jeune Aké-Assi Laurent n'est pas comme les autres enfants de son époque. Il était doté d'une très grande intelligence. Il propose alors une solution alternative, à savoir le faire inscrire à l'Ecole d'Apprentissage d'Agriculture de Bingerville, devenu quelques années plus tard, le lycée agricole. Georges Mangenot avait, à cet effet, rencontré le Directeur de ladite école en compagnie d'Aké-Assi Laurent. Son objectif, c'était de le faire inscrire à cette école pour lui permettre d'acquérir ou d'approfondir ses connaissances dans le domaine de l'agriculture.

Georges Mangenot a dit ce qui suit au directeur de l'école d'Apprentissage d'Agriculture, monsieur Robert Thomas, un Blanc: « *Voici, ce jeune homme. Apparemment, il n'a pas le niveau requis pour rentrer dans ton école, parce qu'il a seulement le niveau de la classe de CE1* ». Le directeur de l'Ecole d'Apprentissage d'Agriculture de Bingerville ne voulait pas accepter Aké-Assi Laurent, même en tant qu'auditeur libre parce qu'il n'avait pas le niveau. Il a dit que l'entrée à l'école d'apprentissage est réservée aux élèves qui ont le niveau du Certificat d'Etude Primaire Elémentaire (CEPE). En plus, ils sont envoyés par leur pays respectif. L'école d'Apprentissage comptait, à cette époque, une vingtaine d'élèves composés d'Ivoiriens, de Dahoméens et de Voltaïques.

C'était en 1946. Robert Thomas, le directeur de l'Ecole d'Apprentissage d'Agriculture, ne voulait donc pas accepter Aké-Assi Laurent dans son établissement. Mais, après un moment d'intenses échanges avec Georges Mangenot, il a finalement accepté de le garder dans son effectif. Professeur Mangenot paie les frais de scolarité ainsi que toutes les dépenses nécessaires pour une année scolaire normale notamment la scolarité, l'hébergement et les fournitures scolaires. Le montant total payé par le professeur n'a pas été révélé à Aké-Assi. Ce n'était certainement pas le plus important. Ce qui comptait le plus pour professeur Mangenot, c'était que son poulain soit occupé à apprendre sur les bancs d'une école. Georges Mangenot était soulagé d'avoir pu trouver une solution à la situation de son poulain. Il pouvait enfin pousser un ouf de soulagement.

Aké-Assi Laurent suit les cours à l'Ecole d'Apprentissage d'Agriculture de Bingerville. Mais, la satisfaction du professeur Mangenot fut de courte durée. Car, quelques semaines plus tard, un coup de théâtre va, en effet, se produire à l'Ecole d'Apprentissage d'Agriculture. L'élève Aké-Assi Laurent, que le directeur de l'Ecole d'Apprentissage récusait quelque temps plutôt pour insuffisance de niveau, va se révéler comme le contradicteur qu'il n'ait certainement jamais connu depuis qu'il enseigne dans ladite école. Aké-Assi Laurent se souvient : « *Cet Européen, monsieur Robert Thomas, faisait ses cours. Moi, je suivais ses cours comme les autres. J'ai constaté qu'il nous disait une chose un jour et le contraire le lendemain. Je n'ai pas manqué de lui faire remarquer cela. A chaque fois que j'intervenais pour le contredire, mes camarades applaudissaient. Je leur demandais de ne pas faire cela parce que le professeur risquait d'être contre moi. Ce spectacle s'est répété plusieurs fois* ».

C'est un scénario absolument étonnant voire invraisemblable. Et pourtant, il s'est effectivement produit. Car, celui qu'on ne voulait pas admettre à l'école d'apprentissage pour insuffisance de niveau, par respect des textes qui régissent le fonctionnement de l'école, se révèle, en effet, comme l'élève qui pose des questions embarrassantes au professeur.

Robert Thomas, le directeur de l'Ecole d'Apprentissage d'Agriculture de Bingerville a appelé le professeur Georges Mangenot pour lui dire que l'élève « *Aké-Assi avait un niveau plus élevé que les autres. Il serait bon de lui trouver une autre école ou un autre centre de formation proposant un enseignement d'un niveau plus élevé* ». Ainsi, l'élève Aké-Assi Laurent est réparti à Adiopodoumé avec professeur Georges Mangenot. Face à la nouvelle situation ainsi créée et qui embarrassait fortement le professeur Mangenot, Aké-Assi Laurent se souvient : «*Professeur Mangenot était très peiné. Il a continué de me demander la raison pour laquelle je n'ai pas suivi correctement les cours à l'école régionale. Il me reprochait d'être trop tôt parti de cette école* ».

Professeur Georges Mangenot continuait de se préoccuper de l'avenir de son élève. Professeur Aké-Assi Laurent se souvient de la manière dont le maître l'occupait : « *Quand nous sommes à Abidjan*[14]*, professeur Georges Mangenot me donnait toujours une activité à faire. Par exemple, il m'apprenait à identifier les plantes. Il était toujours surpris de voir que quelqu'un qui a le niveau d'étude du primaire puisse répondre, à chaque*

[14] Professeur Georges Mangenot organisait régulièrement des sorties sur le terrain en compagnie de son élève.

fois, à ses attentes sur le plan scientifique. Ainsi, nous avons travaillé de 1946 à 1956, à mon départ pour la France».

On voit donc que pendant une dizaine d'années, Aké-Assi Laurent a travaillé sous la direction de professeur Georges Mangenot, le scientifique et le maître. Quand on connait la capacité d'observation et d'apprentissage du jeune Aké-Assi, on comprend aisément qu'il ait pu accumuler une somme considérable de connaissances scientifiques pendant cette période. Cela va incontestablement constituer un atout pour les futures batailles.

DEUXIEME PARTIE
PARCOURS UNIVERSITAIRE DU CHERCHEUR

CHAPITRE 3
UN DOCTORAT D'UNIVERSITE AU LIEU D'UNE ATTESTATION DE STAGE

La vie du jeune Aké-Assi Laurent, ex-écolier de l'école régionale d'Agboville, va connaître un bouleversement soudain et exceptionnel. Engagé d'abord comme préparateur puis moniteur à l'ORSTOM, il se voit, du jour au lendemain, propulsé au devant de la scène universitaire. C'est, en réalité, une chance extraordinaire qui s'est présentée à lui. Il a su la saisir, à telle enseigne que là où l'on s'attendait à le voir rentrer dans son pays avec un certificat de spécialisation en science ou en technique botanique, il est plutôt nanti d'un Doctorat d'Université. S'il y a des évènements que l'homme a du mal à comprendre, le développement de ce pan de la vie du jeune Aké-Assi Laurent en fait incontestablement partie.

Aké-Assi Laurent : un don exceptionnel d'observation

Revenu à Adiopodoumé après l'épisode de l'Ecole d'Apprentissage d'Agriculture de Bingerville, Aké-Assi Laurent participait à toutes les missions organisées dans les forêts ivoiriennes par Georges Mangenot. Professeur Aké-Assi Laurent explique : « *Les missions organisées alors par Georges Mangenot ont permis la création du Jardin Botanique du Centre-ORSTOM d'Adiopodoumé, couvrant une superficie d'environ 5 hectares et abritant près de 750 espèces des forêts ivoiriennes et quelques 20 espèces exotiques. Je précise que le premier pied de Sao (Hopea odorata, Dipterocarpaceae) a été planté dans ce jardin par Mangenot, à son retour d'Indonésie, où il était en mission (1952). Ces explorations botaniques ont également permis la constitution, par Aké-Assi, à Adiopodoumé, du premier Herbier de la Côte d'Ivoire, qui comptait, en 1956, plus de 6000 numéros, soit 18.000 specimens. Cet Herbier portant le sigle d'identification international ''ABI'', délocalisé à l'Université de Cocody, a été détruit lors du pillage de notre Université en mars 2011. Quant au Jardin Botanique d'Adiopodoumé, sans entretien, il est, aujourd'hui, envahi par la brousse*».

Professeur Georges Mangenot allait avec Aké-Assi en brousse pour l'identification des plantes. C'était l'activité principale. En plus de cela, il lui donnait des exercices scientifiques et des dessins à faire. Il lui faisait également faire des dictées pour l'aider à approfondir ses connaissances en français. Cela a duré jusqu'en 1954. Cela faisait donc dix années que le jeune Aké-Assi Laurent travaille sous la supervision de professeur Georges Mangenot.

Au sujet des missions organisées par professeur Georges Mangenot sur le terrain, professeur Aké-Assi Laurent précise : « *Au Département de Botanique, Jacques Miège, élève de Mangenot, faisait toujours partie des missions. Nicolas Hallé y prenait également part, en tant que dessinateur* ».

Un jour, professeur Georges Mangenot a posé la question suivante à Aké-Assi Laurent : « *Qu'est-ce qui t'a impressionné depuis que tu travailles avec moi, depuis qu'on va en brousse ?* ». Aké-Assi Laurent a répondu ceci: « *Les exploitants forestiers ouvrent des pistes pour la coupe des billes de bois. J'ai remarqué qu'une année après, les parasoliers (Musanga cecropioides) poussent pour envahir les pistes* ». Professeur Geoges Mangenot lui demande alors d'expliquer le phénomène qui serait à la base de cette situation. Aké-Assi Laurent va proposer une explication extrêmement plausible. Il dit, en effet, ceci : « *Les animaux, les chauves-souris, les oiseaux et autres mangent les fruits des parasoliers des environs. Ils éjectent leurs fientes contenant les graines qui tombent dans le sous-bois ombragé et sombre. Dans le sous-bois, les graines restent en dormance, et ne germent pas par manque de lumière et de chaleur. Ce n'est donc qu'après le déboisement, à la venue de la lumière et de la chaleur que ces graines enfouies se mettent à germer. Cela veut dire que pour germer, les graines des parosoliers ont besoin de lumière et de chaleur*». N'est-ce pas là une hypothèse que seuls peuvent formuler des étudiants avancés en science agronomique ou botanique. Professeur Georges Mangenot est plus qu'émerveillé par cette hypothèse percutante avec comme éléments clés la lumière et la chaleur. Dès lors, il demande au jeune assistant de faire l'étude détaillée. Aké-Assi Laurent se met aussitôt au travail. Il réalise l'expérience pour vérifier la validité de son hypothèse d'un niveau universitaire. Celle-ci est satisfaisante. Le jeune assistant aboutit à la même conclusion. Le travail scientifique ainsi réalisé par le jeune technicien se solde par la production d'un rapport ayant pour titre : « *Le parasolier (Musanga smithii), origine de ses peuplements et son utilité* », 13 pages dactylographiées (1954). La photocopie de la couverture dudit rapport est proposée ci-dessous.

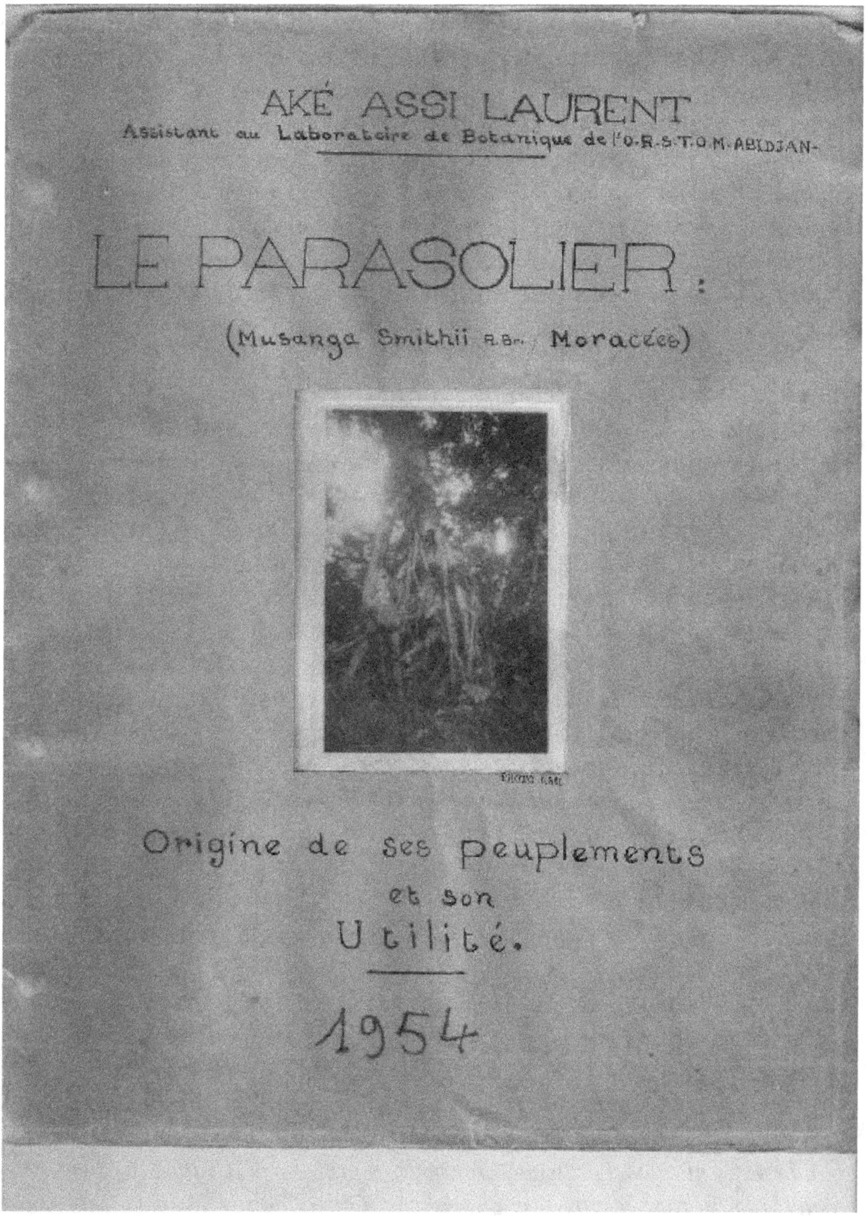
AKÉ ASSI LAURENT

Assistant au Laboratoire de Botanique de l'O.R.S.T.O.M. ABIDJAN-

LE PARASOLIER :

(Musanga Smithii R.Br. Moracées)

Origine de ses peuplements

et son

Utilité.

1954

Le capital de confiance que le professeur Georges Mangenot avait, jusque-là, manifesté à l'égard du jeune Aké-Assi Laurent, s'est profondément amplifié avec ce tout premier travail scientifique. Autrement dit, professeur Georges Mangenot est définitivement convaincu de la valeur de son protégé. Aké-Assi Laurent est un « *produit* » de haute qualité. Aujourd'hui, on parlerait d'un produit compétitif, qu'on mettrait sur le marché international sans aucune crainte de la concurrence.

Tous les experts en science botanique qui ont eu à côtoyer ou à travailler avec Aké-Assi Laurent ont souligné, de manière unanime, le sens de l'observation de l'homme de science. Il a développé ce sens au fil de son parcours. Les qualificatifs n'ont pas du tout manqué. Ainsi, les uns parlent du sens inné de l'observation du scientifique. Les autres tels que Georges Mangenot parlent de la « *puissance* » d'observation d'Aké-Assi Laurent. Dans l'hebdomaire ivoirien Ivoire Dimanche, on pouvait, en effet, lire ceci : « *Très tôt, celui-ci (G. Mangenot) fut fort étonné par la puissance d'observation exceptionnelle du jeune homme. Son intuition lui permettait, en effet, d'identifier les plantes récemment découvertes par rapport à celles déjà répertoriées. Sa prodigieuse mémoire lui permit bientôt de reconnaître sans hésiter toutes les espèces qu'il avait étudiées ou rencontrées* »[15].

Au sujet de la faculté exceptionnelle d'observation, d'identification et de mémorisation des plantes manifestée par Aké-Assi Laurent, professeur Haïdara Daouda, membre de l'Académie des Arts, des Lettres et des Sciences et de la Diaspora (ASCAD) comme lui et actuel Président du Conseil Scientifique et Pédagogique du groupe Agitel Formation d'Abidjan, se souvient de sa rencontre avec le savant: « *J'ai rencontré Aké-Assi Laurent lorsque j'étais étudiant à la Faculté des Sciences. En tant que systématicien, il encadrait les étudiants pour les aider à mémoriser les noms de toutes les plantes de Côte d'Ivoire. Nous les étudiants, nous étions séduits par la grande mémoire de l'Assistant. Il a une mémoire rabelaisienne. Nous avions effectué avec lui plusieurs sorties sur le terrain notamment dans la forêt du Banco et en plusieurs endroits. Aké-Assi Laurent connaît parfaitement les plantes* ».

Professeur Haïdara Daouda poursuit pour donner le témoignage suivant au sujet de la forte capacité d'identification des plantes d'Aké-Assi Laurent: « *Ma mère souffrait de diabète. Elle était à Korhogo. Ma tante avait effectué le voyage de Korhogo à Abidjan avec une plante sèche achetée chez un tradi-thérapeute. Elle faisait une décoction de cette plante qu'elle donnait ensuite à boire à ma mère. J'ai pris une branche sèche de cette plante. Je l'ai tendue à* Aké-Assi *et je lui ai dit que je voulais savoir son nom scientifique. Sur ce, nous nous étions séparés. Environ 15 minutes après, nous nous sommes retrouvés à nouveau. Il m'a dit qu'il a déposé la plante dans mon casier avec son nom scientifique. Plus tard, une expérience a été faite au laboratoire sur une souris. On a analysé les résultats obtenus. Ils ont montré une baisse de la tension artérielle chez la souris. En conclusion, la plante utilisée par le tradithérapeute pour soigner le diabète chez ma mère n'est pas appropriée. Elle l'est, par contre, pour soigner l'hypertension artérielle* ».

---

[15] AKE ASSI : un paysan devenu savant par Joane Artaud , in Ivoire Dimanche du 15 février 1976.

Quant à Professeur Aouti Salomon, également académicien, il affirme, toujours au sujet de la capacité d'identification des plantes par son collègue, que : « *Rien n'arrête Aké-Assi dans la taxonomie. En la matière, il est unique dans le monde. C'est un ordinateur vivant. Quand il rentre dans une forêt, on a le sentiment que toutes les plantes conversent avec lui et lui disent, voici nos noms ! C'est un homme au langage des plantes* ». Professeur Aouti Salomon poursuit : « *Aké-Assi Laurent peut prendre la seule feuille d'une plante et dire le nom de ladite plante. C'est exceptionnel !* ». Il conclut en disant : « *Il faut avoir été ami des plantes pour que celles-ci se manifestent, comme elles l'ont fait, au contact du savant* ».

Le botaniste français Auguste Chevalier a dédié une plante à Aké-Assi : *Assidora problematica*. Cette dédicace a été faite à Aké-Assi afin de marquer un évènement. En 1948, Aké-Assi Laurent avait, en effet, accompagné Auguste Chevalier dans une forêt, dans la région de Tiassalé, en Côte d'Ivoire. Pendant leur randonnée, leur regard fut attiré par un arbuste mesurant environ 10 mètres de haut. Personne dans le groupe n'était en mesure de dire le nom de l'arbuste. Auguste Chevalier demande à Aké-Assi Laurent son avis sur la plante qui était au centre de spéculations entre les compagnons. La réponse d'Aké-Assi Laurent avait convaincu Auguste Chevalier. Il se rappelle encore: « *Je lui ai répondu que cette plante n'avait pas de nom, mais qu'elle appartenait à la famille des Rubiacées. Sur le champ, Auguste Chevalier a réfuté ma thèse. Nous sommes rentrés sur Abidjan avec quelques échantillons dont ceux qui étaient l'objet de nos discussions. Trois mois après son retour en France, Auguste Chevalier nous écrit une lettre pour nous annoncer que la plante qui avait fait l'objet de nos discussions appartenait effectivement à la famille des Rubiacées. Mais, elle n'était pas connue et que c'était la première fois qu'il la rencontrait. C'est ainsi que Auguste Chevalier a décidé de nommer le genre ASSIDORA (don d'ASSI) et l'espèce PROBLEMATICA (car ils ont eu beaucoup de problèmes pour l'identifier).* En résumé, cela donne *Assidora problematica*.

Professeur Aké-Assi Laurent a bien voulu donner quelques explications relatives à un nouveau caféier [16]: « *Ce caféier ne porte pas mon nom. Je suis co-auteur de Coffea x arabusta Capot et Aké Assi. Coffea x arabusta est un caféier hybride issu du croisement entre Coffea arabica et Coffea robusta*, *donc un taxon artificiel. Le croisement réussi des deux espèces de caféier est dû à un généticien Belge, Docteur Capot, à l'Institut Français du Café et du Cacao (I.F.C.C), à Bingerville. Capot a appelé son nouveau caféier Coffea arabusta, c'est-à-dire la première syllabe de arabica et la dernière syllabe de robusta. Mais, ce nom arabusta n'a aucune valeur scientifique sans d'autres formalités de la nomenclature internationale. Il manquait au travail original de Capot la description latine de l'espèce ainsi créée. C'est ce que*

[16] Aké Assi, L., 1974. Un nouveau caféier hybride de Côte d'Ivoire. Bull. IFAN, tome 36, série A, n° 4, pp. 900-901.

j'ai fait pour valider internationalement le nom Coffea arabusta. Ainsi, nous sommes deux auteurs pour cette espèce, ce caféier donc Coffea x arabusta Capot et Aké Assi. Capot a fait le travail de génétique et Aké Assi celui de la validation nomenclatrice internationale (la description en latin pour que le nom soit valable)». Professeur Aké-Assi Laurent est l'un des rares botanistes en Côte d'Ivoire à réaliser la description d'une plante en latin. Il s'en explique : « *La description d'une espèce nouvelle doit, impérativement, être faite en latin- au moins le résumé- pour qu'elle soit valable. J'ai appris à faire la description des plantes avec le Professeur Mangenot. En Côte d'Ivoire, nous ne sommes pas nombreux à décrire des espèces nouvelles* ». Cette capacité de professeur Aké-Assi Laurent à décrire les plantes en latin lui confère indéniablement un atout supplémentaire pour la reconnaissance de ses travaux scientifiques à l'échelle internationale.

Aké-Assi Laurent donne l'impression d'avoir signé un pacte avec la nature. Il est viscéralement attaché à la nature. Dans le quartier où il habite avec sa famille, il a planté du gazon sur la petite portion de terrain située devant sa maison. Il y a également planté des bananiers. De l'autre côté de la rue qui passe devant sa maison, c'est-à-dire sur le domaine public, il a également planté des bananiers et du gazon. Dans la cour intérieure de sa maison, Professeur Aké-Assi Laurent a planté un bananier qui, selon lui, donne de gros régimes de bananes. Au moment de mes rencontres avec lui et les membres de sa famille, il y a avait un gros régime de banane qui était arrivé presqu'à maturité. Il a indiqué qu'il a planté ce bananier depuis plus de vingt années. Au fil des années, il le renouvelle lorsque cela s'avère nécessaire. Le botaniste fait littéralement rentrer la nature dans sa maison. D'ailleurs, il constate, avec amertume « *qu'il n'y a pas suffisamment d'arbres dans les villes ivoiriennes. Pis, les quelques arbres qui existent sont régulièrement abattus sans qu'il n'y ait une quelconque compensation* ». Il trouve cela fort regrettable.

Dr Francis Lauginie[17], Président de l'ONG Afrique Nature va plus loin pour expliquer la passion du savant pour la botanique. Il dit, en effet, avec beaucoup de conviction : « *Aké-Assi a une mission divine. Et, pour accomplir cette mission, il ne travaille pas pour l'argent* ». L'expert français indique, au sujet du parcours du savant Aké-Assi, que ce qui l'a particulièrement marqué, c'est le fait « *qu'il sait travailler en brousse* ». Pour un Européen, voir Aké-Assi travailler en brousse, comme il le fait si bien, peut constituer un évènement. Mais, en réalité, Aké-Assi ne fait que poursuivre ce qu'il a commencé à faire depuis son enfance.

---

[17] Dr Francis Lauginie est décédé le 1er avril 2018 à Toulouse (France).

Georges Mangenot, le mentor du chercheur

A la question de savoir si pendant son parcours universitaire ou professionnel il a eu un mentor, professeur Aké-Assi Laurent avance sans hésiter le nom de Georges Mangenot. Le professeur de botanique taxonomique, Georges Mangenot aura été incontestablement le mentor d'Aké-Assi Laurent. Beaucoup de gens pensent que le mentor, c'est celui qui donne l'argent. Le mentor, c'est celui qui guide, qui oriente. On dit généralement que les mentors ne s'intéressent qu'aux gens qui sont intelligents et qui ont des talents. Ils veulent, à travers les personnes auxquelles ils s'intéressent, voir, un jour, leurs efforts couronnés de succès. Ils ne veulent pas aller dans l'inconnu en prenant fait et cause pour des personnes trop ordinaires, sans perspective, sans ambition, qui attendent que l'on leur dicte tout ce qu'elles doivent faire.

Qu'est-ce que Georges Mangenot vous a-t-il apporté en tant que mentor? Professeur Aké-Assi Laurent répond: « *il m'a apporté tout* ». Au sujet de son mentor, Georges Mangenot, le professeur Aké-Assi Laurent ajoute qu'il lui a donné « *tout et lui a ouvert la voie* ». Cela veut dire que s'il n'avait pas fait la rencontre avec cet homme, il ne serait certainement pas arrivé là où il est. Il rend ainsi un hommage à son mentor.

Gnaba Logon Jean (93 ans), ami de très longue date, a pu donner le témoignage suivant au sujet de la profondeur de la relation d'amitié qui existait entre les deux hommes : « *Georges Mangenot a pris Aké-Assi Laurent comme son enfant. Personne ne pouvait le toucher. Si quelqu'un attaquait Aké-Assi Laurent, c'est comme s'il attaquait Mangenot, lui-même*».

Pendant que nous étions en séance de travail, Professeur Aké-Assi Laurent me donne l'information suivante: « *La femme de Mangenot m'a écrit une lettre hier* ». Madame Mangenot est, aujourd'hui, âgée de 97 ans. A la fin de la séance de travail, Professeur Aké-Assi Laurent m'a présenté la lettre que la femme de Mangenot lui avait envoyée la veille. J'ai saisi cette occasion pour prendre l'adresse postale de madame Simone Mangenot. Deux jours après avoir reçu son adresse, je lui ai écrit une lettre en vue de lui poser quelques questions. Ma lettre était ainsi libellée :

« *Madame Simone Mangenot. C'est un réel plaisir pour moi de vous adresser ces quelques mots. Depuis quelques jours, j'ai commencé à écrire la biographie de Professeur Aké-Assi Laurent. C'est une tâche à la fois délicate et passionnante à laquelle j'ai décidé de me livrer.*

Ce samedi 26 Février 2011, j'étais en séance de travail avec le Professeur Aké-Assi Laurent quand il m'a dit qu'il venait de recevoir, la veille, une lettre de vous. Je lui ai aussitôt demandé de me communiquer votre adresse afin que je vous écrive pour vous poser 3 ou 4 questions. En tant que l'une des personnes étrangères ayant côtoyé professeur Aké-Assi

Laurent, j'ai pensé que vous pourriez émettre une opinion neutre et objective sur l'homme de science. Voici les quatre questions que je vous soumets :

Quelles auront été, selon vous, les causes du succès professionnel et scientifique de professeur Aké-Assi Laurent ?

Quelles sont les principales qualités que vous avez pu déceler chez professeur Aké-Assi Laurent?

Quels sont les principaux défauts de professeur Aké-Assi Laurent ?

Quelles approches la communauté scientifique ivoirienne peut-elle ou doit-elle adopter, selon vous, afin de perpétuer l'œuvre immense de Professeur Aké-Assi Laurent ?

Madame, vous pourriez également me fournir toutes autres informations ou anecdotes que vous jugerez pertinentes. Je vous rappelle les contacts téléphoniques de Professeur Aké-Assi Laurent. Vous pourriez, pour vous rassurer, le contacter aux numéros suivants.

Dans l'attente d'une suite favorable, je vous prie d'accepter, Madame, l'expression de mon profond respect. Je profite de cette lettre pour vous souhaiter une bonne santé.

Merci. Yao Bazin, chercheur ».

Deux mois et demi plus tard, Madame Simone Mangenot m'a envoyé une attachante lettre datée du 21 Mai 2011. Elle était libellée comme suit :

« *Paris, le 20-05-2011*

Monsieur,

Votre lettre du 28 février 2011 m'est arrivée aujourd'hui. Espérons que la mienne, plus lourde, vous arrivera ! Très étonnée de recevoir une lettre de Côte d'Ivoire, pays que j'ai beaucoup aimé et pour lequel j'ai beaucoup d'inquiétudes maintenant. Je pensais que cette lettre venait de Monsieur Aké-Assi, seule personne que j'y connaisse maintenant depuis que j'ai perdu ma chère amie Gladys Anoma. Mais j'ai vu que, sinon de M. Aké-Assi, votre lettre était à son sujet.

J'ai, hélas Monsieur, près de 96 ans et j'ai presque complètement perdu le souvenir de ces années-là. Mais, je me suis rappelée que, dans tous les dossiers que j'ai gardés de mon mari, il y avait de nombreux rapports de thèse et j'ai pu retenir ces deux rapports, que je vous envoie : rapport de la thèse d'université soutenue à Paris en 1961, et rapport de la thèse de doctorat d'Etat soutenue à Abidjan en 1984.

Mon mari était alors déjà bien malade et je craignais que le voyage à Abidjan ne lui soit fatal. Heureusement, il a pu le faire, car Aké-Assi était son élève favorisé ; mais il est mort en 1985.

Je connaissais bien M. Aké-Assi (il venait même travailler avec mon mari, chez nous, pour la finition de sa thèse). Mais, son travail de systématicien m'était complètement inconnu et je ne peux rien vous en dire. Je travaillais seulement sur les nombres chromosomiques de ses plantes.

J'avais été très émue qu'après la mort de mon mari, Aké-Assi soit venu, avec notre ami Edouard Adjanohoun, s'incliner sur la tombe de mon mari à Clermont-en-Argonne.

J'espère que vous trouverez dans ces deux rapports quelques phrases qui vous permettront de répondre à vos questions et, en vous disant comme la Côte d'Ivoire est toujours dans mes pensées en ces jours difficiles pour elle, je vous prie de croire à mes meilleurs sentiments.

S. Mangenot ».

Madame Simone Mangenot a ajouté à cette lettre deux précieux documents mis en annexe. L'un des documents avait été envoyé par professeur Georges Mangenot à Monsieur le professeur NDiaye Alassane Salif, alors Doyen de la Faculté des Sciences de l'Université Nationale de Côte d'Ivoire. Il est intitulé : *Rapport sur la thèse de Monsieur Laurent Aké-Assi.* Ce rapport était un document confidentiel que Professeur Aké-Assi Laurent n'avait pas vu, à l'époque. L'autre document est une lettre envoyée, le 25 janvier 1961, par les trois personnes, à savoir Mangenot, Guinochet et Schnell à monsieur Aké-Assi Laurent. Il portait sur : « *Contribution à l'étude floristique de la Côte d'Ivoire et des territoires limitrophes* ».

Entre le mentor et le poulain, il y a eu une certaine complicité en vue de réaliser les objectifs recherchés. Il y a eu aussi de belles anecdotes. Une de ces anecdotes m'a particulièrement marqué. Au salon de Professeur Aké-Assi, il y a une photo, agrandie, sur laquelle figurent le professeur Mangenot, Aké-Assi Laurent et Jacques Miège[18], devenu plus tard Directeur des Conservatoire et Jardin Botaniques de Genève (Suisse).

[18] Professeur Jacques Miège est décédé en 1994.

Côte d'Ivoire : Sur la photo, on observe, de gauche à droite, Pr Jacques MIEGE, le jeune Aké-Assi Laurent et Pr Georges MANGENOT. C'était en 1948, dans la forêt de l'Anguédédou.

Au sujet de cette magnifique photo, professeur Aké-Assi Laurent se souvient : « *Au bureau, à Adiopodoumé, professeur Mangenot m'avait donné un devoir de classe, comme il avait l'habitude de le faire. Il m'avait décrit, avec les détails, les caractères d'une famille de plante. Arrivé sur le terrain, quelques jours plus tard, j'ai retrouvé, par hasard, une représentante de cette famille en fleur que j'ai reconnue grâce à la description faite par le Professeur. Je lui ai posé quelques questions pour avoir plus d'éclairage. Des explications supplémentaires m'ont été fournies. Cela a plu à M. Tournier qui jouait le rôle de photographe du groupe. Face à cette situation, M. Tournier, chercheur et naturaliste, a posé la question suivante : Quel est cet élève qui ose poser à son grand maître une question qui constitue presqu'une colle pour lui ? Et, pour immortaliser ce fait, Tournier a fait cette photo. Après cette mission, il était allé en France. Il ne savait pas comment me remettre la photo. Tournier ne savait pas non plus ce que je suis devenu plus tard. C'est lorsqu'il a appris que le jeune Aké-Assi a soutenu une thèse de Doctorat d'Etat et que je suis devenu professeur (maître de conférences), qu'il a envoyé la photo et le cliché au recteur de l'Université d'Abidjan. La photo datait de 32 années. Le recteur m'a ensuite appelé pour me remettre et la photo et le cliché* ». Cette belle photographie, agrandie et encadrée, est accrochée au mur, au salon de Professeur Aké-Assi Laurent. Dans l'immense photothèque de Professeur Aké-Assi Laurent, estimée à plusieurs milliers de photos réalisées durant son parcours, c'est la seule photo qui ait bénéficié d'un traitement aussi particulier. Elle en dit long sur la complicité qui s'est instaurée entre le jeune Aké Assi et le Professeur Georges Mangenot, son mentor.

Abidjan – 12 avril 1996 – Centre National de Floristique - Université de Cocody - Professeur Aké-Assi en compagnie de Prof. Bringmann, (à droite), et de son fils, professeur de chimie, à gauche.

Bourse d'Etat octroyé par le député Félix Houphouet-Boigny

Le Centre de Recherche d'Adiopodoumé, Côte d'Ivoire, évoluait. Deux nouveaux bâtiments à étages venaient d'être construits. Une cérémonie d'inauguration de ces bâtiments avait été organisée. Comme le terrain du site appartient aux Ebrié, les Blancs ont prévu un cadeau pour le Chef du village de cette époque. Ce cadeau était un fusil de chasse, envoyé spécialement de la France. Le cadeau avait été remis au Chef du village d'Adiopodoumé.

Le Gouverneur Pierre Messmer avait été invité pour l'inauguration du nouveau bâtiment, le premier immeuble de la station de recherche, le Laboratoire Auguste Chevalier. Ne pouvant pas venir, le Gouverneur a délégué Félix Houphouët-Boigny, député et conseiller politique, et Auguste Denise. Le bâtiment avait été inauguré. Professeur Aké-Assi Laurent se souvient : « *Après la cérémonie d'inauguration, il fallait visiter les locaux. Ma table de travail se trouvait dans un coin du laboratoire du professeur Mangenot. Les visiteurs du jour passaient de laboratoire en laboratoire. Quand ils étaient arrivés au bureau de professeur Mangenot, j'y travaillais. Je faisais un dessin. Le député Félix Houphouët-Boigny s'était attardé sur moi. Mangenot, ne le voyant pas dans la suite, est revenu sur ses pas. A son retour, le député Houphouët lui a posé la question suivante : « Qui est ce jeune homme et qu'est-ce qu'il fait là ? ». Professeur Georges Mangenot lui a répondu : « C'est un jeune qui travaille depuis longtemps avec moi. Il est très intelligent. Je ne sais pas ce que je peux faire pour lui. Cela me cause de la peine. Alors, Félix Houphouët-Boigny lui a posé la question suivante : « Si je l'envoie en France est-ce qu'il peut faire quelque chose ? » Professeur Mangenot lui a montré un document que j'avais réalisé avec mon niveau*[19]*. Félix Houphouët-Boigny est impressionné par mon travail. Comme s'il plaisantait, Félix Houphouët-Boigny s'adressa à moi en ces termes : « On va te donner une bourse. Tu vas aller étudier en France pour venir remplacer ce Monsieur ». Professeur Mangenot a indiqué à Félix Houphouët-Boigny qu'il songeait à m'envoyer en France à ses frais. C'est sur cette base que Félix Houphouët-Boigny a décidé de m'octroyer la bourse. Professeur Mangenot a rassuré le député Félix Houphouët-Boigny en disant : « Ce jeune homme en est capable. Sur ce, ils m'ont quitté ».*

Avant de quitter Mangenot, Félix Houphouët-Boigny avait dit : « Demain matin, il faut me trouver au palais. Je lui donnerai une bourse ». Le lendemain, Georges Mangenot était allé au Palais comme Houphouët-Boigny le lui avait demandé. Il en était revenu avec une décision de bourse pour un stage de six mois en France signé par Pierre Messmer et V.

[19] C'était le document intitulé : « Le parasolier (Musanga Smithii R.B. Moracées) : Origine de ses peuplements et son Utilité », Aké Assi Laurent, ORSTOM-Adiopodoumé, 1954, 13 pages.

Fournier, Inspecteur d'Académie, Abidjan. C'était en novembre 1955. Une copie de cette décision de bourse est reproduite dans le texte du présent ouvrage.

La rencontre avec le député Félix Houphouët-Boigny au laboratoire du professeur Georges Mangenot à Adiopodoumé va se révéler décisive et lourde de conséquences pour le jeune Aké-Assi Laurent. On peut dire que ce fut la rencontre du destin, la rencontre de toute une vie. Passé de préparateur au titre de Moniteur Adjoint, le jeune homme obtient une occasion merveilleuse de partir pour la France, en vue d'y améliorer ses connaissances.

Aké-Assi Laurent s'est retrouvé sur le chemin du député Félix Houphouët-Boigny. Ce fut un jour mémorable. Le jeune Aké-Assi Laurent, en arrivant au laboratoire, ce matin-là, ne pouvait pas imaginer qu'une telle rencontre aurait eu lieu, avec celui-là même qui allait devenir plus tard le premier Chef d'Etat de la République de Côte d'Ivoire indépendante. Aké-Assi Laurent avait-il entendu parler, auparavant, du député Félix Houphouët-Boigny ? Il répond : « *J'avais déjà entendu parler de Félix Houphouët-Boigny, comme tous les enfants de mon âge. Car, Houphouët-Boigny, après avoir aboli les travaux forcés, tout le monde parlait de lui. Houphouët-Boigny était même plus connu sous le sobriquet de ''Vivre'' qui signifiait ''Vivre Houphouët-Boigny* !'', ''*Vivre la Côte d'Ivoire !* ».

Cette rencontre va profondément bouleverser le reste de la vie du jeune homme dont personne ne vendait cher la peau au moment où il quittait l'école régionale d'Agboville.

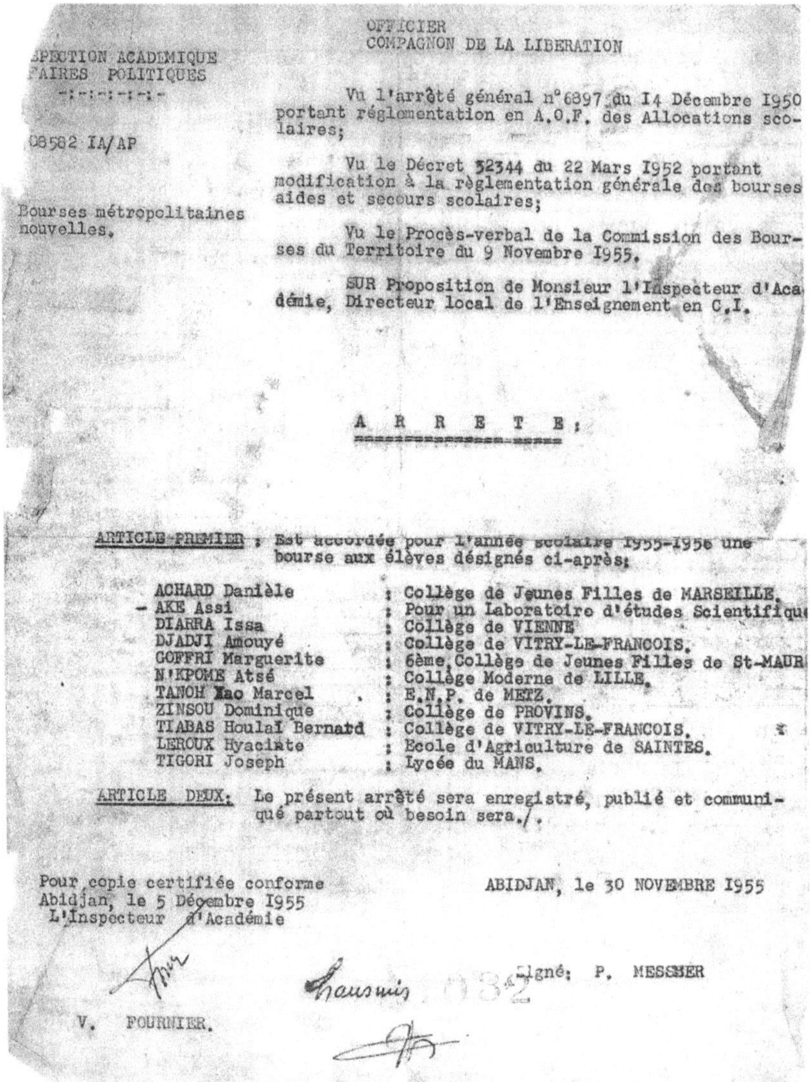

SPECTION ACADEMIQUE
FAIRES POLITIQUES
-:-:-:-:-:-

08582 IA/AP

Bourses métropolitaines nouvelles.

OFFICIER
COMPAGNON DE LA LIBERATION

Vu l'arrêté général n°6897 du 14 Décembre 1950 portant réglementation en A.O.F. des Allocations scolaires;

Vu le Décret 52344 du 22 Mars 1952 portant modification à la réglementation générale des bourses aides et secours scolaires;

Vu le Procès-verbal de la Commission des Bourses du Territoire du 9 Novembre 1955.

SUR Proposition de Monsieur l'Inspecteur d'Académie, Directeur local de l'Enseignement en C.I.

A R R E T E :

ARTICLE PREMIER : Est accordée pour l'année scolaire 1955-1956 une bourse aux élèves désignés ci-après;

ACHARD Danièle	: Collège de Jeunes Filles de MARSEILLE.
- AKE Assi	: Pour un Laboratoire d'études Scientifique
DIARRA Issa	: Collège de VIENNE
DJADJI Amouyé	: Collège de VITRY-LE-FRANCOIS.
GOFFRI Marguerite	: 6ème, Collège de Jeunes Filles de St-MAUR
N'KPOME Atsé	: Collège Moderne de LILLE.
TANOH Yao Marcel	: E.N.P. de METZ.
ZINSOU Dominique	: Collège de PROVINS.
TIABAS Houlaï Bernard	: Collège de VITRY-LE-FRANCOIS.
LEROUX Hyacinte	: Ecole d'Agriculture de SAINTES.
TIGORI Joseph	: Lycée du MANS.

ARTICLE DEUX: Le présent arrêté sera enregistré, publié et communiqué partout où besoin sera./.

Pour copie certifiée conforme
Abidjan, le 5 Décembre 1955
L'Inspecteur d'Académie

V. FOURNIER.

ABIDJAN, le 30 NOVEMBRE 1955

Signé: P. MESSMER

Voici l'arrêté de la décision de bourse à Aké-Assi (2è nom sur la liste). On remarque que la bourse est octroyée à onze jeunes hommes et jeunes filles pour des études ou des stages dans des collègues, lycées ou écoles spécialisées en France.

Départ pour la France retardé par la peur du froid hivernal

Après l'obtention de la bourse, en novembre 1955, le jeune Aké-Assi Laurent devrait partir pour la France en décembre de la même année. Mais, compte tenu de l'hiver qui sévissait, il a volontairement retardé le voyage. C'est qu'entre temps, un Français, du nom de Nicolas Hallé, qui travaillait au laboratoire de Georges Mangenot, à Adiopodoumé, en tant que dessinateur, a demandé, un jour, à Aké-Assi Laurent : « *Tu connais le réfrigérateur ?* ». Il a répondu par l'affirmative. Alors, Nicolas Hallé lui a dit : « *Dans le réfrigérateur, la température est d'environ 5 degrés centigrades. Actuellement en France, il fait moins dix degrés. La France est en plein hiver actuellement* ». A la suite de ces propos, Aké-Assi Laurent a eu peur d'affronter l'hiver. Aller en France pour découvrir Paris, la ville lumière, était un plaisir que tout Nègre, candidat admis au voyage ne peut bouder. Nicolas Hallé a réussi son coup. Il a créé une véritable psychose de peur chez le jeune Aké-Assi Laurent au point de le dissuader de voyager durant la période hivernale. Pour un Africain qui débarque pour la première fois en France ou ailleurs en Europe pendant un hiver trop rigoureux, c'est la principale adversité. L'autre difficulté, c'est la solitude. Il doit les braver pour suivre les cours ou s'adonner à l'activité pour laquelle il a effectué le voyage.

Aké-Assi Laurent a volontairement retardé son voyage à cause du froid hivernal, aux dires de Nicolas Hallé. C'était une décision plutôt sage. Et puis, un stage peut démarrer à n'importe quel moment, au contraire des années académiques normales qui sont concentrées sur une période réglementaire donnée. Finalement, le voyage a lieu le 6 février 1956. Parti d'Abidjan, l'avion à hélices, à bord duquel Aké-Assi Laurent a effectué son premier voyage à l'étranger, a successivement fait escale à Bamako, à Dakar et à Bordeaux avant d'atterrir à Paris, le lendemain à 6 heures du matin. Professeur Aké-Assi Laurent se souvient : « *Je suis arrivé à Paris le 6 février 1956. Il faisait moins 16 degrés à 6 heures à Orly* ».

Professeur Aké-Assi Laurent se souvient de ses débuts en France : « *Une chambre m'avait été réservée à la Cité Universitaire du Boulevard Jourdan, dans le 14è arrondissement de Paris, à la Maison de la France d'Outre Mer. Je l'ai intégrée* ». Comme son nom l'indique bien, c'est dans cette cité cosmopolite que les étudiants des différentes colonies et possessions françaises étaient logés. Au moment de l'arrivée d'Aké-Assi Laurent dans ladite cité, c'est Abdou Diouf, ancien Chef d'Etat sénégalais et actuel Secrétaire Général de la Francophonie qui était le délégué des résidents.

A son arrivée à Paris, Aké-Assi Laurent se retrouve dans une situation paradoxale et inattendue. En effet, aussitôt arrivé, il a l'envie de revenir en

Côte d'Ivoire. Ce fut une envie très forte. A telle enseigne qu'il a l'insomnie pendant deux jours. Il cherche à trouver une réponse à cette situation. Professeur Aké-Assi Laurent se souvient : « *Je me suis rendu dans la pharmacie la plus proche de la cité universitaire, la pharmacie Arnaud. Quand j'ai expliqué au pharmacien que j'ai l'insomnie, il m'a conseillé de prendre, au coucher, un comprimé de Dorideme, un somnifère* ». Mais, une fois dans sa chambre, et par mesure de prudence, Aké-Assi Laurent prend seulement la moitié d'un comprimé, au lieu d'un comprimé entier. Après la prise du demi-comprimé, il s'est endormi. C'était un samedi. Il ne s'est réveillé que le lundi. En plus, c'était la femme de ménage qui, après s'être rendue compte qu'Aké-Assi Laurent ne s'était pas levé à l'heure normale, avait décidé de frapper à sa porte. Mais, pourquoi Aké-Assi Laurent avait-il eu envie de rentrer en Côte d'Ivoire dès son arrivée à Paris ? Il nous donne les explications suivantes : « *J'avais envie de revenir en Côte d'Ivoire en raison de la rigueur de l'hiver. En plus, il y avait la solitude, car je n'avais pas d'amis ou d'autres personnes avec lesquelles je pouvais échanger. Enfin, j'ai trouvé que les façades des immeubles étaient laides. Elles étaient toutes noires. Les façades des immeubles n'étaient pas ravalées. C'est bien plus tard que l'office de ravalement des façades a été créé* ».

Il convient de faire remarquer que Nicolas Hallé, alors dessinateur au Centre-ORSTOM d'Adiopodoumé (Abidjan), s'est retrouvé à Paris au Muséum National d'Histoire Naturelle. Il a ensuite eu la possibilité de faire une thèse de doctorat. Ainsi, il était Chercheur au Centre National de Recherche Scientifique (CNRS) avant l'arrivée d'Aké-Assi Laurent en France en 1956. Cela montre simplement que tous ceux qui ont eu à travailler sous la direction de professeur Georges Mangenot ont reçu, de sa part, un bon encadrement scientifique, professionnel et pédagogique. On peut donc affirmer que *'l'école'* de Georges Mangenot est excellente, gagnante.

Rapport de stage : la souris accouche d'un éléphant

Le stage est, entre autres, défini comme une période de formation et de perfectionnement d'un étudiant ou apprenant, d'un travailleur ou d'un candidat à un emploi. L'occasion était rêvée pour Aké-Assi Laurent de prouver que son mentor Georges Mangenot et Houphouët-Boigny ne se sont pas trompés en l'envoyant en stage en France. Il ne devrait donc pas lésiner sur ses moyens intellectuels pour réaliser correctement ce stage.

Il ne faudrait pas perdre de vue que le stage est arrivé après l'épisode de l'Ecole d'Apprentissage de l'Agriculture de Bingerville. Son avènement a créé une très grande prise de conscience chez le jeune Aké-Assi Laurent. Celui-ci s'est senti, en effet, véritablement responsable. D'abord, envers lui-même, puisqu'il veut saisir pleinement la chance qui lui a été donnée pour bâtir une vie future plus confortable que celle de technicien de laboratoire. A l'occasion de la première présentation du film « *Bois sacré* » au Goethe Institut d'Abidjan, le mercredi 23 novembre 2011, Professeur Aké-Assi Laurent avait, à l'attention de l'assistance, dit, de manière caricaturale : « *Mon travail de technicien consistait, entre autres, à balayer la salle à la fin de la journée, quand tout le monde est parti* ». Il n'a pas trouvé ce travail dévalorisant. Au contraire, il l'a réalisé avec plaisir, sérieux et enthousiasme. Aujourd'hui, dans notre société, beaucoup de citoyens ne sont pas capables de balayer une « *salle* » quand on leur en donne l'occasion. Ils veulent qu'on les appelle " techniciens de surface" au lieu de plantons, manœuvres ou balayeurs. Mais, curieusement, ils aspirent à une position sociale plus grande sans avoir fait la preuve qu'ils méritent plus. La question qui résulte de ce comportement est la suivante : « *Que veut-on espérer si l'on n'a pas été capable de réaliser un petit boulot ou la plus petite tâche dont on a été chargé ?* ». Ensuite, envers son mentor Georges Mangenot et envers le député Félix Houphouët-Boigny qui lui a octroyé la bourse d'étude, alors qu'il ne le connaissait pas auparavant, Aké-Assi Laurent s'est senti encore plus responsable. Il ne voulait pas les décevoir. Enfin, Aké-Assi Laurent s'est senti responsable vis-à-vis de tous ceux, des Blancs, qui étaient dans le même laboratoire que lui avec des niveaux d'instruction plus élevé que le sien. Il a donc travaillé sans complexe pour ne pas donner l'occasion à ces Blancs de douter de lui. Il comptait poursuivre son travail sur la même lancée, caractérisée par la recherche obstinée de la vérité scientifique.

En arrivant au stage de perfectionnement à Paris, on note que le jeune Aké-Assi Laurent avait déjà accumulé une somme de connaissance non négligeable en botanique. L'occasion était donc belle pour lui de prouver la connaissance intrinsèque qu'il avait des plantes tropicales. Dans ce contexte, sa soif d'apprendre était alors à son paroxysme.

La vie de l'homme est un combat et Félix Houphouët-Boigny disait toujours que dans ce combat, « *on ne juge pas au départ mais à l'arrivée* ». Autrement dit, c'est le fait d'arriver qui compte. On constate qu'Aké-Assi Laurent avait pris un mauvais départ dans la vie, en s'éjectant prématurément du système éducatif national.

Le fait même d'être arrivé à ce stage était déjà, pour lui, un grand évènement voire une première victoire sur le sort. Il ne voulait pas non plus fournir un rapport de stage que les Blancs qualifieraient de rapport de « *nègre* ». A l'idée de voir les Blancs minimiser son travail, il a réagi, en donnant le meilleur de lui-même pendant la rédaction du mémoire de stage. Ainsi, il conclut son stage par un rapport jugé digne d'intérêt.

Le déroulement d'un stage se fait selon une organisation pratique interne du stagiaire et la conduite des activités et tâches selon un programme de travail réalisé en relation avec le maître ou le superviseur dudit stage. Dans certains cas, un calendrier de travail est soumis au stagiaire. Il doit s'y conformer. Dans d'autres cas, le stagiaire a la latitude de conduire le stage, de manière autonome avec le risque que son travail soit orienté dans un sens plutôt que dans un autre.

Des moyens de travail adéquats sont, dans certains cas, fournis au stagiaire notamment en termes de bureau ou atelier pour le travail quotidien, la documentation et les matériels ou outils techniques de travail tels que des appareils d'observation ou de mesure, les outils d'analyse et de mise en forme des informations collectées. Toutes ces conditions réunies créent un environnement propice qui permet au stagiaire d'accomplir son travail en toute sérénité. Cet environnement quelque peu idéaliste est celui qui est créé lorsque la structure d'accueil du stagiaire accorde un intérêt tout particulier au travail notamment à l'utilisation possible des résultats du stage pour sa future carrière professionnelle. De même, pour la structure d'accueil, le stagiaire peut soulever des questions qui peuvent être dignes d'intérêt.

Dans tous les cas de figure, quelles que soient les conditions de l'organisation technique ou matérielle pratique, la réussite d'un stage dépend étroitement de la disposition personnelle du stagiaire, de son engagement à obtenir les résultats escomptés. Autrement dit, tout dépend, en grande partie, du stagiaire lui-même, du sérieux avec lequel il l'accomplit. Aké-Assi Laurent a suivi le stage sans « *légèreté et avec détermination* ». Il avait également été ponctuel, assidu durant toute la durée du stage. Il se souvient : « *J'arrivais toujours avant l'heure. J'étais également l'un des tout derniers à quitter le laboratoire* ». Le sérieux avec lequel Aké-Assi Laurent avait réalisé le stage avait déjà marqué les esprits des travailleurs du laboratoire. Cela avait, en quelque sorte, prédisposé les travailleurs pour une évaluation favorable, mais sans complaisance des résultats de son stage. Ils ont tous été émerveillés par la haute qualité scientifique et technique du rapport réalisé par Aké-Assi Laurent.

Aké-Assi Laurent était parti en France pour un stage de six (6) au terme duquel il devrait retourner en Côte d'Ivoire. Au cours de son stage, Aké-Assi Laurent avait essentiellement travaillé sur des plantes qu'il avait envoyées de Côte d'Ivoire. Ces plantes ne pouvaient pas être analysées à Adiopodoumé vu le faible niveau d'équipement des laboratoires par rapport à celui de la France. Le stage s'était déroulé le plus correctement et le plus sérieusement du monde.

A la fin de son stage, Aké-Assi Laurent rédige son rapport. A la lecture de son rapport, les membres du Laboratoire de Phanérogamie du Muséum National d'Histoire Naturelle de Paris ainsi que ceux du Laboratoire de Biologie Végétale de Paris-VI (Orsay) et de Paris-Sorbonne, reconnaissent, de manière unanime, que l'importance, la valeur et la qualité du rapport sont bien supérieures à celles d'un travail de stage. La souris venait, en quelque sorte, d'accoucher d'un éléphant. L'idée a donc émergé qu'Aké-Assi Laurent fasse une thèse de doctorat d'Université. Ils ont précisément dit à l'endroit d'Aké-Assi Laurent: « *Ce n'est pas possible que quelqu'un qui a le niveau CE1, et qui rédige un rapport de stage d'une aussi bonne qualité parte chez lui. Il faut que vous restiez. Car, vous avez la possibilité de réaliser une thèse de doctorat* ».

La qualité technique du rapport d'Aké-Assi Laurent était très largement au-dessus de ce qu'on pouvait attendre d'un stagiaire de niveau technicien de laboratoire. C'était surprenant pour tous. Mais, en réalité, ce stage a été pour Aké-Assi Laurent l'occasion rêvée de mettre en exergue son talent de botaniste. A partir de l'expérience acquise, pendant dix années, auprès de son maître, le Professeur Georges Mangenot à Adiopodoumé, à Abidjan, Aké-Assi Laurent a surpris tous les travailleurs des laboratoires de biologie végétale de la Faculté des Sciences de l'Université Paris-Sorbonne, et de Phanérogamie du Muséum National d'Histoire Naturelle de Paris. Quand on se réfère aux réponses de haute portée scientifique qu'il proposait toujours aux questions de Georges Mangenot, on se dit, au fond, que c'est normal et logique qu'il présente un rapport de stage dense, digne de susciter une nouvelle vocation.

Inscription en doctorat face aux exigences de l'administration

Cette unanimité réalisée autour du rapport d'Aké-Assi Laurent visait à lui permettre de réaliser une thèse de doctorat. Il va cependant se heurter à une difficulté administrative majeure. Le Responsable Français en charge des inscriptions des étudiants Ivoiriens dans les universités françaises, refuse, en effet, qu'Aké-Assi Laurent s'inscrive à l'Université Paris-Sorbonne. Il ne partage pas l'avis des autres. La raison, Aké-Assi Laurent n'a pas obtenu le baccalauréat. Ce fut un refus catégorique du responsable administraif qui a indiqué qu'il est chargé d'appliquer les textes et rien que les textes. Aké-Assi Laurent, stagiaire aspirant désormais au doctorat, retourne dans le laboratoire pour poser le problème. Professeur Aké-Assi Laurent explique : « *Madame C. Tarbouriech était l'une des responsables du Bureau du Doyen, à l'époque, de la Faculté des Sciences de Paris-Sorbonne. Elle était chargée de donner un avis concernant les inscriptions des Etudiants, en général. Ces inscriptions étaient closes pour moi du fait de la faute du Blanc qui s'occupait de l'inscription des Etudiants Ivoiriens et qui voulait faire entrave à mon inscription parce que je ne suis pas titulaire du baccalauréat. Après contact pris avec le Recteur de l'Université à mon sujet, celui-ci donne ordre à la Responsable des inscriptions de me donner un laissez-passer pour qu'on m'inscrive, car les délais étaient passés. C'était donc un laissez-passer spécial* ». Avec l'appui du Chef du laboratoire et de Georges Mangenot, par ailleurs Directeur du Laboratoire de Botanique de la Faculté des Sciences de l'Université de Paris-Sorbonne, Aké-Assi Laurent obtient finalement un laissez-passer du recteur de l'Université pour s'inscrire.

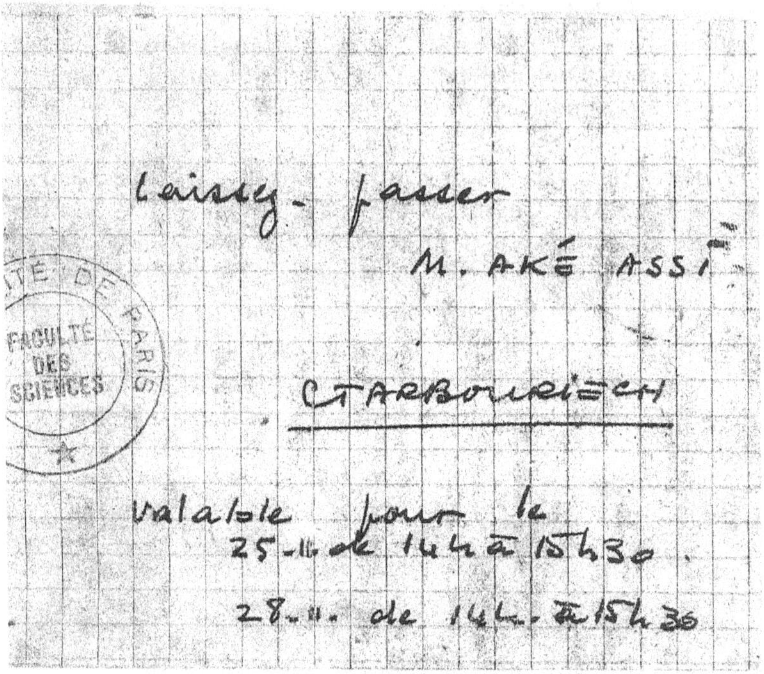

Laissez-passer
M. AKÉ ASSI

C. TARBOURIECH

valable pour le
25-11 de 14h à 15h30.
28-11. de 14h. à 15h30

Le document ci-dessus date de l'année 1960.

La note donnant ordre de « *Laissez-passer* » M. Aké-Assi est directement adressée à Madame C. Tarbouriech, la responsable en charge des inscriptions des étudiants, avec des délais qu'elle devait respecter ou faire respecter pour réaliser l'inscription d'Aké-Assi.

Pour sa thèse de doctorat d'Université, Aké-Assi Laurent n'a pas travaillé sur le même thème de stage. Le rapport de stage n'a donc pas été transformé en thèse de doctorat. Un nouveau sujet de recherche et de thèse fut proposé à Aké-Assi Laurent. Tous les matériaux ou tous les intrants étaient là pour lui permettre de réaliser le travail. Il s'est mis à la tâche.

Le document de la page suivante montre la carte d'étudiant de Laurent Aké-Assi, inscrit en troisième cycle, deuxième année de doctorat, Faculté des Sciences, à l'Université de Paris.

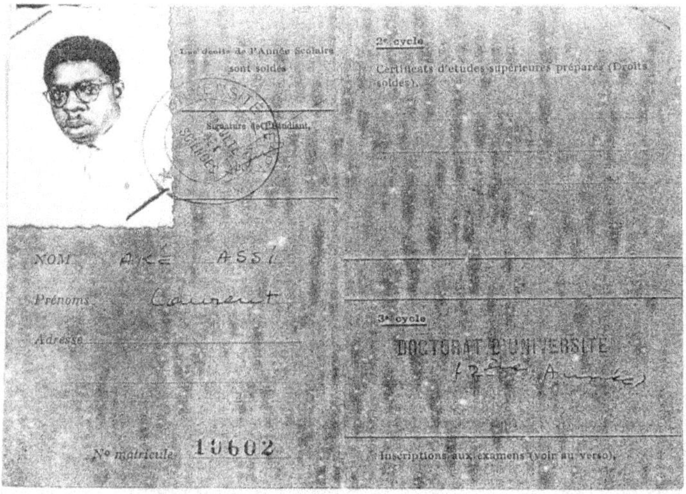
Les droits de l'Année Scolaire sont soldés

Signature de l'Étudiant,

NOM AKÉ ASSI

Prénoms Laurent

Adresse

N° matricule 10602

2e cycle

Certificats d'études supérieures préparés (Droits soldés).

3e cycle

DOCTORAT D'UNIVERSITÉ

(2ème Année)

Inscriptions aux examens (voir au verso).

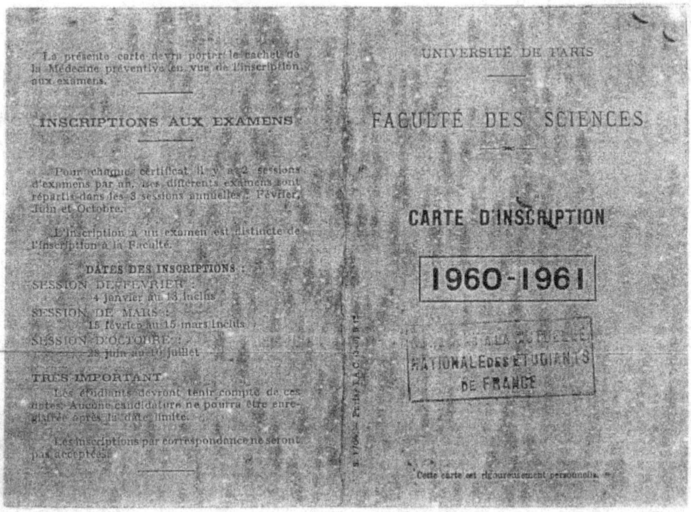
La présente carte devra porter le cachet de la Médecine préventive en vue de l'inscription aux examens.

INSCRIPTIONS AUX EXAMENS

Pour chaque certificat il y a 2 sessions d'examens par an, les différents examens sont répartis dans les 3 sessions annuelles : Février, Juin et Octobre.

L'inscription à un examen est distincte de l'inscription à la Faculté.

DATES DES INSCRIPTIONS :

SESSION DE FÉVRIER :
4 janvier au 13 inclus

SESSION DE MARS :
15 février au 15 mars inclus

SESSION D'OCTOBRE :
28 juin au 10 juillet

TRÈS IMPORTANT

Les étudiants devront tenir compte de ces dates. Aucune candidature ne pourra être enregistrée après la date limite.

Les inscriptions par correspondance ne seront pas acceptées.

UNIVERSITÉ DE PARIS

FACULTÉ DES SCIENCES

CARTE D'INSCRIPTION

1960-1961

NATIONALE DES ÉTUDIANTS DE FRANCE

Cette carte est rigoureusement personnelle.

Aké-Assi Laurent était inscrit en thèse de doctorat d'université. Mais, tout a failli basculer. Il avait senti un certain dégoût pour la France. Il explique : « *En principe, lorsqu'on obtient une bourse pour une formation en France, on ne peut obtenir un billet d'avion pour rentrer au pays, en vacance, que tous les deux ans, bien sûr si les études se déroulent correctement. Or, je n'ai fait qu'un an, ma première année. Je n'avais donc pas droit au billet d'avion* ».

Aké-Assi Laurent poursuit : « *A la fin de mon stage, ma bourse a été renouvelée en raison de mon inscription en thèse de doctorat. Du fait de cette rallonge de ma bourse, je ne pouvais donc pas rentrer en Côte d'Ivoire. Pour des raisons personnelles, je ne pouvais pas passer plus d'une année sans venir en Côte d'Ivoire. Il y avait, en particulier, la solitude dans la cité universitaire, après le départ en vacance de nombreux étudiants. J'ai donc entrepris des démarches pour rentrer en Côte d'Ivoire. Ainsi, je me suis rendu à l'Office des Etudiants d'Outre-Mer, au Quai d'Orsay, pour demander à venir en Côte d'Ivoire. On m'avait répondu que cela n'était pas possible parce que je n'avais pas fait deux années. J'ai insisté. Monsieur Coulon, responsable des Etudiants de l'Afrique de l'Ouest, m'a donné une fiche au rapatriement. Je l'ai remplie. En me donnant la fiche, à son avis, cela signifiait que je renonçais à la bourse. Il m'a expliqué que je pourrais être rapatrié et qu'en plus, je perdrais le bénéfice de la bourse. Dès lors, je pouvais rentrer en Côte d'Ivoire. Je ne pouvais le faire que par bateau. J'ai refusé de voyager par bateau, parce que le voyage par bateau, à cause de la mer, ne me fait pas de bien. J'ai été voir un médecin pour lui expliquer que je ne supporte pas la mer. Il m'a alors délivré un certificat que j'ai présenté à monsieur Coulon. Ce dernier, au vu du certificat médical, m'a donné un billet d'avion. Ainsi, je suis rentré à Abidjan. Pendant mes vacances, à Abidjan, je rencontre, tout à fait par hasard, au Plateau, monsieur Koffi Jules Raymond, alors directeur de cabinet du Ministre de l'Education Nationale. Il était étonné de me voir à Abidjan, alors que j'étais sensé être à Paris. Après notre rencontre, et à sa demande, j'étais allé le rencontrer à son bureau. Je lui ai dit que je me suis fait rapatrier. Il n'était pas content, car je suis revenu sans résultat, sans diplôme. Alors, il a décidé de renouveler ma bourse afin que je retourne en France dans les meilleurs délais. Une semaine plus tard, j'étais allé chercher la décision de bourse. Je me suis rendu à U.A.T. (Union Aéromaritime de Transport)*[20]*, pour prendre le billet d'avion. Je devrais partir en octobre ; mais, c'est finalement en novembre que j'ai voyagé. A mon arrivée, en France, je suis retourné à l'Office des Etudiants d'Outre-Mer. J'ai présenté à monsieur Coulon ma nouvelle décision de bourse. J'ai donc repris les études* ».

Aké-Assi Laurent reprend les études.

---

[20] UAT (Union Aéromaritime de Transport) est devenue plus tard UTA (Union des Transports Aériens).

Aké-Assi Laurent reprend les études. Il a de la chance dans la vie. C'est cette chance qui l'a fait rencontrer le directeur de cabinet du Ministre de l'Education Nationale, Monsieur Koffi Jules Raymond, au hasard d'une promenade au Plateau, le quartier des Affaires d'Abidjan. Sans cette rencontre, il ne serait certainement plus réparti en France pour reprendre ses études.

Les grandes vacances arrivent. Aké-Assi sent la même solitude à la Cité Universitaire. Il éprouve à nouveau le désir de rentrer en Côte d'Ivoire. Chaque année, c'était le même scénario, pendant les grandes vacances. Aké-Assi Laurent explique à nouveau : « *C'était la solitude. En 1958, j'ai eu mes vacances normalement. Mais, en 1959, la situation de solitude s'est reproduite. Je suis allé voir à l'Agence UAT pour demander s'il y avait des possibilités d'avoir un billet d'avion à prix réduit pour étudiant. On m'avait répondu que cela n'était pas possible. Sur ce, je suis rentré à la Cité Universitaire. Je n'avais aucun espoir de venir en Côte d'Ivoire. Mais, dès mon arrivée à la cité universitaire, la concierge m'informe qu'un monsieur de l'UAT m'a téléphoné. Je suis retourné au siège d'UAT, à la Place Madeleine, à Paris. C'était monsieur Muratel, le directeur de la compagnie U.A.T. (Union Aéromaritime de Transports). Nous nous sommes rencontrés. Il m'a demandé si je voulais partir en Côte d'Ivoire. J'ai répondu par l'affirmative. Il m'a alors proposé ses conditions : « Je vous donne le billet d'avion pour aller en Côte d'Ivoire. Arrivé à Abidjan, vous voudriez vous rendre à notre représentation. Là-bas, on vous donnera un véhicule. Avec ce véhicule, vous irez à Man, précisément au Mont Tonkoui pour collecter deux ou trois pieds de la fougère Cyathea manniana (Cyatheaceae) ou fougère arborescente. Vous remettrez les pieds de fougère à notre représentation et votre mission sera ainsi terminée. Vous pourrez alors rentrer en France quand vous voudrez. Je suis rentré en Côte d'Ivoire. J'ai accomplie cette mission telle qu'elle a été décrite par monsieur Muratel* ».

En 1962, alors qu'il était étudiant en France, Aké-Assi Laurent a eu à vivre une situation qui mérite d'être contée. A Paris, il avait vu une annonce immobilière portant sur la location d'une chambre, publiée dans la revue du Dr Mazuet, pharmacien français établi à Abidjan, Côte d'Ivoire. Celui-ci éditait, à l'époque, cette revue en faveur des étudiants ivoiriens vivant dans la région parisienne. Chaque semaine, Dr Mazuet expédiait quelques exemplaires de cette revue à l'adresse des étudiants ivoiriens. Avec un exemplaire du journal en main, Aké-Assi Laurent se rend à Sceaux, banlieue parisienne, département de la Seine, en vue de rencontrer le propriétaire de la chambre. La rencontre a lieu à l'adresse indiquée dans le journal. Aké-Assi Laurent fait savoir à madame Debon Denise, la propriétaire, qu'il est intéressé par la chambre. Celle-ci lui pose alors la question suivante : « *Vous venez de quel pays ?* ». Aké-Assi Laurent répond : « *Je viens de la Côte d'Ivoire* ». Après avoir entendu les propos d'Aké-Assi Laurent, madame Debon Denise a réfusé de lui louer sa chambre. Pour justifier son refus, elle avait ouvert le placard de la chambre qui contenait une vieille veste et une valise appartenant à un étudiant ivoirien. Ensuite, elle avait ouvert la valise vide. Madame Debon Denise expliqua : « *C'était un ivoirien qui a occupé cette chambre. Il me devait plusieurs mensualités de loyer. Il m'a fait savoir qu'il partait en vacance pour un mois. Cela fait plus d'un an qu'il est parti. Avant son départ, il m'a dit qu'il laisse ses effets dans la chambre et me demande d'y veiller, alors qu'il savait qu'il ne devrait plus revenir. C'est pour cette raison que je ne veux plus admettre d'Ivoiriens chez moi* ».

L'étudiant ivoirien avait utilisé un stratagème pour quitter Sceaux sans payer à la dame les loyers dus. Quant à Aké-Assi Laurent, il tenait à la chambre, puisqu'elle se trouvait à cinq minutes de marche du métro, station Robinson. Il avait tellement insisté que madame Debon Denise a cédé. Pour montrer sa bonne volonté, Aké-Assi Laurent paie trois mois de caution, au lieu d'un seul. Bien qu'il ait payé le pas de porte, il était resté plusieurs mois à Fontainebleau avant de regagner la chambre. Aké-Assi payait, mais n'habitait pas la chambre. L'économie de cette somme avait permis à madame Debon d'aménager, au-dessus, une autre chambre, plus grande, qu'elle a attribuée à Aké-Assi Laurent. Cette chambre était équipée d'un réfrigérateur et d'une cuisinière. Aké-Assi Laurent l'avait occupée jusqu'à son départ de la France en 1964. Il y a laissé son épouse jusqu'en 1965, année où il était reparti la chercher. Avant le départ d'Aké-Assi Laurent pour la Côte d'Ivoire, madame Debon Denise, la propriétaire de la chambre, lui avait présenté ses excuses pour ce qui s'était passé à leur première rencontre en 1962.

L'attitude de la propriétaire n'était pas synonyme de refus de louer sa chambre à un étudiant noir. Son attitude n'était donc pas celle d'une raciste. Elle était simplement déterminée par le comportement de l'ancien étudiant ivoirien qui avait laissé des arriérés de loyer. Ce dernier avait quitté la chambre en usant de supercherie. C'est, forte de l'attitude de cet étudiant, que madame Debon Denise ne voulait pas louer sa chambre à un autre étudiant ivoirien.

Rédaction de la thèse de doctorat d'université

La thèse de doctorat est évidemment rédigée sous la direction de Professeur Georges Mangenot. La soutenance de la thèse a lieu le 25 Janvier 1961 à Paris, en Sorbonne. L'une des questions que tous les lecteurs ou les citoyens sont en droit de se poser, à cet instant précis, est celle-ci : « *Comment l'ancien élève de niveau CE1 a-t-il pu rédiger sa thèse, étant donné que la rédaction d'une thèse de doctorat d'université est un travail exigeant du point de vue du fond et de la forme ?* ».

La rédaction d'une thèse de doctorat exige, en effet, une grande maîtrise de la langue française, une bonne capacité de synthèse et de rédaction. Le nombre d'années passé à l'école par Aké-Assi Laurent à apprendre la grammaire française, les mathématiques, les sciences naturelles, la géographie, la géologie et tout ce qui s'enseigne au niveau du cycle primaire, est trop faible. Du CE1 à la première inscription en thèse de doctorat, dans le système français, il y a l'équivalent de 16 années scolaires. Autrement dit, tout s'est passé comme si Aké-Assi Laurent a manqué 16 années de scolarité dans son cursus. En 16 années, Aké-Assi Laurent aurait pu acquérir une quantité considérable de connaissances dans les différentes matières enseignées. Il y a donc un certain « *déficit* » en termes de connaissances littéraires, scientifiques et techniques, de savoir-faire et de savoir-être que procurent les enseignants et les livres. Si malgré cet « *handicap* », Aké-Assi a pu rédiger la thèse de doctorat d'université, c'est qu'il l'a fait au prix de mille efforts, en tant qu'autodidacte. On suppose qu'il a été confronté à des problèmes de grammaire, de conjugaison et autres aspects liés à la compréhension des enseignements et des réflexions de haut niveau.

Une autre question revient sur les lèvres du lecteur ou du citoyen: « *Aké-Assi Laurent a-t-il suivi des cours spéciaux pour lui permettre d'avoir le niveau universitaire capable de rédiger une thèse de doctorat d'université ?*». Il répond lui-même: « *Je n'ai suivi aucun cours après l'arrêt de mes études en classe de CE1* ». Cette réponse donne une plus forte amplitude à la prouesse réalisée par Aké-Assi Laurent. Cela veut surtout dire que l'autodidacte qu'il est a dû s'employer à travailler très dur sur ces différents fronts pour arriver à parler et à écrire le français correctement. C'est un véritable exploit qu'il a réalisé. D'autant plus que la plupart de ceux-là mêmes qui ont connu une scolarité régulière ou normale éprouvent encore de la peine à rédiger un mémoire de maîtrise ou une thèse de doctorat. Une telle prouesse montre également qu'Aké-Assi Laurent n'est pas seulement un génie en botanique. Il pouvait devenir génie dans n'importe quelle autre activité humaine, en raison de son intelligence, de son sens d'observation et surtout de sa très forte capacité de travail.

On note que le professeur Georges Mangenot, homme visionnaire, sachant les difficultés auxquelles Aké-Assi Laurent pourrait être inévitablement confronté, avait déjà anticipé. Il l'avait préparé en lui donnant des exercices et des devoirs en français. Cela lui avait permis d'atteindre un niveau appréciable en français, à l'écrit comme à l'oral. Cela a facilité la rédaction et de son rapport de stage et de sa thèse de doctorat d'université.

Pour la rédaction de la thèse de doctorat d'université, Aké-Assi Laurent avait une bonne base en botanique. Il ne lui restait qu'à redoubler d'effort, de courage et de détermination pour y arriver. Sa responsabilité individuelle s'est accrue au fil des années.

Aké-Assi Laurent entame la rédaction de la thèse de doctorat d'université. Malgré ses occupations, il s'attèle à accroître ses connaissances sur la flore française. Aussi, participe-t-il à de nombreuses sorties botaniques organisées par l'Association des Naturalistes Parisiens dans de nombreuses région de la France, y compris en Corse et dans des pays limitrophes. Professeur Aké-Assi Laurent se souvient :

« *J'étais arrivé en France en février 1956. C'était l'hiver. Toutes les plantes avaient perdu feuilles, fleurs et fruits. Tout était couvert par la neige y compris les pelouses. Tout paraissait triste. Au mois de mars, à la fin de l'hiver, les feuilles des plantes réapparaissent partout, accompagnées de belles fleurs. Les avenues, les rues, les jardins et les parcs redeviennent jolis. On se croirait en fête. Cela donne envie à un botaniste de connaître les noms des différentes espèces en vue. Malheureusement tout était nouveau pour moi africain, voyant pour la première fois ces plantes. J'ai alors commencé à les collectionner, en les mettant en herbier, dans ma chambre. Avec cette collection, j'ai rencontré monsieur Gérard Aymonin, alors Assistant au Muséum National d'Histoire Naturelle, au Laboratoire de Phanérogamie, qui m'avait identifié ces premiers échantillons. Par la suite, je m'étais renseigné et j'ai pu acheter quelques livres portant sur la flore, qui m'ont permis de travailler seul à déterminer les plantes que je cueillais. Celles pour lesquelles j'avais des difficultés, j'allais voir mon ami Gérard Aymonin, qui était toujours prêt à me donner les noms. La flore que j'utilisais était Par H.E.Jeanpert, Vade-Mecum du Botaniste dans la région parisienne.*

La Sorbonne organisait aussi, à l'intention des étudiants inscrits en botanique, des excursions aussi bien dans la région parisienne qu'en dehors des Départements de la région de l'Ile-de-France. Ces sorties se font en compagnie d'assistants et de professeurs, comme par exemple, à l'époque, les Professeurs Genevès, Chadefaud. J'ai pu ainsi constituer un herbier comprenant des plantes de la région de Besançon, de la Côte d'Azur, de Grasse, de Montpellier, de la Corse, du Jura, de la Suisse (Neuchâtel). A l'époque, mon attention, constante et remarquée, pour la science des végétaux, en général, m'a valu d'être admis, en tant que membre de la Société Botanique de France, en sa séance du 23 novembre 1956. Il m'a été décerné, en 1960, par la Société Nationale de Protection de la Nature et d'Acclimatation de France, la Médaille de Bronze, pour avoir introduit, dans les serres du Muséum National d'Histoire Naturelle, des plantes tropicales. Cette association, dirigée par Professeur Paul Jovet, éminent botaniste, organisait, une fois par mois, dans la région parisienne, une sortie avec des spécialistes de diverses disciplines scientifiques, notamment la botanique, la géologie, la mycologie, l'écologie, l'entomologie, la zoologie, etc. Ces excursions avaient lieu dimanche dans une localité donnée, à accès facile par le train, où, à l'arrivée, tous les participants se regroupaient par discipline pour entamer l'excursion à pied, chaque groupe avec son ou ses spécialistes. On se retrouvait, à une heure donnée, au même lieu pour le retour à Paris.

La forêt de Fontainebleau, Boissy-La-Rivière, Mante-La-Jolie, Forêt de Rambouillet, etc. sont quelques unes des localités d'où proviennent les échantillons qui constituent mon herbier de plantes de France. Gérard Aymonin, actuellement Professeur et Professeur Favre-Duchartre, étaient souvent présents à ces sorties. C'étaient de vrais connaisseurs de la flore française. C'est au cours de l'une de ces sorties que j'ai rencontré mon compatriote Ignace Yacé, qui étudiait la géologie à la Sorbonne. Cette sortie a eu lieu dans la forêt de Fontainebleau. C'était en 1958.

Il y a eu un petit incident avec l'un des assistants de botanique. Je lui ai fait remarquer quelques petites erreurs de sa part qu'il n'a pas rectifiées. C'étaient des erreurs de taxonomie. Cela s'était produit deux ou trois fois. Après ces quelques remarques, notre Assistant n'a plus voulu que je fasse partie du groupe qu'il dirigeait. Il évitait de me rencontrer. Les autres groupes, prétextant un surnombre, n'ont pas voulu m'accepter. J'ai dû former un groupe autonome qui était gênant ; mais, quelques temps après, j'ai été rejoint par des étudiants qui trouvaient les autres groupes pléthoriques. Aux sorties suivantes, j'ai gardé le même groupe.

En excursion, en France, dans le Jura, nous avions fait une incursion en Suisse, plus précisément à Neuchâtel où j'ai rencontré, à l'Université, au Département de Botanique, Professeur Claude Favarger, un ami de mon patron, Professeur Georges Mangenot, déjà venu à Adiopodoumé, à l'Office de la Recherche Scientifique et Technique d'Outre-Mer (ORSTOM), Abidjan, Côte d'Ivoire, une dizaine d'années plutôt. Il a été très surpris de me voir parmi un groupe de vrais étudiants, alors qu'en me quittant dix années plutôt, j'avais pas le niveau requis. Il a été heureux de me voir dans son pays. Pour honorer ma présence dans son pays, il avait chargé son Assistant de nous faire visiter une forêt aux alentours de Neuchâtel.

On m'avait tellement vanté la qualité des montres suisses que j'ai décidé d'en acheter une pendant que je me trouvais dans le pays. J'ai alors dit au jeune botaniste suisse que j'ai 1000 francs suisses d'alors et que je voudrais acheter une montre. Je lui ai demandé s'il pouvait m'en trouver à ce prix. Il m'a dit alors que son père est horloger et qu'il possède une horlogerie. Au retour de la forêt, de l'excursion, nous sommes allés dans ladite horlogerie. J'ai choisi une montre dans la catégorie de 1000 francs suisses. On m'a dit : « on va vous la plonger dans de l'eau jusqu'au lendemain matin. Quand vous reviendrez, on verra si elle continue de marcher. Si elle ne s'est pas arrêtée, c'est qu'elle est de bonne qualité. Elle durera ». On me l'a épongée, remontée. Et je suis parti avec. Je ne me rappelle plus exactement la date d'achat de cette montre. Mais, c'était entre 1957 et 1958. Cette montre a toujours marché, sans arrêt, jusqu'en 2010. Il ne m'a été possible de la faire réparer à Abidjan.

Ces sorties botaniques m'ont permis de développer des relations humaines. J'ai été souvent invité par les étudiants afin de me présenter à leurs parents. Un botaniste Africain aux sorties botaniques de la Sorbonne, ça fait un peu curieux. Un botaniste Africain au Muséum de Paris, c'est étonnant, pour celui qui ne m'y a pas vu travailler.

Au laboratoire de Professeur Georges Mangenot, j'achevais un dessin ; une étudiante, une blanche, qui était venue me voir, regarde curieusement mon travail. Elle a secoué la tête, avec un large sourire aux lèvres. Elle me dit : ''Franchement, c'est parce que je te vois faire ce dessin que je sais qu''il est fait par un Africain. Autrement dit, je n'aurais pas cru que c'est toi qui l'a fait. Si je vais montrer cette planche de dessin à mon père, et dire que ce travail est fait pas un Africain Noir, il ne me croirait pas. Je ne sais pas si tu es particulier ou si tous les Africains sont comme toi. Je te félicite''.

C'est grâce aux différentes sorties botaniques dans les diverses localités européennes, française, notamment de la région parisienne, avec les grands spécialistes de la flore comme, par exemple, les Professeurs René Nozeran, Gérard Aymonin, Paul Jovet, Heino Heine, que j'ai appris à connaître, un peu, la flore française ».

Les travaux d'Aké-Assi Laurent, pour l'obtention du doctorat d'université, ont porté sur le thème : « *Contribution à l'étude floristique de la Côte d'Ivoire et des territoires limitrophes* ». Après la soutenance, Georges Mangenot avait pris la parole. Avant l'évaluation du travail d'Aké-Assi, professeur Georges Mangenot avait, en effet, adressé à ses deux collègues, Guinochet et Schnell, les commentaires suivants au sujet du travail de son poulain: « *Monsieur Aké-Assi Laurent, âgé de 28 ans, est un autodidacte. Africain de la brousse, il avait appris à lire à l'Ecole. Son Père, garde forestier illettré, possède des forêts de son pays natal, une profonde expérience, largement développée par les prospections qu'il fit, pendant plusieurs années, en compagnie de M. Aubreville, Inspecteur des Eaux et Forêts. Avec son père, le jeune Aké-Assi apprit à distinguer les arbres et même les herbes de la forêt, et à les désigner par leurs noms indigènes, à connaître leurs propriétés. C'est ainsi qu'il fut recruté, en 1946, comme aide-préparateur botanique, par l'Institut d'Enseignement et de Recherches Tropicales d'Abidjan (I.D.E.R.T.)*[21]*. Jusqu'en 1958, ASSI fut le guide de tous les botanistes qui vinrent en Côte d'Ivoire ; il apprit d'eux, dans l'ambiance de recherche régnant à l'Institut, à nommer les plantes d'après les caractères botaniques, à les grouper en unités systématiques, à connaître les facteurs qui règlent leur répartition. Passionnément intéressé par ce travail, aidé par son atavisme, doué d'une acuité d'observation et d'une mémoire peu communes, M. Aké-Assi devint, en quelques années, l'un des meilleurs connaisseurs de la flore ouest-africaine.*

Après de très nombreuses prospections dans toutes les parties de la Côte d'Ivoire, dont certaines à peine explorées, un important herbier phanérogamique avait été rassemblé, comprenant beaucoup d'indéterminées ; j'ai confié à M. Aké-Assi la tâche d'identifier ces

[21] ORSTOM : Office de Recherche Scientifique et Technique d'Outre-Mer

dernières ; le Gouvernement ivoirien lui a donné les moyens matériels de séjourner en Europe et de travailler, non seulement à Paris, mais encore à Londres et à Bruxelles. Le mémoire qui nous est soumis est le résultat de cette étude.

La plupart des indéterminées étaient des espèces jamais encore récoltées en Côte d'Ivoire ; on en compte un peu plus de 600, dont 450 pour les seules Dicotylédones (la liste des Monocotylédones sera publiée plus tard). L'énumération de ces plantes, et de quelques espèces nouvelles pour la science, découvertes au cours des mêmes prospections, constitue la presque totalité du texte que nous devons juger. Pour chaque espèce, l'auteur indique la synonymie, la distribution générale et la répartition en Côte d'Ivoire avec, éventuellement, quelques précisions écologiques élémentaires. 17 planches originales, de haute qualité, dessinées par l'auteur ou par M. Nicolas Hallé, l'un des meilleurs dessinateurs botanistes d'aujourd'hui, illustrent ce mémoire, qui comprend 289 pages dactylographiées.

On peut, dans cette longue liste, discerner deux groupes principaux, d'un inégal intérêt. D'abord celui des espèces déjà signalées dans les territoires entourant la Côte d'Ivoire (Sierra Leone, Libéria ou Guinée, d'une part, Ghana, d'autre part). La présence de ces plantes en Côte d'Ivoire était attendue ; la vérification était indispensable ; elle est intéressante, mais ne constitue pas une notion vraiment nouvelle. Plus digne de remarque cependant, est la découverte d'espèces déjà récoltées dans un seul territoire limitrophe, soit au nord (Haute Volta), soit à l'est (Ghana) : l'observation complète nos connaissances sur l'aire générale de l'espèce.

Le deuxième groupe est celui des espèces d'Afrique centrale jamais encore signalées à l'ouest du Nigeria. La plupart d'entre elles sont des plantes selvatiques connues dans le domaine forestier central (Congo-Cameroun), mais dont on ignorait la présence à l'ouest de la barrière aride du Dahomey-Togo. Ce deuxième groupe enrichit la flore ouest-africaine de 85 espèces et 6 genres : résultat imprévisible, réellement original et d'une valeur phytogéographique certaine.

La découverte en Côte d'Ivoire d'espèces jusqu'à présent connues comme exclusivement néotropicales (6) ou malgaches (1) ; et paraissant cependant appartenir à la végétation naturelle, retient aussi l'attention ; parmi ces espèces, on mentionnera surtout les deux Eupatoires (genre représenté jusqu'à présent en Afrique par une seule espèce) et l'Asclépiadacée Exolobus patens (le genre est nouveau pour l'Afrique).

Enrichir de plus de 13 % le contingent connu des Dicotylédones vivant en Côte d'Ivoire n'est pas négligeable ; augmenter sensiblement le nombre des espèces et des genres communs entre l'Afrique Centrale et l'Afrique de l'ouest est appréciable. L'ensemble des résultats représente une notable contribution à la connaissance floristique de l'Afrique occidentale. L'auteur nous apporte ainsi la preuve qu'il connait la technique de la taxonomie descriptive. C'est pourquoi le Rapporteur considère que ce mémoire peut être accepté comme Thèse de Doctorat d'Université – Georges Mangenot»[22].

Les commentaires de professeur Georges Mangenot, l'un des plus grands botanistes du monde à s'attaquer à la connaissance de la flore africaine sont édifiants. Georges Mangenot a rencontré Aké-Assi Laurent. Il l'a formé, au sens complet du terme. Il connait parfaitement son parcours et sait ce qu'il est encore capable d'accomplir, une fois le doctorat d'université obtenu. Un doctorat sanctionne certes un parcours scientifique. Mais surtout, il ouvre de nouvelles perspectives au titulaire, au chercheur et, en cela, il constitue le début réel d'une carrière scientifique.

A l'unanimité, le travail d'Aké-Assi Laurent a été jugé digne d'intérêt. Il a, par conséquent, été accepté comme Thèse de Doctorat d'Université. Après la soutenance de la thèse de doctorat le 25 janvier 1961, Aké-Assi Laurent effectue, à la demande du Ministère ivoirien de l'Agriculture, plusieurs stages dans des structures de botanique ou d'agronomie en France.

Aké-Assi Laurent est rentrée en 1964 en Côte d'Ivoire auréolé du titre de doctorat d'université. Une question s'est immédiatement posée après la soutenance de sa thèse : rester en France ou rentrer en Côte d'Ivoire ? C'est qu'entre temps, il a été proposé à Aké-Assi Laurent la nationalité française et un poste de chercheur au Centre National de Recherche Scientifique (CNRS).

Au départ, il accepte le poste. Après réflexion, il a posé la question à ses hôtes de savoir, à combien de mois de vacances, il aurait droit pour venir voir ses parents en Côte d'Ivoire. Il savait que lorsque les Français se retrouvent en Côte d'Ivoire, dans le cadre de la coopération, ils ont droit à six mois de congés après deux années passées ici. On lui a répondu qu'avec la nationalité française, il aura droit aux mêmes congés que les Français de France. C'est à partir de cet instant qu'il a renoncé au poste. Il ne voulait plus rester en France pour entamer sa carrière professionnelle. Il est rentré en Côte d'Ivoire où il est pris en charge comme ingénieur agronome par le ministère de l'Agriculture. Sa carrière professionnelle pouvait alors commencer dans son propre pays.

Professeur Aké-Assi Laurent précise : « *Dès mon retour en Côte d'Ivoire en 1964, j'ai été recruté en tant qu'Ingénieur d'Agronomie et mis à la disposition de l'ORSTOM à Adiopodoumé. Ensuite, j'ai été détaché à l'Université d'Abidjan, au Département de Botanique en septembre 1964.* De 1964 à 1979, Aké-Assi Laurent est Assistant à la Faculté des Sciences de l'Université d'Abidjan, au département de botanique. Il se consacre à son travail avec un rare dévouement, voire avec passion.

[22] Commentaire daté du 25 Janvier 1961.

CHAPITRE 4
DEBUT DE LA CARRIERE SCIENTIFIQUE

La quête de meilleures conditions de travail est l'un des principaux chevaux de bataille de tout chercheur, de tout savant. Aujourd'hui, cette quête s'avère presque infructueuse, dans notre société où la plupart des hommes et des femmes (y compris beaucoup de gouvernants) continuent de considérer la recherche scientifique non pas comme une activité de promotion de développement voire de souveraineté nationale mais comme un luxe. C'est dans cette ambiance morose que le professeur Aké-Assi se bat depuis des décennies pour promouvoir la recherche scientifique dans son domaine.

Début de la carrière scientifique

Pour les fonctionnaires et agents de l'Etat, le début de carrière est toujours difficile, en raison du niveau des rémunérations qui suffisent à peine à assurer le nécessaire vital. La situation financière est particulièrement difficile pour les enseignants du supérieur et les chercheurs. C'est qu'en plus des besoins en équipements domestiques des fonctionnaires et agents de l'Etat, l'enseignant du supérieur ou le chercheur doit, en plus, faire face à une multitude de dépenses notamment l'acquisition d'ouvrages pour constituer une base documentaire personnelle, la production scientifique fondée sur le travail de terrain, destiné à la collecte des données, ce qui occasionne toujours des dépenses. Tout cela exige la mobilisation d'importantes ressources financières que le salaire de fonctionnaire ne peut satisfaire. Cela rend leur début de carrière très difficile. Or, sans une documentation personnelle et sans la disponibilité de données scientifiques, il est assez difficile au chercheur d'assurer la production scientifique que l'on attend de lui. Sans production scientifique, il lui est difficile d'avancer en grade. En fait, l'enseignant du supérieur ou le chercheur se retrouve, dès le départ, dans un cercle vicieux qui peut lui être très préjudiciable pour la suite de sa carrière. La situation financière de l'enseignant du supérieur ou du chercheur peut devenir critique s'il veut s'adonner aux activités de type mondain, dévoreuses de ressources financières, de ressources physiques ou intellectuelles.

Aké-Assi Laurent avait été recruté initialement par le ministère de l'agriculture et affecté à l'Office de la Recherche Scientifique et Technique d'Outre Mer (ORSTOM) d'Abidjan, avec pour base la localité d'Adiopodoumé, au « *kilomètre 17* », route de Dabou. Il travaillait à l'ORSTOM comme fonctionnaire de l'Etat. A la demande des Professeurs

Pierre Henry, Directeur du Département de Biologie et de physiologie végétale, et d'Edouard Adjanohoun, Directeur du Laboratoire de Botanique, Aké-Assi a été détaché à l'Université Nationale de Côte d'Ivoire, aujourd'hui, Université de Cocody, plus précisément à la Faculté des Sciences en tant qu'assistant, en septembre 1964. Professeur Aké-Assi Laurent a suivi les conseils que lui ont donnés professeurs Pierre Henry et Edouard Adjanohoun. Il a reconnu cela, en ces termes : « *Ces deux éminents professeurs ont joué un rôle prépondérant dans mon départ à l'Université d'Abidjan. Ce sont eux qui m'ont demandé d'aller à l'Université d'Abidjan. Ils m'ont, en effet, convaincu que l'institution universitaire offrait les meilleures perspectives pour ma carrière scientifique et professionnelle* ». A l'Université d'Abidjan, en plus de son salaire, Aké-Assi Laurent a droit à une indemnité de logement et à d'autres primes liées à la fonction d'enseignant et de chercheur. C'est avec ce nouveau revenu qu'il a fonctionné, qu'il a payé les frais de scolarité de ses enfants dont la plupart ont fréquenté l'école primaire privée le « *Nid de Cocody* ». Il a assuré les frais de scolarité de ses enfants en s'ignorant lui-même. L'option d'assurer une bonne instruction à ses enfants était très clairement adoptée.

On note également le fait, assez rare, qu'Aké-Assi Laurent soit resté en Côte d'Ivoire pour conduire toute sa carrière professionnelle. Les organisations internationales basées dans les pays du Nord sont toujours aux trousses des experts africains de haut niveau. Elles veulent les recruter ou les débaucher pour renforcer leurs équipes scientifiques. Elles sont à la recherche des « *oiseaux rares*» comme Aké-Assi Laurent. Pour ce faire, elles ne lésinent pas sur les moyens financiers et matériels notamment par l'offre de meilleures rémunérations et de meilleures conditions de vie et de travail. C'est là l'origine de la fameuse fuite des cerveaux africains ou des meilleurs éléments des universités, phénomène pour lequel les gouvernants africains ont, jusque-là, fait beaucoup de discours, et ont finalement offert peu de solutions concrètes pour retenir sur place leurs experts. On peut penser que professeur Aké-Assi Laurent a dû être « *courtisé* » par plusieurs organisations à travers le monde. Le savant ivoirien a l'amour de son pays, la Côte d'Ivoire, qui, de toutes les manières, lui offre abondamment la matière première, c'est-à-dire la nature pour lui permettre de conduire sur place sa carrière. Cela veut dire qu'en réalité, professeur Aké-Assi Laurent n'avait pas donné l'occasion aux recruteurs de s'intéresser à lui, malgré les conditions de travail encore difficiles dans son pays. De cette manière, il a pu partager son immense savoir et son expérience professionnelle avec des botanistes ivoiriens et des pays voisins. Cela a donné une dimension supplémentaire à l'aura qu'il a connue dans son pays. C'est un très grand mérite pour le savant Aké-Assi Laurent d'être resté et d'avoir travaillé dans son pays et en Afrique.

Le fait est rare pour que l'on y insiste. Car d'autres experts ou cerveaux africains n'ont pas toujours pu résister à la démangeaison du départ. Ils sont partis de leur pays pour mieux monnayer leurs talents. Sur le plan social, matériel et financier, ils ont fait certainement une bonne affaire, pour eux-mêmes et également pour leur famille. Mais, on ne peut pas en dire autant pour le pays qui les a formés. Pour les pays africains, c'est un perpétuel recommencement jusqu'à ce que les dirigeants comprennent qu'il faut offrir à leurs experts de bonnes conditions sociales et matérielles de vie et de travail. Le débat sur la question de la fuite des cerveaux est loin d'être clos.

Le fait de rester et de travailler dans son pays n'a pas du tout empêché Aké-Assi Laurent d'aller dans différents pays, à l'occasion de différentes missions scientifiques, pour partager son immense expérience scientifique et professionnelle avec d'autres experts ou savants, sur un même pied d'égalité, dans le respect mutuel.

Historique de la construction du Centre National de Floristique

La recherche scientifique, pour être conduite de manière optimale, doit bénéficier d'un cadre physique adéquat et des conditions matérielles de travail notamment en termes d'équipement. Il s'est très vite posé, à Aké-Assi Laurent, la question de bureau et de laboratoire.

Professeur Aké-Assi Laurent explique le processus ayant abouti à la construction du Centre National de Floristique : « *En 1972, j'ai été approché par le Professeur Jean Lorougnon Guédé, Ministre de la Recherche Scientifique, qui m'a dit : '' Je veux créer un institut ou centre de recherche au sein du Ministère. Fais-moi des propositions''. J'ai dit alors au Ministre ceci : '' Quand j'étais au Muséum à Paris, il y avait au sein de cette institution, un centre de recherche annexe, dénommé Centre National de Floristique, dirigé par le Professeur Paul Jovet, un botaniste retraité qui s'occupait, au niveau de ce centre, de tout ce qui concerne la botanique et la flore de la région parisienne. J'ai participé à plusieurs de leurs excursions''. C'est donc à partir de ses renseignements que le Ministre Lorougnon a fait prendre un décret pour créer le Centre National de Floristique (CNF). Au département de botanique à l'Université d'Abidjan, en tant qu'assistant, je m'occupais du Jardin Botanique et de l'herbier. Cet herbier, petit, et mon bureau, également petit, étaient logés au premier étage du Bâtiment de Recherche de la Faculté des Sciences. La direction du CNF a été créée. J'y ai été nommé Directeur en 1973. Le CNF n'ayant pas de bureau, le Ministère m'avait donc affecté le bâtiment Jean Tournier au quartier Biafrais, à l'ancien cimetière de Treichville*».

Pour remédier à cette situation de manque de bureau, j'ai rencontré plusieurs fois le recteur de l'Université qui était alors Bakary Touré. Celui-ci m'a toujours répondu qu'il n'y avait pas d'argent pour réaliser ce projet.

Alors, un jour, j'ai été le voir pour lui demander l'autorisation de construire le centre. Il convient de noter qu'une partie du jardin actuel était une savane artificielle. C'est cette partie qui a été affectée à la Construction du Centre National de Floristique (CNF).

La construction proprement dite du Centre National de Floristique (CNF) actuel a une petite histoire qui mérite d'être contée. La connaissance de cette histoire permet de mieux comprendre la suite. Professeur Aké-Assi Laurent explique : « *Un budget annuel de 12 millions de francs cfa était alloué au Centre. Cet argent devrait servir à acheter des voitures et à recruter du personnel pour assurer le fonctionnement du centre. Cet argent était directement versé sur mon compte bancaire personnel. J'ai pris la décision de ne pas acheter de voitures et de ne pas recruter du personnel. Je n'ai pas touché à cet argent pendant deux années. Au bout des deux années, cela faisait un cumul de 24 millions de cfa. J'ai repris contact avec le Recteur de l'Université et, ensuite le Ministre de la Recherche Scientifique au sujet de la construction du centre. Tous les deux m'ont fait savoir qu'il n'y avait pas d'argent. A partir de là, j'ai fait, moi-même, une esquisse pour le projet de construction du centre. Une femme antillaise, du nom de Mme Michèle Numa-Cissoko, travaillait au centre avec nous. Son mari, monsieur Sissoko, était un entrepreneur en bâtiment. J'ai remis l'esquisse au mari de madame Cissoko. Le plan du bâtiment a été ensuite correctement dessiné par l'équipe technique de l'entrepreneur. Les travaux de construction ont été estimés à un total de 24 millions de franc CFA. Dans ces 24 millions, il y avait le coût de réalisation du plan, la réalisation et le suivi des travaux de construction, et la rémunération de l'entrepreneur* ».

Professeur Aké-Assi Laurent poursuit : « *Lorsque le bâtiment a été construit, j'étais venu un dimanche ici au centre. Le Ministre de la Recherche Scientifique était également venu ici pour visiter le Jardin Botanique. Nous nous sommes rencontrés ici, par hasard. Il a vu que le bâtiment a été construit. Il m'a demandé comment j'ai fait pour réaliser les travaux. Je lui ai expliqué comment j'ai fait. Il était étonné et content. Aussi, m'a-t-il personnellement félicité. Je note qu'au départ, je n'avais pas prévu la climatisation et l'ameublement pour le rangement des herbiers. Le Ministre, lui-même, a remarqué qu'il n'est pas prévu de climatiseurs et de meubles pour l'herbier. Il m'a alors invité à aller le voir au Ministère. Sur le champ, il m'a dit de contacter des spécialistes de climatisation et un menuisier pour les meubles. Cela a été fait rapidement. Ainsi, j'ai fourni les factures proforma qui ont été approuvées par le Ministre. Les travaux de climatisation et de fabrication des meubles de rangement des herbiers ont été exécutés. Ils ont coûté respectivement 5 et 7 millions de francs cfa soit un total de 12 millions de francs CFA. A la fin des travaux, les deux entreprises ont reçu leur chèque* ».

Le Centre National de Floristique avait désormais des locaux fonctionnels pour lui permettre de remplir sa mission. L'histoire de la construction de ce centre a revêtu un caractère particulièrement singulier dans le contexte ivoirien de l'époque. Avec les 24 millions obtenus à l'issue du « *blocage* » du compte, Aké-Assi Laurent aurait pu se construire deux ou trois villas aussi bien à Abidjan que dans son village. Mais, une telle idée n'avait pas effleuré son esprit, lui qui n'a jamais cherché à se servir à partir de l'argent public. A cette époque, le détournement des deniers publics était une pratique courante et surtout, cela n'était pas puni. Encore que dans son cas, l'argent du centre était directement versé sur son compte personnel. Il aurait pu s'en servir comme bon lui semblait. Au contraire, il a gardé et investi les 24 millions de francs CFA dans la construction du centre. C'était un évènement qui, à l'époque, n'était pas passé inaperçu. Cela avait profondément marqué les esprits. Au sujet de son rapport avec l'argent, Professeur Aké-Assi Laurent se souvient de ce que pensaient des responsables du Ministère de la Recherche Scientifique : *«Aké-Assi n'est pas dans les affaires de vol et de détournement de deniers publics* ».

C'est vrai que la plupart des cadres ivoiriens se sont illustrés, dans les années 70, par la mauvaise gestion des ressources financières au sein des institutions publiques. Seuls quelques uns ont eu un comportement plus civique, plus honnête. Aké-Assi Laurent a privilégié l'intérêt public au détriment du sien propre. De ce fait, il fait partie de ces rares personnes que l'on pouvait citer, à l'époque, en exemple. Mais, généralement ceux qui puisent dans les caisses de l'Etat sont des gens préoccupés par un gain financier immédiat et rapidement dépensé souvent dans des activités de peu d'importance pour la communauté. En réalité, Aké-Assi Laurent nourrissait une très grande vision dans la conduite de sa carrière professionnelle. Pour transformer cette vision, en ambition réalisable, il a dû adopter des comportements et une ligne de conduite qui l'ont propulsé, progressivement et sûrement sur la voie de la réussite.

Le respect que plusieurs intellectuels lui vouent, depuis toujours, dépend de l'attitude du savant par rapport à l'argent. Avec le temps, on se rend encore compte aujourd'hui qu'Aké-Assi Laurent a voulu marquer son passage à l'Université d'Abidjan, en laissant un bien qui peut bénéficier à la collectivité nationale toute entière. On mesure mieux aujourd'hui la portée de son geste, de son attitude, de son comportement.

Le Centre National de Floristique possède un patrimoine bâti composé de quatre bâtiments, que lui envieraient bien d'autres centres ou instituts de recherche de l'espace universitaire de Cocody. Sur le même site du centre, il y a le bâtiment principal. Deux autres bâtiments annexes ont été ultérieurement construits avec l'aide de partenaires allemands. Le premier bâtiment annexe a été construit par un groupe allemand à l'initiative de Docteur Roth. Il faut noter que Docteur Roth a travaillé sur les Lamantins de la lagune de Grand-Lahou et des environs du Parc National d'Azagny.

Professeur Aké-Assi Laurent explique les conditions dans lesquelles le premier bâtiment annexe a été construit : « *L'organisme nous a envoyé un étudiant qui travaillait sur l'alimentation des biches. Dans le cadre de son travail, cet étudiant allemand s'était rendu à Toumodi en vue d'y rencontrer les femmes qui tiennent les maquis où elles vendent de la viande de brousse. Il s'est en quelque sorte « abonné » auprès de ces femmes en vue d'y récupérer hebdomadairement les panses des biches dépecées. Ces panses étaient ensuite conservées dans des fûts avec de l'alcool. L'étudiant allemand se chargeait ensuite d'aller, chaque semaine, chercher les panses des biches à Toumodi pour les envoyer dans son laboratoire au centre ici. Une fois au laboratoire, il vidait les panses et analysait leur contenu. Il préparait ainsi sa thèse de doctorat qui portait sur le régime d'alimentation des biches. Son stage a duré deux années* ».

Professeur Aké-Assi Laurent se souvient du travail qu'il a effectué avec l'étudiant allemand : « *Nous lavions proprement les contenus des panses obtenues. Ce sont les contenus des panses qui comprenaient des débris végétaux (fruits, graines, feuilles, etc.) qui nous intéressaient. Nous les prenions, échantillon par échantillon. Nous identifions ainsi les aliments consommés par les biches. Nous les analysions minutieusement* »[23].

Le deuxième bâtiment annexe du centre a été construit de manière presque identique par une autre équipe allemande. Cet autre organisme allemand avait envoyé un autre étudiant qui a séjourné au centre.

Aujourd'hui, l'ensemble de ce patrimoine bâti est intégré dans un environnement physique tout à fait exceptionnel. Il constitue un cadre pittoresque et agréable pour le travail de réflexion. Les arbres plantés, année après année, donne au centre une forêt en pleine ville qui en fait un espace de haute portée écologique, dans une ville d'Abidjan caractérisée par la suprématie du béton sur la nature, sur la verdure. Tous ceux qui ont connu la forêt dense de la Côte d'Ivoire des années 60, aujourd'hui en pleine détérioration, trouvent véritablement du réconfort en humant les senteurs des fleurs des diverses essences du Centre National de Floristique. Tous ceux qui ont la nostalgie des forêts tropicales humides peuvent y faire un tour pour se souvenir d'épisodes de leur vie. Dans le futur, une partie du domaine du Centre National de Floristique peut être aménagé en aires de promenade, en laissant les arbres tels qu'ils sont. Il serait alors nécessaire de veiller sur la discipline à observer par les visiteurs en vue de préserver l'intégrité physique de la forêt et la quiétude préalable au travail des botanistes.

---

[23] Pendant ces deux années, au titre de l'encadrement de l'étudiant allemenad, Professeur Aké-Assi Laurent percevait une indemnité forfaitaire mensuelle de cent cinquante mille (150.000) francs CFA.

Symposium de l'O.U.A[24] sur la médecine et la pharmacopée africaines à Abidjan

En septembre 1979, un symposium international a été organisé par la Commission Scientifique et Technique de la Recherche de l'O.U.A. (C.S.T.R./O.U.A) à Abidjan, sur la médecine et la pharmacopée africaines. Ce symposium a enregistré la participation des experts de toute l'Afrique dans le domaine. Dans le cadre de ce symposium, une excursion avait été organisée à l'intention des participants sur Yamoussoukro, la ville natale de Félix Houphouët-Boigny. Cette ville sera érigée en capitale politique en 1983. Après la visite des sites et monuments de la ville de Yamoussoukro, les participants devaient se rendre au barrage de Kossou pour le visiter. L'autocar des participants au symposium était en partance pour le barrage de Kossou. Soudain, un motard, roulant à toute allure, est arrivé. Il a fait signe à l'autocar de s'arrêter. Il a fait savoir que le Président Félix Houphouët-Boigny, ayant appris la présence de la délégation des botanistes dans la ville, voulait la rencontrer. Sur ce, les participants étaient retournés au palais du Président où ils ont été reçus. La visite du barrage de Kossou n'avait pas eu lieu. Avant de laisser partir la délégation, le Président Houphouët-Boigny a avait appelé, par téléphone, l'Hôtel Président pour demander que les participants consomment tout ce qu'ils veulent et que l'on lui apporte ensuite la facture.

Lors de la réception des participants au Palais, Aké-Assi Laurent avait salué le Président Houphouët-Boigny. Celui-ci était très content de le revoir. Le Président Houphouët avait fait savoir aux participants qu'Aké-Assi était son ami. Mais, il s'est empressé de dire qu'il ne vient pas le voir souvent. A la question posée à Aké-Assi Laurent de savoir si après son retour de France il avait vu le Président Houphouët, il répond :« *A chaque passage d'Houphouët-Boigny à l'Université de Cocody, il cherchait à me voir* ». Plus tard, Aké-Assi Laurent a indiqué qu'il se sentirait gêné s'il devrait passer voir le Président de la République tout le temps. Il faut noter qu'Aké-Assi, compte tenu de leur amitié, avait la possibilité d'aller au Palais Présidentiel et d'y rencontrer le Chef de l'Etat quand il le voulait. Mais, de manière surprenante, il ne le fit pas. Félix Houphouët-Boigny le lui avait reproché. Aké-Assi Laurent s'explique : « *Si les gens me voient une ou deux fois au palais présidentiel, ils vont penser que je veux un poste de ministre. Or, telle n'était pas mon ambition*».

Un fait mérite d'être relevé. Lorsque les membres de la délégation du symposium devraient se rendre par avion à Yamoussoukro, Aké-Assi Laurent était avec sa fille Aké-Assi Emma. Celle-ci venait d'être admise au concours d'entrée en classe de sixième. Aké-Assi Laurent a proposé à ses

[24] O.U.A : Organisation de l'Unité Africaine, devenue aujourd'hui, Union Africaine (UA).

pairs d'emmener sa fille Emma pour lui permettre de voyager, pour la première fois, en avion. La proposition a été acceptée. Ainsi, Aké-Assi Emma a non seulement voyagé en avion, mais elle a pu rencontrer le Président Houphouët-Boigny. Pour marquer les retrouvailles avec son ami Aké-Assi Laurent, le Président Houphouët a décidé de faire une photo avec lui et sa fille. Aké-Assi Laurent a indiqué que c'est le Président Houphouët, lui-même, qui, tout joyeux, *«était allé prendre le photographe par les bras pour l'amener à l'endroit où il voulait que la photo se fasse».* Et le Président Houphouët-Boigny a, selon professeur Aké-Assi, a dit au photographe : *« Viens faire une belle photo avec mon ami Aké-Assi et sa fille ».* Aké-Assi Emma a gardé en mémoire cette rencontre avec le Président Houphouët-Boigny comme l'un de ses plus grands souvenirs de son enfance. Elle a eu deux beaux cadeaux de son père, à savoir le voyage en avion pour Yamoussoukro et la rencontre suivie d'une prise de vue avec le Président Félix Houphouët-Boigny. Ce furent deux cadeaux exceptionnels qu'un élève admis en classe de sixième ne peut oublier.

CHAPITRE 5
UN DOCTORAT D'ETAT EN BOTANIQUE

Pour Aké-Assi Laurent comme pour tout autre chercheur, la conduite d'une carrière scientifique est assujettie à l'existence de bonnes conditions matérielles de vie et de travail. La progression scientifique du chercheur doit se faire parallèlement à l'amélioration des conditions de vie et de travail. Les deux interagissent, mutuellement.

D'Assistant à Maître-Assistant

Aké-Assi Laurent a exercé comme Assistant au Département de Botanique, à la Faculté des Sciences, Université d'Abidjan, de 1964 à 1972 et comme Maître-Assistant de 1972 à 1984. Au total, il passé 20 années au titre d'Assistant et de Maître-Assistant. Au vu du parcours ordinaire des enseignants de l'Université, ce nombre parait assez long. Cela témoigne des difficultés qu'Aké-Assi Laurent a rencontrées dans la conduite de sa carrière professionnelle et universitaire.

En 1972, Aké-Assi Laurent, alors Assistant, avait déposé son dossier en vue de la session ordinaire d'évaluation des enseignants à la fonction de Maître-Assistant. Mais, au moment de la tenue de la session, son dossier, de manière surprenante et étrange, n'a pas été transmis. Etonné par cette situation, monsieur J. Baudet, alors Doyen de la Faculté des Sciences de l'Université d'Abidjan a demandé à Aké-Assi de reconstituer un nouveau dossier. Muni de ce nouveau dossier, le Doyen s'est rendu à Strasbourg. Une session complémentaire d'évaluation des dossiers devrait s'y tenir. Ladite session s'est tenue. A son retour de Strasbourg, le Doyen donna la bonne nouvelle à Aké-Assi Laurent. Il a été, à l'unanimité des membres de la 30è section du Comité Consultatif, déclaré apte à exercer la fonction de Maître-Assistant.

Une copie de la lettre adressée par Monsieur Henri Duranton, professeur à l'Université Louis Pasteur de Strasbourg, à Monsieur J. Baudet, Doyen de la Faculté des Sciences de l'Université d'Abidjan est fournie. A la suite de cette lettre, il est également présenté un Extrait du Procès-Verbal de l'Assemblée de la Faculté des Sciences du 7 novembre 1972.

INSTITUT DE BOTANIQUE
de la Faculté des Sciences
de STRASBOURG
8, Rue Goethe

Tel. 35.15.21/32

Monsieur Henri DURANTON,
Professeur à l'Université Louis Pasteur,
Vice-Président de la 30e Section du
Comité Consultatif des Universités,
Président de la 4e Sous-Section
(Biologie Végétale)

à

Monsieur J. BAUDET,
Doyen de la Faculté des Sciences
de l'Université d'Abidjan
ABIDJAN
Côte d'Ivoire

FACULTÉ DES SCIENCES
7 JUIL. 1972
Arrivée N° 4439

Monsieur le Doyen,

Les membres de la 30e section du Comité Consultatif des Universités, spécialistes de biologie végétale (4e sous-section), ont analysé le dossier concernant Monsieur Laurent AKE ASSI.

A la suite d'un débat, à l'unanimité ils ont reconnu Monsieur AKE ASSI comme étant scientifiquement qualifié pour un poste équivalent de celui de maître-assistant.

Je vous prie de croire, Monsieur le Doyen, à l'assurance de mes sentiments très dévoués.

H. DURANTON

UNIVERSITE D'ABIDJAN
FACULTE DES SCIENCES

Extrait du Procès-Verbal
de l'Assemblée de la Faculté des Sciences
du 7 novembre 1972

L'Assemblée de la Faculté des Sciences réunie en formation restreinte aux Professeurs, Maîtres de Conférences et Chargés d'Enseignement propose à l'unanimité de ses membres la nomination en qualité de Maître Assistant associé

de Monsieur AKE ASSI

reconnu, à l'unanimité des membres de la 30ème section du Comité Consultatif des Universités comme étant scientifiquement qualifié pour un poste équivalent à celui de Maître Assistant. (session du C. C. U. de Juin 1972)

Le Doyen de la Faculté des Sciences

J. GAUDET

Blocage à la promotion au grade de Maître de Conférences

Le système français de l'enseignement supérieur dont les anciennes colonies ont hérité fait obligation à tout titulaire d'un doctorat de troisième cycle de présenter un doctorat d'Etat pour pouvoir postuler pour le grade de « *Maître de conférences* ». C'est ce que dit l'ancien régime. Le nouveau régime, avec notamment la Thèse Unique, dispense les enseignants de la rédaction du Doctorat d'Etat.

Aké-Assi Laurent s'est rendu compte de l'impossibilité d'avancer et d'obtenir le grade de « *Maître de Conférences* ». Son cas a été un casse-tête chinois pour l'ensemble de la communauté universitaire nationale. Les règles de fonctionnement de l'université sont strictes. Le passage d'un grade à un autre se fait conformément à cette rigoureuse réglementation. Le passage d'un enseignant ou d'un chercheur, d'un grade à un autre, ne se fait pas à la tête de chacun mais par le respect scrupuleux de cette réglementation. Dans ces conditions, l'évolution d'un enseignant ou d'un chercheur dépend exclusivement de lui-même. Celui qui veut avancer correctement doit travailler, en conséquence, à réaliser cet objectif. Comment en était-on arrivé à la situation inédite d'Aké-Assi Laurent? Celui-ci s'explique : « *Quand j'ai voulu être Maître de conférences, on m'a refusé parce que je ne possédais pas le Doctorat d'Etat. Par conséquent, il me fallait réaliser cette thèse de Doctorat d'Etat* ».

Aké-Assi Laurent était bloqué. Sa promotion au grade de Maître de Conférences ne peut se faire. Une question se pose : Aké-Assi Laurent savait-il le mode d'avancement en grade universitaire ? Son parcours singulier répond implicitement à cette question. Après être passé hors du circuit universitaire classique, il n'avait pas toutes les données en main. Mais, après avoir été mis à la disposition de l'Université Nationale, on pourrait penser qu'Aké-Assi Laurent a cherché à savoir comment il allait avancer. Il n'avait certainement pas pris suffisamment conscience de l'importance de la question. Il a préféré se mettre tout de suite au travail. Après tout, ce qui est essentiel pour un chercheur, c'est le travail. Au fil du temps, il acquerrait de l'audience non seulement au sein de la communauté scientifique nationale mais également à l'extérieur de la Côte d'Ivoire par la quantité et la qualité de ses publications scientifiques. C'est certainement cet aspect qui a conduit à la création du cas Aké-Assi Laurent.

Obtention de tous les diplômes à l'issue d'un conseil spécial de l'université

La situation d'Aké-Assi Laurent a amené le Conseil de l'Université à organiser, en juin 1977, une session spéciale en vue de statuer sur son cas. Ce Conseil Spécial comprenait les membres du Conseil de l'Université, des chercheurs provenant notamment de divers instituts, des conseillers culturels d'Ambassade des pays travaillant avec la langue française. Professeur Aké-Assi Laurent précise : « *Cette réunion s'est tenue au rectorat. On m'avait demandé si j'avais fait des publications. J'ai proposé la liste de mes publications. Le lendemain de cette réunion du Conseil spécial de l'Université, on m'a appelé. Je pensais qu'on m'avait accordé l'équivalence du baccalauréat. A ma grande surprise, ce fut plutôt l'équivalence de la maîtrise et du Diplôme d'Etudes Approfondies (DEA) qui m'avait été donnée. C'était l'équivalence du Baccalauréat que j'avais demandée. L'équivalence obtenue était bien au-delà de mes espérances. Elle me permettait de m'inscrire en thèse de doctorat d'Etat*».

L'organisation de l'enseignement supérieur a prévu les différentes conditions matérielles d'établissement des équivalences. En définitive, le Conseil de l'Université décida d'octroyer à Aké-Assi Laurent les équivalences nécessaires pour lui permettre de s'inscrire en thèse de doctorat d'Etat. Il faut se référer à la décision N° 9 du 14 juin 1977 du Conseil de l'Université Nationale de Côte d'Ivoire, ci-jointe, pour voir les détails. L'examen attentif de la décision d'équivalence produite ici permet de comprendre que le Conseil de l'Université, pour résoudre le cas Aké-Assi, a judicieusement exploité les différentes dispositions réglementaires existantes.

N° 9 du 14/6/1977

UNIVERSITÉ NATIONALE
DE COTE D'IVOIRE

DECISION D'EQUIVALENCE

Le Recteur, Président du Conseil de l'Université Nationale de Côte d'Ivoire

VU l'arrêté du 17 Octobre 1934 fixant la liste des titres étrangers admis en équivalence du baccalauréat ;

VU l'arrêté du 25 Août 1969 fixant la liste des titres admis en dispense du baccalauréat ;

VU le décret n° 68-932 du 25 Octobre 1968 portant équivalences partielles de scolarité et d'examen en vue de la licence en droit et de la licence ès sciences économiques ;

VU l'arrêté du 11 Juillet 1968 fixant la liste des titres admis en équivalence du D.U.E.S. et de l'examen de fin de 1ère année au D U.E S.

VU le décret n° 69-45 du 15 Janvier 1969 fixant les conditions d'attribution des équivalences dans les Facultés des Sciences ;

VU l'arrêté du 22 Juin 1966 fixant la liste des titres admis en équivalence du D.U.E.L. et de l'examen de fin de 1ère année du D.U.E.L ;

VU le décret n° 69-44 du 15 Janvier 1969 fixant les conditions d'attribution des équivalences dans les Facultés des Lettres et Sciences Humaines ;

VU la liste des titres étrangers admis en équivalence de la licence ou de deux certificats d'études supérieures en vue des maîtrises des Facultés des Lettres et Sciences Humaines ;

VU les documents présentés à l'appui de la demande d'équivalence ;

DECIDE

QUE MONSIEUR AKE ASSI LAURENT

Né (e) le : 10 AOUT 1931 à : AGBOVILLE/RCI

titulaire des diplômes et titres suivants XXXXXX XXXXXXXXXXXXXXXXXXXXXXXXXXXXXXXXXXXX

DOCTORAT D'UNIVERSITE/ TRAVAUX DE RECHERCHES

// //

XXXXXXXXXXXXXXXXXXXX) du baccalauréat de l'enseignement du second degré

la dispense

de l'équivalence LA MAITRISE + D.E.A.

// //

en vue d'une inscription en : DOCTORAT D'ETAT

auprès de la Faculté de : SCIENCES

devra obtenir les certificats ou matières suivants :

//

//

XXXXXXXXXXXXXXXXXXXXXXXXXXXXXXXXXXXXXXXXXXXXXXXXXXXXXXXXXXXXXXXXXXXXXXXXXX
XXXXXXXXXXXXXXXXXXXXXXXXXXXX

FAIT A ABIDJAN, le 13 JUIN 1977

Le Recteur,

(1) Biffer les mentions inutiles

La question qui se pose est de savoir si la délivrance des diplômes de Maîtrise et de DEA par équivalence avait déjà eu lieu dans les annales de l'Université de Cocody. La décision du Conseil de l'Université non seulement dispense Aké-Assi Laurent du baccalauréat mais en plus lui octroie à la fois la maîtrise et le diplôme d'études approfondies (DEA). Désormais, Aké-Assi remplit les conditions pour s'inscrire en année de thèse de doctorat d'Etat, puisqu'il était, rappelons-le, déjà titulaire d'un Doctorat d'Université.

Rédaction de la thèse de doctorat d'Etat : d'Abidjan à Paris

La rédaction de la thèse de doctorat d'Etat s'est imposée à Professeur Aké-Assi Laurent comme elle s'impose à tous les autres enseignants de l'Université recrutés après un doctorat de troisième cycle, ancien régime. La rédaction d'une thèse de doctorat d'Etat exige une organisation technique, scientifique et pratique de qualité. Tout le travail doit s'appuyer sur la disponibilité de ressources financières adéquates. Le sacrifice financier demandé au chercheur est à la mesure de l'importance de la thèse de doctorat d'Etat dans son évolution scientifique. Aké-Assi Laurent se posait des questions notamment sur la manière d'assurer le financement de ses travaux. Comme par miracle, il va bénéficier de l'appui de monsieur Vidal, Conseiller culturel de l'Ambassade de France à Abidjan. Il explique comment les choses se sont passées :« *Un jour, en septembre 1982, le Conseiller Culturel de l'Ambassade de France m'a appelé. Et, il m'a dit : Il y a de jeunes européens, de petits Blancs, qui viennent ici, en coopération militaire. Après, ils sont nommés Maîtres de conférences. Moi, je suis prêt à proposer votre candidature pour une bourse pour vous permettre d'aller faire votre thèse en France. J'étais d'accord. Mais, j'ai voulu rédiger la thèse ici en Côte d'Ivoire parce que tous mes matériaux de travail se trouvent ici. En définitive, je suis resté ici. Mais, en un an, je n'avais rédigé qu'une centaine de pages alors que ma thèse a comporté mille deux cent pages. C'était très insuffisant. Les charges administratives et académiques notamment l'enseignement et l'encadrement des étudiants occupaient énormément mon temps. Je suis allé voir le Conseiller Culturel de l'Ambassade qui m'avait proposé la bourse une année plus tôt. Ce dernier m'a fait obtenir une bourse de deux années. Dans le même temps, l'Université d'Abidjan m'avait accordé deux années sabbatiques. Ainsi, je suis parti pour la France uniquement pour la rédaction de la thèse de doctorat d'Etat. En 14 mois, j'ai pu rédiger entièrement la thèse* ».

La rédaction d'une thèse de doctorat d'Etat n'est pas une activité aisée. Pour les candidats, l'un des problèmes auxquels ils sont fortement et généralement confrontés, c'est la dactylographie du texte. En ces temps-là, les conditions de travail des secrétaires-dactylographes n'étaient pas faciles du fait de l'outil de travail assez archaïque utilisé. Professeur Aké-Assi Laurent a été confronté à des difficultés d'ordre pratique. Il se souvient de la manière dont les choses se sont déroulées : « *En partant pour la France, j'avais une secrétaire ici, une femme blanche. En France, je rédigeais un certain nombre de pages par semaine. Tous les mardis à 14 heures, j'avais rendez-vous avec professeur Georges Mangenot pour travailler, chez lui, à son domicile, sur ma thèse. Il corrigeait le texte que je lui soumettais. Après sa correction, j'envoyais le texte par courrier postal à ma secrétaire à Abidjan pour la dactylographie. Je dois dire en passant que lorsque j'avais rendez-vous avec Mangenot, son épouse n'était pas toujours contente parce qu'elle estimait que son mari, qui était retraité, devrait se reposer. Mais, lorsque je rencontrais Professeur Mangenot, nous avions du mal à arrêter de travailler et à nous séparer. On se rencontrait à 14 heures, mais c'est finalement vers 18 heures que nous nous séparions. A chaque fois, Mangenot plaisantait pour dire à l'endroit de son épouse ceci : « Tu te plains, mais je constate que chaque fois qu'il vient, cela me donne de la vigueur, et toi-même tu es contente ! ».*

Professeur Aké-Assi Laurent était sur la bonne voie pour la rédaction de la thèse. Il explique : *« Nous avons travaillé de cette manière pendant quelques semaines. Mais, au bout d'un certain temps, on s'est retrouvé devant une situation difficile. Ma secrétaire d'Abidjan devrait rentrer en France avec son mari, monsieur Soulié, qui était enseignant de mathématiques au lycée garçons de Bingerville. Il risquait de perdre son poste en France. Il a donc décidé de rentrer définitivement en France. Du coup, je n'avais plus personne ici en Côte d'Ivoire pour réaliser la dactylographie de ma thèse ».* Monsieur Soulié était venu en coopération avec son épouse en Côte d'Ivoire. Il a été le professeur de mathématiques de Yao Ngoran Bazin au lycée garçons de Bingerville dans les années 1976-77, en classes de première et terminale D. Les coopérants français, en venant en Afrique, occupent déjà, pour la plupart, des postes dans leur pays. A la fin de leur contrat, ils retournent chez eux afin de réoccuper leur emploi initial. C'est justement pour ne pas perdre son poste que monsieur Soulié était aussitôt rentré en France avec sa femme.

A chaque étape de son parcours, Aké-Assi Laurent s'est retrouvé devant des problèmes difficiles à résoudre. Mais, il y avait une constante. Il se trouvait toujours une tierce personne pour intervenir et résoudre de manière immédiate et durable le problème auquel il fait face. Aké-Assi Laurent s'est retrouvé devant une situation où il n'avait plus personne pour réaliser la dactylographie de son texte. Il n'y a jamais eu deux sans trois, a-t-on coutume de dire. Aké-Assi Laurent a de la chance. La suite va confirmer, de manière éloquente, cette remarque comme il le dit lui-même : « *Un jour, j'étais au Muséum National d'Histoire Naturelle à Paris, au Laboratoire de Phanérogamie. Un homme, un Français du nom de Daniel Rouche, Directeur aux Editions Dareni, Paris, y était arrivé. Il avait besoin de renseignements concernant les plantes africaines sur lesquelles il travaillait. Il était à la recherche d'une personne qui pouvait résoudre un problème qui se posait à lui. Il a indiqué qu'on lui avait dit qu'il y avait un Africain au Muséum qui pouvait aider à résoudre son problème. Il m'a montré quelques plantes. Je les ai prises et, en moins de deux minutes j'avais résolu son problème. Il était très étonné. Il m'a donc dit merci et on s'est dit au revoir. Mais, j'ai remarqué qu'il ne partait pas. Quelques instants après, il m'a dit ceci : « Je vous dois de l'argent! ». Je lui ai répondu qu'il ne me devait pas. Il a hésité, hésité et il était parti ».*

La journée de travail d'Aké-Assi Laurent s'était achevée, comme les autres, bien remplie. Mais Daniel Rouche n'avait pas encore dit son dernier mot. Professeur Aké-Assi Laurent se souvient : « *Le lendemain, le Blanc m'avait fait venir, par coursier, une enveloppe. Celle-ci contenait la somme de quatre mille francs français. J'ai pris l'argent. Il faut dire que j'étais dans l'obligation de prendre l'argent, puisque le coursier, après m'avoir remis l'enveloppe, était reparti avant même que je ne l'ouvre. J'étais devant le fait accompli* ».

La satisfaction de Daniel Rouche après le travail d'Aké-Assi Laurent devrait être maximale. Il tenait à le lui manifester. Pour ce faire, il était revenu, deux jours plus tard, au Muséum pour rencontrer Aké-Assi Laurent. Certainement qu'il voulait vérifier si l'expert africain avait effectivement reçu le cadeau. Il voulait également montrer que l'argent qu'il avait donné deux jours plutôt ne représentait rien par rapport à la valeur du travail réalisé par l'expert. Pour lui, ce qui comptait, c'était la valeur du travail réalisé. Le fait que le travail soit réalisé en quelques petites minutes, n'enlève rien à cette valeur. Cela importait peu. Il était revenu au Muséum en vue de remercier à nouveau Aké-Assi. Certainement qu'à ses yeux, l'argent envoyé ne traduisait pas suffisamment sa reconnaissance à l'expert africain. C'est ce qui expliquerait sa présence sur les lieux de l'exploit de l'Africain. Professeur Aké-Assi Laurent précise : « *Deux jours après, Daniel Rouche était encore revenu au Muséum. Il m'a trouvé sur place. J'étais en train de rédiger mon texte avec un crayon et une gomme comme d'habitude. Il m'a demandé ce que je faisais. Je le lui ai expliqué. Ensuite, il m'a demandé s'il y avait quelqu'un pour taper le texte que j'écrivais au crayon. Je lui ai expliqué comment les choses se passaient, et qu'après le départ de ma secrétaire d'Abidjan pour la France, je n'avais plus personne pour saisir mon texte. Sur ce, Rouche a proposé que sa propre secrétaire tape mon texte. Je lui ai dit que mon texte est assez spécialisé et que pour pouvoir faire le travail, il fallait être préalablement initié. Je lui ai expliqué que la dame qui avait l'habitude de taper mon texte à Abidjan était rentrée en France. Ensuite, il m'a demandé si j'avais le numéro de téléphone de cette dame. Je lui ai donné le numéro de téléphone, en France, de mon ancienne secrétaire d'Abidjan. Sur le champ, il a pris le téléphone et il a appelé la dame. Il lui a demandé si elle était disponible pour saisir le texte de Professeur Aké-Assi Laurent, son ancien patron d'Abidjan. Elle a répondu par l'affirmative. Toujours au téléphone, Daniel Rouche lui a demandé le type et les caractéristiques de la machine, les caractères, le papier, le stencil, etc, qu'elle utilisait à Abidjan pour travailler. Elle lui a donné toutes les indications techniques nécessaires. Après cela, Daniel Rouche était allé en ville. Il en était revenu quelques temps après avec une machine telle que décrite au téléphone par mon ancienne secrétaire. En plus de la machine proprement dite, il avait également apporté tous les accessoires en quantité suffisante notamment les stencils et l'encre. Je ne sais pas s'il avait acheté ou loué cette machine. Toujours est-il qu'après m'avoir présenté la machine, il avait décidé d'aller la remettre à mon ancienne secrétaire qui se trouvait à Caen où elle résidait* ». Il était allé à Caen avec la machine et les accessoires pour les remettre, lui-même, à madame Soulié.

La spontanéité dont le professeur Aké-Assi Laurent a fait preuve pour résoudre l'équation à laquelle Daniel Rouche était confronté a fortement marqué ce dernier. A telle enseigne qu'il s'est senti obligé de lui rendre la monnaie, dans la mesure de ses possibilités. Il l'a fait à merveille. Certainement qu'il avait prévu beaucoup plus d'argent pour récompenser la personne qui résoudrait son problème.

La rencontre avec Daniel Rouche a été très importante voire décisive. Avec cette rencontre et le travail d'identification des plantes réalisé pour lui par Aké-Assi, il pouvait pousser un ouf de soulagement. Elle a permis à Aké-Assi de résoudre une équation difficile. La rédaction de la thèse de doctorat d'Etat ne devrait plus connaître un retard. On note, une fois de plus, qu'Aké-Assi Laurent a bénéficié d'une situation à laquelle il ne s'attendait certainement pas. L'ex-secrétaire de professeur Aké-Assi Laurent d'Abidjan est retrouvée en France, comme par hasard. Dès lors, la rédaction de sa thèse n'a plus connu d'interruption. La secrétaire, à partir de la ville de Caen, dactylographiait les textes que lui envoyait son ancien patron. Professeur Aké-Assi Laurent et son ancienne secrétaire échangeaient les textes par la poste, jusqu'à la fin de la rédaction de sa thèse de doctorat d'Etat.

Evaluation scientifique du travail par Georges Mangenot

Il est reproduit, de manière textuelle, dans les lignes qui suivent, la lettre ainsi que les commentaires adressés, à l'époque, par le professeur Georges Mangenot à Monsieur N'DIAYE Alassane Salif, le Doyen de la Faculté des Sciences de l'Université d'Abidjan au sujet de la thèse d'Etat après l'évaluation scientifique des travaux d'Aké-Assi Laurent.

a) La lettre

15 mai 1984

M. N'DIAYE Alassane Salif
Doyen de la Faculté des Sciences
BP 322 ABIDJAN 04

Monsieur le Doyen,

J'ai l'honneur de vous transmettre ci-joint le rapport que vous avez bien voulu me demander sur la thèse de M. Aké-Assi Laurent, dont la soutenance aura lieu le jeudi 2 juin prochain.

Ce rapport est très favorable et j'aurai grand plaisir, en siégeant dans le jury, de dire publiquement à M. Aké-Assi tout le bien que je pense de lui ; tous ceux qui le connaissent savent qu'il fait grand honneur à son pays.

Je vous prie, Monsieur le Doyen, de bien vouloir agréer l'expression de ma haute considération,

G. MANGENOT

b) Rapport sur la thèse de Monsieur Laurent Aké-Assi

« *Flore de la Côte d'Ivoire : Etude descriptive et biogéographique, avec quelques notes ethnobotaniques* ».

« *Dans ma première rédaction de ce rapport, j'avais rappelé les origines et la carrière de M. Aké-Assi, fils d'un savant garde des Eaux et Forêts de la colonie de la Côte d'Ivoire ; sans lui la classique « Flore forestière » d'André Aubreville n'eut peut-être jamais été écrite. Mais l'analyse du mémoire qui nous est soumis exige de tels développements qu'il me faut sacrifier tout ce qui concerne l'évolution scientifique du candidat depuis ce jour de 1945 où, sur la recommandation de son père, je lui proposai d'accompagner, dans leurs tournées en brousse, les botanistes du Centre d'Adiopodoumé. Il suffira d'insister sur le fait que ces quarante ans ont fait de Laurent Aké-Assi un botaniste très connu en Afrique, à Madagascar, en Europe et aux Etats Unis, et partout très réputé. Il est aujourd'hui Directeur du Centre National Floristique, riche d'un herbier complet du pays et d'un jardin où sont conservées les espèces végétales les plus intéressantes, dont certaines, probablement désormais éteintes, ne subsistent plus que dans ce Conservatoire dont l'importance scientifique est majeure. J'ajoute que M. Aké-Assi* est Docteur d'Université de la Sorbonne (1961).

La thèse d'Etat qui nous est soumise aujourd'hui peut être définie comme un prodrome de la flore ivoirienne. La végétation de la Côte d'Ivoire avait précédemment été l'objet d'une importante synthèse (avec carte) dans le cadre d'un inventaire (commandé par le Gouvernement ivoirien) du milieu naturel. Le mémoire de M. ASSI est d'un genre complètement différent : il est d'ordre strictement floristique ; il se situe dans le prolongement de la flore forestière d'Aubreville, mais concerne, non seulement quelques 700 arbres ou arbustes mais, toute la flore (3660 espèces).

Ce lourd ensemble constitué de 6 fascicules comprend trois parties de poids très inégal.

Les quatre premiers fascicules (A,B,C,D) du tome I sont une analyse de la Flore des Angiospermes, c'est-à-dire, dans ce pays sans Gymnospermes et dont la Flore ptéridophytes est pauvre, de presque toute la flore. Les Dicotylédones (135 familles, 2608 espèces) sont traitées dans les cahiers A,B,C, les Monocotylédones (32 familles, 909 espèces) dans le cahier D. Les familles se succèdent par ordre alphabétique. L'auteur n'a pas voulu – et le rapporteur approuve- choisir entre les systèmes taxonomiques dont la diversité traduit le caractère artificiel. Chaque famille est étudiée suivant un plan unique.

D'abord, une énumération des sous-familles (ou tribus) et des genres, avec indication du nombre des espèces recensées dans ces taxons. Le lecteur acquiert ainsi, aussitôt, une idée exacte de la composition de la famille en Côte d'Ivoire.

La deuxième partie est une analyse chorologique de la famille ; les espèces communes à l'Afrique et à d'autres régions font l'objet d'une première énumération à laquelle fait suite celle des genres africains groupés suivant leur répartition dans le monde (pantropicaux, palaeotropicaux, néotropicaux, africains, etc... et dans le territoire ivoirien (l'auteur, adoptant la terminologie de LEBRUN, distingue les gunéo-congolais, les soudano-zambeziens et ceux qui sont communs aux deux Régions). Le nombre d'espèces connues en Côte d'Ivoire, dans chaque catégorie, est indiqué. Le profil chlorologique de la famille est ainsi parfaitement défini.

La troisième partie est une étude des types biolgiques, au sens classique du terme, et la quatrième partie le recensement des spécialisations écologiques (Hélo-, rhéo-, halophytes ; ripicoles, orophytes, saxicoles) et organiques, non lieu au milieu (arbres et herbes, lianes de tous types, racines échasses, etc...) ou liées au milieu (épiphytes, hydrophytes, mycotrophes, holo-ou hémiparasites).

La cinquième partie esquisse un portail de la famille telle qu'elle se présente en Côte d'Ivoire. C'est ici que l'auteur donne des indications fort originales concernant les utilisations médicinales : ces renseignements acquis ''du dedans'' par un Ivoirien ayant, depuis son enfance, une expérience personnelle des remèdes, sont très originaux ; ils n'ont rien de commun avec les indications recueillies ''du dehors'' par des pharmacologues européens à la suite d'enquêtes auprès des guérisseurs. L'ethnobotaniste de notre jury sera plus compétent que moi pour apprécier la valeur des renseignements qui me paraissent, pour ma part, fort intéressants.

La monographie de chaque famille s'achève par une énumération des espèces exotiques plantées dans les jardins de Côte d'Ivoire.

Le tome II (fascicule unique) est un catalogue de toutes les espèces de plantes vasculaires de la flore ivoirienne, y compris les Ptéridophytes (163 espèces). Ce catalogue est un résumé des quatre fascicules du tome I. Les espèces citées le sont avec leur nom d'auteur. Les signes en marge, dont la signification est expliquée dans les trois premières du fascicule permettent de connaître les types biologiques, les spécialisations et les appartenances chorologiques des espèces dans le monde et en Côte d'Ivoire.

Le dernier fascicule (tome III) présente des considérations générales sur les caractères de la flore ivoirienne : sa composition, sa richesse, la chorologie de ses espèces. On y trouve une synthèse extrêmement intéressante, étendue à toute la flore, des caractères analysés dans le tome I, pour chaque famille. Les premières pages et la figure II mettent en évidence le petit nombre des familles riches en espèces, la grande prédominance des petites familles, dont 78 (6 %) sont monogénériques et monospécifiques ; auxquelles il faut ajouter les 608 genres monospécifiques (56 % du nombre de genres), tandis que mes grands genres > 20 espèces ne sont que douze (moins de 1 %). Ces différences expliquent la faiblesse du nombre moyen T/G des espèces dans les genres (3,05). Dans cette flore où les espèces tendent à se confondre avec les genres, le polymorphisme est très réduit et la diversité considérable. D'où l'impression de richesse donnée par une flore numériquement comparable à celle de la France d'après l'indice de richesse spécifique de LEBRUN. Cette flore ivoirienne est, au contraire, certainement moins riche que celle de Java, surtout, de Madagascar et de l'Afrique Australe. L'endémisme dans la flore ivoirienne au niveau des familles, des genres ou des espèces, relativement élevé est défini avec précision. La région guinéo-congolaise de Côte d'Ivoire est beaucoup plus riche que la région soudano-zambézienne ; une comparaison de ces deux flores met en évidence leurs caractères floristiques respectifs. Les affinités chorologiques de la flore ivoirienne, chez les Dicotylédones comme chez les monocotylédones, sont longuement analysées : les pantropicales (y compris les cosmopolites) sont les plus nombreuses ; suivent, en ordre décroissant, les africaines, les palaeotropicales, les afro-malgaches et les afro-néotropicales. La différence entre les % d'afro-malgaches et d'afro-néotropicales n'est pas significative, malgré les grandes inégalités d'éloignement et les affinités des taxons communs à l'Afrique et à l'Amérique qui sont telles que seule la dérive après la séparation des deux continents peut les expliquer. Le mémoire fait apparaître aussi la montée vers le nord des taxons sud-africains et la disparition progressive de ceux-ci.

Ceux qui atteignent la Côte d'Ivoire sont peu nombreux, mais significatifs. Il est difficile de résumer ici plus complètement les données nouvelles obtenues dans le cadre de la chorologie générale ; elles sont cependant d'un grand intérêt.

Le texte est illustré par de nombreux dessins de plantes et par quelques diagrammes (proportions complémentaires des types biologiques chez les Dicotylédones –fig.1,p.16– et les Monocotylédones-fig.2, p.12- ; courbe représentant la flore ivoirienne en fonction du nombre décroissant des espèces dans les familles-fig.3 p.76). Trois belles planches dues au talent de Nicolas HALLE représentant les sous-bois des forêts du Banco, de Taï et de Yapo, en frontispicé des cahiers IA, IB et IC – ont perdu beaucoup de leur intérêt parce que M. ASSI en a effacé les initiales indiquant les noms des espèces caractéristiques.

D'importantes annexes achèvent le mémoire :

1. une liste complète des espèces endémiques de l'Ouest de la Côte d'Ivoire et dont l'aire se prolonge au Libéria ; la richesse de cette flore ''ultra-sassandrienne'' témoigne du fait que la région où on les rencontre a été une aire de refuge au cours des épisodes arides de l'Holocène, quand l'aire axiale de la Côte d'Ivoire était une savane dont le souvenir est aujourd'hui le V baoulé.

2. une liste alphabétique des plantes utilisées en Médecine traditionnelle, avec les affections qu'elles guérissent.

3. une liste alphabétique de maladies, avec les noms des plantes utilisées pour les soigner.

4. une liste alphabétique d'espèces servant dans l'alimentation humaine (feuilles, herbes utiles, graines et fruits).

5. une liste analogue mais présentée par familles.

Ce compte-rendu de la thèse de M. Aké-Assi a été raccourci à l'extrême. Il s'agit, en effet, d'un ouvrage d'une grande richesse. On y trouve une image très détaillée, précise et raisonnée de la flore ivoirienne, du moins telle qu'elle existait avant la mise en valeur généralisée du pays, par le reboisement et l'extension massive des aires cultivées, sans constitutions de réserves naturelles qui eussent ménagé un souvenir des faunes et des flores.

Ecrit par un auteur d'une compétence exceptionnelle, au prix d'un effort considérable, pendant des années, sur le terrain et auprès des herbiers africains d'Europe, servi par cette sorte de connivence qui a toujours existé entre M. Assi et les plantes, celles de son pays et celles de pays lointains, ce livre offre un caractère quelque peu insolite. Il est d'une très grande valeur ; il est le prélude à ce qui devrait être une Flore de la Côte d'Ivoire et des régions limitrophes. Personne ne peut contester que ces 6 fascicules, dont on sait, heureusement, qu'ils seront bientôt publiés, représentent une très belle thèse de Doctorat d'Etat ».

Les commentaires ci-dessus sont ceux d'une figure mondiale de la botanique. Professeur Georges Mangenot était la personne la mieux placée pour porter de tels jugements, pour avoir connu et pratiqué Aké-Assi Laurent dans toutes les circonstances de son parcours hors du commun. On retient que le professeur Georges Mangenot parle d'une « *sorte de connivence qui a toujours existé entre M. Assi et les plantes* ». Ce bout de phrase résume fidèlement la vie scientifique d'Aké-Assi Laurent.

On observe que le professeur Aké-Assi Laurent n'avait jamais pris connaissance des commentaires écrits ci-joints que nous avons obtenus de l'épouse de professeur Mangenot Georges, à l'occasion de la réalisation de cette biographie. C'était une note confidentielle envoyée, à l'époque, au doyen de la Faculté des Sciences de l'Université d'Abidjan.

Soutenance de la thèse de doctorat d'Etat : encore Félix Houphouët-Boigny

La rédaction de la thèse était achevée. Lorsque la rédaction d'une thèse est achevée, il faut programmer la soutenance. C'est une autre paire de manches. Ce n'est pas la chose la plus aisée à réaliser d'autant qu'il faut une date qui puisse convenir à tous les membres du jury.

La soutenance de la thèse d'Aké-Assi Laurent avait un coût financier qui n'était pas négligeable. Ce coût était particulièrement élevé du fait du nombre et de la qualité des membres du jury. Quatre jurés sur les six (6) venaient de France et de Suisse. Il fallait prendre en charge les frais de séjour de ces éminentes personnalités du monde de la science botanique.

Or, à la fin de la rédaction de la thèse de doctorat d'Etat, et après accord de l'encadreur scientifique, Aké-Assi Laurent n'avait pas assez d'argent pour la diffusion du mémoire de 1200 pages en 25 exemplaires. A une époque où le service de photocopie était peu vulgarisé et cher, le coût de diffusion de la thèse de doctorat d'Etat en six volumes était élevé. La réalisation de tout travail scientifique, en particulier une thèse de doctorat d'Etat, est coûteuse.

Le chercheur, qui n'a pas obtenu un financement institutionnel adéquat, arrive généralement au bout du rouleau totalement appauvri financièrement. Cette situation était très pesante. Elle est de nature à donner l'insomnie au chercheur. Il faut la résoudre, coûte que coûte. Cependant, la situation financière difficile voire chaotique du chercheur est toujours amoindrie par sa satisfaction morale et intellectuelle face à l'œuvre accomplie.

Face à la situation financière assez critique du chercheur Aké-Assi, Jean Lorougnon Guédé, le Ministre de la Recherche Scientifique d'alors, avait convoqué quelques cadres Akyé pour solliciter leur contribution financière en vue de permettre à leur « *frère* » de soutenir sa thèse de doctorat d'Etat. Les Akyé ont toujours manifesté une solidarité considérée comme légendaire partout où ils se trouvent. Mais, pour la préparation de la soutenance de la thèse de doctorat d'Etat de leur « *frère* » Aké-Assi, les promesses faites par les uns et par les autres ont du mal à être tenues. Pis, on avait eu le sentiment que cette solidarité légendaire Akyé avait eu du plomb dans l'aile. Qu'est-ce qui expliquerait cela ? Il est très difficile à dire. Trois hypothèses peuvent être formulées pour tenter de se faire une certaine idée. Premièrement, la solidarité des populations Akyé, si vantée et qui s'est même exportée hors de la Côte d'Ivoire, serait essentiellement fondée sur l'existentiel, sur l'alimentaire et non pas sur les activités intellectuelles. Cette hypothèse parait cependant moins plausible, parce que par une thèse de doctorat d'Etat, on peut substantiellement améliorer la situation alimentaire d'une famille, d'une communauté. Deuxièmement, un fait paraissait assez troublant, à savoir le lieu de naissance d'Aké-Assi Laurent. Aké-Assi Laurent est, en effet, né à Agboville, en pays abbey. En plus du lieu de naissance, Aké-Assi Laurent n'a presque pas vécu dans un village typiquement akyé, mais plutôt dans un campement cosmopolite, avec des gens d'horizons culturels divers pas forcément akyé. Cela a, dans une certaine mesure, fait d'Aké-Assi Laurent *''un akyé vu de loin''*, dans l'imagerie populaire akyé. Troisièmement, la solidarité des populations Akyé avait eu du mal à se mettre en place en faveur d'Aké-Assi Laurent en raison de son absence aux réunions des ressortissants Akyé. On lui a, en effet, reproché son manque d'activité au sein de leur communauté pour mériter une intervention prompte des cadres Akyé. Ce ne sont que des hypothèses qui n'ont pu être formellement vérifiées.

Par rapport à cette troisième hypothèse, on peut avancer que Professeur Aké-Assi Laurent ne pouvait pas être présent à toutes les réunions et atteindre le niveau professionnel et scientifique qui a été le sien. Cela n'est pas matériellement et humainement possible. La passion du chercheur pour le travail et son parcours scientifique ne pouvaient guère lui laisser le moindre temps d'aller assister à de longues réunions de ressortissants qui sont souvent le théâtre de joutes oratoires, longues et stériles. Dans certains cas, ce genre de rencontres se traduit par un climat délétère, souvent insupportable. Certes de temps à autre, le savant Aké-Assi Laurent pouvait se libérer pour aller assister à quelques réunions. Mais, il ne pouvait pas le faire de manière continue. C'est en général un choix que les chercheurs et tous les passionnés de travail font. Ils assument ce choix, somme toute difficile, mais raisonné.

Toujours est-il que pour la préparation de la soutenance de sa thèse de doctorat d'Etat, la contribution attendue des cadres akyé n'était pas certaine. La question du financement de la soutenance de la thèse de doctorat de professeur Aké-Assi Laurent restait pendante, entière. Face à l'immobilisme des cadres akyé, l'idée de solliciter leur contribution financière a été purement et simplement abandonnée.

Au sujet de la thèse de doctorat d'Etat, professeur Aké-Assi Laurent se souvient de la promesse vaine de l'ancien ministre, Dr Balla Kéita : « *Balla*

Keita, alors ministre, m'avait donné l'assurance qu'il allait financer le coût de la soutenance de ma thèse. On devrait se voir pour en discuter. Il m'avait fixé plusieurs rendez-vous. A chaque fois, je partais au lieu de rendez-vous ; mais il n'était jamais présent. Nous n'avions plus parlé de cette soutenance. Mais, curieusement, le jour de la réception organisée chez le Président Houphouët, il était là pour diriger tout ». On dit généralement que la victoire a plusieurs papas. L'on ne se pose pas toujours la question de savoir comment la victoire se construit. Très souvent, elle se construit dans la douleur. Il est établi que la victoire obtenue dans la douleur est plus éclatante, plus belle. Mais, une fois la victoire acquise, plusieurs personnes se présentent pour en revendiquer, comme par enchantement, la paternité, sans se gêner outre mesure.

Mao Nguessan Ernest, magistrat à la retraite[25], se souvient des péripéties avant la soutenance de la thèse de doctorat d'Etat de son ami. Il aura été d'un apport considérable pour la résolution de la question du financement de la soutenance de la thèse d'Aké-Assi Laurent. Pour avoir été au centre de l'affaire, dans sa phase finale, Mao Nguessan Ernest explique : « *Monsieur Lorougnon Guédé était l'ami d'Aké-Assi Laurent. C'est Aké qui me l'a présenté. Il était au départ à l'Assemblée Nationale et donnait des cours à l'Université. Nous nous sommes souvent retrouvés chez Aké. Quelque fois, c'est Aké qui venait me prendre et on allait rendre visite au Ministre. Madame Anoma Gladys, elle, je l'ai rencontrée dans le cadre des activités du Parti Démocratique de Côte d'Ivoire (PDCI), puisqu'elle était membre du Bureau Politique. Et également à l'Université quand j'allais saluer Aké, puisque les deux étaient dans le même laboratoire. Un soir, le ministre Lorougnon Guédé était venu chez moi. Il m'a dit que notre ami Aké-Assi devra présenter sa thèse de doctorat d'Etat. Il aura besoin de notre aide. J'ai répondu au Ministre : Vous êtes le ministre. Moi, je suis magistrat. Nous n'avons pas le même salaire. Le travail que notre ami Aké fait, c'est pour le pays. Si le pays ne peut pas financer son travail, je veux qu'on me le dise ! J'ai menacé de quitter la magistrature pour me retrouver au barreau si l'Etat ne faisait rien pour Aké-Assi. Le lendemain, j'étais allé voir le Garde des Sceaux, le Ministre Camille Alliali. Chaque matin, dès qu'il arrive au bureau, il m'appelle au sujet de tous les dossiers. Parmi les dossiers à l'ordre du jour, j'ai placé le dossier « Aké-Assi Laurent ». Balla Keita était le Ministre d'Aké-Assi Laurent. Mais, je le voyais mal en train de prendre en main le dossier « Aké-Assi Laurent » pour le présenter à qui que ce soit. La veille d'une réunion du Bureau Politique du Parti Démocratique de Côte d'Ivoire (PDCI), le Ministre Camille Alliali, dont j'étais le plus proche collaborateur, m'a demandé de faire une note pour présenter d'abord Aké-Assi Laurent, lui-même, et ensuite ses besoins financiers pour la soutenance de sa thèse. J'ai fait cette note. Le ministre Camille Alliali*

---

[25] Mao Nguessan Ernest est décédé le 14 mai 2012.

était parti à la réunion du Bureau Politique du PDCI. A son retour, il m'appelle et me dit : « Mao, j'ai une bonne nouvelle pour toi et ton ami Aké-Assi Laurent. Le Président Houphouët a eu une réaction instantanée. Il a dit que le problème d'Aké-Assi Laurent ne concerne pas l'Université. Mais, c'est un problème personnel à lui. Aké-Assi a besoin de 7 millions de francs CFA pour financer la soutenance de sa thèse; il lui avance 14 millions tout de suite. Le Président Houphouët a dit qu'il remettrait l'argent uniquement à madame Anoma Gladys ». Houphouet ne voulait pas faire les choses à moitié, d'autant plus que parmi les illustres invités, il y avait son ami Georges Mangenot ».

Ce témoignage pathétique montre à tout le moins quels étaient les vrais amis d'Aké-Assi et quels étaient ceux qui étaient prêts à démontrer cette amitié. On note qu'à chacune des grandes étapes de la vie et du parcours d'Aké-Assi Laurent, Félix Houphouët-Boigny est apparu. C'est le député Félix Houphouët-Boigny, lui-même, qui a, en effet, donné à Aké-Assi Laurent la bourse pour un stage de six mois en France. Ce stage se termine par un doctorat d'université. Aké-Assi Laurent finit la rédaction de la thèse de doctorat d'Etat. Félix Houphouët-Boigny est encore là pour permettre à l'étoile montante nommé Aké-Assi Laurent de soutenir la thèse et de continuer à briller. L'intervention de Félix Houphouët a permis de dispenser Aké-Assi Laurent de poursuivre le paiement d'une hypothétique cotisation des cadres de la région. On voit, une fois de plus qu'Aké-Assi Laurent est un homme chanceux. C'est ainsi qu'on peut résumer cette autre circonstance qualifiée d'exceptionnelle.

Les dépenses occasionnées par la soutenance de la thèse de doctorat d'Etat d'Aké-Assi comprenaient les billets d'avion des invités, les frais de séjour de ces derniers dans un Hôtel 5 étoiles, les frais liés à l'organisation pratique du cocktail d'après soutenance. On mettrait à la disposition de chaque invité une voiture et un chauffeur pendant une semaine. Cela a un coût.

Les quatre (4) membres de jury, venus de France et de Suisse, ont été effectivement logés, pendant une semaine, à l'Hôtel Ivoire d'Abidjan. Le Président Houphouët-Boigny a dégagé la somme nécessaire pour faire face à toutes les dépenses. A la fin de toutes les activités inscrites au programme et effectuées au titre de la soutenance, Madame Anoma Gladys avait remis la somme restante à savoir deux millions de francs CFA à Aké-Assi Laurent.

La soutenance de la thèse de Doctorat d'Etat a eu lieu le samedi 2 Juin 1984 à l'Amphithéâtre A de la Faculté des Sciences, devant une grande foule constituée d'enseignants, de chercheurs, d'étudiants, de parents et des hommes venus d'horizons aussi variés que divers. Tous ceux qui ont été les témoins privilégiés de cette soutenance ont indiqué que, ce jour-là, le campus de l'Université Nationale de Côte d'Ivoire (aujourd'hui Université de Cocody) avait connu une affluence qu'il n'avait jamais connue auparavant depuis sa création. Ils ont dit qu'il y avait des voitures partout.

Quant au cocktail d'après soutenance, il avait été offert dans le jardin fétiche et pittoresque du savant à savoir le Centre National de Floristique. Ce fut le seul cocktail de ce ''genre'' (genre Aké-Assi en quelque sorte) organisé dans ce jardin, depuis sa création jusqu'à ce jour. A tout point de vue, ce fut un jour historique. Tout fut exceptionnel à l'image de l'impétrant Aké-Assi Laurent lui-même.

A l'issue de la présentation des travaux d'Aké-Assi et, après les délibérations, Professeur Ahyi Anakoue Michel, agronome, enseignant à l'Université de Lomé et ancien ministre togolais, venu soutenir son collègue et ami, a prononcé les mots suivants: « *L'évènement que nous avons vécu ce jour n'appartient pas à la Côte d'Ivoire. Il appartient encore moins à l'impétrant Aké-Assi. C'est un évènement qui appartient à l'Afrique et au monde*»[26].

La thèse de doctorat d'Etat d'Aké-Assi Laurent a porté sur le thème suivant : « *La flore de la Côte d'Ivoire, son étude descriptive et biogéographique avec quelques notes ethnobotaniques* ». On peut lire, dans les lignes qui suivent, un commentaire lu, quelques jours plus tard, dans le quotidien ivoirien Fraternité Matin : « *M. Aké-Assi a choisi d'herboriser avec l'auditoire à la faveur d'un merveilleux diaporama. Il a su, avec science mais aussi avec humour, étaler à la compréhension de chacun et de tous, les secrets de la nature végétale ivoirienne. Il a su – et Dieu sait si la systématique botanique est rébarbative et ésotérique – faire vibrer les « fibres vertes » de chacun. Il a su se montrer grand, mais avec beaucoup d'humilité. « Pourquoi monsieur Aké-Assi, n'avez-vous pas mentionné dans ce travail les huit travaux que vous avez réalisés pour le compte de l'ACCT*[27] *», apostropha le Professeur Edouard Adjanohoun. « Mais, répondit l'humble Aké-Assi, parce que je n'ai pas fait ce travail seul. Ce n'est pas un travail personnel ». C'est cela Aké-Assi, grand et humble* »[28].

---

[26]« *Botanique : Humilité et grandeur d'un chercheur* », in Fraternité Matin du lundi 18 juin 1984

[27] ACCT : Agence de Coopération Culturelle et Technique

[28] [28]« *Botanique : Humilité et grandeur d'un chercheur* », in Fraternité Matin du lundi 18 juin 1984

Abidjan, le 02 juin 1984

Une vue de l'assistance lors de la soutenance de la thèse de Doctorat d'Etat es Sciences par Aké-Assi Laurent à l'Amphithéâtre A de la Faculté des Sciences. Le sourire est sur tous les visages, cela montre que l'impétrant a enthousiasmé l'assistance en manipulant avec art la science et l'humour.

- Au 1er plan, 3è personne à partir de la droite, Professeur Edward Ayenzu, de nationalité ghanéenne, de Smithsonian Institute de Washington, qui a tenu à assister à la soutenenance.
- Au 2è rang, à l'extrême droite, Madame Dupuche, l'épouse de l'Ambassadeur de France, d'alors, en Côte d'Ivoire, représentant son époux empêché.

Quatre jours après la soutenance, Aké-Assi et les six membres du jury ont été reçus à diner chez le Président Houphouët-Boigny au Palais d'Abidjan. C'était le mercredi 6 Juin 1984. Cela était également inédit, car rarement, sauf erreur de jugement, le président Houphouët-Boigny n'avait jamais reçu à diner et l'impétrant et les membres du jury après la soutenance d'une thèse de doctorat d'Etat. Selon Professeur Aké-Assi Laurent, le Président Houphouët-Boigny a remis, à chaque membre du jury, une enveloppe dont le contenu n'a pas été révélé. Selon toute vraisemblance, les enveloppes offertes par Houphouët-Boigny devaient contenir de l'argent liquide pour la qualité du travail accompli. Les membres du « *somptueux* » jury étaient :

Président du Jury

- Professeur Lorougnon Guédé, Jean, Doyen de la Faculté des Sciences de l'Université d'Abidjan ;

Membres du Jury

- Professeur Touré Bakari, Recteur de l'Université Nationale de Côte d'Ivoire ;
- Professeur Mangenot, Georges, Professeur Honoraire à la Facultés des Sciences de Paris ;
- Professeur Leroy, J.F., Professeur Honoraire au Muséum National d'Histoire Naturelle de Paris ;
- Professeur Miège J. de la Faculté des Sciences de l'Université de Génève Chambesy ;
- Professeur Adjanohoun Edouard, Université de Bordeaux.

Mao Nguessan Ernest, magistrat et ami d'Aké-Assi Laurent a suggéré qu'il aille voir de temps en temps le Président Houphouet Boigny. Le savant a eu la réaction suivante : « *Ce n'est pas bon. Si je vais là-bas deux ou trois fois, les gens vont interpréter cela comme une volonté de ma part de chercher un poste ministériel. Ce n'est pas mon intention. Même si le Président veut me nommer Ministre, je vais poliment décliner l'offre, car cela ne m'arrangerait pas. Il ne faut pas donner l'occasion au Président d'y penser* ». Il faut s'appeler Aké-Assi pour penser de cette manière. L'attitude du savant laisse les autres citoyens pratiquement sans réaction. On peut dire que le savant Aké-Assi Laurent a tout mis en œuvre pour éviter que le Président Félix Houphouët-Boigny le nomme à un haut poste de responsabilité, par exemple, ministre de la république. Quelle belle leçon le savant nous a-t-il donnée, une fois de plus? Mais, au fond, quel est ce citoyen qui pense et fait toujours le contraire de ce que la majorité des Ivoiriens font ? Seul contre tous, a-t-il toujours eu tort ?

Il faut noter que le Président Félix Houphouët-Boigny aimait que les gens, qu'il a connus et qu'il appelle ses « *amis* », viennent le voir au palais autant de fois qu'ils le désiraient. Aké-Assi Laurent n'a donc pas défilé à la Présidence de la République alors qu'il en avait largement la possibilité. Le Président Félix Houphouët-Boigny le lui a reproché notamment lors de la rencontre, rappelons-le, avec les botanistes africains venus en Côte d'Ivoire à l'occasion de leur symposium de septembre 1979.

On voit que ''défiler'' à la Présidence de la République n'est pas du tempérament d'Aké-Assi Laurent. En réalité, l'occupation d'un poste de Ministre dans un gouvernement éloignerait le chercheur de son activité favorite, à savoir la recherche, pour le confiner dans des tâches administratives voire politiques qui finissent toujours par prendre le pas sur son domaine de prédilection. Aké-Assi Laurent n'a pas été du tout préparé mentalement pour occuper de telles fonctions. D'autres Ivoiriens, qui se seraient retrouvés dans une situation si ''favorable'', n'auraient pas hésité à défiler au palais présidentiel. A chaque passage, ils reçoivent des enveloppes bien garnies ou consistantes des mains du généreux homme d'Etat qui en a distribuées à la pelle à ceux qui étaient venus le voir. Aujourd'hui, beaucoup d'Ivoiriens, en lisant ces lignes, vont certainement se demander quel est ce genre d'homme qui refuserait tout ce qu'on lui donnerait sur un plateau d'or. On peut simplement retenir que professeur Aké-Assi Laurent est un homme atypique sur toute la ligne. C'est cela Aké-Assi Laurent qui refuse toujours de « *faire comme les autres* ». Il ne fait rien par mimétisme et surtout, il n'aime pas du tout la facilité. La réalité est que tout ce qu'on obtient facilement est quelque fois avilissant pour celui qui reçoit. Aké-Assi Laurent a de la dignité à revendre. Il a persisté dans sa voie, jusqu'au bout. C'est cela un homme de conviction.

L'honorable Tanou Kouassi Georges, natif du village de Moroflé, député de Yamoussokro, de 1985-1990 m'avait déjà indiqué cela un jour lorsque le Président Félix Houphouet-Boigny, lors d'une réunion, avait exprimé la même préoccupation en lui reprochant de n'être pas allé le voir souvent après avoir fait de lui un député, à la surprise générale.

Une question est constamment venue à l'esprit. Après l'échec de la mobilisation des cadres akyé pour le financement de la thèse de doctorat d'Aké-Assi Laurent, ce dernier était-il amer contre ses frères akyé de ne l'avoir pas soutenu ? La question lui a été expressément posée. Sa réponse est évidente. Il n'a pas gardé rancune contre ses frères akyé.

Le paiement de la somme de sept (7) millions de CFA n'était pas une petite affaire. En plus, il n'a jamais été dit que les cadres akyé ont refusé de payer la somme. Seulement, s'ils devraient payer cette somme en levant une cotisation, cela risquait fort de prendre beaucoup de temps. La bienheureuse main de Félix Houphouët-Boigny a tout réglé presque miraculeusement.

Au titre des « *Remerciements* », dans sa thèse de Doctorat d'Etat, l'impétrant Aké-Assi Laurent a exprimé sa reconnaissance en premier lieu à Félix Houphouët-Boigny. Un extrait de ces remerciements est reproduit dans les lignes suivantes :

« *Nous exprimons notre respectueuse gratitude au Président de la République, Son Excellence Félix Houphouët-Boigny qui, après nous avoir donné l'occasion de parfaire notre connaissance en France, par l'octroi, en 1956, d'une bourse spéciale d'études, vient de nous offrir d'importants moyens pour le parachèvement de cette thèse.*

Le Professeur G. Mangenot, notre Maître, après nous avoir initié à la taxonomie végétale, nous a confié ce travail ; il dirigea nos recherches et la mise au point de ce document, jusqu'à son terme, toujours avec la plus grande compréhension. Nous sommes heureux de lui exprimer nos vifs remerciements pour l'aide qu'il nous a apportée et pour l'honneur qu'il nous fait d'accepter de faire partie du jury de notre thèse.

Nous témoignons notre gratitude au Professeur J. Miège de l'Université de Genève, pour nous avoir fait mieux comprendre les problèmes floristiques et les groupements végétaux des savanes ainsi que des forêts claires de Côte d'Ivoire, qu'il a si bien étudiés. Nous sommes extrêmement reconnaissant qu'il ait bien voulu faire partie de notre jury.

Le Professeur E. Adjanohoun de l'Université de Bordeaux III, a aussi largement contribué à l'élaboration des documents de base de ce travail. En effet, alors Directeur du Laboratoire de botanique du Centre-ORSTOM d'Adiopodoumé, puis de celui de l'Université d'Abidjan, il a facilité nos investigations botaniques et ethnobotaniques en Côte d'Ivoire ainsi que dans les pays limitrophes. Nous le remercions fraternellement pour le concours qu'il nous a apporté.

Si la rédaction de notre travail a pu être possible, c'est grâce aux facilités dont nous ont fait bénéficier les Professeurs Bakary Touré, alors Doyen de la Faculté des sciences de l'Université d'Abidjan et de Gladys Anoma, Chef du Département de Botanique de la même faculté. Ayant été libéré, durant une année, de nos obligations universitaires, nous avons pu compléter nos recherches à Paris, au Laboratoire de Phanérogamie du Muséum National d'Histoire Naturelle.

Le Professeur Bakary Touré a, d'autre part, accepté de juger notre thèse. Qu'il reçoive, ici, l'expression de toute notre gratitude.

Madame Anoma, sans le concours actif de qui notre thèse n'aurait pu être achevée, ce jour, a bien voulu, par ailleurs, mettre à notre disposition d'importants moyens de reprographie. Nous lui témoignons notre cordiale reconnaissance.

Ce sont les encouragements et les conseils, que les Professeurs P. Assemien, J. Baudet et M. Tchoumé n'ont jamais cessé de nous prodiguer, qui ont valu notre entrée, en qualité d'enseignant à l'Université d'Abidjan. Qu'ils veuillent trouver, ici, le témoignage de notre profonde reconnaissance.

Le Député Charles Donwahi, ancien Ministre de l'Agriculture de la Côte d'Ivoire, s'est toujours intéressé à nos recherches. Nous le remercions pour l'aide qu'il nous a, spontanément et si souvent apportée, dès les débuts de nos investigations, etc..»[29].

Professeur Aké-Assi Laurent a remercié une soixantaine d'autres personnes qui, à des degrés divers, ont contribué à la réalisation de sa thèse de doctorat d'Etat. Pour chacune des personnes citées, Professeur Aké-Assi Laurent a précise la contribution particulière apportée, dans le cadre de la réalisation de sa thèse.

---

[29] Voici la thèse de doctorat d'Etat de AKKE-ASSI Laurent

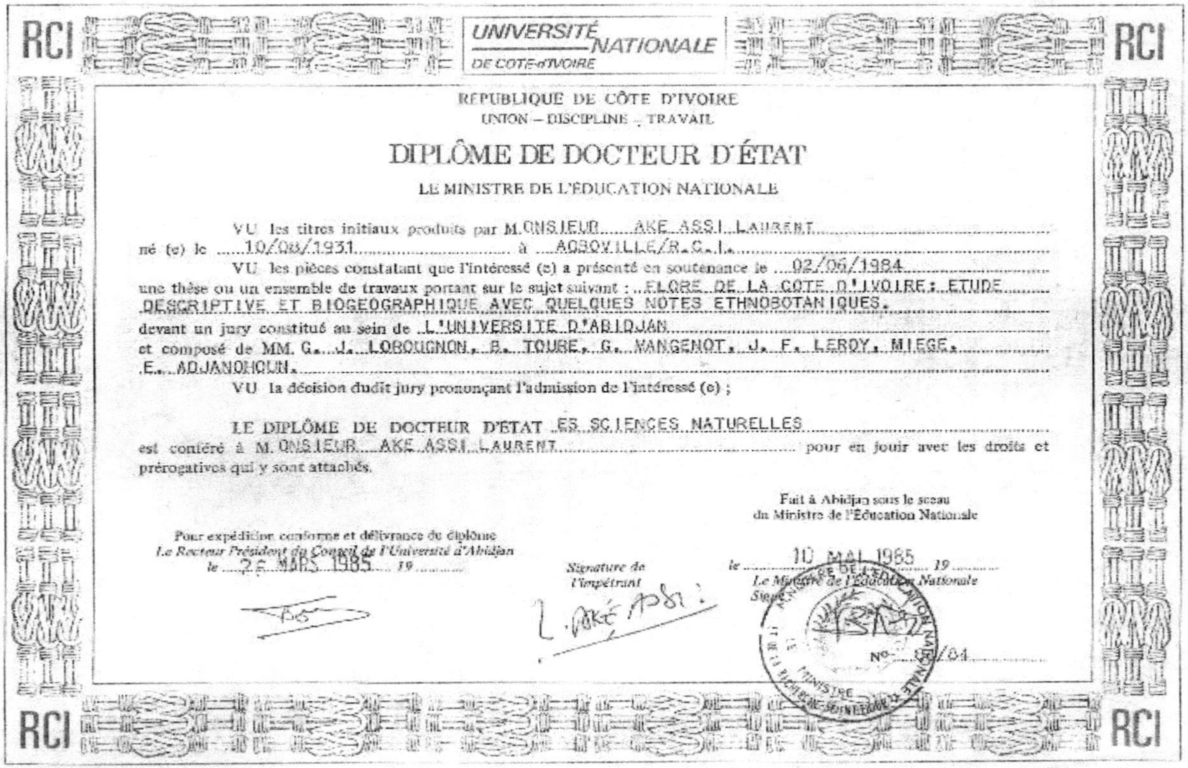
UNIVERSITÉ NATIONALE DE CÔTE-d'IVOIRE

RCI

RÉPUBLIQUE DE CÔTE D'IVOIRE

UNION – DISCIPLINE – TRAVAIL

DIPLÔME DE DOCTEUR D'ÉTAT

LE MINISTRE DE L'ÉDUCATION NATIONALE

VU les titres initiaux produits par M.ONSIEUR AKE ASSI LAURENT

né (e) le 10/08/1931 à AGBOVILLE/R.C.I.

VU les pièces constatant que l'intéressé (e) a présenté en soutenance le 02/06/1984

une thèse ou un ensemble de travaux portant sur le sujet suivant : FLORE DE LA COTE D'IVOIRE: ETUDE DESCRIPTIVE ET BIOGEOGRAPHIQUE AVEC QUELQUES NOTES ETHNOBOTANIQUES.

devant un jury constitué au sein de L'UNIVERSITE D'ABIDJAN

et composé de MM. G. J. LOROUGNON, B. TOURE, G. MANGENOT, J. F. LEROY, MIEGE, E. ADJANOHOUN.

VU la décision dudit jury prononçant l'admission de l'intéressé (e) ;

LE DIPLÔME DE DOCTEUR D'ÉTAT ES SCIENCES NATURELLES

est conféré à M.ONSIEUR AKE ASSI LAURENT pour en jouir avec les droits et prérogatives qui y sont attachés.

Fait à Abidjan sous le sceau du Ministre de l'Éducation Nationale

Pour expédition conforme et délivrance du diplôme
Le Recteur Président du Conseil de l'Université d'Abidjan
le 25 MARS 1985 19

Signature de l'impétrant

le 10 MAI 1985 19
Le Ministre de l'Éducation Nationale
Signé

N° .../84

RCI

MINISTERE DE L'EMPLOI ET
DE LA FONCTION PUBLIQUE

DIRECTION DE LA GESTION
DU PERSONNEL

N° 23599 /EFP/DGP/SD-1

REPUBLIQUE DE COTE D'IVOIRE
Union - Discipline - Travail

CONTR... ...NCIE...

LE MINISTRE DE L'EMPLOI ET DE LA FONCTION PUBLIQUE,

VU la loi n° 92-750 du 11 septembre 1992, portant statut général de la Fonction Publique ;

VU le décret n° 91-755 du 14 novembre 1991, portant nomination des membres du Gouvernement ;

VU le décret n° 92-806 du 11 décembre 1991, portant attributions des membres du Gouvernement ;

VU le décret n° 92-286 du 21 Avril 1992, portant réorganisation du Ministère de l'Emploi et de la Fonction Publique ;

VU le décret 76-22 du 9 janvier 1976, portant institution d'échelles particulières de traitement en faveur des corps des personnels enseignants modifié par le décret n° 79-134 du 14 février 1979 ;

VU le décret n° 70-365 du 26 mai 1970, portant statuts des personnels enseignants de l'enseignement supérieur, modifié par le décret n° 72-323 du 18 mai 1972 ;

VU l'inscription des intéressés sur la liste d'aptitude aux fonctions de professeurs titulaires ; par le C.A.M.E.S., au titre de la session de 1989 contenue dans la lettre du Président du Comité Consultatif Général en date du 28 Juillet 1989.

VU les dossiers des intéressés ;

- 4 AOUT 1993

CONTROLE des EFFECTIFS

DECIDE

Article 1er : Dans l'attente de leur décret de nomination en qualité de PROF. TITULAIRES, les Maitres de conference dont les noms suivent, à la Faculté des Sciences et Techniques , inscrits sur la liste d'aptitude aux fonctions de professeurs Titulaires par le C.A.M.E.S. à la session de 1989, percevront le salaire attaché à leur grade et indice indiqué au tableau ci-après.

NOM & PRENOMS	ANCIENNE SITUATION	NOUVELLE HIERARCHIE
KAMENAN KAMENAN Alphonse Mle 98 693-U	Maitre de conf.2e Cl. 3e ECH. Grade A6 Indice 2220 à/c du 22/07/89	Prof. Titulaire de 2e CL 1er ECH. Grade A7 Indice 2550 à/c 28/07/89
AKE Assi Laurent Mle 26 61-4-k	Maitre de Conférence de Cl.princ. 1er ECH. grade A6 Indice 2640 à/c du 22/07/89	Prof. Titulaire de 2e Cl. 3e Grade 47 Indice 2690 à/c 28/07/89
AIDARA Daouda Mle 61 979-C	Maitre de Conf. de 2e Cl. 3e ECH. Grade A6 Indice 2220 à/c du 31/07/88	Prof.Titulaire de 2e CL 1er ECH. Grade A7 Indice 2550 à/c du 28/07/89

Les intéressés pourront bénéficier des allocations familiales .

Article 2 - les Intéressés ci-dessus en attente de nomination restent maintenus à la disposition du RECTEUR de l'UNIVERSITE NATIONALE DE COTE D'IVOIRE.

Article 3 - La présente décision qui prend effet à compter du 28/07/89 pour l' ancienneté et sans effet financier immediat, sera enregistrée, communiquée et publiée partout où besoin sera.

Abidjan le, 9 Août 1993

Ampliations
- MEFP 1
- " DPCE 1
- " DOSSIERS............ 1
- SOLDE........................2
- MESRS........................1
- INTERESSE................1
- J.O.R.C.I......................1

Le Ministre de l'Emploi et de la fonction publique

Patrice KOUAME

Professeur Aké-Assi Laurent avait été admis à faire valoir ses droits à la retraite en 1991, après avoir accompli le nombre d'années réglementairement requis par la Fonction Publique. Comme une trainée de poudre, la nouvelle a fait le tour de la Faculté des Sciences. Professeur Aké-Assi Laurent se souvient : « *Dans la semaine, la nouvelle de ma mise à la retraite est parvenue à tous les enseignants de la Faculté des Sciences, par exemple, à Kouassi Nguessan Joël, du Département de Biologie Animale. Celui-ci avait, par hasard, un rendez-vous avec le Président Félix Houphouët-Boigny dans la semaine. Il était venu me voir et m'a demandé d'accepter qu'il en parle au Président et lui demander que cette décision de Jean-Jacques Béchio soit reportée. J'ai accepté. D'après Professeur Kouassi Nguessan Joël, dès que le Président Houphouët a été mis au courant de ma mise à la retraite, le ministre Béchio a été appelé, sur place, pour en parler au Président. Le Président lui aurait dit alors de proroger mon temps d'activité, encore de cinq (5) ans. Une note écrite noir sur blanc par le Président Houphouët a été remise au ministre Béchio. Le lendemain de son entretien avec le Président Houphouët, Professeur Kouassi Nguessan Joël était venu me faire le compte-rendu. Le lendemain, j'ai été appelé par le Ministre Béchio à son bureau pour m'informer de ce que le Président Houphouët lui a dit de faire pour moi. Pendant que j'étais dans son bureau, le ministre a convoqué monsieur Grégoire, son conseiller technique, pour lui confier le dossier afin de préparer une décision adéquate. Monsieur Grégoire, à son tour, m'a appelé pour des renseignements complémentaires et me rassurer, par la même occasion, que la décision allait être prise très rapidement. Avant la sortie de cette décision, le Ministre Béchio a été relevé, pour d'autres fonctions. Il a été remplacé par monsieur Patrice Kouamé qui, à son tour, m'a convoqué, au sujet de ce même dossier. A mon arrivée à son bureau, il m'a dit ceci : « Le Président Houphouët-Boigny a dit de vous maintenir encore en activité pendant cinq années. C'est juste, parce que tout le monde sait que vous travaillez bien. Mais, je ne suis pas d'accord, parce que le Président, lui-même, sait qu'il n'y a plus d'argent dans le pays. Donc la décision qu'on m'a apportée à signer ne sortira pas ». Je lui ai dit que c'est le Président Houphouët qui a dit de le faire. Le ministre Patrice Kouamé m'a répondu ceci : « Je le sais, mais je ne suis pas d'accord». Je lui ai alors demandé de me remettre une copie de la note du Président au ministre Béchio. Il a refusé, disant que cette note est adressée au Ministre de la Fonction Publique. C'était en août 1991».*

Professeur Aké-Assi Laurent n'était plus retourné vers son collègue, le Professeur Kouassi Nguessan Joël. L'affaire n'a plus eu de suite. Professeur Aké-Assi Laurent n'en a voulu à personne, comme à son habitude.

Après la suspension du salaire de fonctionnaire, le processus qui conduit au paiement de la pension de retraité, en raison de sa longueur (plus de 15 mois), n'avait pas encore abouti. Ce retard cause un désagrément qui peut entraîner quelques fois des cas de décès.

Dans son parcours atypique, Professeur Aké-Assi Laurent s'est retrouvé devant des situations difficiles. A chaque fois, une solution est rapidement trouvée. Celle-ci s'avère toujours meilleure à la situation précédente. Ainsi, le Professeur Aké-Assi Laurent va assister à une extraordinaire succession d'évènements, à même de couper le souffle. Il explique lui-même : « *Le soir-même du refus de Monsieur Patrice Kouamé, j'ai reçu un coup de téléphone du Directeur du Laboratoire de Phanérogamie du Muséum National d'Histoire Naturelle de Paris m'informant qu'il y a un poste vacant de Professeur Associé de Botanique. Il m'a demandé de répondre vite si je suis intéressé. Il m'a conseillé, au cas où je serais intéressé, d'acheter le billet d'avion et de me rendre à Paris. Les frais du billet d'avion me seraient remboursés dès mon arrivée. C'est ce que j'ait fait ».* Professeur Aké-Assi Laurent poursuit le récit: « *A Paris, j'ai occupé le poste pendant trois mois. A la fin du premier mois, on m'a donné, pour ma rémunération, une somme d'argent, d'un montant important. J'ai même demandé si cette somme représentait la paie des trois mois. Le comptable m'avait répondu que c'était la paie d'un mois. J'étais agréablement surpris. J'avais achevé les deux premiers mois. Avant l'entame du troisième mois, l'Agence de Coopération Culturelle et Technique (ACCT) m'avait demandé de réaliser une mission scientifique en Ouganda. J'ai demandé la permission au Muséum National d'Histoire Naturelle qui a accepté. Je me suis alors rendu en Ouganda. C'était, en quelque sorte, une mission dans une mission. Je suis resté en Ouganda environ un mois, avant de rentrer à Paris. J'ai complété le 3è mois de ma mission de Paris. A la fin de la mission, je suis rentré en Côte d'Ivoire. Dans la même semaine de mon retour, l'US-AID (Agence Américaine de Développement Internationale) m'avait appelé pour une mission de recherche en République de Guinée. Cette mission, qui a duré un mois, avait été réalisée dans le cadre d'un projet intitulé : « Projet de Gestion des Ressources Naturelles, Labé ». A l'issue de cette mission, en Guinée, j'ai produit un document intitulé : ''Contribution au recensement et à l'identification de quelques plantes médicinales du Fouta Djalon». Ce document, de 100 pages, est sorti en février 1994 ».*

On retient, par rapport à ce qui précède, que professeur Aké-Assi Laurent a toujours été occupé depuis son départ à la retraite. D'abord, il s'occupe lui-même. En plus, il est régulièrement sollicité pour diverses missions scientifiques. Ainsi, bien que retraité, il a effectué plus de trente de missions scientifiques en Afrique et en Europe. Professeur Aké-Assi Laurent, n'a jamais eu à lutter contre l'oisiveté et la sédentarité. Ces deux facteurs sont généralement considérés comme les maladies des retraités ou entraînant l'émergence et le développement des maladies des retraités. Professeur Aké-Assi demeure donc une exception.

Pour en revenir à l'essai raté de la prolongation d'activité de Professeur Aké-Assi Laurent, en 1991, on peut noter que face à la pénurie d'enseignants du supérieur, les autorités gouvernementales se tournent, aujourd'hui, entre autres, vers les retraités pour qu'ils retournent à l'Université. Ainsi, ce qui était impossible à envisager, il y a, vingt ans, est aujourd'hui plus que d'actualité.

TROISIEME PARTIE
ŒUVRE DU SAVANT

CHAPITRE 6
ACCOMPLISSEMENT DE L'ŒUVRE SUR LE TERRAIN

La recherche scientifique est une activité humaine qui se réalise selon une progression séquentielle ou par étapes. Parmi ces étapes, on retient la collecte de données. Elle est une phase essentielle. Elle peut se faire en différents endroits notamment dans les bureaux des administrations publiques, parapubliques ou privées concernées par le sujet de recherche ou encore sur le terrain. Tout dépend donc de la branche scientifique du chercheur. Pour la botanique, par exemple, ce qui compte, c'est le contact avec le terrain, c'est-à-dire avec la brousse, le milieu naturel.

Travail de terrain privilégié

Aké-Assi Laurent est un homme qui aime pratiquer le terrain. En somme, il privilégie le terrain. C'est le travail de terrain qui lui fournit les matériaux nécessaires à son activité. C'est le travail de terrain qui lui permet de donner les réels fondements à son activité scientifique et professionnelle. C'est pour cette raison qu'il n'arrête pas d'encourager les jeunes chercheurs à s'adonner à fond au travail de terrain. Toutefois, il met en garde tous ceux qui pensent que le travail de terrain est facile : « *Le travail de terrain comporte beaucoup de difficultés. Il faut les braver, une à une, lorsqu'elles se présentent. Il ne faut pas céder au découragement* ».

L'organisation de multiples sorties sur le terrain à collecter les plantes a dû coûter à Aké-Assi une fortune qu'il n'est plus en mesure d'évaluer. De toutes les manières, quel serait l'intérêt d'une telle estimation pour le chercheur? On retient simplement que pour l'organisation des nombreuses sorties sur le terrain, Aké-Assi Laurent n'a pas lésiné sur les moyens financiers à mobiliser pour réaliser ses objectifs scientifiques et professionnels. Il explique que pour les missions organisées dans le cadre de l'ORSTOM et des programmes de recherche soutenus par le gouvernement ivoirien, il y avait des ressources financières assez suffisantes pour couvrir les activités sur le terrain et au laboratoire. Mais, pour ce qui concerne les autres missions organisées pour satisfaire ses curiosités scientifiques, il a dû, à maintes reprises, mettre la main à la poche. Combien d'argent le savant a-t-il dépensé en mobilisant ses fonds propres ? C'est une question à laquelle il ne peut aujourd'hui donner aucune réponse. Les dépenses effectuées, par-ci et par-là, en mettant la main à la poche ont, en effet, été tellement nombreuses et permanentes qu'il ne peut faire un réel bilan financier. Tout cela est mis aux oubliettes, car ce qui compte ou ce qui est essentiel pour le savant, c'est, en définitive, les résultats obtenus. C'est la carrière qu'il a eu à mener. Le succès scientifique ou professionnel a fini par effacer, de sa mémoire, les difficultés physiques, morales ou matérielles rencontrées sur le terrain.

Côte d'Ivoire – Forêt de Taï – 4 mars 1965

Souvenir d'une mission de recherche sur le terrain, dans la forêt de Taï, ouest ivoirien, le 4 mars 1965. On observe, à gauche, Dr Aké-Assi Laurent et le professeur Edouard Adjanohoun.

Parlant de la passion d'Aké-Assi Laurent pour le travail de terrain, professeur Traoré Dossahoua affirme : « *Je retiens le travailleur, l'autodidacte. Il est très attaché au travail de terrain plus qu'à celui réalisé au laboratoire. Sur le terrain, il marche, marche, marche. Il n'est jamais fatigué. Il est toujours devant. A Abidjan, c'est-à-dire au laboratoire, il arrive toujours le premier et il est toujours le dernier à quitter le centre*».

Aké-Assi Laurent savait se contenter du minimum vital lors d'une sortie sur le terrain. Se contenter du minimum, c'est, en quelque sorte, accepter de faire des sacrifices, en réalisant beaucoup avec le peu dont il dispose. Le chercheur ne dispose pas toujours des moyens financiers appropriés à la conduite d'une mission sur le terrain. Ses collaborateurs et collègues ont souvent éprouvé des difficultés à s'adapter à cette situation. Pour ne pas mettre ces derniers dans l'embarras, il prend toujours soin de leur indiquer, au départ, les difficultés à surmonter sur le terrain. Du pain et quelques boîtes de sardine, voilà généralement ce que Professeur Aké-Assi et ses collègues ou collaborateurs emportaient quand ils allaient en mission. Cela servait au casse-croute. A cela, il faut ajouter un petit arsenal destiné à la cuisson de petits plats de terrain. Cet arsenal comprend généralement un réchaud et quelques ustensiles de cuisine. Professeur Aké-Assi précise : « *Dans chaque village dans lequel nous séjournons lors des sorties sur le terrain, nous avons un tuteur. Nous apportons toujours un peu de boisson, généralement des liqueurs. Les tuteurs nous offrent le gite. Pour le reste, notamment le repas, nous nous prenons en charge. Nous faisons la cuisine, nous-mêmes. Si nous trouvons une maison ou une case inachevée, nous l'occupons pour en faire notre cuisine* ». Tout ce que professeur Aké-Assi a fait durant son long parcours professionnel, reste profondément marqué du sceau de la sobriété. Sur le terrain, il ne cherche pas, en effet, à jouer « *au grand* », en demandant, par exemple, l'impossible à ses hôtes au point de les indisposer. Professeur Aké-Assi ne fonctionne pas de cette manière.

Pour le véhicule de service, professeur Aké-Assi Laurent prévoyait suffisamment de carburant afin qu'une panne sèche, par exemple, ne perturbe le bon déroulement des sorties sur le terrain.

Le chercheur face aux difficultés rencontrées

Des citoyens pourraient penser que les choses se sont passées facilement pendant le long parcours du savant. Ce ne fut pas le cas. Au contraire, on retient que les choses ont eu plutôt du mal à se mettre en place. Aké-Assi Laurent a eu à faire face à des difficultés dans la conduite de ses activités professionnelles en particulier sur le terrain, c'est-à-dire en brousse. Le travail de terrain, pour tout chercheur, comporte de réelles difficultés. Parfois, il y a des embuches. Ce sont les aléas du métier. On ne doit pas minimiser ces difficultés dans la description du parcours du savant, même s'il n'ose pas trop s'étendre sur cet aspect de son travail.

Mais, face aux difficultés sur le terrain, Aké-Assi Laurent ne s'est jamais laissé aller au découragement. Tout au long de son parcours, il a fait preuve de courage et de persévérance. Ce sont là, du reste, quelques unes des qualités d'un homme de science, d'un chercheur, d'un savant. Lorsque tous ses compagnons sont gagnés par la fatigue, c'est lui qui leur remontait le moral en disant : « *On n'est pas loin d'atteindre les objectifs. Redoublons d'effort et de courage* !».

Aké-Assi Laurent a la qualité de ne jamais reculer devant une difficulté, un obstacle. Lorsqu'on lui demande de parler des difficultés rencontrées lors de l'accomplissement de ses missions sur le terrain, aussi bien en Côte d'Ivoire qu'à l'étranger, il a tendance à les minimiser. C'est le propre des gens forts de caractère, mentalement et physiquement préparés à affronter les obstacles sur leur parcours, aussi rocailleux soit-il.

Dans le cadre de ses activités professionnelle, Aké-Assi Laurent a eu à rencontrer des difficultés énormes à surmonter. Mais, il les a toujours surmontées par son engagement et par la force de son caractère. Mao Nguessan Ernest témoigne à nouveau : « *Aké-Assi Laurent m'a rapporté, lui-même, qu'il était allé avec des Européens vers le Sahel. Ceux-ci commencent à acheter beaucoup de jus de fruit. Cependant, en route, il constate que ces Européens ne tiennent plus le coup. Il disait aux Européens que s'ils passent un peu plus de temps là, ils risquent d'avoir des conditions plus défavorables plus tard. Ne voulant pas courir des risques inutiles, il leur demandait de l'attendre là où ils sont arrivés. Il allait seul collecter les différentes plantes et les ramenait. Ensemble, ils faisaient l'identification des dites plantes* ». A travers ce témoignage, on comprend qu'Aké-Assi Laurent donnait le sentiment qu'il était prêt à aller au-delà de ses forces pour accomplir son travail. Il semblait plus enclin à supporter les difficultés que d'autres humains ne pouvaient le faire.

Professeur Traoré Dossahoua nous donne une anecdote relative à une sortie effectuée, dans le Nord du pays, avec professeur Aké-Assi Laurent sur un terrain infecté de serpents : « *Il y a une forêt sacrée appelée Logougo, chez moi. J'avais très peur que nous ne rencontrions des serpents. Professeur Aké-Assi a très peur des serpents. Pendant les deux premiers jours, nous n'avions rencontré ni serpent, ni crocodile. Au troisième jour, nous étions allés dans les autres compartiments de la forêt. Juste après le passage de mon berger, quelqu'un (un agent de notre laboratoire) m'a saisi. Il y avait un serpent au bord du sentier. Nous nous apprêtions à tuer le serpent, une petite vipère. Professeur Aké-Assi a tout fait pour que nous le tuons pas. Il a dit que le serpent lui faisait pitié. Nous avons laissé ce serpent. Nous avons continué notre chemin. Nous avions vu un deuxième serpent. Nous ne l'avons pas tué. Nous avions continué encore notre chemin. Nous avions vu un troisième serpent, une couleuvre. Il s'est enfui dès que nous nous sommes approchés de lui. Nous avions continué encore notre chemin. Nous avions vu un quatrième et petit serpent allongé sur la feuille d'un arbuste d'une hauteur d'un mètre environ. Nous ne l'avions pas tué non plus. Ce jour-là, j'ai vu que professeur Aké-Assi a été très courageux, car habituellement, la vue d'un seul serpent suffisait pour qu'il interrompe le travail de terrain entamé* ».

Au sujet des difficultés rencontrées sur le terrain, professeur Aké-Assi Laurent se souvient : « *C'était dans les années 1965-1966. Nous étions allés en brousse. Nous revenions de Touba pour Man. Notre véhicule s'est embourbé à l'entrée de la ville de Man. Nous avions essayé de le dégager. Nous n'avions pas pu. Nous l'avions abandonné là. Nous étions couverts de boue. Aux environs de 20 heures, nous étions arrivés au domicile du directeur départemental des eaux et forêts, monsieur Thomas Oka Koffi. Nous avons tapé à la porte. Son épouse était venue pour nous l'ouvrir. Mais, lorsqu'elle nous a vus, tout couverts de boue, elle a refermé la porte. Elle avait dit qu'elle allait voir son mari. Ensuite, Thomas Oka Koffi était, lui-même, sorti. Il était étonné, car son épouse lui avait dit que nous étions des chauffeurs. Nous avons été hébergés pour la nuit. Le lendemain, nous nous étions rendus au lieu où notre véhicule était resté la veille* ».

Parlant toujours des difficultés rencontrées lors des travaux sur le terrain, professeur Aké-Assi Laurent poursuit : « *Avec mon collaborateur, nous étions sur une piste, dans le sous-bois. C'était en 1957, dans la forêt d'Adiopodoumé. Nous étions arrivés à un endroit où une branche, tombée d'un arbre, barrait la piste. Mon collaborateur, avec la machette, a commencé à dégager la piste en coupant la branche. Pendant ce temps, je me suis tenu debout sur une petite « monticule ». Mais, durant une dizaine de minutes que durait le travail de mon collaborateur, je ne me sentais pas en équilibre. J'ai trouvé cela curieux. J'ai voulu tout de même regarder. J'ai constaté que c'était une grosse vipère enroulée et recouverte de feuilles sèches. J'ai sauté en arrière. Ce serpent a été tué par mon brave et fidèle collaborateur Koné Zoumana. Nous avons décidé de mettre prématurément fin à notre mission et de retourner* ».

Professeur Aké-Assi Laurent était arrêté sur un serpent-vipère. Cela donne véritablement la chair de poule. Ce sont des dangers auxquels les chercheurs s'exposent, en faisant les travaux sur le terrain. En règle générale, la vipère a l'habitude de s'enfoncer à un endroit et d'y rester pendant des jours, des semaines ou des mois. La vipère se met dans une position où sa tête se retrouve toujours auprès de sa queue. De cette manière, lorsqu'un homme ou un animal venait à marcher sur sa queue, il est aussitôt et facilement mordu. La légende indique que la vipère ne veut pas qu'on se moque d'elle, en marchant sur sa courte queue.

Dans les campagnes, lorsque les paysans se rendent en brousse pour s'adonner à diverses activités, ils voient la tanière du serpent après sa sortie. Cela fait vraiment peur. Mais, professeur Aké-Assi Laurent s'en est sorti. On peut dire qu'il a eu la chance de n'avoir pas marché sur la queue du serpent. La chance compte pour beaucoup dans la conduite des activités comportant des risques.

Professeur Aké-Assi Laurent s'est retrouvé à deux mètres d'un lion. Il témoigne : « *C'était en octobre 1979, au Niger, à l'occasion d'une mission ethnobotanique de l'Agence de Coopération Culturelle et Technique (ACCT). Nous étions dans le Parc National du W. Mes collègues étaient dans un premier véhicule qui précédait la Land Rover dans laquelle j'avais pris place avec le chauffeur. Le véhicule qui me précédait s'était immobilisé à environ 40 m de celui dans lequel je me trouvais. Tous les collègues descendus du véhicule me faisaient de grands gestes me montrant du doigt, à droite de ma Land Rover, à mon niveau quelque chose d'important. Pensant à une plante curieuse ou spectaculaire, je descends du véhicule avec mon secateur, pour cueillir cette plante que l'on m'indiquait avec tant de gestes. Les autres me faisaient toujours des gestes que j'avais du mal à comprendre.*

Je cherchais toujours la plante. J'ai finalement compris leurs gestes et leur désespoir quand mes yeux ont découvert le lion qui était tout proche de moi, à environ 2 m, et qui me regardait. Calmement, je suis monté dans le véhicule, et j'ai retrouvé les autres, en sueur froide».

Combien de fois, Aké-Assi Laurent est-il rentré en brousse en vue de la collecte des plantes. On peut dire que de manière permanente, il a flirté avec le danger.

Professeur Aké-Assi Laurent se souvient encore d'une autre difficulté qu'il a eu à affronter sur le terrain : « *En 2003, du 20 octobre au 8 novembre, j'étais allé en mission en Sierra Leone, plus précisément à Tiwai Island Wild life Sanctuary. Nous étions partis en brousse. Sur notre chemin, nous avions vu qu'un gros arbre avait barré la piste, à la suite d'une tornade. Il nous fallait contourner le chablis (le bois) pour continuer notre chemin. Après avoir contourné le chablis, nous étions perdus. Le layon que nous suivions nous étant perdu de vue, nous n'avions plus de repère pour nous orienter. Nous étions perdus dans un marécage à raphia où nous sommes restés de 18 h 30 à 07 heures le lendemain, assis sur des monticules humides avec l'eau jusqu'aux genoux. Il y avait de gros moustiques, des moustiques de forêt, qui nous piquaient. Subitement, une forte pluie s'est mise à tomber. Avec la pluie, les moustiques avaient cessé de nous piquer. La pluie a duré une demie- heure. Après la pluie, les moustiques ont recommencé à nous piquer, de plus belle. Nous avions passé la nuit à la belle étoile, dans les moustiques. La nuit tombée, les villageois qui ne nous voyaient pas revenir, et sachant certainement que nous nous étions égarés dans la forêt, se sont mis à produire des sons, à faire beaucoup de bruit. Certains tapaient des tams-tams ; d'autres tapaient des casseroles. Pour eux, si nous entendions les bruits, nous pourrions retrouver la direction du village. Nous n'avions entendu aucun bruit. Le lendemain matin, nous avons cherché et retrouvé le chemin du village. A notre arrivée dans le village, le sous-préfet de la localité, les autorités villageoises et les populations étaient rassemblés. Les villageois, qui ne nous voyaient pas, étaient très inquiets. Certains étaient allés à notre rencontre avec du café. Dès qu'ils nous ont vus, ce fut comme une fête populaire, car les chercheurs étaient retrouvés. Nous avons fait des photos au lever du jour. Mais, en raison des piqures des moustiques, on ne se reconnaissait pas dans les photos. C'était terrible. J'ai regretté vraiment cette mésaventure. A un moment donné, je me suis demandé ce que je suis allé faire là-bas* ».

Professeur Konan Kouassi Edouard, du Département de Botanique de l'UFR des Sciences de l'Université de Cocody était membre de la délégation du professeur Aké-Assi Laurent en Sierra Leone. Il a indiqué que trois petits groupes de travail avaient été constitués. Professeur Aké-Assi Laurent était à la tête du groupe qui a eu des déboires. Il explique ce qui leur était arrivé : « *En fait, à l'aide du GPS (Global Positioning System) ou en français le Système de localisation mondiale, ils ne devraient pas s'égarer. Mais, le professeur Aké-Assi Laurent et Dr Aiah Lebbie, notre collègue Sierra Léonais, ne maîtrisaient pas le GPS. Sans lumière, ils ne pouvaient pas retourner facilement. Ils ont décidé de passer la nuit à l'endroit où ils se trouvaient, c'est-à-dire à la belle étoile* ».

Au sujet de la mission en forêt sierra léonaise, Professeur Aké-Assi Laurent se souvient encore : « *Gladys, l'étudiante sierra léonaise, qui faisait partie de la délégation, avait longuement pleuré au cours de cette nuit. Elle avait eu très peur* ».

Professeur Aké-Assi Laurent a dit avoir regretté d'être parti à cette mission. Au sujet du regret exprimé par le savant, professeur Konan Kouassi Edouard explique : « *Ce n'est pas tant le fait d'avoir passé la nuit en brousse qu'il a regretté. C'est qu'il a fait ce travail pour rien, puisque tous les échantillons botaniques laissés ont été détruits, faute d'entretien. Il s'est senti véritablement frustré*». C'était une mission réalisée, alors même que le professeur était à la retraite et qu'il avait déjà eu toutes sortes de distinctions. Certains lecteurs peuvent se demander : « *qu'est-ce qu'il va chercher encore ?* ». C'est, en effet, une question que le citoyen ordinaire est en droit de se poser. On peut noter simplement que Professeur Aké-Assi Laurent ne cherche, en réalité, rien d'autre encore. Ce qui le guide, ce n'est plus la recherche d'une quelconque gloire professionnelle personnelle. C'est uniquement la passion du métier qui le conduit à travailler encore aujourd'hui avec tant d'ardeur. Il veut exercer sa passion jusqu'au bout. On nait, on devient chercheur ou savant et on meurt chercheur ou savant. Cela est difficile à comprendre quand on n'est pas au cœur du métier. On dit généralement qu'un chercheur, qu'un savant n'est jamais retraité. Et professeur Aké-Assi Laurent est le prototype même du chercheur, du savant qui entend consacrer toute sa vie à sa passion. Les membres de la société humaine doivent faire l'effort de comprendre les positions défendues par ces éminences grises ou à la limite, ils doivent au moins admettre que cela fait partie intégrante de leur philosophie de vie.

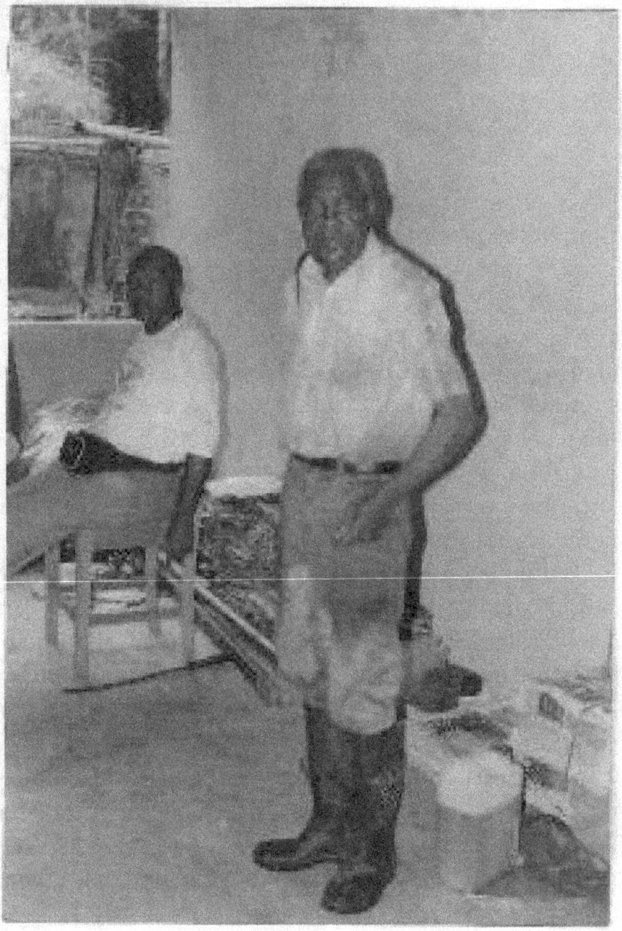

<u>Sierra Léone – Octobre 2003</u>

Professeur Aké-Assi Laurent venait de passer une nuit en pleine forêt. Le visage est encore marqué par les piqûres des moustiques.

Sierra Léone – Octobre 2003

Après la nuit passée en pleine forêt, un petit café matinal est servi à professeur Aké-Assi Laurent et compagnons. Gladys tente d'expliquer leur mésaventure à un groupe de personnes.

Sierra Léone – Octobre 2003

Le Sous-préfet (au centre) de la localité, alerté, par les populations, est venu rencontrer et réconforter le savant ivoirien à sa droite, sous le regard de Dr Konan Kouassi Edouard.

Professeur Aké-Assi Laurent se souvient d'une autre mission organisée dans la forêt de Taï : « *C'était en1964. On se rendait à TAI à partir de Guiglo. Une mission dans cette forêt comportait toujours des risques. Dans cette forêt, il y a, en effet, une montagne dénommée le mont Nionokoué, culminant à 600 mètres d'altitude. Avant moi, Auguste Chevalier et R. Schnell y avaient déjà organisé une mission. J'étais l'un des chercheurs à m'y rendre avec une équipe. On avait organisé la mission. On avait annoncé cela à l'Université de Cocody. Les collègues avaient été informés. Ceux qui voulaient prendre part à la mission se sont manifestés. Tous avaient été informés de la délicatesse de la mission. Pour faire face aux difficultés, mon chef de département, à l'époque, avait effectué le déplacement avec une glacière.*

Dans la délégation, il y avait trois Blancs qui travaillaient au Ministère des Travaux Publics. Sur la piste, il y avait plusieurs branches qui étaient tombées. Pratiquement, tous les 10 kilomètres, il nous fallait nous arrêter pour les couper. On allait plus précisément dans le village de Djiritou, situé entre Guiglo et Grabo. C'est à partir de ce village que l'on se rend à la montagne, à pied. On a également coupé les branches durant toute la matinée. La marche dure de 07 H à 18 H pour atteindre la base du mont Niénokoué. Mais, au bout de quelques temps, l'un des deux Blancs parmi nous, du nom de Jean Claude Laubry, n'en pouvait plus. Il était fatigué. Il ne pouvait plus marcher. Nous étions pourtant à une heure de marche de l'arrivée. Je lui ai dit qu'à une heure de marche de notre destination, nous ne pouvions pas nous arrêter pour passer la nuit. Comme il a insisté, je lui ai laissé un pain, une boîte de sardine, une matchette et de l'eau. Je lui ai dit que s'il est fatigué, qu'il dorme à cet endroit-là, et qu'il nous trouve, le lendemain matin, à la base de la montagne où se trouve notre camp. Sur ce, les autres membres de la mission ont continué la marche. Mais, à notre grande surprise, Jean Claude Laubry nous a rejoints après une demi-heure de marche, au prix d'un grand effort, le sac au dos. Après nous avoir rejoints, il a manifesté son mécontentement. Il m'a demandé si ce que j'ai fait est bien. Ensemble, nous avons continué la marche. Trente minutes après, nous étions arrivés à la montagne. A notre arrivée, nous étions tous exténués. Comme c'était la saison sèche, il y avait beaucoup de sable. A notre arrivée au pied de la montagne, Laubry, notre compagnon, s'est affaissé, le sac au dos et les chaussures aux pieds. Il n'avait pas mangé. Il a dormi jusqu'au matin, dans la position où il s'était affaissé. C'est à sept heures du matin, le lendemain, qu'il s'est réveillé. Au deuxième jour, il nous fallait monter sur la montagne. Nous sommes montés et nous y avons passé toute la journée. A la fin de la journée, nous sommes descendus et nous avons passé la nuit au pied de la montagne. A notre arrivée à Abidjan, Jean Claude Laubry a dit à tout le monde à l'Université que je suis un homme méchant ».

Une autre fois, une panne de véhicule s'était produite. Professeur Aké-Assi Laurent raconte : « *Une seule fois, nous avions eu une panne de véhicule. Nous revenions de Grand-Lahou pour Abidjan. Notre véhicule était tombé en panne à sept (7) kilomètres environ du village adjoukrou de Cosrou. Il faisait nuit. Nous avons parcouru les 7 kilomètres à pied jusqu'à Cosrou. C'était en 1953. J'étais le seul noir parmi les chercheurs. A notre arrivée à Cosrou, les Blancs ont été accueillis et mis au chaud dans une maison. J'ai été oublié. Je me suis dirigé vers la cuisine. Là, j'ai vu que les femmes avaient étendu leurs pagnes à sécher sur une corde. J'ai pris un pagne. Je m'en suis couvert. Et je me suis couché dans la cuisine* ».

Au-delà de la panne de leur véhicule, on note qu'Aké-Assi Laurent a fait l'objet, au sein de la délégation, d'une discrimination flagrante de la part du chef de village et des notables de Cosrou. Il a dû dormir dans la cuisine. Il se souvient : « *Je ne me suis pas plaint. Je n'étais à l'époque qu'un simple technicien de Laboratoire. Ce qui était normal. Un petit Noir avec tant de Blancs, on l'oublie ! Les Blancs ont mangé. Je n'ai pas mangé* ». Aké-Assi Laurent a eu à vivre des situations terribles durant son parcours professionnel. Dans une délégation comportant des Blancs et des Noirs, les premiers ont toujours eu droit aux honneurs, aux meilleures places. Quant aux Noirs, ils n'ont toujours eu que peu d'égards de la part des populations autochtones. Est-ce la peur du Blanc, traduite par un complexe d'infériorité, qui conduit les chefs et les notables des communautés villageoises à agir de la sorte ? Malgré ce genre de discrimination, on constate qu'il y a une constante chez Aké-Assi Laurent: il n'est pas habitué à se plaindre. Contrairement à d'autres personnes que la moindre difficulté émeut et qui sont prêtes à se poser des tas de questions qui sont de nature à les amener à douter. Or, le doute est le prélude au découragement.

Professeur Aké-Assi Laurent fait observer qu'il y avait de nombreuses difficultés sur le terrain. Le travail de terrain n'est guère facile pour un chercheur et son équipe. Dans le cadre d'une sortie sur le terrain, ce n'est pas tant à son niveau que se posaient le plus de problèmes. C'était surtout au niveau des accompagnateurs, des étudiants et autres collaborateurs que c'était difficile. Il leur fallait s'adapter. Ainsi, de la même manière qu'il n'aime pas faire de revendications d'ordre matériel à travers des tapages, Aké-Assi Laurent n'accepterait pas trop que ses collaborateurs ne demandent plus qu'il ne peut leur offrir. Il précise : « *Au départ, j'indique les conditions de la sortie ou de la mission. Ils doivent les accepter ou les refuser. Car, une fois que les conditions établies sont acceptées, il n'était plus question de poser d'autres questions* ».

Après des années voire des décennies passées à surmonter moult difficultés, le savant Aké-Assi Laurent peut-il se souvenir des efforts physiques fournis, souvent à la limite de ses forces ? Une chose est certaine : la victoire obtenue après des souffrances anéantit toujours les effets de la fatigue sur l'organisme humain. La victoire a toujours exercé un effet bénéfique sur l'organisme humain, en tout domaine.

Dimensions anthropologiques du travail de terrain

L'observation du parcours professionnel du savant Aké-Assi Laurent montre qu'il a organisé des dizaines et des dizaines de sorties sur le terrain. Cela l'a conduit à visiter et à séjourner dans plusieurs localités de Côte d'Ivoire et des pays voisins. Il a, par conséquent, une très bonne connaissance non seulement de l'espace territorial national mais également de la répartition des espèces végétales et des populations humaines en Côte d'Ivoire. A telle enseigne qu'il est aujourd'hui capable de situer sur une carte de la Côte d'Ivoire chaque village tel qu'il existait. Car, il convient de noter que dans nombre de régions de Côte d'Ivoire, il y a eu une recomposition de la répartition géographiques des villages du fait des regroupements de villages, dans le cadre de la politique visant à donner plus de viabilité démographique et économique afin de permettre aux grosses entités villageoises ainsi constituées de bénéficier d'un certain nombre d'équipements à caractère social (école, santé et autres).

La recherche en science exacte utilise des méthodes scientifiques appropriées pour la collecte des données, leur interprétation et leur analyse. Chaque discipline scientifique y va avec ses outils méthodologiques et techniques spécifiques. Mais, dans certains cas, ces seuls outils ne suffisent pas au chercheur pour atteindre son ou ses objectifs. En plus de ces outils, les chercheurs ont besoin de fonder la totalité ou une partie de leur travail sur des aspects d'ordre sociologique ou anthropologique. Aké-Assi Laurent s'est profondément appuyé sur cette dimension pour réaliser son œuvre.

Très tôt, il a compris que la meilleure manière de rentrer en relation parfaite de travail avec d'autres peuples, c'est de parler leur langue. Pour travailler avec les hommes appartenant à d'autres cultures, le fait de parler leur langue peut faciliter le contact et les échanges. Parler la langue d'une communauté autochtone constitue, en effet, une manière de s'assimiler à elle, le temps d'une activité. Cela facilite de beaucoup la gestion des relations interindividuelles ou intercommunautaires. C'est ainsi que Professeur Aké-Assi Laurent parle couramment cinq (5) langues nationales : l'Akyé naturellement, l'Abbey, l'Ebrié, le Baoulé et le Dioula. A ces cinq (5) langues, on peut ajouter les langues djimini et godié dont il avait de très fortes notions. Avec le temps et par manque de pratique de ces deux langues, il est en train de les oublier. L'homme finit toujours par oublier une langue apprise, s'il ne la pratique pas pendant plusieurs années ou décennies.

Professeur Aké-Assi Laurent a appris toutes ces langues, dans le cadre de la conduite de ses activités de recherche sur le terrain, dans les différentes aires socio-ethno-anthropologiques de la Côte d'Ivoire. Ce qui impressionne, c'est que Professeur Aké-Assi Laurent connait le nom des essences étudiées dans la plupart de ces langues. Ainsi, lorsque Professeur Aké-Assi veut me parler personnellement ou m'expliquer un évènement, il a toujours prononcé le nom de l'arbre ou de la plante en langue baoulé.

Cette aptitude à parler ces langues nationales donne au travail de professeur Aké-Assi Laurent une dimension sociale et anthropologique supplémentaire. Cela constitue un atout majeur notamment en termes de facilité de pénétration des cultures des communautés locales. L'immense travail réalisé par l'anthropologue Claude Lewis Strauss dans les communautés indigènes d'Amérique n'aurait pas été possible sans la connaissance de la langue, des coutumes et des croyances de ces dernières.

Au sujet de la langue anglaise que le professeur Aké-Assi Laurent parle moins bien, on note qu'il a effectué huit (8) missions scientifiques en Angleterre. Cela devrait normalement lui permettre de maîtriser la langue de Shakespeare. Au contraire, il en a eu une connaissance relativement modeste. Professeur Aké-Assi estime qu'il n'a pas, en réalité, affiché une réelle volonté d'apprendre la langue anglaise. Ensuite, il indique que lors de ses différents séjours à Londres, il n'avait pas toujours eu le temps de s'exercer à apprendre la langue. Il en donne la raison: « *Les responsables du British Museum de Londres et des Royal Botanic Gardens de Kew ont identifié un certain nombre de personnes habitant dans les environs du centre en vue de faciliter le séjour et le déplacement des visiteurs. Ainsi, je séjournais, à chacun de mes passages à Kew chez une dame. Mais, le problème est que chaque matin, très tôt, je me rendais à l'Herbarium. Au laboratoire, chacun avait son occupation. Chacun y rentrait et y passait toute la journée, sans échange avec les autres. On y travaillait très dur. On prenait le repas sur place. Mais, on n'avait pas le temps d'échanger entre nous, encore moins faire des sorties pour rencontrer et échanger avec d'autres personnes. Je rentrais toujours très tard chez la dame. En tout cas, au moment où je rentre, chaque soir, la dame est couchée. Je n'avais pas eu assez de moments d'échange avec elle. Cela ne m'a pas permis d'améliorer, de manière considérable, le niveau de mon anglais. Je le regrette beaucoup*».

Professeur Aké-Assi Laurent a séjourné huit (8) fois à Londres. Mais l'absence de relation d'échange avec les anglais pendant ses séjours ne lui a pas véritablement permis de parler correctement la langue anglaise. Cependant, lorsqu'il se trouve avec un anglophone, il arrive toujours à se tirer d'affaire, en se faisant comprendre par un interlocuteur qui ne parle uniquement que l'anglais. Cela montre que le niveau du professeur en anglais n'est pas aussi faible qu'il voudrait le faire savoir.

Le savant Aké-Assi Laurent a accumulé, au cours de ses nombreux travaux de recherche sur le terrain, dans les différentes aires culturelles de Côte d'Ivoire, une expertise avérée en matière de connaissance des coutumes des peuples visités. Car, en plus des séjours organisés dans le cadre de la recherche en botanique, il a eu à apprendre à connaître des pans culturels entiers des peuples visités. C'est la raison pour laquelle on le qualifie d'ethnobotaniste. A ce sujet, professeur Aké-Assi Laurent confie : « *Le fait que vous arrivez dans un village qui n'est pas le vôtre et que vous vous mettez à parler la langue du terroir, cela vous ouvre non seulement les portes mais également les cœurs. A partir de là, vous pouvez tirer des peuples visités l'essentiel de ce que vous désirez* ». Cela a constitué l'une des clés de la réussite d'Aké-Assi Laurent. La connaissance des langues et des cultures des peuples a constitué son meilleur moyen stratégique de collecte des plantes. Cela devrait également inspirer tous les chercheurs en sciences humaines, les hommes politiques, les acteurs de l'encadrement administratif des populations ainsi que les acteurs techniques en charge des questions de développement local, qui éprouvent tant de peine à faire comprendre aux populations les mécanismes et les techniques destinés pourtant à l'amélioration de leur standard social et économique. La méconnaissance des coutumes des communautés constitue donc un frein majeur au changement prôné, et, par ricochet, au développement local dont on parle tant.

Professeur Aké-Assi Laurent a réussi, par son humilité hors du commun et par ses connaissances approfondies des environnements socio-anthropologiques des différents milieux visités, à donner une assise solide à son travail. Cette connaissance linguistique de la Côte d'Ivoire en a fait un grand ethnobotaniste. Il est toujours à l'aise sur le terrain, là où beaucoup d'autres collègues peinent. Les barrières sociologiques tombent lorsque l'on arrive à communiquer directement avec les peuples dans leurs langues. Même lorsque professeur AKE-ASSI Laurent ne parle pas la langue d'une communauté, il sait quels comportements et attitudes il doit adopter pour pénétrer cette communauté et obtenir ce qu'il cherche. C'est cela l'expérience du savoir-faire et du savoir-être.

Aké-Assi Laurent a parcouru toute la Côte d'Ivoire. Il a eu à séjourner dans une multitude de villages. A travers ces séjours, il a appris à connaître les peuples, leurs pratiques culturelles, leurs pratiques médicales, leurs traditions et leurs coutumes. Cela lui a procuré une connaissance socio-anthropologique considérable des populations de nombreux groupes ethniques de Côte d'Ivoire et d'ailleurs. Cela en ajoute à son mérite.

CHAPITRE 7
ENGAGEMENT DU CHERCHEUR AU TRAVAIL

Le débat sur l'attitude des Africains face au travail est loin d'être achevé. Beaucoup d'observateurs n'hésitent pas à démontrer que les Africains ont une capacité de travail en dessous de la moyenne mondiale. C'est un débat qui avait été particulièrement ravivé à la suite de l'intervention du Japonais Hiroshi Nakajima, ancien directeur général (1988-1998) de l'Organisation Mondiale de la Santé (OMS) qui disait, en substance, que parmi ses collaborateurs, ce sont les Africains qui ne travaillaient pas suffisamment. On peut noter qu'il y a en Afrique des gens qui peuvent être considérés comme des exceptions à cette étiquette qui colle aux Africains. Aké-Assi Laurent fait incontestablement partie de la minorité d'Africains qui refusent d'être ainsi catalogués.

Perception et engagement au travail

Lorsqu'on cherche à restituer la vie personnelle, sociale, familiale et professionnelle de professeur Aké-Assi Laurent, on doit incontestablement parler de sa perception du travail. Aké-Assi Laurent est un chercheur de renommée internationale. S'il a pu arriver à cette reconnaissance mondiale, c'est par sa perception et son engagement exceptionnel au travail. Pour lui, le travail est un excellent moyen d'épanouissement personnel, alors que beaucoup d'autres citoyens le considèrent, au contraire, comme une contrainte. Professeur Aké-Assi Laurent se souvient : « *On dit que le travail de Blanc, ça ne finit jamais* ». C'est pour cette raison que plusieurs personnes se contentent de peu, en termes de travail. Ils n'y mettent pas l'ardeur nécessaire. Ils arrivent tard au travail, par rapport à l'horaire de travail, et repartent toujours avant l'heure. Cela est devenu une habitude.

Professeur Aké-Assi Laurent vient au travail, très tôt, chaque jour, « *pour,* selon lui, *réaliser au maximum ce qu'il a à faire* ». C'est de cette manière qu'il a pu bâtir sa carrière, année après année, décennie après décennie. D'une manière générale, en Côte d'Ivoire, la plupart des citoyens pensent que les gens qui se consacrent tant au travail perdent leur temps. Ces personnes, non seulement n'aiment pas travailler, mais en plus elles font tout pour décourager celles qui aiment le travail et veulent y consacrer le maximum de temps. Cette perception négative du travail est encore omniprésente dans les esprits d'un grand nombre de citoyens. Cela pose un grand préjudice à notre nation, dans sa quête de progrès social, économique et technologique.

Aké-Assi Laurent a une très grande passion pour le travail. Sa perception du travail est bien au-dessus de toutes les indications théoriques lues dans les publications réalisées par des managers parmi les plus connus en gestion des ressources humaines. Dans son domaine, Professeur Aké-Assi Laurent a révolutionné non seulement la perception du travail mais également la manière de conduire une carrière professionnelle, même dans des conditions matérielles difficiles, qui caractérisent généralement l'environnement social du travail en Côte d'Ivoire et en Afrique. Il travaille sept jours sur sept y compris le samedi et le dimanche, période au cours de laquelle, la plupart des travailleurs du monde observent une pause. Ce qui est extraordinaire chez Aké-Assi, c'est qu'il a gardé pratiquement le même rythme de travail depuis qu'il a été admis à faire valoir ses droits à la retraite en 1991. Il vient au Centre National de Floristique tous les jours y compris les samedis et les dimanches sauf lorsqu'il est en mission. Il fait cela depuis des décennies. Il faut noter que depuis qu'il a débuté sa carrière professionnelle, jusqu'à son départ à la retraite, Aké-Assi Laurent n'a jamais eu de patron. Existe-t-il quelqu'un dans ce pays pour guider, orienter le chercheur dans l'organisation et l'exécution de son travail? Le métier de chercheur est celui que l'on exerce sans que l'on soit sous la direction d'un véritable patron. C'est un atout pour le bon chercheur qui a sa carrière entre ses seules mains. Par contre, pour les autres chercheurs, le fait de ne pas avoir un patron constitue un danger. Il n'y a personne pour les guider, chaque jour, dans la conduite de leurs activités. Certains tombent souvent dans la routine parce qu'il n'y a aucune pression émanant de qui que ce soit, pour les mettre en état d'éveil intellectuel permanent. Pour sa part, Aké-Assi Laurent est bien disposé et préparé pour la recherche. Il est son propre chef d'orchestre.

C'est pour toutes ces raisons que le magistrat Mao Nguessan n'a pas hésité à comparer le savant ivoirien à son homologue russe Ivan Petrovich Pavlov, Prix Nobel de médecine en 1904. Celui-ci a, en effet, enseigné à ses étudiants trois grandes vertus à savoir la constance, la modestie et la passion du travail. Aké-Assi Laurent a excellé dans la prise en compte de ces trois vertus pour construire, patiemment et courageusement, sa carrière scientifique et professionnelle.

Ce onze novembre 2011, je m'étais rendu au Plateau d'où j'avais appelé professeur Aké-Assi Laurent. Je n'avais pas rendez-vous avec lui. Malgré cela, il était disposé à me recevoir à son domicile. Je suis arrivé chez lui quarante cinq minutes plus tard. Professeur Aké-Assi était en pleine séance de travail. Il ne s'agissait pas de n'importe quelle séance de travail. Il travaillait sur un texte manuscrit en deux très gros volumes comportant respectivement 1057 pages pour le volume 1, et 1029 pages pour le volume 2. C'est le rapport d'un travail collectif qui devrait être publié. L'ouvrage a pour titre : « *Dictionnaire et monographies multilingues du potentiel médicinal des plantes africaines* ». Sur la couverture desdits documents, il y a, en effet, le nom de plusieurs auteurs. L'un des deux volumes était ouvert. Professeur Aké-Assi Laurent me montre quelques unes des nombreuses remarques et observations qu'il a pu faire dans le volume ouvert. Il justifie cette abondante quantité de travail qu'il est obligé d'abattre : « *Le manuscrit doit être édité. Si je ne fais pas ces corrections, le livre qui serait publié, contiendrait plusieurs erreurs. L'Université est fermée. Il m'est difficile de travailler à la maison. Il y a du bruit provenant en partie de la rue. J'ai dû me rendre, en compagnie de Monné Allé Blaise, à Afferry, localité située à environ 160 kilomètres d'Abidjan. Là, je me suis enfermé pendant huit (8) jours pour lire les deux volumes et y faire mes remarques et observations* ».

Lorsqu'on voit, en 2011, un vieillard de 80 ans passés, et de surcroît retraité depuis 1991, travailler de cette manière, on se demande s'il n'est pas l'un des derniers Ivoiriens, de cette race, finalement rare. On se dit que c'est certainement une espèce en voie d'extinction. A chacune de nos rencontres, Professeur Aké-Assi a toujours dit ceci : « *Je ne peux pas rester inactif. Je dois travailler. En plus, je n'ai pas de plantation où je pourrais me rendre pour m'adonner aux activités champêtres* ».

Professeur Aké-Assi affectionne travailler tout le temps. Il n'a pas une idée autre que le travail dans sa tête. A ces activités personnelles, il faut ajouter que Professeur Aké-Assi participe encore activement à celles de l'ASCAD. Ainsi, le premier mercredi de chaque mois (pour son domaine d'activité à savoir les sciences naturelles), il y retrouve ses pairs pour des échanges sur les activités de l'Académie et également sur la marche de la nation.

Sur la même table de travail, se trouve le tout dernier et magnifique livre de professeur Aké-Assi Laurent, publié une quinzaine de jours plus tôt. Le nouveau livre du professeur a pour titre : « *Abrégé de médecine et de pharmacopée africaines : Quelques plantes employées traditionnellement dans la couverture des soins de santé primaire* », NEI-CEDA, 2011, 157 pages. Le livre est préfacé par madame Assana Sangaré, pharmacienne, ancienne ministre et député depuis de nombreuses législatures. A la question de savoir la raison du choix de la dame pour la préface de son livre, Professeur Aké-Assi me répond : « *Elle et ses collègues ont une organisation pharmaceutique qui a eu à m'appuyer financièrement* ». Une fois de plus, Professeur Aké-Assi montre qu'il est toujours reconnaissant face aux bienfaits dont il a bénéficie durant son parcours.

Alors que bon nombre d'universitaires optent, de plus en plus, pour le jeu politique ou politicien, Aké-Assi Laurent a décidé, pour sa part, de s'engager, d'une manière résolue et pour toujours, dans le travail. Ceux parmi les universitaires, qui s'engagent profondément dans les activités à caractère politique, consacrent, finalement, peu de temps au travail scientifique proprement dit. Cela ne veut pas dire qu'ils ne travaillent pas beaucoup. Ils travaillent mais l'activité politique ou politicienne prend la part la plus importante de leur temps de travail. Ainsi, sur une longue période, ils finissent le plus souvent par devenir inefficaces dans la conduite des activités académiques.

Mao Nguessan Ernest, ami intime d'Aké-Assi Laurent, donne le témoignage suivant sur son engagement au travail : « *Ce qui m'a frappé, dès notre première rencontre, c'est tout le sérieux qu'Aké-Assi Laurent attache à ce qu'il fait. Pour lui, le travail est presqu'un sacerdoce. Cela transparaissait nettement. Il n'a jamais plaisanté avec ce qu'i fait. Il exerce son travail avec enthousiasme et passion. Mais, il y a autre chose. Depuis que j'ai connu Aké-Assi Laurent, jusqu'aujourd'hui, tous les jours, il est au travail, dans son laboratoire. Même les jours que nous considérons comme sacrés, notamment les dimanches, il va au travail. Même le jour de l'an (le premier janvier), il reste un moment avec sa famille, mais il fait toujours et discrètement un saut au bureau, travaille quelque temps avant de rentrer à la maison* ».

Au sujet de l'engagement d'Aké-Assi Laurent au travail, Mao Nguessan Ernest poursuit: « *L'attitude d'Aké-Assi Laurent fait penser, à chaque fois, à ce que l'on dit du savant russe Pavlov qui recommandait, dit-on, à ses étudiants trois choses : la constance, la modestie et la passion. Aké-Assi Laurent cultive, au plus haut point, ces vertus. Tous les jours, il est à la brèche, sans arrêt, sans arrêt. Il se déplace sur tout le territoire ivoirien, hors du territoire, c'est-à-dire dans les pays limitrophes et partout, souvent dans des conditions matérielles terribles. Par exemple, quand il part pour une mission, il apporte deux jerricans d'eau. Il se contente de cela jusqu'à son retour. Il n'est pas question, pour lui, d'apporter de la glace, même lorsqu'il traverse plusieurs localités où il peut trouver à acheter de la glace en grande quantité* ».

Pour son engagement et sa détermination à travailler, Aké-Assi Laurent est une espèce rare. Il est une espèce d'autant plus rare que très peu de spécialistes en gestion des ressources humaines et en développement des compétences peuvent lui donner des orientations voire des recettes. Au contraire, Aké-Assi Laurent devrait être pour eux une personne-ressource ou une référence qui peut les aider à promouvoir des pensées, des valeurs, des approches et des comportements inédits en la matière. Aujourd'hui, à quatre vingt ans passés, Aké-Assi Laurent est encore en pleine possession de ses capacités de travail. A telle enseigne que l'on se demande si un jeune cadre ou un chercheur débutant ne ferait pas mieux de rencontrer le savant pour lui demander quelques recettes afin de mieux conduire sa carrière.

La vie humaine n'est pas linéaire. Elle est souvent caractérisée par l'inattendu, l'imprévu. L'inattendu ou l'imprévu n'est pas dû au hasard. Professeur Aké-Assi Laurent, tout comme les gens qui n'ont pas été gâtés par le sort, trouve toujours les ressources morales et intellectuelles extraordinaires pour conduire le combat. Il a, en effet, combattu durant sa vie pour ne pas accepter, comme une victime expiatoire, sa situation. Pour y parvenir, il a accepté, au contraire, cette situation comme un stimulant pour conduire sa vie personnelle et celle de sa famille. Cette force morale et intellectuelle lui a toujours permis de faire face à toutes les adversités qui se sont présentées sur son parcours. C'est bien là un grand mérite.

Au sujet de l'engagement du chercheur au travail, il ne s'agit pas, pour lui, d'une « *vengeance* » sur le sort. On pourrait, en effet, penser que le fait qu'il n'ait pas pu montrer l'étendue de ses talents et de ses potentiels sur les bancs de l'école, il soit tenté de se « *venger* », pour montrer à tous, qu'au fond, il est aussi capable de travailler et d'exceller comme les autres. Professeur Aké-Assi affirme que tout ce qu'il fait, il le réalise d'une manière naturelle, sans a priori. Son engagement au travail est la manifestation de sa volonté de « *chercher à connaître* ». En fait, il veut sortir, vaille que vaille, de l'ignorance, pour être réellement et totalement épanoui. Comme le travail est perçu comme l'un des moyens d'épanouissement, par excellence, de l'être humain, il s'y adonne avec plaisir, et de manière continue. Il fait montre d'une générosité sans faille dans l'effort.

Aké-Assi Laurent maximise l'utilisation de son temps de travail pour parvenir à la connaissance. Il ne perd pas une seule heure de travail dans la journée. La question qui se pose est de savoir si sa journée de travail est identique à celle des autres citoyens. La réponse à cette interrogation est bien évidemment négative. La journée de travail d'Aké-Assi Laurent ne démarre pas à 7 h30 et ne se termine pas à 17 h 30 ou 18 heures. C'est d'abord un « *lève-tôt* ». Il ne se souvient pas avoir fait la grasse matinée, une fois dans sa vie. A la suite d'un voyage lointain par avion, il a du affronter les effets néfastes du décalage horaire. Cela peut l'amener à passer plus de temps au lit et se lever un peu plus tardivement. En dehors de ces cas spécifiques, il commence toujours sa journée autour de 2 ou 3 heures du matin. Il fait cela depuis plus de soixante années.

Aké-Assi Laurent ne fait pas non plus la sieste. Il a un temps de récupération plus court que la plupart des humains. Après une dure journée de travail, il se lève tôt le lendemain pour recommencer le travail. Il a habitué son organisme à cette situation de travail quasi permanent. Il le dit lui-même : « *J'ai toujours fonctionné comme ça ».* C'est le contraire qui pourrait constituer un handicap pour lui. Autrement dit, si l'on lui demandait de ne plus travailler sur le même rythme, en tenant compte, par exemple, de son âge, il aurait de la peine à mener une vie correcte. Après la fermeture de l'Université de Cocody, lorsque nous nous sommes vus, professeur Aké-Assi Laurent s'est lamenté en ces termes : « *Comment vais-je faire ? Les gens veulent me tuer. Je ne pourrais pas travailler. Qu'est-ce que je vais devenir ?*».

Le plus grand danger pour un passionné de travail comme l'est Aké-Assi Laurent, c'est justement de se retrouver, du jour au lendemain, dans l'impossibilité de vaquer à ces occupations professionnelles. Il est privé de son ''*pain quotidien*'' qu'est le travail. C'est une situation à laquelle il n'est guère préparé. Cela est difficile à supporter pour lui, en particulier sur le double plan psychologique et physique.

Relations de travail du chercheur

Avec qui le savant a-t-il travaillé jusque-là ? C'est une question que l'on peut raisonnablement se poser vu son ardeur au travail. Il a eu à travailler avec plusieurs personnes. Cependant, le chercheur a un penchant pour le travail individuel. Il soutient son argument : « *Je préfère travailler seul, car seul on réfléchit mieux et on avance à une vitesse normale* ». La question qui se pose à beaucoup de collaborateurs, c'est la difficulté pour eux à travailler avec le génie. En réalité, ils ont, pour la plupart, du mal à s'adapter au rythme de travail qu'il leur propose. Ce rythme se révèle insupportable par beaucoup de collaborateurs, surtout quand ceux-ci ne sont pas habitués. Dans ces conditions, travailler avec un génie comme Aké-Assi Laurent est jugé presque suicidaire, quoiqu'il essaye de ne pas toujours imposer quelque chose de contraignant aux autres, se réservant généralement les tâches les plus ardues.

Il est toujours difficile de travailler avec un homme aussi passionné, aussi déterminé, aussi engagé. La question lui a été directement posée. On note que le Professeur Aké-Assi Laurent recherche chez un collaborateur un certain nombre de qualités. Parmi ces qualités, il y a l'assiduité, la ponctualité, la promptitude, le respect du patron et le respect de ses collègues. Cela peut paraître beaucoup pour le travailleur ordinaire, pour le travailleur ivoirien d'aujourd'hui. C'est là le minimum nécessaire dont on doit disposer si l'on désire travailler avec le savant Aké-Assi Laurent.

La plupart des gens qui ont travaillé avec le Professeur Aké-Assi Laurent estiment qu'ils ont bénéficié d'une bonne ambiance de travail. Professeur Nguessan Kouakou Edouard précise : « *Professeur* Aké-Assi *Laurent est un homme rigoureux. C'est passionnant de travailler avec lui. Les moments propices pour apprendre avec lui, en dehors des sorties sur le terrain, ce sont les weekends notamment le samedi et le dimanche. Cependant, si quelqu'un veut vraiment travailler, apprendre avec lui, il doit renoncer à aller aux funérailles* ».

Madame Coulibaly Madongui, Secrétaire en poste au Centre National de Floristique (CNF), Université de Cocody, se souvient : « *J'ai pris fonction au CNF en 2003. Quand je venais au centre, le professeur Aké-Assi était déjà à la retraite. Mais, il venait toujours au centre. Chaque fois qu'il avait des textes à faire saisir, il allait solliciter les services privés de traitement de textes existant sur le campus, sous prétexte que ce sont des travaux personnels. Un jour, je lui ai posé la question suivante : « Professeur, pourquoi vous ne me donnez pas vos textes à saisir ici ? ». Puis, un jour, il m'a donné un texte à saisir. Lorsque je lui rends un texte saisi et imprimé, il prend le temps qu'il faut pour le lire. Il fait attention à tout, y compris les virgules, les points virgules, etc. C'était un plaisir de travail avec un homme aussi rigoureux. Je venais de commencer à travailler. J'avais besoin de cela pour ma formation. Professeur Aké-Assi Laurent ne voulait pas que nous (ses collaborateurs), nous nous asseyions pour discuter des sujets qui n'ont pas de rapport avec le travail* ».

Au sujet de la gestion de ses relations de travail avec ses collaborateurs, Professeur Aké-Assi Laurent répond : « *J'ai toujours eu des gens qui m'ont compris. C'est vrai, au début, il y avait des collaborateurs qui ne me comprenaient pas. On m'avait affecté des agents qui venaient au travail à 8 ou 9 heures et repartaient à 11 heures. Ces agents avaient acquis de mauvaises habitudes ailleurs. Un jour, j'ai réuni tous les agents du centre pour une explication. Je leur ai dit ceci : On m'a confié le centre. Si vous travaillez bien, cela va rejaillir sur moi, sur le centre et sur vous également. Mais, si vous travaillez mal, c'est moi qui serais blâmé, en tant que premier responsable du centre* ».

C'était une rencontre au cours de laquelle le directeur Aké-Assi a mis les points sur les « i ». Il a même proféré des menaces à l'endroit des agents qui ne respecteraient pas les consignes. Il a, en particulier, fait savoir à ses collaborateurs que ceux qui ne se conformeraient pas aux consignes qu'il venait de donner, s'exposeraient au renvoi systématique. Sur le champ, certains ont pensé qu'il ne pourrait pas mettre à exécution ces menaces. Après cette rencontre, deux de ses collaborateurs, comme pour défier son autorité, n'avaient pas respecté les consignes données. Ils ont été purement et simplement licenciés. Dès lors, les autres agents ont changé d'attitudes et de comportements. Parmi ceux qui sont restés, il y avait un dessinateur. Après avoir démissionné à cause de la rigueur du professeur Aké-Assi, il avait trouvé du travail à San Pedro. Un jour, il était venu au centre pour dire au directeur qu'il avait eu raison d'être « dur » avec eux. Il a avancé que le respect scrupuleux des règles de conduite énoncées par Professeur Aké-Assi Laurent l'a beaucoup servi dans son nouveau poste à San Pedro. Professeur Aké-Assi se souvient de lui : « *C'était l'un de mes meilleurs dessinateurs. Il est malheureusement décédé, prématurément* ».

En résumé de tout ce qui précède, Professeur Aké-Assi Laurent affirme : « *Un collaborateur devrait être respectueux et sérieux pour que le travail se fasse mieux* ». En termes de motivation des agents au travail, il indique : « *En plus des conseils aux collaborateurs, je paie régulièrement leurs repas quotidiens lors des missions à l'intérieur du pays, alors que les missions leur assurent toujours leur repas ainsi que les frais de leur séjour*».

Madame Ando épouse Eponou Sopi Antoinette, Secrétaire de Direction, actuellement en poste à l'Ecole Nationale d'Administration (ENA) d'Abidjan a eu à travailler pendant 14 années sous la direction de Professeur Aké-Assi Laurent. Elle témoigne : « *J'avais travaillé pendant quatre (4) années au Centre National de Floristique (CNF) avant de partir avec mon mari pour les Pays-Bas. Nous y sommes restés quelques années. A mon retour, j'ai travaillé encore au CNF, de 1997 à 2007. Quand j'avais commencé à travailler avec le professeur Aké-Assi, en 1986, j'avoue que ce fut difficile. J'étais jeune fonctionnaire, débutante. Il faut noter qu'avant moi, Professeur Aké-Assi avait eu d'autres secrétaires dont une femme blanche, madame Soulié. Il estimait que je n'étais pas à la hauteur et surtout que je n'étais pas curieuse. Mais, avec le temps, les choses se sont améliorées. J'ai pu tirer mon épingle du jeu* ».

Madame Ando poursuit : « *A un moment donné, j'avais eu des problèmes dans mon foyer. J'étais sur le point de quitter le foyer. Professeur Aké-Assi me donnait des conseils et me demandait de tenir. Il a tout mis en œuvre pour que je reste avec mon mari, ce que j'ai fait, jusqu'à son décès, quelques années plus tard. Il faut noter que Professeur Aké-Assi connaissait déjà mes parents avant même que je n'aille travailler au CNF. En fait, mon grand-père s'était installé à Aké M'Po, campement situé à proximité d'Agboville, là même où Aké-Assi était né. Aké-Assi et ma mère y ont passé leur enfance, dans les années 30-40. Je suis née dans le même campement. Mais, au moment où je naissais en 1957, Aké-Assi avait déjà quitté le campement et était même parti pour la France. Par la suite, j'ai été hébergée par la sœur d'Aké-Assi. Ce fut une femme extrêmemnt généreuse. Elle était capable de donner tout ce qu'elle possède à une personne, pour lui permettre de résoudre son problème.*

En 1986, j'ai été recruté comme secrétaire de direction au CNF, grâce à l'intervention de son cousin, Akomian Edy Joseph[30]*, alors Chercheur au Centre Ivoirien de Recherches Economiques et Sociales (CIRES). J'ai donc rencontré le Professeur Aké-Assi au CNF* ».

Se prononçant sur la perception du côté social et professionnel par le Professeur Aké-Assi Laurent, Madame Ando épouse Eponou Sopi Antoinette affirme : « *Au plan social, professeur Aké-Assi est un homme très simple. C'est un homme au grand cœur. Il a un très haut sens du partage. Ainsi, par exemple, il prenait souvent sa voiture et il allait acheter des bananes braisées avec des arachides grillées qu'il venait nous partager. Sur le plan de la consommation alimentaire, il est très simple. Au sujet de son sens de partage, il est toujours prêt à donner, mais il n'est pas disposé à recevoir. Il disait toujours qu'il ne voulait pas déranger les gens. Sa sœur, qui a eu à m'héberger, à un moment donné, avait exactement le même sens du partage. D'une manière générale, on peut indiquer que Professeur Aké-Assi est un homme incompris. Celui qui parvient à le comprendre reçoit des conseils et des confidences de lui. Sur le plan professionnel, il est un homme extrêmement rigoureux* ».

Parlant de la rigueur du savant, madame Ando épouse Eponon Sopi Antoinette poursuit : « *Professeur Aké-Assi était tellement sévère et rigoureux que le Centre National de Floristique (CNF) a été, à un moment donné, surnommé ''Camp Pénal'' par comparaison avec le camp pénal ou la prison civile de Bouaké, reconnue, depuis longtemps, par l'opinion*

---

[30] *Akomian Edy Joseph est décédé en avril 2011.*

publique nationale pour la sévérité de son régime d'incarcération. A telle enseigne que la plupart des secrétaires de l'Université de Cocody refusaient de se faire affecter au CNF. Elles n'étaient pas prêtes à faire face à la rigueur du professeur ».

Du fait de l'extrême rigueur de professeur Aké-Assi Laurent, le Centre National de Floristique s'est retrouvé, à un moment donné, sans secrétaire. Pour remédier à cette situation, il a dû recruter, en dehors du circuit officiel, une secrétaire contractuelle, pendant deux (02) années. Durant ces deux années, il a rémunéré cette secrétaire avec une partie de son salaire.

Dans la gestion de ses relations de travail, professeur Aké-Assi Laurent n'adopte pas du tout une attitude de domination à l'égard de ses collaborateurs. De ce point de vue, il nous montre qu'il est un humaniste. Par contre, ce qu'il recherche chez un collaborateur, c'est que « *celui-ci soit attentif et réalise, dans le délai imparti, le travail qu'il lui confie* ». Le savant pose là la question de la gestion du temps de travail. La maîtrise de la gestion du temps de travail, le temps effectif accordé au travail, est d'une importance cruciale. C'est essentiellement à ce niveau que chaque travailleur joue sa carrière professionnelle.

Parcours exceptionnel du savant par le travail

Dans sa livraison du vendredi 24 octobre 2003, le quotidien ivoirien « L'Inter » a titré, à la page 11 de sa parution: « *Un savant ivoirien au parcours exceptionnel* ». Josiane Badet, journaliste, écrivait : « *Le 18 Juillet 2003, au Palais de la Culture, à Treichville, a eu lieu la remise des prix de la recherche. Au nombre des récipiendaires, le Professeur Laurent Aké-Assi, Chercheur, professeur de botanique taxonomique (étude des plantes en les identifiant, nommant et classifiant) qui recevait, lui, le prix spécial du Président de la République. Cet homme humble, au parcours exceptionnel, grand amoureux des plantes, mérite d'être connu davantage des Ivoiriens. Nous ouvrons donc une lucarne sur le Pr* Aké-Assi, *savant ivoirien qui est plus célèbre à l'étranger qu'en Côte d'Ivoire, son pays* ».

On retient qu'éjecté prématurément du système éducatif ivoirien, le jeune homme va apprendre, auprès de son père, Aké Angui, sa passion des plantes. Celui-ci était considéré comme le plus important accompagnateur des botanistes européens en visite en Côte d'Ivoire. Il jouait le rôle d'interprète entre les Européens et les communautés lors des missions de recherche sur le terrain.

Josiane Badet poursuit : « *Moniteur adjoint au laboratoire de botanique à l'Institut d'Enseignement et de Recherche Tropical (IDERT), après avoir été préparateur au laboratoire de botanique de l'Office de la Recherche Scientifique et Technique d'Outre-Mer (ORSTOM) d'Adiopodoumé, le futur chercheur suscite la curiosité de feu Félix Houphouët Boigny, à l'époque, député et conseiller du Gouverneur Messmer, qui était invité à la cérémonie d'inauguration du laboratoire dudit centre. Très rapidement, Houphouët Boigny prend l'engagement de faire partir le jeune Aké-Assi Laurent en stage en France. En fait, il avait décelé le don du petit génie. Entré à la Faculté des Sciences de Paris Sorbonne à 17 ans avec, pour background, le CE1*[31] *et une expérience de laborantin acquise sur le tas, Aké-Assi va soutenir son Doctorat d'université, mention Sciences, le 25 janvier 1961 »*[32].

Cette histoire n'est pas une fable. Elle est réelle et d'une réalité authentique, immuable. Le jeune homme de niveau CE1, envoyé en France pour un stage de six mois, revient dans son pays, cinq années plus tard, avec un doctorat d'université, obtenu à l'université Paris Sorbonne. C'est un succès tout simplement extraordinaire, époustouflant et génial. Les principaux artisans de la promotion scientifique du jeune Aké-Assi Laurent ont été, sans conteste, Georges Mangenot et Félix Houphouët-Boigny, deux personnages dotés d'une très grande vision. Cela leur a permis de déceler le génie caché dans le jeune homme. Ils ont très vite cru en son avenir. Ils étaient sûrs qu'en l'envoyant en France, il allait « *faire quelque chose à son retour* » comme l'a dit Houphouët-Boigny lui-même dès sa première rencontre avec le jeune Aké-Assi Laurent. En décidant d'envoyer le petit assistant de laboratoire en France, c'était, dans leur esprit, juste pour lui permettre, à son retour, d'avoir un statut social correct. D'un point de vue spirituel, on peut indiquer qu'au-delà de ses deux mentors, le jeune homme a pu bénéficier d'une grâce particulière. Dieu peut élever qui il veut élever, quand il le veut et jusqu'à quel niveau il le veut. En d'autres termes, Dieu peut faire briller l'étoile de qui il veut, et quant il le veut. Professeur Aké-Assi rend constamment grâce au Créateur.

Au sujet de sa réussite professionnelle, Professeur Aké-Assi Laurent estime que cela est dû en partie à sa valeur intrinsèque même s'il a pu, au cours de son cheminement, bénéficier de circonstances extrêmement favorables. En plus, le domaine disciplinaire dans lequel il évolue, est sans doute celui dans lequel il présentait les meilleurs atouts, les meilleures prédispositions naturelles.

Professeur Aké-Assi Laurent estime également avoir bénéficié de l'apport personnel et inestimable de son épouse, de la stabilité sociale et surtout de l'environnement familial favorable avec des enfants qui ont toujours été sages, corrects. Ainsi, alors que d'autres parents sont constamment perturbés, car aux prises avec des difficultés généralement engendrées par leurs jeunes filles avec notamment les avortements, les grossesses précoces, le couple Aké-Assi était toujours calme, serein. Dans le même temps, d'autres parents ont souffert, au cours de leur carrière professionnelle, de pratiques ou de comportements peu

[31] CE1 : Cours élémentaire, 1ère année.

[32] Un savant ivoirien au parcours exceptionnel, Josiane Badet in le Quotidien ivoirien L'Inter du vendredi 24 octobre 2003 ;

orthodoxes de leurs enfants, garçons et filles confondus. Cette situation sociale particulièrement favorable a permis à Aké-Assi Laurent de se concentrer sur l'essentiel, à savoir son travail, sa carrière professionnelle. Cela l'a énormément aidé. Ainsi, la bonne tenue sociale et comportementale de ses enfants a apporté une contribution majeure voire décicive à sa réussite professionnelle.

Professeur Aké-Assi Laurent a la passion de l'enseignement, de la transmission du savoir à l'autre. Il est prêt à le faire jusqu'à la fin de sa vie. Il est en permanence en train de réfléchir sur une situation. Il sait que cela peut déboucher sur une situation où il est appelé à communiquer, à dispenser une connaissance à un autre.

Qualités et défauts du travailleur passionné

On peut citer toutes les qualités de professeur Aké-Assi Laurent sans qu'on soit taxé d'exagérer. On peut le dire parce qu'il est encore en vie, en pleine forme. Tous les témoignages recueillis auprès de diverses personnes à savoir ses amis, ses collègues, ses collaborateurs, ses parents et autres, sont absolument concordants. J'ai eu la possibilité de le côtoyer, dans divers contextes, durant l'élaboration de ce travail. Chaque lecteur a la possibilité de rencontrer, aujourd'hui même, le chercheur, le savant, le père de famille, le citoyen, toujours disponible pour fournir un complément d'information à quiconque le lui demande.

Gnaba Logon avait eu le privilège de rencontrer Aké-Assi Laurent au tout début de sa carrière scientifique et professionnelle. Avec lui, il a entretenu des relations plus qu'amicales jusqu'en 2012. Au sujet des qualités du savant, Gnaba Logon Jean, 93 ans, habitant le quartier d'Adiopodoumé ou « *Kilomètres 17* » sur la route de Dabou, témoigne : «*Aké-Assi était un jeune homme très intelligent et très respectueux. Tout ce que le jeune Aké-Assi disait, le professeur Mangenot notait* ». Lorsqu'un Européen, de surcroît un émérite professeur d'université, note tout ce qu'un jeune homme noir dit, cela montre que Aké-Assi Laurent ne disait rien de farfelu. Il était certes peu bavard, mais tout ce qu'il disait était jugé pertinent et percutant par son entourage.

Madame Aké-Assi née Assy Delphine renchérit : « *Il se préoccupait fortement de ses enfants. Il s'attachait ou s'intéressait à tout ce qu'ils faisaient. Aucun détail ne lui échappait. Il veut que tout ce qu'il entreprend soit bien fait. Il est donc très rigoureux, très exigeant. Il n'aime pas le bruit. Il veut qu'on le laisse travailler tranquillement, parce que son travail, dit-il, est très compliqué. En raison de son travail, il ne communique pas beaucoup. Par conséquent, il n'aime pas répéter. Ainsi, une fois qu'il a dit quelque chose, il estime que tout le monde a compris et doit s'exécuter* ».

Le réalisateur du film « *Génie de la brousse* », Goran Konan Edgar, parlant des qualités du savant, fait observer : « *Professeur Aké-Assi ne connait pas le repos ; il ne connait pas la fatigue* ». Il a eu le temps de pratiquer le savant durant le tournage du film. Le tournage d'un film demande de l'endurance, car c'est une activité physiquement éprouvante.

On dit généralement que l'homme qui n'a pas de défauts, c'est celui qui n'est pas encore né. Aké-Assi Laurent, le génie, le scientifique ou le savant est, avant tout, un être humain. Par conséquent, il a des défauts comme les autres êtres humains. Cela est indéniable. Lors de notre premier entretien, voici ce que le Professeur Aké-Assi Laurent m'a rapporté comme témoignage à son propre sujet : « *Le défaut d'Aké-Assi est qu'il ne sait pas qu'il est grand* ». Ces propos sont de son mentor, le professeur Georges Mangenot.

Si le savant se comporte comme s'il n'est pas grand, cela témoigne de son humilité. Dans certains milieux et selon certaines circonstances, le fait de se montrer effacé et de donner aux autres le sentiment que l'on se minimise apparait plutôt comme le signe d'une très grande humilité. En principe, ceux qui sont grands ou devenus grands, par eux-mêmes ou par personne interposée, ou par la volonté du Créateur Dieu n'ont pas besoin de montrer aux autres qu'ils ont de la valeur dans la société. C'est, en réalité, ceux qui n'ont pas une réelle valeur qui ont tendance à montrer à tous qu'ils sont là, qu'ils sont « *quelqu'un* » dans la société. Ils font constamment du bruit parce qu'il leur manque quelque chose.

Personnellement, je n'ai pas eu le temps de découvrir les défauts de professeur Aké-Assi Laurent. Cela peut s'interpréter de deux manières au moins. D'abord, le temps que j'ai passé à travailler avec lui n'était pas suffisant pour me permettre de connaître des défauts dont certains peuvent être cachés. Ensuite, je n'ai pas vu le Professeur Aké-Assi Laurent dans toutes les dimensions et les circonstances de la vie. Il ne s'est pas totalement dévoilé pour que je le voie dans toutes ses dimensions. Partant de cette observation, il est difficile de déceler les défauts du savant qui, en tant qu'être vivant, en possède, naturellement.

Pour faire le contour de la personne du savant, une multitude de personnes qui l'ont connu, côtoyé ou collaboré avec lui ont été interrogées. Parmi ces personnes, il y a, bien sûr, les membres de sa famille, des amis, des collègues, des collaborateurs, etc. Pour l'avoir côtoyé ou pour avoir vécu avec lui pendant de nombreuses années, ces personnes ont fourni des informations pertinentes et objectives sur l'homme Aké-Assi Laurent.

A la question posée à Mao Nguessan Ernest de savoir les défauts qu'il a pu déceler chez Aké-Assi Laurent, il répond : « *Tout le monde a ses défauts. Je parlais des recommandations du savant russe à ses étudiants. Parmi ces recommandations, il y a la passion. Tout ce qui est passion, c'est de l'exagération. C'est un défaut. Aké est entraîné par son métier. Il aime le travail plus que toute autre chose. Il ne voit que le métier au point de négliger tout autour de lui. Il fait tout cela sans méchanceté. Il n'a pas le sentiment qu'il fait du mal à quelqu'un, qu'il prive, par exemple, sa femme et ses enfants de sa présence. Quand le jour de l'an, il s'absente pour aller travailler, il le fait sans intention de nuire à qui que ce soit. Pour lui, les gens doivent comprendre cela »*.

Face à ce constat, le Magistrat Mao Nguessan Ernest indique que Aké-Assi Laurent a été, à plusieurs reprises, rappelé à l'ordre par ses deux amis intimes, sans grand succès. Ils lui disaient, précisément : « *Ce que tu fais nous intéresse, nous honore. Mais, il n'y a pas que cela. Mais, tu n'es pas célibataire. Tu as une femme et des enfants. Ils ont droit à quelque considération de ta part. Il faut leur témoigner un signe »*.

La question qui se pose est de savoir si Aké-Assi Laurent a entendu le cri de cœur de ses amis. Cet appel, il faut le faire savoir, ne semble pas du tout avoir été entendu du moins jusqu'au départ à la retraite de leur illustre ami en 1991. Pis, depuis le départ à la retraite, le savant, le génie Aké-Assi continue de fréquenter le Centre National de Floristique, de manière quasi quotidienne.

Après avoir observé l'ami, le chercheur et le savant, le Magistrat Mao Nguessan Ernest, certainement l'homme le mieux placé pour le juger, est aujourd'hui, en mesure de dire : « *On ne peut pas faire de la recherche scientifique et devenir un savant en étant un homme ordinaire. Tous ceux qui ont découvert quelque chose sont des gens qui sont sortis des normes. Ce sont donc des gens exceptionnels, des gens hors normes. Ils l'ont fait au détriment de quelque chose, de quelqu'un. Il le fallait. Aké-Assi Laurent n'échappe à ce piège dans lequel tombent la plupart des grands savants. C'est peut-être là même, j'allais dire, l'image de sa qualité de savant. Il se comporte exactement comme les grands savants d'autrefois. Il ne passe pas son temps à causer. Il a un amour passionné de son métier »*.

Enfin, au sujet des défauts du savant, professeur Nguessan Kouakou Edouard indique que « *professeur Aké-Assi Laurent est un homme de nature réservé. Il ne se dévoile pas facilement. Quand il ne connait pas quelqu'un, il ne lui dit pas tout. Bref, il est extrêmement prudent »*. Quant à Datté Jean Jacques, gendre de professeur Aké-Assi Laurent, il indique : « *Le défaut du professeur, c'est qu'il est trop absorbé par le travail. Cela pouvait déstructurer sa cellule familiale. Heureusement, son épouse a su jouer son rôle pendant les longues absences de son époux*».

Rigueur scientifique extrême : clé du succès

Le savant, le chercheur et tout scientifique de haut niveau ne peut se contenter d'une rigueur approximative. Au contraire, il doit faire preuve d'une rigueur sans nom. Le savant Aké-Assi est très rigoureux. Au sujet de cette rigueur, Madame Coulibaly Madongui indique : « *Beaucoup de personnes reprochent au professeur sa très grande rigueur. Quand il donne un travail à faire, il veut que cela soit fait et bien fait* ». Aké-Assi n'exécute aucune tâche avec légèreté. Il prend au sérieux tout ce qu'il entreprend, quelles que soient les circonstances dans lesquelles il est sollicité.

L'occasion m'a personnellement été donnée, le mercredi 23 octobre 2011, de constater le niveau de la rigueur de professeur Aké-Assi Laurent à son bureau du Centre National de Floristique à l'Université de Cocody. J'étais en séance de travail avec ProfesseurAké-Assi. Un étudiant en botanique était venu le rencontrer. Il avait, dans sa main, un morceau d'écorce mesurant environ 40 centimètres. Il l'avait acheté au marché d'Adjamé chez une femme qui vend des médicaments traditionnels. Selon cette femme, l'écorce traiterait le « *bobodouman* », un mal d'ordre intime. Après un bref moment d'échanges avec l'étudiant, Professeur Aké-Assi Laurent s'est quelque peu énervé. C'était la première fois que je le voyais s'énerver depuis que je le côtoie. D'un ton très sec, il dit à l'étudiant : « *Vous ne pouvez pas étudier une plante à partir d'un simple morceau d'écorce qu'une vendeuse vous aurait donné au marché d'Adjamé. C'est vrai, à partir de cette écorce, certains peuvent écrire des pages et des pages. Mais, cela n'est pas suffisant, cela n'est pas correct. Ce n'est pas scientifique. Si vous voulez faire du bon travail, il vous faut vous rendre dans votre village* ». L'étudiant, voulant se donner quelques raisons pour ne pas se déplacer, affirme que son village se trouve en zone occupée avec un accès impossible. Il est rapidement interrompu par professeur Aké-Assi Laurent : « *Mais vous avez au moins un ami qui a son village en zone gouvernementale ? Allez en brousse, faites le terrain pour donner de la crédibilité scientifique à votre travail. C'est très important* ». Convaincu, l'étudiant est sorti de la salle avec une grande joie que l'on pouvait lire sur ses lèvres. C'était certainement la joie d'avoir entendu le maître. Entendre un maître de la trempe de professeur Aké-Assi Laurent apporte nécessairement du réconfort et du moral à un étudiant butant sur une difficulté dans la conduite de ses travaux de recherche. Il est rentré chez lui en sachant bien ce qui lui restait à faire pour la suite de son travail.

Cette rigueur scientifique de professeur Aké-Assi Laurent a dérouté bien d'étudiants. Ils n'étaient pas tous préparés à se soumettre à cette rigueur. Cela explique, en partie, le fait que peu d'étudiants sont restés à son école. Bien d'autres étudiants ont été formés par professeur Aké-Assi Laurent lorsqu'ils ont accepté de travailler dans sa rigueur. On peut citer, entre autres, Docteur Malan Djah François. Celui-ci a été formé par le professeur Aké-Assi Laurent, après qu'il a été admis à faire valoir ses droits à la retraite. Pour sa thèse de doctorat unique, Malan Djah François a travaillé sur le thème : « *Utilisation traditionnelle des plantes et perspective de cogestion des aires protégées de Côte d'Ivoire : cas du Parc National des Iles Ehotilé (littoral Est de la Côte d'Ivoire)* ». Il a soutenu sa thèse en octobre 2008. Aujourd'hui, Malan Djah François est un grand botaniste à l'Université d'Abobo-Adjamé, Abidjan. Il y fait une carrière scientifique honnête.

Professeur Aké-Assi Laurent a influencé nécessairement par sa grande rigueur scientifique tous ceux, collègues, collaborateurs ou étudiants, qui ont eu à travailler avec lui. Il exige toujours que ce que l'on fait soit bien fait.

Docteur Konan Kouassi Edouard, Maître-Assistant au Laboratoire de Botanique, UFR des Sciences de l'Université de Cocody, a eu à travailler avec le professeur Aké-Assi Laurent. Il indique les circonstances dans lesquelles il a commencé à travailler avec le savant : « *J'ai commencé à travailler avec le professeur Aké-Assi Laurent en 1996-97 alors que j'étais étudiant en DEA de botanique. Je travaillais avec professeur Traoré Dossahoua, alors responsable de la section écologie et mon collègue Ballo Bakari travaillait avec professeur Aman Kadio, en charge de la section systématique. Le professeur AKE-ASSI Laurent avait demandé aux étudiants de DEA de constituer un petit herbier. Ainsi, nous allions sur le terrain, notamment dans la forêt du Banco pour collecter des plantes. Nous venions les faire sécher au laboratoire. Professeur Aké-Assi Laurent se chargeait de corriger notre travail. Après la correction, il remettait à chaque étudiant son travail avec la note. Mais, après la correction des travaux, il avait remis à tous nos camarades leurs documents. Ballo Bakari et moi, nous n'avions pas reçu nos documents. Nous avions eu très peur. Nous avions alors cherché à le rencontrer. Lorsque nous l'avions vu, il nous a dit ceci : « J'ai gardé vos herbiers non pas parce qu'ils étaient mal réalisés, mais j'ai trouvé que la collecte a été bien faite. Je voulais vous voir* ». En réalité, le professeur Aké-Assi Laurent avait remarqué les deux étudiants pour des missions ultérieures avec lui sur le terrain. Il les avait retenus pour la qualité de la collecte de leurs plantes.

« *Dès lors,* explique Dr Konan Kouassi Edouard, *à chaque fois que le professeur Aké-Assi Laurent organisait une sortie sur le terrain, il nous associait. Nous étions devenus les deux moniteurs de notre promotion. En 2001, j'étais en thèse de doctorat et stagiaire doctorant à la forêt classée de la haute Dodo, à Grabo. L'ONG-Conservation Internationale devrait organiser une recherche devant durer un mois dans cette forêt. Pour ce faire, il fallait trouver un endroit approprié pour installer un camp pour environ 200 personnes. Les organisateurs de la mission et les agents des Eaux et Forêts en poste dans la région avaient de la peine à trouver un site approprié. En raison de la bonne connaissance que j'avais de la forêt, j'avais été sollicité pour aider à trouver l'endroit approprié pour l'installation du camp. Le camp avait été installé et j'ai pu travailler avec le professeur Aké-Assi Laurent. Pour nous deux, c'étaient des retrouvailles. Nous avions travaillé pendant un mois. Ce fut une expérience très enrichissante et le professeur Aké-Assi Laurent m'avait encore impressionné par son courage et par la qualité de l'ambiance de travail qu'il avait su créer. C'est un homme ouvert. Il ne faisait pas de distinction entre lui et les autres participants, quel que soit leur grade* ».

Lors des travaux de recherche sur le terrain, professeur Aké-Assi Laurent organisait toutes les activités et tâches inscrites au programme. Certes, il déléguait des responsabilités à ses collaborateurs. Mais, il ne rechignait jamais à mettre la main à la pâte, donnant l'exemple et s'impliquant, jusqu'au bout, dans la conduite de ces activités.

Côte d'Ivoire – Mars 2002

Camp de recherche organisé dans la forêt classée de la haute Dodo, Grabo. Professeur Aké-Assi est assis à l'extrême droite, au moment de la prise du petit déjeuner. Il porte des chaussures appelées "Sandokan". En arrière-plan, on observe les tentes dressées sur le site retenu.

<u>Côte d'Ivoire – Mars 2002</u>

Mission organisée par l'ONG Conservation Internationale à Grabo. On observe Pr Aké-Assi Laurent entre Kouassi Konan Edourd et un agent des Eaux et Forêts.

Santé physique du savant : atout-maître

Au moment de ma rencontre en février 2011 avec professeur Aké-Assi Laurent, il avait une expérience professionnelle cumulée de 65 années. C'est une expérience professionnelle d'une très grande richesse. A la question de savoir ce qui a été, selon lui, à la base de la longévité de sa carrière professionnelle, Professeur Aké-Assi Laurent répond : « *Je ne sais pas* ». Une telle réponse laisse forcément l'interrogateur sur sa faim. Je n'étais donc pas entièrement satisfait. Au cours des échanges, le savant va fournir des informations aux questions subsidiaires suivantes : « *Pensez-vous qu'une bonne santé physique est une condition nécessaire à la réalisation satisfaisante d'une carrière professionnelle ? Quelles dispositions particulières prenez-vous sur le plan de la protection de votre santé physique* ? ».

Les informations fournies à ces questions par le savant apparaissent comme les vraies réponses à la question principale liée à la longévité de sa carrière professionnelle. Ainsi, il dira : « *Je ne consomme pas du café. Je ne fume pas la cigarette, je ne prends pas de thé, je ne consomme aucun produit stimulant. Je ne consomme pas régulièrement l'alcool. Je prends du vin avec mes amis quand ceux-ci me rendent visite.* ». En réalité, Professeur Aké-Assi Laurent a su préserver sa santé physique en se dotant d'une hygiène de vie appropriée. La qualité de l'environnement familial a également contribué à sa longévité professionnelle. Il a su trouver un parfait équilibre entre sa vie professionnelle et sa vie familiale, même si l'on sait que, par moments, la première a pris le dessus sur la seconde.

Une question se pose : « *La forte capacité de travail du chercheur ne met-elle pas en péril sa santé physique ?* ». L'on a des raisons de poser cette question au savant. Mais, en réalité, sa santé physique n'a pas profondément pâti du rythme et de la densité du travail auquel il a été soumis des décennies durant. Ce bourreau du travail dispose d'un potentiel physique qui lui a permis de réaliser toutes les prouesses que l'on lui connait.

On note que le plus grand médicament pour toutes les personnes qui sont passionnées par le travail, c'est le travail lui-même. Autrement dit, si ces personnes arrêtent de travailler, elles deviennent aussitôt malades. Pour se maintenir en bonne santé physique, les personnes naturellement passionnées par le travail sont tenues de travailler, presque tout le temps. Incontestablement, Aké-Assi Laurent fait partie de cette catégorie de personnes que le travail intensif et continu maintient en bonne santé physique, là même où les autres dépérissent au moindre effort.

Professeur Aké-Assi Laurent a développé, pendant son long parcours professionnel, une très bonne hygiène de vie, qu'il applique de manière quasi permanente. Lors d'une interview réalisée par Léopold Kouadio et Pierre Djokoï d'Ande Magazine, la question suivante a été posée à professeur Aké-Assi: « *A 80 ans, Professeur, vous êtes toujours vigoureux, bon pour le service ; votre attrait pour la nature y serait-il pour quelque chose ?* ». La réponse proposée par le professeur est d'une justesse inouïe : « *C'est l'amour du travail qu'on fait. Je suis heureux de ne point m'ennuyer parce que toujours occupé à rechercher et à trouver quelque chose de nouveau, d'utile aux plans individuel et communautaire. Je m'épanouis en oeuvrant en faveur de la communauté, de la nation, du continent, du monde* »[33].

Dieu a donné à Aké-Assi Laurent une bonne santé physique. Quand on dit que lorsque Dieu confie une mission à une personne, il la prépare et lui donne tout ce qui est humainement mobilisable à son accomplissement, cela est vrai ; cela s'applique à Aké-Assi Laurent. Il a su, de manière astucieuse et stratégique, protéger cette santé physique par l'adoption d'une bonne hygiène de vie, sur toute la ligne.

---

[33] *Professeur AKE ASSI, Botaniste de renommée mondiale*, in ANDE Magazine, n° 003- Juin 2011, page 6-7.

Il nous faut lever toute équivoque. La plupart des gens pensent que professeur Aké-Assi Laurent, du fait de sa très grande connaissance des plantes et de leurs vertus thérapeutiques, il les utilise pour se soigner ou soigner d'autres personnes. Il précise : « *C'est vrai que je connais les plantes et leurs vertus. Mais, je n'ai jamais dit à quiconque de les employer pour se soigner. Si une personne veut à tout prix que je lui prescrive une plante pour se soigner, elle doit signer un papier. De cette manière, en cas de difficulté, on saura que c'est avec son accord que cette prescription a été faite* ». En réalité, professeur Aké-Assi Laurent ne veut pas être accusé de pratiquer illégalement la médecine traditionnelle. Il indique qu'il a eu à utiliser, une seule fois, une plante pour se soigner, lui-même : « *Une fois, je m'étais rendu au Nigeria, à l'occasion d'un séminaire qui s'est tenu à l'Institut International d'Agriculture (institut dirigé par les Américains) près d'Ibadan. C'était en 1977. Au départ d'Abidjan, j'étais grippé. Une fois au Nigeria, j'ai acheté un médicament. Mais, la grippe ne finissait pas. Un jour, j'ai décidé de ne pas assister à une séance de travail. Il y a un petit village à proximité de l'institut. J'y suis rentré. J'ai vu la plante appelée Ocimum gratissimum (Lamiaceae). J'en ai coupée. Je l'ai* utilisée. *Le même jour, la grippe a totalement disparu* ». Les propos de professeur Aké-Assi Laurent viennent démentir, une fois pour toutes, les thèses émises par certaines personnes selon lesquelles, en tant que botaniste taxonomiste, il puise abondamment dans les plantes pour se soigner.

Le vendredi 11 novembre 2011, j'ai pu encore mesurer la bonne santé physique du professeur Aké-Assi Laurent. Nous avions marché, de son domicile au supermarché de son quartier, soit sur une distance d'environ 600 mètres. Il ne forçait pas en marchant. Mais, je me rendais compte qu'à 80 ans passés, il allait très vite, en tout cas, plus vite que moi avec mes 54 années. Aussi, ai-je dû, par moments, accélérer mes pas pour ne pas me faire distancer. Face à cette vigueur, je me suis dit que lorsqu'il était plus jeune, c'est-à-dire lorsqu'il avait entre 30 ou 50 années, par exemple, il devrait être difficile voire cauchemardesque pour tout autre homme ou toute autre femme de se déplacer avec lui. Certaines personnes ont dû terriblement souffrir à ses côtés lors des grandes sorties réalisées, dans le cadre des travaux de recherche sur le terrain. Ces personnes ont dû déployer des efforts presque surhumains pour se mettre à son niveau. A ce sujet, l'une des anciens étudiants de professeur Aké-Assi, Madame Sonhon-Gui Cathérine (promotion 1981-1982), enseignante des sciences naturelles dans le secondaire, a indiqué en substance : « *Lors des missions que vous aviez effectuées avec nous, nous (vos étudiants), éprouvions toutes les peines du monde à vous suivre. Nous courrions presque, derrière vous* ». C'était le mercredi 23 novembre 2011, au Goethe Institute d'Abidjan, à la suite de la première projection du film : « *Bois sacré* ».

Professeur Aké-Assi Laurent est encore aujourd'hui plein de vigueur et de tonicité. Cela montre sa bonne santé physique qui a été, incontestablement, son atout-maître durant son parcours. De toutes les manières, il ne pouvait aucunement avoir le parcours qui a été le sien s'il n'était pas doté d'une bonne santé physique. La marque des grands hommes, qu'ils soient du domaine scientifique ou autre, c'est aussi et surtout leur bonne santé physique. Cela leur permet de travailler dur sur une très longue période et de pouvoir réaliser les projets professionnels de leur vie.

Parlant de la résistance physique de certains êtres humains, exceptionnellement et naturellement dotés, Nicolas Bouvier écrit, dans son livre intitulé « *Routes et déroutes* » : « *Il y a un temps où on a une résistance physique considérable et surtout une faculté d'enthousiasme et d'absorption, qu'il est difficile de conserver intacte en vieillissant. Mais, je connais des gens qui y parviennent. Par exemple, Théodore Monod, tout aussi émerveillé par ses méharées à quatre-vingt-quatre ans qu'à trente-temps* »[34].

Professeur Aké-Assi Laurent a fait preuve d'une endurance à toute épreuve partout où il a eu l'occasion de travailler. Au sujet de son endurance, il nous a rendu le témoignage suivant : « *En 1980, j'étais allé en mission aux Iles Comores. Nous avions fait l'ascension du Mont Karthala, culminant à 2360 m d'altitude. Au départ, nous étions une trentaine de personnes à tenter l'escalade. Finalement, seules 4 personnes sur la trentaine ont pu arriver au sommet. Je faisais partie des quatre personnes qui ont fait l'exploit. Nous étions partis à 8 heures du matin. C'est à 12 heures que nous étions arrivés* ». En 1980, professeur Aké-Assi Laurent était âgé de 49 ans. Parmi les personnes qui n'avaient pas pu arriver au sommet du Mont Karthala, plusieurs avaient moins de 49 ans.

Aujourd'hui, à 80 ans passés, professeur Aké-Assi Laurent ne porte pas de lunettes ni pour lire ni pour réaliser ses différentes activités. On observe que la plupart des personnes de son âge même les plus jeunes portent des lunettes. Cela montre la bonne santé du professeur. Cette bonne santé physique est totale.

Voyages et activités académiques, source inestimable d'apprentissage

Les voyages et les activités à caractère académique effectués par professeur Aké-Assi Laurent constituent une source supplémentaire et inestimable d'apprentissage et de connaissance de la science botanique. Aux connaissances en science botanique qu'Aké-Assi Laurent a pu acquérir au cours de ses multiples voyages à travers le monde, il a ajouté les valeurs culturelles et anthropologiques des peuples visités. Cela a donné un véritable coffre à sa culture générale personnelle.

---

[34] Nicolas Bouvier (1992), *Routes et déroutes,* Paris, Editions Metropolis, 1992.

Au sujet des vacances, professeur Aké-Assi Laurent indique : « *Je n'ai jamais pris des vacances proprement dites. Je n'en prends pas car un séjour de deux ou trois jours dans mon village me suffit* ». Professeur Aké-Assi Laurent ne prend pas de vacances au sens où on l'entend généralement. Mais, dans le cadre de l'exercice de ses activités professionnelles, il a effectué une multitude de voyages pour des missions académiques ou pédagogiques dans de nombreux pays étrangers. Ce n'étaient certes pas des voyages d'agrément. Mais, ils lui permettaient de changer d'air. Un regard sur son Curriculum Vitae permet, en effet, d'observer que Professeur Aké-Assi Laurent a eu à réaliser des missions scientifiques et des missions d'enseignement à travers le monde. Ces missions sont présentées dans les lignes qui suivent dans l'ordre de leur déroulement :

1959 Août, **Londres** (Angleterre), Mison de la Commission de Coopération Technique en Afrique au Sud du Sahara ;

1961 **13-19** septembre, investigations botaniques en **Haute-Volta**. Mission UNESCO, Projet Pilote pour l'Enseignement de la Biologie en Afrique et à Madagascar ;

1962 13-19 septembre. **Haute Volta**. Prospections botaniques ;

1963 9-15 septembre**. Italie,** participation à la 5è Assemblée Plénière de l'Association pour l'Etude Taxonomique de la Flore d'Afrique Tropicale au Sud du Sahara (A.E.T.F.A.T.) ;

1964 29 décembre-2 janvier 1965**. Haute Volta.** Prospections botaniques, Mission Université d'Abidjan ;

1965 31 juillet-19 octobre. Identification de plantes au Muséum National d'Histoire Naturelle**, Paris** (France) et à l'Herbarium, Royal Botanic Gardens, **Kew** (England) ;

1966 19 août-15 octobre. **Paris** (France). Identification de plantes au Muséum National d'Histoire Naturelle;

1966 10-17 septembre. **Uppsala** (Suède). Participation à la 6è Assemblée Plénière de l'Association pour l'Etude Taxonomique de la Flore d'Afrique Tropicale au Sud du Sahara (A.E.T.F.A.T.) ;

1966 1-15 avril. **Togo,** Mission UNESCO pour le Projet Pilote pour l'Enseignement de la Biologie en Afrique et à Madagascar ;

1967 17juillet-12 septembre. Détermination de plantes au Muséum National d'Histoire Naturelle, **Paris** (France) et à l'Herbarium, Royal Botanic Gardens, **Kew** (England) ;

1968 10 juillet-septembre. Détermination de plantes au Muséum National d'Histoire Naturelle, **Paris** (France) et à l'Herbarium, Royal Botanic Gardens, **Kew** (England) ;

1968 **9-16 décembre.** Mission UNESCO au **Niger** et **en Haute Volta** pour le Projet Pilote pour l'Enseignement de la Biologie en Afrique et à Madagascar ;

1969 **1er-15 avril.** Mission UNESCO au **Togo,** au **Niger** et en **Haute Volta** pour le Projet Pilote pour l'Enseignement de la Biologie en Afrique et à Madagascar ;

1969 28 août-15 octobre. Identification de plantes au Muséum National d'Histoire Naturelle, **Paris** (France), à l'Herbarium, Royal Botanic Gardens, Kew (England) et à Landouwuniversiteit, **Wageningen** (Pays-Bas);

1970 1-12 mars. Investigations botaniques au **Ghana, Togo, Dahomey, Niger, et en Haute Volta** pour le Projet Pilote pour l'Enseignement de la Biologie en Afrique et à Madagascar ;

1970 Avril. **Dahomey**, Mission UNESCO pour le Projet Pilote pour l'Enseignement de la Biologie en Afrique et à Madagascar ;

1970 18 août-29 septembre. **Paris** (France), Laboratoire de Phanérogamie, Muséum National d'Histoire Naturelle ;

1970 6-10 septembre. **Munich** (Allemagne), participation à la 7è Assemblée Plénière de l'Association pour l'Etude Taxonomique de la Flore d'Afrique Tropicale au Sud du Sahara (A.E.T.F.A.T.) ;

1970 13-18 septembre. **Bruxelles** (Belgique), participation au Symposium sur les Jardins Botaniques et la Conservation de la Nature ;

1970 3 décembre-7 janvier 1971. **Cameroun,** participation à la mission UNESCO pour le Projet Pilote pour l'Enseignement de la Biologie en Afrique et à Madagascar ;

1971 2-7 août. **Yaoundé** (Cameroun), identification de plantes dans l'Herbier National du Cameroun ;

1971 8-20 septembre. Identification de plantes au Laboratoire de Phanérogamie du Muséum National d'Histoire Naturelle, **Paris** (France), et à l'Herbarium, Royal Botanic Gardens, **Kew** (England);

1972 3 août-14 septembre. Identification de plantes à l'Herbarium, Royal Botanic Gardens, **Kew** (England) et au British Museum, **London** (England);

1974 Septembre. **Genève** (Suisse), participation à la 8è Assemblée Plénière de l'Association pour l'Etude Taxonomique de la Flore d'Afrique Tropicale au Sud du Sahara (A.E.T.F.A.T.) ;

1974 Octobre-Novembre. **Amazonie** (Brésil), mission de l'Institut Français du Caoutchouc (prospections botaniques) et sélection de quelques pieds d'hévéa, grands producteurs de latex ;

1975 5-13 juillet. **Le Caire (**Egypte**)**, participation au 2è Symposium inter-africain OUA /CSTR sur la Pharmacopée Traditionnelle et les plantes médicinales africaines ;

1975 14-22 juillet. **Paris** (France), mission d'identification de plantes au Muséum National d'Histoire Naturelle ;

1976 29 avril-6 mai. **Nigeria, Maroc, Tunisie,** mission du Ministère de la Santé Publique et du Ministère des Finances de Côte d'Ivoire pour la visite de quelques industries pharmaceutiques relatives à la pharmacopée et à la médecine africaine ;

1976 5-11 juin. Niamey **(Niger),** participation au colloque du CAMES sur la médecine traditionnelle et la pharmacopée africaine ;

1976 15 juillet-31 août. The Herbarium, Royal Botanic Gardens, **Kew** (England) et The British Museum, **London.** Mission d'identification de plantes;

1977 12-14 février. **Ibadan (**Nigeria**).** Visite de l'Institut International d'Agriculture Tropicale (I.I. T.A.) ;

1977 2-20 août. The Herbarium, Royal Botanic Gardens, **Kew** (England) et The British Museum, **London.** Mission d'identification de plantes;

1977 5-15 septembre. **Madagascar,** participation au Colloque organisé dans le cadre du 75è anniversaire de l'Académie malgache ;

1977 2-21 novembre. **Empire Centrafricain,** mission ethnobotanique de l'Agence de Coopération Culturelle et Technique (A.C.C.T.), pour le recensement et l'identification des plantes utilisées dans la médecine traditionnelle ;

1978 17-23 mars. **Las Palmas** (Iles Canaries), participation à la 9è Assemblée Plénière de l'Association pour l'Etude Taxonomique de la Flore d'Afrique Tropicale au Sud du Sahara (A.E.T.F.A.T.) ;

1978 25-30 mars. **Paris (**France), Mission pour l'identification de plantes au Muséum National d'Histoire Naturelle ;

1978 15-18 août. **Kumasi, Accra-Legon** (Ghana), Abury Hill, prospections botaniques;

1978 3-18 décembre**. Mali,** mission ethnobotanique de l'Agence de Coopération Culturelle et Technique (A.C.C.T.), pour le recensement et l'identification des plantes utilisées dans la médecine traditionnelle ;

1979 16-27 avril. **Cotonou** (Bénin). Participation au séminaire inter-africain de l'I.N.F.O.S.E.C sur la pharmacopée africaine et la médecine traditionnelle ;

1979 9-27 octobre. **Niger,** mission ethnobotanique de l'Agence de Coopération Culturelle et Technique (A.C.C.T.), pour le recensement et l'identification des plantes utilisées dans la médecine traditionnelle ;

1980 2-24 août. **République Fédérale Islamique des Comores,** expédition ethnobotanique de l'Agence de Coopération Culturelle et Technique (A.C.C.T.), pour l'étude des plantes à usage médicinal;

1980 7-22 septembre. **Madagascar,** participation au Colloque International : ''Origine des Angiospermes et leurs rapports avec les insectes pollinisateurs'' ;

1981 14 juillet-14 août. **Iles Maurice et Seychelles,** expédition ethnobotanique de l'Agence de Coopération Culturelle et Technique (A.C.C.T.), pour l'étude des plantes médecinales;

1981 4 novembre 1981-4 février 1982. **Paris** (France), mission de détermination de plantes au Muséum National d'Histoire Naturelle ;

1982 10-31 juillet. **République du Gabon.** Participation à l'Expédition ethnobotanique de l'Agence de Coopération Culturelle et Technique (A.C.C.T.), pour l'étude des plantes médecinales;

1983 27 novembre 1982-janvier 1984. Muséum National d'Histoire Naturelle, **Paris** (France) et à l'Institut Botanique **d'Orsay**, étude floristique de la Côte d'Ivoire dans le cadre de la rédaction de ma thèse de Doctorat d'Etat ès Sciences Naturelles ;

1984 11 juillet-1er août. **Dominique** (Commonwealth of Dominica) Caraïbes, participation à l'Expédition ethnobotanique de l'Agence de Coopération Culturelle et Technique (A.C.C.T.), pour l'étude des plantes médecinales;

1984 9 juillet-14 août. **République du Togo,** participation à l'Expédition ethnobotanique de l'Agence de Coopération Culturelle et Technique (A.C.C.T.), pour l'étude des plantes médecinales;

1984 29 août-27 septembre. **Paris** (France), mission d'identification de plantes au Muséum National d'Histoire Naturelle ;

1984 14-20 décembre. **Saint Louis,** Missouri (USA), participation à la réunion des Experts de l'Union Internationale pour la Conservation de la Nature et des Ressources (U.IC.N.) ;

1985 4-25 juin. **Saint Louis,** Missouri (USA), participation au 11è Congrès de l'Association pour l'Etude Taxonomique de la Flore d'Afrique Tropicale au Sud du Sahara (A.E.T.F.A.T.) ;

1985 10 juillet-8 août. **République Populaire du Congo,** participation à l'Expédition ethnobotanique de l'Agence de Coopération Culturelle et Technique (A.C.C.T.), pour le recensement et l'étude des plantes médecinales;

1985 30 août-25 septembre. **Paris** (France), séjour au Muséum National d'Histoire Naturelle, pour l'identification de quelques plantes vasculaires récoltées en République du Congo ;

1986 29 juin-13 juillet. **Bogota, Medelin, Quirama et Planada** (Colombie), Participation au 40è Congrès Latino-américain de Botanique et à la réunion des Experts de l'Union Internationale pour la Conservation de la Nature et de ses Ressources (U.I.C.N.) ;

1986 15 juillet-18 août. **République Populaire du Bénin.** Participation à l'Expédition ethnobotanique de l'Agence de Coopération Culturelle et Technique (A.C.C.T.), pour le recensement et l'étude des plantes médecinales;

1986 28 août-28 septembre. **Paris** (France), Muséum National d'Histoire Naturelle, et **Kew** (England), Herbarium, Royal Botanic Gardens. Mission d'identification et d'étude de quelques plantes supérieures récoltées en République Populaire du Bénin ;

1987 21-26 mai. **Gland** (Suisse), participation à la Réunion des Experts de l'Union Internationale pour la Conservation de la Nature et de ses Ressources (U.I.C.N.) ;

1987 11 août-3 septembre. **Saint Louis,** Missouri (USA), Missouri Botanical Garden, pour l'identification de plantes africaines ;

1988 11 août-3 septembre. **Saint Louis,** Missouri (USA), Missouri Botanical Garden, pour l'identification et l'étude de plantes collectées par U.S. National Cancer Institute ;

1988 4-10 septembre. **Hambourg** (République Fédérale d'Allemagne). Participation au 12è Congrès de l'Association pour l'Etude Taxonomique de la Flore d'Afrique Tropicale au Sud du Sahara (A.E.T.F.A.T.) ;

1988 11-14 septembre. **Paris** (France). Mission d'identification de plantes au Muséum National d'Histoire Naturelle ;

1988 26-30 septembre. **Nairobi** (Kenya), participation au Colloque sur les Ressources Phytogénétiques d'Afrique ;

1988 16-18 novembre. Université Paris Sud (**Orsay**). Participation au Colloque organisé à l'hommage du Professeur G. Mangenot sur le thème : "*Les apports récents de la Biologie végétale en région tropicale*" ;

1989 23 juillet-24 août. **Nigeria,** Participation à la mission ethnobotanique, organisée par la Commission Scientifique, Technique, et de la Recherche de l'Organisation de l'Unité Africaine (CSTR/OUA) ;

1989 8-22 septembre. **République d'Haïti.** Mission ethnobotanique portant sur le recensement des plantes médicinales en comparaison avec le modèle ivoirien ;

1990 5-17 juin. **Université de Bordeaux III.** Mission de l'Agence de Coopération Culturelle et Technique (A.C.C.T.), dans le cadre du Bulletin de Liaison : ''*Médecine Traditionnelle et Pharmacopée*'' ;

1990 14-29 août. **République du Mali**. Participation à l'excursion ethnobotanique organisée dans le cadre des activités de la Division ''*Médecine Traditionnelle*'' de l'Institut National de Recherche en Santé Publique ;

1990 15-19 septembre. **Université de Tuscia, Viterbo** (Italie). Invité pour être distingué Docteur Honoris Causa de cette université ;

1990 12-16 novembre. **Lomé** (Togo). Participation à la réunion de concertation régionale des coordonnateurs du Programme A.C.C.T. de pharmacopée et médecine traditionnelles africaines ;

1990 20-28 novembre. **Bamako** (Mali). Participation au Colloque International ''*Médecine traditionnelle, santé et développement*'' ;

1991 10-18 janvier. **Pointe-A-Pitre** (Guadeloupe). Participation au colloque : ''*Agriculture, Environnement et Aménagement du Territoire*'' ;

1991 3-12 mai. **Bobo-Dioulasso** (Burkina Faso). Participation à la mission UNESCO pour l'étude botanique de la forêt classée de la ''*Mare aux hippopotames*'' ;

1991 13 août-30 octobre. **Paris** (France). Pour occuper un poste de chercheur associé au Muséum National d'Histoire Naturelle de Paris, au Laboratoire de Phanérogamie ;

1991 20 septembre-20 octobre. **Ouganda,** participation à la mission ethnobotanique, organisée par la Commission Scientifique, Technique, et de la Recherche de l'Organisation de l'Unité Africaine (CSTR/OUA) pour l'identification et l'étude des plantes médicinales;

1992 5-9 octobre. **Nairobi** (Kenya), participation au séminaire : '' *Safeguarding the Genetic basis of Africa 's Traditional Crops*'';

1992 17-25 novembre. **N'Djamena** (Tchad), participation à une mission de concertation de l'A.C.C.T. sur les plantes médicinales;

1993 5-11 juillet. **Paris** (France). Participation au Colloque International de Phytogéographie, en hommage au Professeur Raymond Schnell ;

1993 16 août 1993-24 janvier 1994. Mission, en **France** (au Muséum National d'Histoire Naturelle de Paris), en **Suisse** (au Conservatoire et Jardin Botaniques de Genève), et en **Allemagne** (à l'Institut für Organische Chemie der Universität Würzburg), dans le cadre de la rédaction du texte final de l'ouvrage consacré à l'étude floristique de la Côte d'Ivoire ;

1994 3-12 janvier. **Abidjan, San Pedro** (Côte d'Ivoire). Participation au Premier Séminaire International de Phytothérapie Tropicale Traditionnelle et Moderne et de Protidologie.

1994 22-27 août. **Wageningen** (Pays-Bas). Participation au 14è Congrès de l'Association pour l'Etude Taxonomique de la Flore d'Afrique Tropicale au Sud du Sahara (A.E.T.F.A.T.) ;

1994 29 août-8 septembre. **Paris** (France). Mission d'identification de plantes au Muséum National d'Histoire Naturelle ;

1995 25-26 avril. **Ghana,** participation à une excursion botanique au Ghana, organisée par les Docteurs F.J. Breteler et R. Van Rompaey, de l'Université Agronomique de Wageningen (Pays-Bas) ;

1995 16 juillet-2 septembre. **Paris** (France), Laboratoire de Phanérogamie, Muséum National d'Histoire Naturelle en mission d'identification de plantes ;

1995 2-10 septembre. **Rabat** (Maroc). Rencontre francophone de la coopération sur la " *La diversité biologique et la valorisation des ressources phytogénétiques",* oragnisée par l'Agence de Coopération Culturelle et Technique (A.C.C.T.) ;

1995 7-16 octobre. **Dakar, Toubacouta** (Sénégal). Workshop sur la Flore, la végétation et la biodiversité au Sahel ;

1995 26-28 octobre. **Allemagne,** Institut Für Organische Chemie der Universität Würzburg. Investigations sur les plantes médicinales, avec l'équipe de Professeur Bringmann ;

1995 29 octobre-3 novembre. **Paris** (France), Laboratoire de Phanérogamie, Muséum National d'Histoire Naturelle en mission d'identification de plantes ;

1995 4-5 novembre. **Pays-Bas, Paleis Soestdijk** pour la réception d'une décoration honorifique du Prince Bernhard ;

1995 6-12 novembre. **Paris** (France), Laboratoire de Phanérogamie, Muséum National d'Histoire Naturelle en mission d'identification de plantes ;

1995 13-16 novembre. **Genève** (Suisse), Conservatoire et Jardin Botaniques en mission d'identification de plantes ;

1995 17-23 novembre. **Paris** (France), Laboratoire de Phanérogamie, Muséum National d'Histoire Naturelle en mission d'identification de plantes ;

1995 26-30 novembre. **Dakar** (Sénégal). F.AO., Conférences sous-régionales sur ''Les Ressources phytogénétiques en Afrique de l'Ouest et du Centre ;

1995 7-16 décembre. **Palermo (Italie),** 90è Congrès de la Société Botanique italienne ;

1996 6-9 octobre. **Dakar** (Sénégal). Participation au Séminaire de l'UNESCO sur la Biodiversité ;

1996 12-15 novembre. **Accra** (Ghana). Ad Hoc Panel Meeting on Natural Resources Inventorying, Taxonomy and Systematic Capacity;

1997 1-14 juin. **Montpellier et Paris,** France. Participation au séminaire international sur : ''l'igname, plante séculaire et culture d'avenir'', et identification de plantes au Muséum National d'Histoire Naturelle de Paris ;

1997 11-13 septembre. **Ouagadougou** (Burkina Faso). Participation au Premier Séminaire de l'Association des Botanistes de l'Afrique de l'Ouest (ABAO) ;

1997 6-17 octobre. **Bamako** et **Kolokani** (Mali), Mission OMS pour l'identification de plantes médicinales ;

1998 16-20 novembre. **Ouagadougou** (Burkina Faso). Séminaire UNESCO sur : '' *Aménagement intégré des forêts naturelles en zone sèche de l'Afrique de l'Ouest*'' ;

1999 1er -4 juillet. **Dakar** (Sénégal). Enquête sur l'état des herbiers et les capacités en Taxonomie et en Systématique pour un inventaire des ressources naturelles en Afrique Subsaharienne, (1998-1999). Mission de l'Université des Nations Unies ;

1999 5-10 juillet. **Yaoundé** (Cameroun). Enquête sur l'état des herbiers et les capacités en Taxonomie et en Systématique pour un inventaire des ressources naturelles en Afrique Subsaharienne, (1998-1999). Mission de l'Université des Nations Unies ;

1999 6-9 octobre. **Accra** (Ghana), rencontre ouest africaine pour la redaction du document sur les enquêtes concernant sur l'état des herbiers et leurs capacités en Taxonomie et en Systématique. Mission de l'Université des Nations Unies / Institute for Natural Resource in Africa ;

1999 4-11 décembre. **Elmina, Cape Coast** (Ghana). De la forêt à la mer. Connexions des écosystèmes de la Guinée au Ghana. Atelier sur l'établissement des priorités en Afrique de l'Ouest, organisé par *" Conservation Internationale" des USA ;*

1999 15-23 décembre. **Cotonou,** République du Bénin. Première rencontre sur les espèces ligneuses médicinales d'Afrique sub-saharienne. IPGRI. Programme des Ressources Génétiques Forestières en Afrique Sub-saharienne ;

2000 21-25 février. **Lomé** (Togo). Atelier sur " *Erosion et conservation de la diversité floristique au Togo".* Rencontre organisée par le Programme des Nations Unies pour l'Environnement ;

2000 13 juin-15 juillet. **Cotonou (**République du Bénin). Mission de recherche dans le cadre du projet : " *Flore et Herbier National du Bénin",* sous l'égide du Département de Botanique de l'Université Nationale du Bénin ;

2000 8 novembre-8 décembre. **Cotonou (**République du Bénin). Mission de recherche dans le cadre du projet : " *Flore et Herbier National du Bénin",* sous l'égide du Département de Botanique de l'Université Nationale du Bénin ;

2003 10-19 septembre. **Yaoundé** (Cameroun). Participation au Premier Symposium International du Réseau Camerounais d'Ethnobotanique ;

2003 20 octobre-8 novembre. Mission de recherche à Tiwai Island Sanctuary, pour le compte du Département des Sciences Biologiques de l'Université de Njala, **Sierra Leone** ;

2004 11 septembre-4 octobre. **Burkina Faso,** excursion botanique organisée dans la région du sud-ouest du pays à l'intention des étudiants et des chercheurs de Biota-Afrique de l'Ouest (Universités allemandes) ;

2004 5-7 octobre. **Cotonou** (Bénin). Biota West Workshop, Institut International d'Agriculture Tropicale ;

2005 13-15 décembre. **Ghana.** Etude sur les arbres d'ombrage dans les cacaoyères de la région d'Ankassa, sous l'égide du CIRAD-Forêt (Montpellier) ;

2005 24-28 novembre. **Pays-Bas.** Biology Status Seminar and Biota-West Africa, Julius-Maximilians-Universität Würburg;

2006 6-9 juin. **Bamako** (Mali). Séminaire sous-régional : ''*Valorisation de la médecine et de la pharmacopée traditionnelle : Quel rôle pour la propriété intellectuelle ?''*, organisé par l'Organisation Mondiale de la Propriété Intellectuelle (OMPI), en coopération avec le Gouvernement de la République du Mali ;

2006 1-17 octobre. **Bobo-Dioulasso** (Burkina Faso). Atelier International sur : ''*Capitalisation des données et perspectives pour une meilleure conservation de la biodiversité en Afrique de l'Ouest''*, organisé par Biota West Africa ;

2006 29 octobre-16 novembre. **Sierra Leone.** Inventaires floristiques de Gola Forest Reserve, pour le compte de Gola Forest Programme, Kenema (Klop Erik) ;

2007 25 février-4 mars. **Yaoundé** (Cameroun) Participation au 18è Congrès de l'Association pour l'Etude Taxonomique de la Flore d'Afrique Tropicale au Sud du Sahara (A.E.T.F.A.T.) ;

2008 3-8 mars. **Conakry** (Guinée). Mission ethnobotanique initiée par le Docteur Bruno ETO de Paris (Plantes médicinales) ;

2008 3-6 juin. **Ouagadougou** (Burkina Faso). Participation au 2è Forum International Afrique Beauté : *Plantes, métiers de beauté et développement durable en Afrique ;*

2009 17-19 avril. **Grasse** (France), participation au Symposium International d'Aromathérapie et plantes médicinales ;

2009 20-30 avril. **Paris** (France), Identification et étude de quelques espèces de la flore ivoirienne, au Muséum National d'Histoire Naturelle (Laboratoire de Phanérogamie) ;

2009 25 septembre-5 octobre. **Ouagadougou** (Burkina Faso). Identification de plantes et excursions botaniques, Faculté des Sciences, Université de Ouagadougou ;

2009 6-11 octobre. **Ouagadougou** (Burkina Faso). Participation au 2è Congrès International de Phytothérapie de Ouagadougou (CIPO) ;

2010 25-31 janvier. **Ouagadougou** (Burkina Faso). Participation à l'atelier final de Biota West : Capitalisation des acquis et stratégies de conservation de la biodiversité en Afrique de l'Ouest ;

2011 19-21 mai. **Montpellier** (France). Participation à la fête de la biodiversité. A cette occasion, Professeur Aké-Assi Laurent a été fait citoyen d'honneur de la ville de Montpellier. La première projection du film ''Bois sacré du professeur Aké-Assi'' a été réalisée à Montpellier ;

2011 15 mai-14 juin. **Paris** (France). Mission au Laboratoire de Phanérogamie, Muséum National d'Histoire Naturelle, et à **Montpellier,** à l'occasion de l'avant-première du film documentaire « Bois Sacré d'Aké-Assi » ;

2012 25 au 29 septembre 2012**. Cotonou** (Bénin). Participation au symposium organisé à l'Honneur du Professeur Emérite Edouard Adjanahoun, Premier Recteur de l'Université Abomey Calavy.

2012 9 au 12 octobre 2012**. Ouagadougou** (Burkina Faso). Participation au Congrès International de Phytothérapie de Ouagadougou.

2013 24 février au 10 mars 2013**. Niamey et Maradi** (Niger).

Avec toutes ces missions réalisées à travers le monde, on imagine le nombre de fois où le savant ivoirien est monté dans un avion. Professeur Aké-Assi Laurent indique : « *J'ai conservé tous mes billets d'avion* ». On voit encore ici, le sens aigu de l'organisation et de la conservation du professeur Aké-Assi Laurent. Combien de personnes, parmi nous, sont-elles aujourd'hui en mesure de sortir leur tout premier billet d'avion, acheté ou obtenu à l'occasion d'un voyage effectué il y a vingt, trente ou quarante années, à l'étranger?

On imagine également le coût financier que tous ces voyages ont engendré. Le financement de ces voyages a dû coûter une fortune aux organisations nationales ou internationales qui les ont organisés. A travers tous ces voyages à l'étranger, on a une idée nette de la carrière professionnelle que Professeur Aké-Assi Laurent, lui, le fils de pauvre, l'enfant du village, a pu mener. Seul le travail peut permettre d'effectuer un tel nombre de voyages à travers le monde surtout sans bourse délier. Le travail paie toujours.

Lorsqu'on parle de voyage, on pense également aux problèmes de visas. En réalité, professeur Aké-Assi Laurent n'a pratiquement pas été confronté à un problème majeur concernant l'obtention d'un visa. C'est un grand privilège pour Aké-Assi Laurent quand on sait que nombre de citoyens peinent à obtenir un visa en vue d'aller dans un ou deux pays seulement.

Toujours au sujet des voyages, il faut dire que Professeur Aké-Assi Laurent a été régulièrement sollicité au cours des années. Il lui fallait honorer les invitations qui arrivaient de partout. Ce n'était pas la chose la plus aisée à réaliser. Professeur Aké-Assi Laurent se souvient : «*Une fois, je me suis retrouvé avec trois billets d'avion de trois organisations différentes. Il me fallait gérer tout cela. L'un des billets reçus me permettait d'aller à la fois aux Etats Unis d'Amérique et en Allemagne. Lorsque je suis arrivé en Allemagne, je voulais leur rendre le billet non utilisé; ils ont refusé, et ils m'ont donné le montant dudit billet en monnaie allemande (Deutschemarks)*».

Une seule fois, lors d'un voyage à Londres, Professeur Aké-Assi Laurent s'est fait accompagner par son épouse. Il se souvient : « *Je me suis rendu une seule fois à Londres avec mon épouse* ».

Toujours concernant les nombreux voyages du chercheur à l'extérieur de la Côte d'Ivoire, Mao Nguessan Ernest se souvient : « *Chaque année, Aké-Assi Laurent se retrouvait avec deux ou trois billets d'avion. Il est toujours parti hors de la Côte d'Ivoire dans le cadre de ses activités professionnelles. Il se trouve que certains voyages coïncidaient avec la période d'accouchement de son épouse. Un jour, à la fin de la journée, j'ai quitté le bureau. Je suis passé rendre visite à Madame Aké et à ses enfants. A l'approche de leur maison, lorsqu'elle m'a vu, elle a commencé à me faire de grands signes de la main. Je me suis approché. J'ai constaté qu'elle était sur le point d'accoucher à la maison. Je l'ai prise à bord de ma voiture et j'ai foncé tout droit sur le CHU de Cocody. Et, dès notre arrivée, elle a accouché. Le lendemain de l'accouchement, lorsque j'étais allé la voir, je n'ai pas manqué de lui faire des remontrances en lui disant: Toi, tu es du corps médical et tu fais comme les femmes qui ne sont pas allées à l'école. Tu attends jusqu'à la dernière heure à la maison. Si le bon Dieu ne m'avait pas conduit chez vous, comment aurais-tu fait pour avoir un taxi ? En guise de réponse à ma question, madame Aké a dit : « Ce n'est pas ton frère (ton ami Aké) qui est responsable de cette situation ? Pourquoi n'est-il pas là ? »*.

Généralement, le départ en mission d'un époux dont la femme est à terme, est étudié de manière à ce qu'elle n'accouche pas pendant son absence, autant que possible. Un accouchement est une source de joie, lorsque cela se fait dans des conditions satisfaisantes. Dans certains cas, il peut se poser des problèmes, plus ou moins graves. Dans tous les cas, la présence de l'époux est nécessaire. C'est une situation que chaque couple s'efforce de régler avant l'accouchement. Surtout aujourd'hui avec les moyens modernes que fournit la science médicale à l'humanité avec la possibilité, à travers l'échographie, par exemple, de savoir, longtemps à l'avance, avec assez de précision, le moment de la venue d'un enfant au monde. Ce ne fut pas le cas, dans les années 60-70 où les choses se présentaient autrement ; les femmes étaient souvent surprises, comme l'aura été madame Aké-Assi.

Cotonou (Bénin)– 13 janvier 2005

Lors d'un séminaire à Cotonou, un étudiant béninois était venu poser avec le professeur Aké-Assi Laurent. On lit sur son visage la joie qui l'animait d'être en compagnie du savant ivoirien.

Cotonou (Bénin)- 13 janvier 2005

Professeur AKE-ASSI Laurent, lors d'une pause-café, donnant une explication sous le regard attentif de trois participants.

Tiébélé (Burkina Faso) – Le 6 juin 2008

Au Sud du Burkina Faso, à l'occasion du forum ''Afrique Beauté'', professeur Aké-Assi Laurent était en pleine dégustation du mil au lait servi dans une calebasse pour la bienvenue traditionnelle. La dégustation de cette boisson est le symbole de l'intégration du visiteur à la communauté.

A l'occasion d'une mission en Suisse, en 1994, professeur Aké-Assi Laurent a appris le décès de professeur Jacques Miège à Genève. C'est la personne qui était venue le chercher à l'aéroport pour le conduire en ville qui lui avait annoncé le décès de professeur Jacques Miège. Le décès de l'illustre scientifique était survenu le matin-même (un samedi) du jour de l'arrivée de professeur Aké-Assi Laurent à Genève. C'était une coïncidence. Les obsèques ont eu lieu le lundi suivant. Professeur Aké-Assi Laurent a pris part à ces obsèques. L'épouse de professeur Jacques Miège était contente de le revoir. Elle a présenté le savant ivoirien à toutes les sommités du monde de la botanique, venues rendre un dernier hommage à l'illustre disparu.

Peu d'engouement pour les loisirs et les activités sociales, politiques ou syndicales

Professeur Aké-Assi Laurent a-t-il eu des moments de loisirs durant son parcours professionnel ? Il répond qu'il n'a pas pris l'habitude de s'adonner aux loisirs. A la télévision, il ne suit que les informations, c'est-à-dire les journaux télévisés. Par contre, il adore la musique, en particulier la musique ivoirienne traditionnelle. Il aime également la musique akyé, la musique bété et la musique baoulé, la musique classique et grégorienne. Concernant cette dernière musique, Professeur Aké-Assi Laurent indique qu'il possède une collection personnelle de plus de 200 titres sous forme de disques 33 tours. Lors de la visite de sa maison à Andokoi à Yopougon, il nous a montré tous les anciens appareils de musique de la période coloniale et postcoloniale qu'il a eu le privilège d'exploiter pour se distraire.

La vie culturelle de Professeur Aké-Assi Laurent est au-dessus de toutes les activités ludiques et de loisirs. La lecture, qu'il affectionne tant, reste donc le pilier de cette culture. Au fil des années et des décennies, il a collecté des livres et documents divers. Cela constitue aujourd'hui l'un de ses trésors. Son goût pour la lecture, déjà élevé au départ, n'a fait qu'augmenter au fil des années. Les grands hommes du monde scientifique et universitaire se distinguent par l'ampleur, la richesse et la variété de leurs documentations personnelles.

Ce serait une tautologie de dire que Professeur Aké-Assi Laurent travaille beaucoup. Il travaille tellement qu'il n'a presque pas de temps de repos. Il nous donne la précision suivante: « *Lorsque je me couche, par exemple, à minuit, je me réveille à trois ou quatre heures du matin. C'est le début de ma journée de travail. Cela dure depuis longtemps* ». Sa vie semble ainsi réglée comme une horloge suisse. Son organisme tout entier est ainsi formaté, pour utiliser un mot plus contemporain dans le langage de l'informatique.

Que disent de lui ses amis au sujet des loisirs? Ils se souviennent de quelques moments d'évasion organisés pour faire sortir le scientifique des méandres de la recherche afin de lui permettre de « *respirer* » autrement, du moins pendant quelques heures ou quelques jours. Ont-ils atteint leur objectif ? Mao NGuessan Ernest se souvient de quelques cas où ils ont réussi le « *coup* ». Il est plus précis : « *A l'époque où la Côte d'Ivoire tournait bien, dans les années 70, nous décidions d'aller, de temps en temps, le dimanche, à l'Hôtel Ivoire. Il y avait un buffet à gogo. Nous y allions avec nos familles. Avec 10 ou 15 mille francs cfa, par famille, on mangeait bien. Il y avait de la bonne bouffe* ».

Mao Nguessan Ernest se souvient encore: « *Les membres de notre groupe (les trois amis) ne prennent presque jamais des congés. Nous avons dit que cela ne pouvait continuer. Il fallait faire quelque chose. Monsieur Allé Monné Blaise et son épouse travaillaient à l'éducation nationale. Ils avaient des contacts avec les établissements scolaires. Une année, nous avions décidé d'aller à Man (ouest ivoirien) afin de visiter les sites et monuments touristiques de la région. Nous étions partis avec nos femmes et nos enfants. Nous y sommes restés trois semaines. Lorsque nous étions à Man, Aké-Assi Laurent faisait un effort immense pour tenir, pour rester avec nous. Pendant qu'on était là-bas, il demandait qu'on aille dans telle ou telle direction au lieu de telle autre selon ses propres intérêts, écologiques notamment. Il avait, en effet, une plante à récollecter selon la direction choisie. Et, à chaque fois, quand nous décidions de rentrer sur Abidjan, c'était un grand soulagement pour lui parce qu'il pourrait reprendre son travail. Une autre année, nous étions allés à Abengourou toujours avec nos familles. Nous avions visité toutes les curiosités touristiques de la région. D'Abengourou, nous nous étions rendus tous au Ghana. Nous y avions passé quatre jours. Ce fut très enrichissant pour nous-mêmes, pour nos épouses et nos enfants*». Tout en étant en groupe ou en famille pour des activités non académiques, le savant Aké-Assi Laurent pensait toujours à son travail. Trois semaines de vacances, c'était beaucoup trop pour le professeur qui pouvait fort bien se contenter de quelques deux ou trois jours et reprendre le travail.

Il convient de faire remarquer que pendant les grandes vacances, dans les années 60-70, il était possible, pour les familles, de trouver des logements vacants dans les lycées et collèges. Les coopérants français, qui rentraient en France définitivement à la fin de leur contrat, rendaient les clés des logements aux chefs d'établissement. Profitant de ces occasions pendant les grandes vacances scolaires, les trois amis et leurs familles se faisaient loger dans des résidences laissées vacantes par les coopérants. En compagnie de ses amis, le savant Aké-Assi pouvait se permettre quelques moments de distractions.

Professeur Aké-Assi Laurent est, rappelons-le, un véritable passionné du travail. Pour cela, il n'a presque jamais le temps de participer à des réunions d'associations ou destinées à régler, par exemple, des problèmes de foyer. Son épouse avertit : « *Il n'aime pas régler des problèmes posés aux foyers. Si quelqu'un rencontre un problème dans son foyer et qu'il vient le lui soumettre, il ne peut rien régler, tout simplement parce qu'il n'a pas du tout le temps* ».

Aké-Assi Laurent ne participe pas physiquement aux activités des associations de ressortissants de village ou de région. Il justifie cette attitude par la perte de temps qu'occasionnent les réunions à caractère social. Cependant, il lui arrive de payer des cotisations au titre de certaines associations.

A ce jour, Professeur Aké-Assi Laurent n'a pas participé à des activités politiques et syndicales. Certes, il était membre du Syndicat National de la Recherche et de l'enseignement supérieur (Synares). Mais, sa participation aux activités dudit syndicat n'était pas significative. Il était un simple adhérent. En outre, Professeur Aké-Assi Laurent n'a jamais adhéré à un parti politique. Il n'est donc pas un militant politique. Il n'est même pas sympathisant d'un parti politique. Au sujet du militantisme politique actuel des universitaires, Dr Aké-Assi Amoin Yolande se satisfait de la position adoptée par son père depuis longtemps : « *Papa Aké-Assi a su rester égal à lui-même. Quand on lui a tendu la main, il a su répondre. Il sait à quel moment il doit tendre la main et quand il ne doit pas le faire. S'il s'était engagé, d'une manière ou d'une autre, aujourd'hui avec la situation politique actuelle du pays, il aurait eu du mal* ».

Le militantisme politique a extirpé des rangs des universitaires de nombreux cadres qui se sont retrouvés dans les bureaux juteux des administrations publiques ou parapubliques. Ils ont tiré les avantages liés aux fonctions administratives pour mieux gagner leur vie. Cela a été, dans beaucoup de cas, réalisé au détriment des laboratoires et instituts universitaires. Professeur Aké-Assi Laurent n'a pas tenté l'expérience en étant militant d'un parti politique. Il s'est éloigné de la sphère de la gestion du pouvoir politique.

Il y a une constante chez les personnes qui sont passionnées de travail. Presque toutes consacrent très peu ou pas du tout de temps au militantisme politique ou syndical. Leurs occupations professionnelles accaparent toutes leurs journées. Elles ne disposent pas du tout de temps pour s'adonner aux activités politiques ou syndicales. Tout ce qu'elles peuvent faire, c'est d'être de simples militants ou sympathisants. C'est l'une des raisons pour lesquelles, lorsque les partis politiques accèdent au pouvoir d'Etat, ces passionnés de travail ne peuvent pas se retrouver toujours aux postes importants de responsabilité. Parmi ces passionnés de travail, il y en a d'autres qui ne sont pas prêts à chercher à occuper des postes politiques ou administratifs. C'est le cas de Professeur Aké-Assi Laurent qui a dit qu'il n'était pas en mesure d'occuper un poste de ministre de la République, par exemple. Il faut s'appeler Aké-Assi Laurent pour penser cela et surtout le dire publiquement.

Professeur Aké-Assi Laurent a eu à occuper un poste administraif à un moment de son parcours professionnel. Il précise dans quelles conditions il a eu à le faire : « *Cependant, j'ai été chargé de mission du Ministre Jean Lorougnon Guédé de 1972 à 1980, dans des conditions particulières. Le Ministre, mon ami, mon frère, m'a demandé d'être son Chargé de mission. J'ai dit : J'accepte à condition que je ne déménage pas mon bureau au Cabinet. Je reste à l'Université, au Département de Botanique où j'ai mon bureau, mon Laboratoire, le Jardin Botanique. Je continue mes recherches ; je fais mes cours. Et quand monsieur le Ministre a besoin d'un renseignement, d'un document concernat la flore, la végétation de la Côte d'Ivoire, etc., on m'appelle. Je les rassemble pour les lui apporter. Monsieur le Ministre fait aussi des cours, et s'il est empêché, je fais le cours à sa place. En cas de voyage à l'extérieur, si le Ministre pense qu'il pourra avoir des renseignements à fournir à ses pairs, en botanique, je pourrais l'accompagner pour l'aider dans cette tâche. Monsieur le Ministre a trouvé cela intéressant. Il a trouvé cela plus rentable que d'aller me bloquer dans un bureau au Cabinet à ne rien faire, à assister à des réunions qui, souvent, n'ont rien à avoir avec mon travail. Nous nous sommes mis d'accord sur cela, et nous avons fonctionné de cette manière, de 1972 à 1980. J'ai été un Chargé de mission particulier, spécial, pour la Côte d'Ivoire* ».

Avec ses conditions particulières, Professeur Aké-Assi Laurent ne s'est pas éloigné de son métier de chercheur et d'enseignant en botanique. Il n'avait pas abandonné la science botanique au profit d'une carrière administraive.

<u>Ouagadougou – 11 octobre 2007 (CIPO 2007)</u>

Professeur Aké-Assi Laurent est en compagnie de Dr Bognounou (Burkina Faso) et Pr Rockya Sanogo (Mali).

CHAPITRE 8
DENSITE DE L'ŒUVRE SCIENTIFIQUE

Tous ceux qui ont connu ou travaillé avec le professeur Aké-Assi Laurent reconnaissent, unanimement, la densité de son œuvre. Cette densité renseigne sur plusieurs facettes de la vie de l'homme, du savant. Car, tout ce qu'il a fait est strictement déterminé par sa singulière disposition et par sa personnalité.

Conduite de l'intégralité de sa carrière au pays

Face à l'œuvre gigantesque de Professeur Aké-Assi Laurent, l'une des questions que l'on s'est souvent posée est celle-ci : « *Comment le génie a-t-il fait pour résister et rester en Côte d'Ivoire ?* » C'est une question très importante. Car beaucoup d'experts n'ont pu résister aux conditions matérielles de travail et aux traitements salariaux mirobolants proposés généralement par des organisations internationales aux experts des pays en développement qui sont ainsi partis pour y monnayer leurs talents. La fuite des cerveaux, puisque c'est de cela qu'il s'agit, est un phénomène d'actualité. Aké-Assi Laurent a commencé et achevé sa carrière professionnelle dans son pays. Il est resté dans son pays afin d'y apporter sa contribution à l'œuvre de construction de la jeune nation ivoirienne. Cela constitue un exemple à saluer. Il a accepté de travailler dans des conditions matérielles et salariales minimales surtout dans le premier tiers de sa carrière professionnelle. C'est un grand mérite, car la plupart des scientifiques des pays du Sud attendent que les meilleures conditions matérielles leur soient offertes pour leur permettre d'exprimer leur talent. Quelle organisation internationale n'aurait pas accepté Aké-Assi dans ses rangs s'il en avait simplement fait la demande ?

L'idée d'une aventure professionnelle dans une organisation internationale n'a jamais effleuré son esprit. La Côte d'Ivoire a-t-elle aujourd'hui les moyens d'offrir les meilleures conditions de vie et de travail à ses scientifiques ? Pour l'heure, la réponse à cette question est négative. En acceptant de rester et de travailler dans son pays, malgré les conditions matérielles difficiles offertes, Aké-Assi Laurent a fait preuve de patriotisme scientifique national.

L'œuvre de Professeur Aké-Assi Laurent, on ne le dira jamais assez, est immense, exceptionnelle. Le rayonnement de cette œuvre a largement dépassé les frontières de la Côte d'Ivoire.

Dans d'autres pays, ce sont, par exemple, des villes entières qui ont été construites dans d'immenses zones désertiques ou sur des mers par des hommes et des femmes de génie et de conviction. D'autres personnes ou groupes de personnes ont également diffusé l'évangile dans des régions ou dans des pays où l'on ne pouvait guère imaginer que cela serait possible un jour. Professeur Aké-Assi Laurent a créé une forêt de toute pièce. Cette forêt, qui se trouve aujourd'hui, en pleine agglomération urbaine, apporte une contribution en termes de protection contre le réchauffement climatique, parce qu'elle procure des éléments agissant contre la propagation des gaz à effet de serre. Aké-Assi Laurent a pensé développement urbain durable, des décennies bien avant que ce paradigme ne soit proposé par les organisations internationales ou sur leurs instigations aux communautés urbaines à travers le monde.

Conditions de travail du chercheur

On dit généralement que la plupart des universités africaines sont sinistrées. En Côte d'Ivoire, en particulier, les conditions de travail offertes par les universités publiques à leurs chercheurs sont loin de répondre aux exigences de qualité en la matière. Dans leur organisation et leur fonctionnement, ces universités sont, pour la plupart, incapables de répondre aux besoins exprimés par les communautés scientifiques nationales. Les acteurs de cette communauté scientifique ont beau crier leur ras-le-bol depuis des années sans que les Gouvernants aient prêté une oreille véritablement attentive à la requête de leurs élites, de leurs scientifiques, de leurs « *cerveaux* ». C'est, entre autres, pour cette raison que certains « *cerveaux* » quittent les Universités africaines pour d'autres cieux. Les scientifiques sont généralement frustrés de ne pas obtenir un engagement politique approprié des gouvernants à leur offrir des conditions sociales et matérielles adéquates de travail. Dans ce contexte, des chercheurs sont toujours gagnés par la démangeaison du départ. Ils quittent donc les universités pour soit des postes plus lucratifs dans le secteur privé local, soit pour des positions privilégiées dans l'administration publique ou parapublique. D'autres, certainement les plus ambitieux parmi les candidats au départ, choisissent d'intégrer des équipes d'experts dans des organisations internationales. Ils y vont pour monnayer leurs talents et mieux gagner leur vie, pour donner une bonne instruction à leurs enfants et, éventuellement, rapatrier quelques subsides à leurs parents. Professeur Aké-Assi Laurent aurait pu, lui aussi, aller monnayer ses talents ailleurs. Il est resté par amour pour son pays.

L'alibi du manque d'argent est généralement et facilement utilisé par les gouvernants pour ne pas soutenir l'activité scientifique nationale. Alors que, dans le même temps, des ressources financières importantes de l'Etat sont utilisées à la réalisation d'activités de peu d'importance stratégique notamment des dépenses de prestige. Par exemple, la communauté scientifique nationale réclame, depuis des lustres, l'octroi d'un pour cent (1%) du budget national, par année. Avec un tel apport financier, cette communauté aurait les moyens appropriés de mener des projets de recherche de haute qualité et portant sur des thèmes stratégiques majeurs. Les résultats de ces recherches, judicieusement utilisés, permettraient de résoudre bien de problèmes auxquels la communauté nationale fait, aujourd'hui, face. On note que cette requête n'a pas encore, jusque-là, suffisamment retenu l'attention des gouvernants. Face à cette situation, la plupart des scientifiques sont profondément déçus. Ils ne voient rien poindre d'encourageant à l'horizon. Au contraire, ils voient plutôt, au fil des années, l'assombrissement de cet horizon à cause des crises politiques multiples. Aké-Assi Laurent a bravé toutes les difficultés engendrées par ce contexte défavorable pour nous offrir cette œuvre. C'est également là un mérite.

Pour se développer, la Côte d'Ivoire a nécessairement besoin de dynamiser et de renforcer son dispositif scientifique et de recherche. Cela passe, avant tout, par la définition des priorités nationales en matière d'enseignement et de recherche avec la nécessaire contribution des milieux professionnels ou des milieux des affaires, c'est-à-dire le secteur privé. Cette préoccupation a toujours été exprimée. Cependant, des actions concrètes de collaboration entre les universités ou les structures d'enseignement supérieur et de recherche, d'une part, et, d'autre part, les acteurs des milieux professionnels ou industriels, ne sont pas légion. Et, pourtant, ils sont nombreux à penser que l'avenir de la recherche et de l'enseignement supérieur passe, entre autres, par cette collaboration. Celle-ci pourrait contribuer à assurer, en partie, le financement de la recherche, la plus grande partie du financement devant être mobilisée par l'Etat souverain et réglerait l'épineuse question de l'inadéquation formation-emploi dont la non maîtrise exacerbe le chômage des diplômés d'enseignement supérieur en Côte d'Ivoire.

Aké-Assi Laurent est d'avis que l'avenir de la recherche et des chercheurs passe également par l'offre de meilleures conditions de travail et de meilleures conditions de vie. Ce sont, en particulier, de meilleurs salaires, des investissements financiers réalisés dans la recherche, l'équipement des laboratoires et des bureaux pour les chercheurs, l'acquisition des équipements minimum de travail que sont aujourd'hui l'ordinateur avec ses accessoires et l'équipement Internet, et toutes les commodités qui peuvent les amener à prendre leur responsabilité en tant qu'acteurs et promoteurs de développement. C'est cela, et non tout autre discours, qui peut leur permettre de tuer en eux la démangeaison du départ et, ainsi, de contribuer au développement endogène que tout le monde appelle de ses vœux.

Professeur Aké-Assi Laurent et quelques autres chercheurs ont pu transcender les difficiles conditions matérielles de travail. Mais, les chercheurs de cette race restent, de loin, très minoritaires au sein de la communauté scientifique nationale. Or, en la matière, c'est avec le maximum ou la totalité des chercheurs qu'il faut travailler à construire le progrès scientifique et technologique de la nation. Cela veut dire que tous les membres de la communauté scientifique nationale doivent s'engager fortement et résolument dans le travail, comme le fait Aké-Assi, une fois les ressources financières mobilisées, afin de hisser le pays au rang de ceux qui réalisent des progrès scientifiques, économiques et sociaux pour émerger.

Programmes de recherche de Professeur Aké-Assi Laurent

Dans une note qu'il a intitulée ''*La flore de Côte d'Ivoire*'', Aké-Assi Laurent a bien voulu, dès 1960, alors qu'il était encore étudiant, montrer l'importance du travail des pionniers en matière de botanique en Côte d'Ivoire. A travers cette intervention, Aké-Assi Laurent situait déjà les enjeux de son travail de botaniste. Il écrivit, en effet, ceci :

« *Les études floristiques ont été commencées en Côte d'Ivoire par Bobéguin (1892). Il a surtout collectionné les plantes de la région lagunaire, et particulièrement de Grand-Bassam où il était Administrateur. Ces études ont été poursuivies dès 1905 par le professeur Auguste Chevalier qui, pendant l'un de ses séjours, a introduit le Caféier d'Arabie (Coffea Arabica) en Côte d'Ivoire.*

Afin de mettre à la portée du peuple ivoirien et principalement des naturalistes et des exploitants forestiers un ouvrage illustré sur les arbres utiles de la Côte d'Ivoire, M. Aubréville, alors Inspecteur des Eaux et Forêts, a dû parcourir tout le pays de 1925 à 1935. Cet ouvrage intitulé ''Flore forestière de la Côte d'Ivoire'' est unique pour ce qui concerne la végétation de notre jeune République.

Mais les premiers botanistes ayant particulièrement étudié les plantes d'un intérêt agricole, commercial ou médical, ont négligé beaucoup d'espèces intéressantes et parmi celles-ci, de nombreuses sont nouvelles pour la science.

Ces études sont loin d'être terminées. C'est pour les compléter que M. Mangenot, professeur à la Sorbonne, Directeur du Centre de Recherches d'Adiopodoumé, pionnier de la pratique de la phytosociologie en Côte d'Ivoire, M. Miège, professeur à l'Université de Dakar et moi-même avons procédé à l'inventaire complet de toutes les plantes vasculaires de la flore de la République de Côte d'Ivoire. Nous avons ainsi réduit le nombre très élevé d'espèces auparavant méconnues, en les identifiant systématiquement d'après les grandes collections de plantes africaines du Muséum National de Paris, aux herbiers britanniques de Kew et du British Muséum, de l'Herbier Royal de Bruxelles, ou en décrivant nous-mêmes celles qui étaient nouvelles.

Grâce à une bourse du gouvernement de la République de Côte d'Ivoire, je poursuis ces recherches depuis 1956, en France et particulièrement à Paris, au Laboratoire de Biologie Végétale de la Sorbonne, sous la direction du Professeur Mangenot, et au Laboratoire de Phanérogamie du Muséum National d'Histoire Naturelle, sous la direction du Professeur Aubréville.

Mon prochain séjour sera consacré à l'étude taxonomique des espèces nouvelles, qui sont en nombre important. Le but de mon travail est d'élaborer une Flore Complète Ivoirienne, analogue à celle du Congo ex-belge. Il serait très utile, avant tout, que l'on prévoit, dès maintenant, une petite Flore- travail que je suis en mesure de réaliser- des plantes des environs d'Abidjan, pour initier à la Botanique, les futurs étudiants au certificat de la licence ès-science.

L'Herbier national de la République de Côte d'Ivoire, actuellement Centre de Recherches d'Adiopodoumé, qui est la base essentielle de mes études, a été créé par M. Miège et moi-même, sous la direction et le contrôle de professeur Mangenot. Il compte aujourd'hui plus de 6.000 numéros de plantes de Côte d'Ivoire, et est le plus important de l'ex.AOF. J'espère que le ministère de l'Education Nationale de la République de Côte d'Ivoire n'oubliera pas son existence, et je souhaite qu'il aide dans l'avenir à son évolution.

Il existe également au Centre de Recherche d'Adiopodoumé, un très important jardin botanique sur lequel j'attire l'attention du ministère compétent.

Je témoigne toute ma reconnaissance à M. le Président de la République de Côte d'Ivoire, et au Ministre de l'Education Nationale, qui ont bien voulu m'accorder une bourse d'études en France, et à M. le Professeur Mangenot, sous la direction de qui j'ai pu réaliser ces études. Je remercie également le directeur du Laboratoire de Phanérogamie du Muséum, pour l'hospitalité qu'il m'a accordé dans son laboratoire.

J'exprime ma reconnaissance à M. Le Secrétaire Général du CCTA/CSA, au directeur général de l'I.N.E.A.C, et au directeur général du C.N.R.S., pour les subventions qu'ils m'ont accordées afin de rendre possibles des séjours à l'étranger, notamment en Angleterre et en Belgique, pour compléter mes recherches.

Je témoigne toute ma gratitude à l'éminente naturaliste, Mme Jacqueline Bouton-Martin dont l'aide et les conseils m'ont été précieux. Je lui souhaite de pouvoir faire un séjour en Côte d'Ivoire.

Je remercie également mes collègues, MM. Adjanohoum et Tanoh Coulibaly, qui se sont dévoués souvent pour m'expédier en France du matériel qui m'était nécessaire et que je n'avais pas à ma disposition »[35].

Par son travail, Aké-Assi Laurent a apporté une contribution majeure à l'avancement de la science botanique en Côte d'Ivoire et même en Afrique de l'Ouest. Pour avoir une idée de la contribution réelle de l'illustre scientifique, il suffit d'examiner le nombre d'activités de recherche auxquelles il s'est adonné pendant des années. On note que les travaux de

[35] Laurent AKE ASSI, I.D.E.R.T., Adiopodoumé, 22 septembre 1960.

recherche de Professeur Aké-Assi Laurent ont été organisés autour de deux programmes majeurs, qui méritent d'être présentés.

Le premier programme est intitulé : *Inventaire permanent de la flore de la Côte d'Ivoire*. Dans ce programme, Professeur Aké-Assi Laurent et ses collaborateurs se sont focalisés sur la connaissance du milieu naturel ivoirien, la détermination précise de la structure floristique du pays. A partir des investigations réalisées dans le cadre de ce programme, tout le monde est unanime à dire que « *la Côte d'Ivoire est la région de l'Afrique de l'Ouest la mieux connue, du point de vue botanique* ». Cela donne encore du relief et de la valeur à l'œuvre déjà immense du scientifique. Les travaux réalisés dans le cadre de ce programme ont constitué la base, la substance de la formation permanente de botanistes, de physiologistes, d'écologistes, d'agrostologues et autres experts spécialisés dans la connaissance des plantes tropicales. Ce programme s'est caractérisé par le fait que sa mise en œuvre a été réalisée en relation étroite avec toutes les organisations nationales spécialisées dans l'agronomie et en charge des projets de développement en Côte d'Ivoire et à l'étranger. Ainsi, le ministère de l'Environnement, le ministère des Eaux et Forêts, le ministère de l'Enseignement supérieur et de la recherche scientifique, l'office de la Protection de la nature et autres ont été impliqués dans la mise en œuvre de ce programme. Celui-ci s'est largement ouvert sur les universités étrangères, les herbiers, les muséums, les jardins ou parcs botaniques de nombreux pays. Cela lui a donné un rayonnement retentissant.

Toujours au titre de ce premier programme, des prospections botaniques périodiques et ponctuelles ont été réalisées dans divers types de formations végétales de Côte d'Ivoire et des pays limitrophes par Professeur Aké-Assi Laurent et son équipe. Cela s'est traduit par l'accroissement du nombre d'espèces végétales introduites dans le Jardin Botanique de l'Université de Cocody. L'Herbier National s'est également accru avec plus de 20.000 numéros soit plus de 60 mille spécimens de plantes supérieures. Les investigations réalisées par Professeur Aké-Assi Laurent et son équipe permettent de mesurer « *l'ampleur de la destruction de l'espace naturel, due à la démographie croissante et au non respect de la nature* ». Les travaux réalisés dans le cadre de ce programme se sont également traduits par des publications scientifiques de haute portée, réalisées par le savant Aké-Assi Laurent dans diverses revues internationales.

Le deuxième programme de recherche du professeur Aké-Assi Laurent est intitulé : *Substances naturelles à usage pharmaceutique et cosmétique et santé*. Comme son nom l'indique, ce programme de recherche se focalise sur le développement agricole, sur les industries pharmaceutiques et sur le développement des services de santé. Ce programme a couvert plusieurs opérations. On peut citer notamment les opérations de « *protection des plantes médicinales en Côte d'Ivoire* », « *la récolte sauvage des plantes médicinales de Côte d'Ivoire* » et bien d'autres. Il convient de noter que le gouvernement ivoirien, conscient de la richesse de sa flore, a favorisé et subventionné la recherche et la classification des plantes médicinales. Cela a permis au Professeur Aké-Assi Laurent de conduire des travaux de recherche sur ce deuxième et important programme.

On note que les pouvoirs publics ont également pris conscience, à partir de 1967-68, de la nécessité d'assurer la conservation du patrimoine des guérisseurs et de la valeur hautement pharmaceutique de la plupart des plantes de Côte d'Ivoire. Cette prise de conscience, au plus haut sommet de la nation, s'est traduite par la décision prise par Mohamed Diawara, alors Ministre du Plan, de soutenir cette activité de recherche. Par rapport à ce programme de recherche, il a été écrit : « *Une convention est passée avec la Faculté des Sciences de l'Université d'Abidjan. Il est demandé au Professeur Adjanohoun, alors directeur du laboratoire de Botanique, de répertorier le maximum de plantes médicinales en Côte d'Ivoire. Une fois encore, c'est Aké-Assi qui se voit confier cette mission difficile aux quatre coins du pays pour neuf mois. Bien sûr, comme il parle six langues nationales différentes, la communication est ainsi facilitée un peu partout. En arrivant dans un village, il demande s'il y a quelqu'un qui connait les médicaments. On le lui présente. Il expose alors le but de sa mission qui est de capter et de conserver la tradition, afin d'en faire bénéficier le monde entier».*[36]

La réalisation de ces deux grands programmes de recherche a contribué à la rédaction des documents intitulés : "*Contribution au recensement des plantes médicinales de Côte d'Ivoire*", 358 pages (1979) et "*La Flore Générale de la Côte d'Ivoire : Catalogue systématique, biogéographie et écologie*", 2 volumes, Genève 2001 et 2002. A ces travaux de recherche, il faut ajouter toutes les activités d'enseignement conduites en Côte d'Ivoire par Aké-Assi Laurent. L'on ne peut non plus passer sous silence les nombreuses missions d'enseignement réalisées dans la région ouest africaine en particulier au Togo et au Burkina Faso qui auront été les principaux bénéficiaires des connaissances du savant, en dehors de la Côte d'Ivoire.

Au sujet de la course aux diplômes « *alimentaires* » qui fait rage aujourd'hui dans les universités publiques ivoiriennes, Professeur Aké-Assi Laurent déplore : « *Ce n'est plus la même chose. Quand j'ai commencé, je n'avais jamais pensé aux diplômes. Pour moi, ce qui compte, c'est la connaissance. Je cherchais à connaître. Quand j'ai demandé à ce qu'on me donne ce dont j'ai droit, on m'a refusé. Mais, après j'ai dû satisfaire à d'autres exigences notamment la présentation d'un dossier pour l'obtention de l'équivalence du baccalauréat. Ainsi, alors que j'attendais cette équivalence, c'est plutôt celle de la maîtrise et du DEA que l'on m'octroie* ».

---

[36] *AKE ASSI : un paysan devenu savant* », Joane Artaud, Ivoire Dimanche N° 262 du 15 février 1976.

Identification des plantes : comme un jeu d'enfant

La plupart des botanistes rencontrés dans le cadre de la biographie du savant Aké-Assi indiquent que ce dernier est inégalable dans le domaine de l'identification des plantes. Il a tout construit à partir de l'identification des plantes. Professeur Nguessan Kouakou annonce que le professeur Aké-Assi Laurent : « *ramasse toutes les plantes qu'il voit sur sa route* ». Professeur Aké-Assi Laurent, lui-même, nous fournit une anecdote : « *Après les cours à l'Université, j'organisais des sorties en brousse avec les étudiants. Très souvent, ceux-ci prenaient, à mon insu, la branche d'une plante. Ils la divisaient en plusieurs morceaux. Chacun prenait un morceau et se présentait devant moi pour me demander de l'identifier. J'identifiais la plante et il retournait. Plusieurs d'entre eux ont fait cela. Un jour, je leur ai demandé ce qui les motivait à faire cela. Ils ont avoué que c'était pour me tester* ». Les étudiants en botanique de toutes les promotions se sont adonné à ce jeu. Interrogé sur cette manière de faire des étudiants, professeur Nguessan Kouakou Edouard, ancien étudiant de professeur Aké-Assi Laurent, dans les années 1978, lors des travaux pratiques de biologie végétale, corrobore les propos du savant. Il affirme, en effet : « *Nous allions à la Lamto où nous restions 10-15 jours. Nous formions des groupes de 4-5 étudiants. Nous avions ''essayé''*[37] *le professeur plusieurs fois. On se livrait à cet exercice parce que chaque étudiant voulait vérifier la capacité du professeur en matière d'identification des plantes. Mais, jamais, il n'a été pris au piège. Il a toujours identifié la plante qui lui a été, chaque fois, présentée* ». Lors de ces travaux de collecte des plantes sur le terrain, professeur Nguessan Kouakou Edouard avoue leur impuissance physique à suivre le rythme de travail imposé par professeur Aké-Assi: « *Nous qui étions plus jeunes, nous étions toujours plus épuisés avant lui* ».

Professeur Traoré Dossahoua nous donne une anecdote : « *J'étais allé en mission de recherche à Blességué dans la sous-préfecture de Kouto. Là-bas, il y a une forêt sacrée. J'y ai récolté une plante. Je suis venu la présenter au professeur Aké-Assi. Il m'a dit que cette plante ne peut se trouver là-bas, dans la partie septentrionale de la Côte d'Ivoire, mais dans la zone de forêt humide. Nous avions eu des échanges. On n'avait pas pu se convaincre l'un et l'autre. Certains de mes étudiants, qui ont visité ladite forêt sacrée, étaient revenus à Abidjan avec la même plante qui faisait l'objet de « division » entre nous. Dans le cadre du projet Ecosyme, j'ai négocié une mission sur le terrain à Blességué avec le professeur Aké-Assi afin qu'il aille voir, lui-même, l'existence effective de la plante ''litigeuse''. Il a non seulement vu la plante et également d'autres plantes de forêt dense humide.*

---

[37] ''Essayer'' quelqu'un, dans le jargon des étudiants, c'est, en fait ''tester''la valeur d'une personne.

Par la présence de ces plantes de forêt dense humide dans les savanes du Nord de la Côte d'Ivoire, on a conclu à la véracité de la thèse selon laquelle la forêt dense s'étendait jusqu'au Sahara. La forêt sacrée de Blességué n'est autre qu'une relique de cette forêt ancienne ».

Combien d'échantillons de plantes le savant a-t-il collectés durant sa carrière ? Au début de la carrière d'Aké-Assi Laurent, il y avait environ 2000 plantes identifiées en Côte d'Ivoire par les différents botanistes étrangers de passage et les forestiers Blancs du Service des Eaux et Forêts. Aujourd'hui, environ 3863 taxons ont été identifiés et répertoriés dans le pays, grâce à la "*Flora of West Tropical Africa*", un ouvrage pour la détermination des plantes africaines. Professeur Aké-Assi Laurent précise : « *Les espèces dont l'ouvrage ne permettait pas l'identification, espèces inconnues, nouvelles pour le pays ou pour la science, sont décrites et nommées par moi-même* ».

Professeur Aké-Assi Laurent a ainsi joué un rôle majeur dans l'identification et la description des plantes en Côte d'Ivoire. Il a accompli un travail immense à travers les herbiers qu'il a constitués, d'abord à Adiopodoumé et, ensuite, au Centre National de Floristique (CNF) de l'Université de Cocody. Il a un seul souci aujourd'hui: « *Ce qui me reste, c'est de mettre en sécurité mes nombreux documents afin qu'ils servent à la communauté nationale* ». Cela serait un très grand soulagement pour lui, de savoir que les produits du travail réalisé pendant des décennies seront préservés. A travers ces propos, on voit également le sens patriotique du savant.

Pendant que nous attendions le Ministre Cissé Bacongo de l'Enseignement Supérieur et de la Recherche Scientifique au Centre National de Floristique, le jeudi 16 juin 2011, un Blanc (un Européen) et son collaborateur étaient arrivés. Ce dernier a demandé à voir professeur Aké-Assi Laurent. L'un d'entre nous lui a posé la question de savoir s'il connaissait le professeur. En guise de réponse, le visiteur a dit : « *le voici assis là-bas* », après l'avoir reconnu. Aussitôt, le Blanc s'est dirigé vers professeur Aké-Assi Laurent. Il tenait en main une branche d'un arbre avec quelques feuilles au bout. Il était venu de la ville de Korhogo, dans le Nord de la Côte d'Ivoire, pour rencontrer le professeur Aké-Assi Laurent. Le Blanc est un prêtre installé, depuis de nombreuses années, à Dikodougou, petite ville située au sud de Korhogo. En plus de son ministère religieux, il s'occupe également de l'étude de la linguistique. Il s'intéresse en outre à la botanique et aux vertus médicamenteuses des plantes dans la région nordiste de la Côte d'Ivoire. Comme il avait entendu parler d'Aké-Assi Laurent, il était venu lui demander de l'aider à identifier la plante rapportée. Professeur Aké-Assi Laurent, après avoir observé la branche, pendant une dizaine de secondes, a dit son nom scientifique ainsi que la famille botanique à laquelle la plante appartient. Nous étions tous surpris et émerveillés par la spontanéité avec laquelle il a identifié la plante. Nous venions d'assister, avec étonnement, à l'identification, en ''*direct*''d'une plante par Aké-Assi. C'est du grand art. Avec Aké-Assi, c'est l'assurance totale au niveau de l'identification des plantes.

A quelles conditions, la Côte d'Ivoire peut-elle amorcer son réel développement social et économique? C'est une question qui revient toujours lorsqu'on aborde la problématique du développement de notre nation. Professeur Aké-Assi Laurent a son idée sur la question : « *Il faut des gens corrects, désintéressés. Ainsi, par exemple, aujourd'hui, nous n'avons plus de forêt. Les forêts classées ont été occupées. Les responsables de la Sodefor*[38]*organisent des séminaires. C'est bien. Mais, la question qui se pose, c'est plutôt comment restaurer la forêt. Lorsqu'ils organisent ces activités, ils ne nous associent pas* ».

Est-il imaginable d'organiser des activités scientifiques majeures portant sur la botanique et sur la forêt, d'une manière générale, sans solliciter l'apport ou la contribution des personnalités scientifiques tel que professeur Aké-Assi Laurent qui a passé au moins 60 années de sa vie à chercher à comprendre les environnements des forêts ivoiriennes ? C'est une question essentielle, d'autant plus qu'en matière de foresterie, la Côte d'Ivoire ne dispose pas encore d'une multitude de ressources humaines compétences. On ne peut donc pas écarter les quelques personnes compétentes qui existent, et travailler en vase clos, pour des intérêts certainement particuliers. Professeur Aké-Assi Laurent fustige ce comportement qui conduit les gens à ignorer les personnes qui sont susceptibles de les aider à bien travailler.

Professeur Aké-Assi poursuit, avec un brin de déception au sujet de la problématique de la reforestation : « *Il n'est pas nécessaire de détruire la forêt au bulldozer avant de planter ces sambas. On doit laisser la forêt telle qu'elle est. Et avec le temps, elle se reconstitue seule »*. On ne doit donc pas pénétrer une telle forêt. Or, les populations sont tout le temps en train d'agresser les forêts classées existantes.

Professeur Aké-Assi Laurent constitue aujourd'hui une référence mondiale. Il y a, en effet, de plus en plus, de demandes qui émanent de la Côte d'Ivoire et de l'étranger. De partout, des gens viennent, en effet, pour rencontrer le Professeur Aké-Assi Laurent et discuter avec lui, quelques minutes, et obtenir des conseils dans l'optique de créer un changement mental à leur niveau. La société ivoirienne a besoin des hommes, tel qu'Aké-Assi Laurent, qui ont réussi dans leur domaine d'activité et qui peuvent impacter les autres citoyens. Ces gens sont comme des éclaireurs dont la présence est plus que nécessaire à notre société.

Au sujet de la création de forêts sur les territoires urbains, Professeur Aké-Assi Laurent indique : « *Des maires et des présidents de conseils généraux viennent me voir au sujet de la reforestation. Une fois qu'ils s'en vont, ils ne reviennent plus* ». A l'endroit de ces élus locaux, Professeur Aké-

[38] Soderfor : Société de Développement des Forêts de Côte d'Ivoire

Assi Laurent lance : « *Ce n'est pas compliqué de créer une forêt dans une ville. Il suffit, pour cela, de délimiter un site et de le laisser pendant cinq ou six années. Çà devient de la forêt en pleine ville. C'est tout* ».

Aujourd'hui, à 80 ans passés, Professeur Aké-Assi Laurent reste encore actif sur le terrain. Cette activité encore débordante du chercheur corrobore le fait, généralement admis, qu'un chercheur ou un scientifique n'est jamais retraité. Professeur Aké-Assi Laurent explique : « *Je suis actuellement Professeur Associé à l'Université d'Abobo-Adjamé. J'animais simplement un cours là-bas. Les autorités administratives de l'Université d'Abobo-Adjamé m'ont recruté, en tant que Professeur Associé, pour assurer le cours. En tant que Professeur Associé, je participe à toutes les activités à caractère académique* ».

Au sujet de son œuvre, ses collègues et amis sont unanimes à reconnaitre son importance. Mao Nguessan est formel : « *Professeur Aké-Assi Laurent est un phénomène. Nous qui le côtoyons, tous les jours, nous ne nous apercevons pas de la dimension surnaturelle de l'homme. Aké-Assi est un homme spécial. Il n'a pas fait un parcours classique, ordinaire, à la portée de tout le monde. Il a eu des circonstances exceptionnelles qui l'ont placé au bon moment, à chaque fois. Son entrée à l'ORSTOM, c'était l'œuvre de son père, Aké Angui. Celui-ci a été le plus grand collaborateur des botanistes français en Afrique Noire francophone de l'Ouest. C'est lui qui a donné presque tous les noms des arbres que nous connaissons dans notre pays : le samba, l'iroko, le dabéman, le bété, etc. C'était un homme terrible. Il avait un sens de l'observation très aigu* ». Aké-Assi Laurent, parlant, lui-même, de son père disait : « *Il allait en brousse avec les chercheurs Blancs. Au sujet d'une plante rencontrée, il se produit souvent une discussion entre lui et les Blancs. Ils prennent la plante et vont rechercher celle qui lui ressemble. Ils se rendent compte, en comparant, qu'Aké Angui avait toujours raison* ». Il y a eu, ensuite, la rencontre avec le député Félix Houphouet Boigny qui lui donne la bourse pour « aller étudier en France et venir ''remplacer'' Georges Mangenot. Cette rencontre a été le déclic ».

Dans le langage populaire en Côte d'Ivoire, une plante est communément appelée '' Koun-Mossi'' (qui veut littéralement dire, en langue baoulé, ''Tue Mossi ''). C'est le Solanum rugosum (Solanaceae). Comment est-on arrivé à donner un tel nom à cette plante ? Professeur Aké-Assi Laurent nous explique : « *C'était dans la région de Bongouanou. Un groupe de travailleurs burkinabé, des Mossi, étaient allés au champ. Pour leur déjeuner, ils avaient grillé des ignames. Au moment du déjeuner, ils ont exposé les ignames grillées sur les feuilles de la plante. Or, cette plante contient une substance somnolente. Après la consommation desdites ignames, ils se sont tous endormis profondément à l'endroit où ils ont mangé. Ils ne se sont plus réveillés. Ils étaient tous morts. Cette plante a été étudiée par le professeur Offoumou Atsé Michel, en physiologie animale, à l'Université de Cocody, Abidjan* ». Depuis, cette plante est appelée '' Koun-

Mossi'' et elle est reconnue également comme une plante envahissante des vergers de café et de cacao. Par ce caractère envahissant, elle participe même de la destruction de nombreuses plantations.

Quelques plantes découvertes par Aké-Assi

Dans le texte intitulé : « *Résumé des considérations générales sur la flore naturelle de la Côte d'Ivoire* », professeur Aké-Assi Laurent fait la conclusion suivante, assortie de propositions : « *Dans le domaine de la connaissance floristique de l'Afrique de l'Ouest, la Côte d'Ivoire est l'un des pays les mieux connus : en effet, depuis plus de trois quarts de siècles, d'éminents savants Botanistes explorent et étudient les différentes régions du pays, dans tous les domaines de la Botanique. Les travaux des uns et des autres ont permis la parfaite connaissance taxonomique de la flore. Mais, il reste à écrire une Flore Générale de ce pays et à caractériser cette flore du point de vue biogéographique ; un travail d'ensemble de cette flore importe d'autant plus qu'il doit être un outil d'identification exacte des espèces, mis à la disposition de tous et pouvant servir, même dans les dispositions qui seront prises, pour l'aménagement du territoire et pour la protection de la Nature.*

Malheureusement, étant donné la démographie croissante dans nos régions, et surtout le manque d'éducation au respect de la nature, la destruction ébauchée de notre patrimoine floristique, depuis plus d'une trentaine d'années, rend, de jour en jour, incertaine la survie d'un grand nombre d'espèces de notre flore. C'est pourquoi, il apparaît urgent et indispensable que soient envisagées des stratégies adéquates devant permettre la préservation, in situ ou ex situ, des espèces végétales en danger d'extinction. A cet égard, il serait souhaitable que soient envisagés, par exemple, la réhabilitation des réserves botaniques partiellement ou entièrement détruites par des actions humaines, et si possible, la création d'autres, la surveillance accrue des parcs nationaux, l'extension du Jardin Botanique du Centre National Floristique ainsi que l'intensification de la constitution des herbiers »[39].

Aké-Assi Laurent a fait la description de nombreuses espèces végétales en Côte d'Ivoire. Le tableau suivant donne un aperçu des plantes décrites, avec une précision de l'année et le lieu de chaque découverte.

---

[39] Aké-Assi Laurent (1996), *Résumé des considérations générales sur la flore naturelle de la Côte d'Ivoire,* in Actes du colloque de l'Unesco sur la « Problématique de la conservation de la biodiversité dans les sites naturels », Patrimoine Mondial, UNESCO, Dakar (Sénégal), 6-9 octobre 1995, pp. 95-100.

Nom de la plante	Année	Lieu
Dorstenia astyanactis Aké Assi	1965	Mont Tonkoui
Drypetes singroboënsis Aké Assi	1960	Forêt de Singrobo
Fagara atchoum Aké Assi	1960	Moyen-Sassandra Forêt de Yapo
Fagara mezoneurispinosa Aké Assi	1960	Forêt d'Adiopodoumé
Fagara psammophila Aké Assi	1960	Forêt d'Abouabou
Cola lorougnonis Aké Assi	1980	Réserve botanique de Divo
Cassia tuhovalyana Aké Assi[40]	1982	Marabadiassa
Melanthera tithonioides Aké Assi	1964	Mont Tonkoui
Coffea x arabusta Capot et Aké Assi	1975	Bingerville
Heckeldora mangenotiana Aké Assi et Lorougnon		Forêt de Taï
Leptoderris miegei Aké Assi & Mangenot	1975	Forêt d'Adiopodoumé
Turraea adjanohounii Aké Assi	1961	Forêt de Taï
Etc....		

Forêt créée par Aké-Assi en pleine université

Toute personne qui se rend pour la première fois au Centre National de Floristique de l'Université de Cocody est frappée par la densité de la forêt qu'il traverse avant d'arriver au siège. Elle ne peut pas penser que cette forêt est artificielle. Celle-ci est semblable à la forêt dense humide telle qu'elle existait dans le Sud de la Côte d'Ivoire. Ce qui manque à cette forêt, ce sont les singes et les cours d'eau. En conclusion, malgré l'absence de singes et de cours d'eau, cette forêt, implantée en plein espace universitaire, ne remplit pas moins les fonctions d'une forêt dense tropicale. C'est l'œuvre de professeur Aké-Assi Laurent et de ses collaborateurs.

[40] Espèce dédiée à l'honneur de Tuho Valy Charles, Professeur, Ancien Recteur de l'Université d'Abidjan.

A la question de savoir comment cette forêt dense a été constituée, professeur Aké-Assi Laurent répond : « *Pour ce qui concerne l'introduction des espèces dans cet espace (Jardin Botanique), étant donné le déboisement généralisé en Côte d'Ivoire, à cette époque, dû à l'exploitation forestière, la priorité était réservée aux plantes susceptibles de disparition, les espèces rares, très rares. Les espèces des forêts côtières étaient concernées. C'est pour quoi ce travail d'introduction a débuté par la forêt classée d'alors, Abouabou (entre Port-Bouet et Grand-Bassam), pour s'étendre à la forêt du Banco, à la forêt de Yapo, etc. Au départ, je voulais une mini-reconstitution des différentes formations végétales de la Côte d'Ivoire. Vu que la superficie du terrain à notre disposition n'était pas suffisante, nous avons été obligés d'y renoncer. Les travaux de transplantation avaient débuté au mois de juillet 1965 et ont duré environ deux années*».

Toutes les espèces végétales ivoiriennes sont-elles représentées dans la forêt ainsi constituée? Professeur Aké-Assi Laurent répond à la question: « *Les plantes de toutes les régions du pays ne sont pas représentées parce que le programme n'a pas été entièrement réalisé. Les diverses espèces plantées viennent de toutes les régions forestières du pays. Un essai a été fait concernant les espèces de savane. Mais, cet essai n'a pas été concluant*».

Les espèces de cette forêt sont-elles plantées selon un ordre, par exemple, par grande famille, ou dans le désordre. Le maître d'œuvre, professeur Aké-Assi Laurent, donne l'explication suivante : « *Les plantes n'ont pas été plantées par hasard* ».

Au sujet de la forêt du Centre National de Floristique, Professeur Aké-Assi Laurent avance : « *Quand les gens viennent ici et qu'ils voient la forêt, ils pensent que cette forêt a existé. Elle a été intégralement créée* ». Certaines personnes n'osent même pas croire que cette forêt a été bâtie par des mains humaines. Cela donne une dimension presque surhumaine à l'œuvre de Professeur Aké-Assi Laurent et de son équipe. Ils ont travaillé inlassablement, patiemment et passionnément, année après année, pour offrir à l'université de Cocody cette forêt qui constitue une source de fierté pour la communauté universitaire toute entière.

Concernant la mise en place du Jardin Botanique, Professeur Aké-Assi Laurent, l'homme de grande mémoire, l'homme qui se souvient de tout quand tout le monde a tout oublié, nous donne des informations fort enrichissantes : « *En principe, toute université doit comporter un Jardin Botanique. C'est ce qu'a prévu l'architecte de l'Université d'Abidjan, Michel Ecochard*[41]*, en 1964, à l'inauguration de l'Université. A l'emplacement actuel du Jardin Botanique se trouvait un petit village Akyé,*

[41] Michel Ecochard (1905-1985), architecte et urbaniste français, a travaillé de 1961 à 1964, en tant qu'architecte et chef de projet, à la conception et à la réalisation de l'Université d'Abidjan.

dénommé Agbékoi (village d'Agbé). Une fois le terrain octroyé à l'Université, les habitants dudit village ont été déguerpis et ont été réinstallés à Abobo sur un nouveau site qui leur a été affecté. Aujourd'hui, ce quartier, situé non loin du grand lycée d'Abobo s'appelle Agbékoi. Après le départ des villageois, l'ancien site d'Agbékoi a été déblayé au bulldozer et a été aménagé, et remis au Département de Botanique en tant que ''Pépinière'', selon le propre terme employé par l'architecte de l'Université le jour de la remise de toute l'Université au Recteur, en présence du Président Houphouët-Boigny, en novembre 1964. C'est donc en juillet 1965 que j'ai commencé à introduire les premières plantes sur ce site que nous appelons aujourd'hui Jardin Botanique au lieu de ''Pépinière'', comme le voulait monsieur l'architecte Michel Ecochard. Les premiers spécimens de plantes du jardin botanique proviennent de la forêt classée d'Abouabou, située au niveau du corridor actuel de Gonzacqueville, route de Grand-Bassam ».

Professeur Aké-Assi Laurent a tenu à rendre un hommage appuyé à son ancien patron, le professeur Edouard Adjanohoun, pour sa contribution à la création du Jardin Botanique : « *Professeur Edouard Adjanohoun, en tant que Directeur de Département de Botanique, à la Faculté des Sciences, de l'Université d'Abidjan, a facilité la mise en place du Jardin Botanique, en mettant à notre disposition les moyens logistiques notamment le véhicule pour le transport des plantes*». Pour le reste, notamment la plantation effective des arbres dans le jardin, professeur Aké-Assi Laurent a travaillé essentiellement avec ses collaborateurs.

Dégradation de la forêt ivoirienne : une préoccupation majeure du savant

La question de la déforestation due à l'exploitation non rationnelle mais abusive de la forêt ivoirienne attriste le Professeur Aké-Assi Laurent. C'est une question qui le préoccupe au plus haut point. Elle l'inquiète. Il a exprimé ses préoccupations face au déboisement, lors d'une conférence co-animée avec le Professeur Traoré Dossahoua le jeudi 18 février 2010, au Conseil économique et social, à Abidjan, sur le thème : « *Le déboisement en zones de forêts et de savanes, cause majeure du changement climatique et environnemental en Côte d'Ivoire* ». La conférence a été organisée par l'Académie des Arts, des Lettres et des Sciences de la Diaspora (ASCAD) dont est membre professeur Aké-Assi Laurent. Dans l'introduction à leur conférence, les professeurs Aké-Assi Laurent et Traoré Dossahoua ont écrit : « *Au dernier et sixième jour, Dieu créa l'Homme et la Femme et leur donna les plantes comme nourriture. Il ordonna à l'Homme et à la Femme de dominer la terre et tout ce qu'elle porte. Dominer la Verdure, l'Herbe et les*

Arbres, répond à la définition de la Botanique, comme discipline scientifique. La Botanique est donc née de la volonté de Dieu »[42].

Les professeurs Aké-Assi Laurent et Traoré Dossahoua sont vivement préoccupés par le déboisement dû aux feux de brousse et aux feux de forêts. Ainsi, ils font état de ceci : « *Le plus gros arbre connu en Côte d'Ivoire jusqu'en 1997, était un spécimen de Entandrophragma candollei (Kosipo) avec environ 8 mètres de diamètre, dans la forêt classée du Haut-Sassandra. Il avait résisté aux feux de forêts de 1993 et 1994. Malheureusement, renseignements pris le 13 février 2010, auprès des services forestiers, l'arbre a été coupé après le 19 septembre 2002, car se trouvant en zone non gouvernementale »*[43].

C'est l'une des terribles conséquences de la crise politico-militaire de 2002. Cet arbre, de huit mètres de diamètre, ne devrait jamais être abattu. Il devrait être précieusement conservé comme un élément essentiel de notre patrimoine forestier national. Il a disparu de notre paysage forestier, moyennant quelques billets de banque qui ont été frauduleusement empochés par des individus qui ne connaissent pas l'importance d'un arbre de cette dimension. Aké-Assi Laurent, devant le fait accompli, se trouve dans une grande amertume. Il s'écrit : « *Quel dommage ! »*. C'est vraiment dommage de voir partir ce géant de la forêt par la faute d'individus assoiffés d'argent et n'ayant absolument aucune conscience en matière d'écologie et de conservation de la nature. Professeur Traoré Dossahoua, fortement indigné, affirme : « *Ce seul arbre aurait pu rapporter beaucoup de devises à notre pays par l'attrait qu'il pouvait, à lui tout seul, exercer sur les touristes »*.

Face au déboisement accéléré du couvert végétal en Côte d'Ivoire, les deux experts posent la question suivante : « *Que faire pour sauver ce qui reste comme forêts ou pour réhabiliter les forêts dégradées, afin de retrouver un environnement moins austère ?* ». A cette question cruciale, les deux experts préconisent un ensemble de solutions résumées dans le tableau suivant:

---

[42] « *Le déboisement en zones de forêts et de savanes, cause majeure du changement climatique et environnemental en Côte d'Ivoire* » , AKE-ASSI Laurent et Traoré Dossahoua, in conférence prononcée le 18 février 2010, au Conseil Economique et social, d'Abidjan ;

[43] A la page 14 du texte de la conférence

N°	**Solutions préconisées**
1°	Prise de conscience qu'il faut faire quelque chose
2°	Manifester une volonté politique, au plus haut niveau
3°	Voter des lois et les appliquer rigoureusement
4°	Proposer plus de gaz ou autres énergies renouvelables, à la portée de tous, pour la préparation des repas
5°	Vulgariser les foyers améliorés qui consomment nettement moins de bois
6°	Arrêter, sinon minimiser la production du charbon de bois, en zones de savanes, ce qui ralentirait la descente du Sahel
7°	Minimiser l'importance des forêts équiennes, dans l'équilibre environnemental, car elles sont de courte durée, éphémères à l'échelle géologique. Les arbres, lorsqu'ils deviennent vieux, sont tous rasés en même temps, laissant un sol nu
8°	Mieux sensibiliser les paysans à l'usage des engrais organiques, ce qui réduirait l'itinérance des cultures
9°	Sensibiliser les paysans à valoriser, de manière durable, leurs forêts par l'exploitation de produits forestiers non ligneux comme les rotins, le petit cola
10°	Protéger les forêts denses humides, à l'image de la GTZ
11°	Concernant l'exploitation forestière pour grumes, s'imposer des rotations de longue durée, à savoir 40 à 50 ans, ce qui permet à la forêt d'être entièrement reconstituée
12°	Reboiser, planter, encore planter et toujours planter
13°	Enrichir les forêts avec des espèces locales, est toujours mieux que raser, pour planter des espèces exotiques.

A la fin de leur conférence, les deux experts suggèrent fortement à la communauté nationale d'oeuver à : « *Planter, chaque année, pendant 10 ans, seulement 1 arbre, 1 seul, par personne. Cela nous fera près de 10 millions d'arbres, par an. C'est possible et nous le pouvons. Imaginer le résultat dans 10 ans* ».

Finalement, sur l'ensemble de son œuvre, et contrairement à ce que beaucoup de personnes pourraient penser, Professeur Aké-Assi Laurent a été particulièrement actif face à la dégradation de la forêt ivoirienne. Il s'est, de tous temps, préoccupé de la déforestation de la Côte d'Ivoire. Ainsi, dans un article intitulé : « *Impact de l'exploitation forestière et du développement agricole sur la conservation de la diversité biologique en Côte d'Ivoire* », il indique, dès 1998, l'effet du processus d'exploitation forestière en ces termes :

« *La forêt ivoirienne constitue une richesse fondamentale pour le pays par les revenus importants qu'elle crée à l'exportation du bois. Avec l'accession du pays à l'indépendance, l'exploitation forestière s'est considérablement accélérée. Le jeune Etat avait besoin de ressources financières. L'essentiel de l'exploitation forestière se situe dans la zone de forêt dense humide ; cependant, quelques galeries forestières et forêts denses sèches des zones de savane ont pu être exploitées pour la fourniture de bois d'œuvre. Les forêts claires et les savanes boisées, malgré la présence d'arbres de taille respectable, ne sont utilisées que comme matière première pour certaines constructions ou pour l'alimentation d'un artisanat local.*

Cette exploitation a eu pour conséquence, l'ouverture de pistes à travers la forêt originelle. C'est à partir de ces layons et grâce à eux que tous les fronts pionniers se sont développés et que de nombreuses plantations ont été créées suivant des stratégies appropriées. En ouvrant ces pistes, les exploitants forestiers ont contribué à l'expansion des plantations, donc à la destruction des espaces naturels ivoiriens.

Ainsi, l'exploitation forestière a délesté la forêt ivoirienne de ses plus belles essences. Elle a entraîné la disparition et la raréfaction d'un nombre important d'autres espèces végétales ; parmi celles-ci figurent des plantes intéressantes soit par leur rareté, soit par leur endémisme, soit par leur vertu thérapeutique en médecine de tradition africaine, soit par leur utilisation en tant qu'aliment de cueillette.

Depuis plus d'une quarantaine d'années, étant donné les perturbations que connaît l'espace naturel de la Côte d'Ivoire, 27 espèces végétales ont disparu ou ne se rencontrent, à présent, qu'exceptionnellement, par rapport à des dénombrements antérieurs. Pour les mêmes raisons, 173 autres plantes sont devenues rares ou en voie d'extinction »[44]. Professeur Aké-Assi Laurent avait déjà, en 2010, attiré l'attention de la communauté nationale sur les dangers qui menacent la flore dans certaines régions de l'Afrique de l'Ouest, dans un article publié sur le thème de la dégration de la flore[45].

Il convient de noter que le professeur Aké-Assi Laurent a également fait part de ce qu'en 2011, ce sont plus de 42 espèces végétales ivoiriennes qui ont disparu du paysage floristique national. Il a annoncé cela le mercredi 23 novembre 2011, lors de la première projection, au Goethe Institute d'Abidjan, du film : « *Bois Sacré de Professeur Aké-Assi* » réalisé par le cinéaste Diabaté Idriss. Parmi les forêts ivoiriennes qui sont en voie de disparaitre, figure celle de Yapo, dans la région d'Agboville. Professeur

---

[44] Source : Le flamboyant, N° 48 – Décembre 1998.

[45] Aké Assi, L. (2010), « *La diversité floristique de quelques régions de l'Afrique de l'Ouest : Le processus de sa dégradation ébauchée : Le cas de la Côte d'Ivoire* », A.E.T.F.A.T., Yaoundé (2010).

Aké-Assi Laurent crie son indignation face à la disparition de la forêt de Yapo: « *Pourtant cette forêt avait été décrétée réserve botanique* » par Professeur Georges Mangenot.

Professeur Aké-Assi Laurent va plus loin que de se contenter du simple constat. Il préconise des solutions pratiques en vue de la sauvegarde du patrimoine forestier ivoirien : « *Soucieux de contenir la dégradation rapide des écosystèmes forestiers, le gouvernement a très tôt affiché sa volonté politique d'assurer une gestion durable de ces ressources naturelles. La mise en œuvre de la nouvelle politique forestière a été initiée en 1988 par le lancement, au plan national, d'un programme de reboisement populaire et de sensibilisation exécuté dans le cadre de "l'année de la forêt ivoirienne". Au terme du projet sectoriel forestier (étape 1995-2015), la Côte d'Ivoire devra disposer d'environ 6,5 millions d'hectares de forêts protégées et gérées dans un objectif d'éco-développement. Pour atteindre tous les objectifs devant réconcilier la forêt et le domaine naturel avec un environnement socio-économique, la Côte d'Ivoire s'est engagée dans une profonde réforme des structures de gestion des forêts classées et des principes de gestion. A cet égard, les options et les mesures prises par le Ministère de l'Agriculture et des Ressources Animales sont nombreuses. Deux d'entre elles, notamment ont consisté à :*

> *- confier à la Société pour le Développement des Forêts (SODEFOR), l'aménagement et la gestion de l'ensemble des 3,5 millions d'hectares de forêts classées dans le domaine forestier de l'Etat ;*
>
> *- rendre à la totalité de ce domaine, ses fonctions de production de bois et de tout produit nécessaire aux populations locales, de conservation de la biodiversité et de maintien général des équilibres écologiques.*

Professeur Aké-Assi Laurent préconise d'autres types de mesures de conservation de la biodiversité. Il donne, en effet, les indications suivantes : « *On pourrait envisager d'autres stratégies, aussi efficaces, visant à la préservation de la diversité biologique, telles que la création de jardins botaniques et des herbiers régionaux. D'autre part, étant donné le manque d'égard manifeste des populations pour la nature dans différentes régions du pays, il serait souhaitable que des mesures adéquates soient prises en vue d'assurer le strict respect de la législation relative aux aires protégées que sont les forêts classées, les réserves botaniques et les parcs nationaux ainsi que les bois sacrés* »[46].

Professeur Traoré Dossahoua, botaniste et collègue à Aké-Assi Laurent, est très inquiet face à la disparition de la forêt ivoirienne. Il justifie son

---

[46] Source : Le flamboyant, N° 48 – Décembre 1998.

inquiétude : « *Face à cette situation, il y a des raisons de s'inquiéter pour la Côte d'Ivoire de demain. Nous, au moins, on a vu des arbres ; et nos petits-enfants ou arrières-petits enfants, verront-ils des arbres* ? ».

La communauté nationale ainsi que les partenaires au développement constatent la diminution drastique du couvert végétal ivoirien. De même, des espèces végétales, au total 42, ont disparu du paysage forestier. A qui incombe la faute ? La faute n'incombe pas du tout au chercheur, au savant Aké-Assi Laurent. Par la connaissance intrinsèque qu'il a de la botanique, il a mis à la disposition des pouvoirs publics et de l'ensemble de la communauté nationale des éléments scientifiques donc objectifs pour la prise de meilleures décisions en matière de protection de la forêt ivoirienne, de la protection de la biodiversité. En d'autres termes, il a joué son rôle, pleinement, en tant que chercheur et, par ricochet, en tant qu'éveilleur de conscience, en alertant les uns et les autres sur les risques et menaces pesant sur les forêts ivoiriennes. Il a parfaitement accompli sa mission. De ce fait, il n'est donc pas complice des destructions opérées sur les forêts ivoiriennes. Le chercheur, le savant Aké-Assi Laurent n'est pas un décideur politique. La question principale qui se pose est celle-ci : « *Le chercheur, le savant Aké-Assi Laurent a-t-il toujours été écouté et compris ?* ».

Il nous faut recourir à nos experts, à nos savants afin de leur demander des conseils et des avis scientifiques et techniques. Cela peut nous permettre d'élargir nos horizons et de dégager des solutions appropriées aux problèmes auxquels la société toute entière est confrontée.

Dans la sous-préfecture de Bodokro, des jachères abandonnées, depuis le milieu des années 60, par les populations parties massivement vers les zones d'économie de plantation caféière ou cacaoyère, ont eu le temps de se transformer en véritables forêts avec de grands arbres. Malheureusement, des exploitants forestiers avec la complicité coupable de quelques personnes assoiffées d'argent, à qui ils ont offert une ou deux bouteilles de gin et quelques milliers de francs CFA sont allés abattre tous les grands arbres. Réagissant à cette triste information, professeur Traoré Dossahoua affirme : « *Ces scènes qui se sont produites dans la sous-préfecture de Bodokro ne sont pas isolées. C'est un spectacle auquel on assiste dans toute la zone arborée et savanicole* ». Pour changer cette situation, professeur Traoré Dossahoua préconise « *la sensibilisation ciblant les autorités locales, notamment les préfets, les sous-préfets, les députés et les chefferies traditionnelles* ». Le professeur Traoré Dossahoua fait le constat suivant : « *Autour de la ville de Korhogo et le long de tous les tronçons de route de Côte d'Ivoire, on aperçoit des sacs de charbon et des fagots de bois de chauffe. Cela veut dire que les arbres sont détruits et il n'y pas de compensation. Que fait-on ? Il faut espérer qu'un jour, il y ait un ministre qui comprenne et accepte de faire quelque chose en allant surtout sur le terrain* ».

Professeur Traoré Dossahoua donne l'exemple des chefs traditionnels de sa région natale : « *Les chefs traditionnels ont pris, tout seuls, la décision d'interdire la coupe de bois frais à usage de feu dans le village de Womon, sous-préfecture de Kouto. Cette décision prise depuis 9 ans est strictement respectée par les populations. La végétation est arrivée jusqu'au village. Il y a une différence nette entre les villages qui ont suivi cette décision et ceux qui ont voulu s'en écarter. Les populations qui ont respecté la décision sont aujourd'hui contentes. Dans la lutte contre la désertification, il faut œuvrer à convaincre les populations. Une fois cela fait, elles n'auront plus besoin d'attendre les autorités* ».

Forêt du Banco à Abidjan et membres de l'ASCAD

L'Académie des Sciences, des Arts, des Cultures d'Afrique et des Diasporas Africaines (ASCAD) a organisé une sortie d'étude dans la forêt du Banco, le samedi 16 février 2013. Cette sortie a enregistré la participation de plusieurs Académiciens dont le Président, le Professeur Kotchy Barthélémy qui était à sa première visite dans la forêt du Banco, et le Vice-président, le Professeur Aïdara Daouda. Bien sûr, le Professeur Aké-Assi Laurent était présent. De nombreux enseignants et chercheurs, des journalistes de différents organes de presse, des étudiants en botanique ou dans plusieurs disciplines connexes, ont pris également part à cette sortie d'étude.

Professeur Traoré Dossahoua, également membre de l'ASCAD, a fait une intervention préliminaire dans laquelle il a montré l'importance de la forêt du Banco dans la régulation du climat, des pluies et sur la nappe phréatique dont elle contribue à assurer la protection.

La parole fut ensuite donnée à Professeur Aké-Assi Laurent pour présenter quelques plantes aux participants. Avant de faire les présentations proprement dites, Professeur Aké-Assi Laurent a fait un exposé introductif sur la forêt du Banco. Après cela, et devant la nombreuse foule, Professeur Aké-Assi Laurent a présenté une dizaine de plantes, en indiquant, pour chacune d'elles, outre le nom scientifique et le nom dans certaines langues locales, leurs vertus médicamenteuses. Il indiquait également les coctions ainsi que les modes d'emploi. C'était une représentation itinérante qui avait enthousiasmé les participants.

Le professeur Laurent Aké Assi s'est adressé aux plantes et aux visiteurs de la forêt du Banco. (PHOTO : ASCAD)

Sur cette page, on voit Professeur Aké-Assi Laurent, en pleine démonstration dans la forêt du Banco d'Abidjan, sous le regard attentif de nombreux visiteurs. C'était le samedi 16 février 2013.

La sortie dans la forêt du Banco s'était achevée par un cocktail au bord de l'autoroute du Nord. Avant le cocktail, les participants ont eu l'occasion de voir, sur une longue planche, un très large échantillon d'herbiers soigneusement préparés par le Professeur Aké-Assi Laurent, depuis 1946.

Au total, la sortie organisée par l'ASCAD dans la forêt du Banco connut un grand succès d'abord du point de vue du nombre de participations (il y avait quatre bus et plusieurs véhicules privés), ensuite sur le plan scientifique avec la présentation de la zoologie, de la pédologie, etc.

Professeur Aké-Assi Laurent avait saisi l'occasion de cette sortie pour faire étalage de ses immenses connaissances en botanique et de la forêt du Banco dans laquelle il a eu à effectuer de nombreuses sorties avec des étudiants et également avec tous ceux qui s'intéressent à la science botanique en Côte d'Ivoire.

Quelques jours après cette sortie dans la forêt du Banco, le journaliste Marc Yevou, rendant compte de l'évènement sous le titre : « Ascad – Les immortels veulent la forêt du Banco », a écrit : « *Les immortels de l'Ascad dont les actions visent à participer au développement socioéconomique de la Côte d'Ivoire, de l'Afrique et des diasporas africaines, ne veulent pas rester impuissants face aux nombreuses menaces dont la forêt du Banco est victime. Le déplacement, sous la direction du professeur botaniste, Aké-Assi Laurent, avait valeur de prise de contact. ''La forêt étant une richesse matérielle et intellectuelle nous sommes venus nous instruire physiquement et intellectuellement, afin que l'Académie contribue au développement économique de la forêt. La forêt du Banco doit désormais faire partie des connaissances de l'Ascad '', a indiqué le Pr Barthélémy Kotchy. Qui promet qu'au terme des différentes études qui seront réalisées, les immortels feront des propositions concrètes au gouvernement pour sauver ce lieu. Dans la présentation faite par Tondossama Adama, le directeur général de l'Office ivoirien des parcs et réserves (OIPR), l'on retiendra que la forêt du Banco a une superficie de 3474 ha, avec 80 km de pistes dont 40 viennent d'être réhabilitées. Cadre propice à l'enseignement et à l'écotourisme, cette forêt, qui facilite la pénétration des eaux dans le sol pour nourrir la nappe phréatique, risque de disparaitre, si l'on n'y prend garde. A cause des destructions qu'elle subit pour les besoins de l'urbanisation d'Abidjan ainsi du fait des feux de brousse. D'où l'appel du directeur général de l'Oipr aux Immortels afin d'apporter leur contribution à la sauvegarde de cette richesse nationale. Le professeur Aké-Assi Laurent, par une visite guidée, a instruit ses pairs et le public sur les différents types d'arbres qui se trouvent à l'arboretum qui comprend 800 espèces de plantes*»[47].

Aké Angui : il était aussi savant et garant des forêts classées

Aké-Assi Laurent est devenu un botaniste de renom, un savant pour tout dire. Il ne doit pas cela au hasard. Au contraire, il a commencé son apprentissage auprès de son illustre père, considéré lui-même comme un savant à l'époque.

Mao Nguessan Ernest apporte quelques autres informations sur Aké Angui : « *Il était vraiment le premier savant de la région. A l'époque coloniale, Aké Angui était tout seul à contrôler les forêts classées des pays Agni, Abbey et Akyé. Sans aucune arme, il allait tout seul « capturer» les occupants illégaux des forêts classées pour les transférer au Commandant de Cercle* ». Par cette action, Aké Angui s'est bâti une solide réputation non seulement auprès de l'administration coloniale mais également parmi les populations vivant dans ces aires physico-culturelles, anthropologiques. C'est certainement la raison pour laquelle il est apparu comme la personne la mieux indiquée pour accompagner les botanistes européens sur le terrain, quand ils en avaient fait la demande auprès de l'administration coloniale.

Cette envie de lutter contre les occupations illégales des forêts classées et donc d'empêcher leur destruction a incontestablement influencé le jeune Aké-Assi Laurent. La meilleure manière de protéger les forêts n'est-elle pas de les identifier, de les étudier et d'en planter comme le fleuron du Centre National de Floristique ?

Professeur Georges Mangenot a écrit les mots suivants à l'endroit d'Aké Angui : « *Pendant mon premier voyage en Côte d'Ivoire, en 1946, M. Louis*

[47] Marc Yevou (2013), *Les immortels veulent la forêt du Banco*, Fraternité Matin du mercredi 20 février 2013.

Bégué, aimable et savant directeur du Service des Eaux et Forêts de la Côte d'Ivoire, avait bien voulu mettre à ma disposition l'un de ses Gardes les plus compétents, Aké Angui*; cet homme remarquable, qui avait auparavant travaillé avec M. Aubreville, m'avait initié à la connaissance de ces grandes forêts si riches en arbres ne fleurissant qu'à des hauteurs inaccessibles ; leur identification, très difficile, exige cette connaissance approfondie des écorces, du bois, des feuilles que seule permet une longue expérience. M. Aké Angui, illettré, n'utilisant que des noms vernaculaires, mais observateur étonnamment perspicace, apercevant instantanément les mêmes caractères qui distinguent des espèces même très voisines, m'avait beaucoup appris et je souhaitais m'assurer durablement son concours. Mais le Service forestier ne pouvait se séparer de son meilleur prospecteur et celui-ci me recommanda l'un de ses fils, le jeune Aké-Assi, qui l'accompagnait dans ses courses et s'intéressait vivement aux plantes ».*[48]

Aké Angui avait un sens très aigu de l'observation des plantes. Le fils Aké-Assi Laurent a évidemment hérité de son père ce sens aigu de l'observation des plantes. Au cours des années, il a su développer ce sens de l'observation avec plus de discernement, de technicité et de ''puissance'' pour réaliser le travail dont toute la communauté internationale a reconnu la valeur.

Mao NGuessan Ernest donne une autre anecdote : « *Aké m'a raconté qu'à l'ORSTOM, lorsqu'ils faisaient des sorties et qu'ils collectaient les plantes, ils allaient au laboratoire. Au bout de quelques temps, il finissait d'identifier ses plantes. Cela surprenait tout le monde. Ces collègues Blancs peinaient à identifier les leurs. Lorsqu'on lui demandait comment il faisait, il indiquait qu'il appliquait les clés dichotomiques établies, que tout le monde connait. En réalité, Aké-Assi avait sa propre méthode d'identification empirique»*. Interrogé plus tard sur cette situation, professeur Aké-Assi Laurent indique : « *Les clés dichotomiques empiriques sont contestées par les botanistes occidentaux* ». Ainsi donc, un Africain est capable de se donner un secret pour l'exécution d'une activité scientifique donnée. Autrement dit, un Africain peut mystifier les Blancs même dans leur propre pays. C'est tout simplement admirable et réconfortant.

Aké Angui est décédé en 1966, après le retour de France de son illustre fils Aké-Assi Laurent, avec un Doctorat d'université en poche. Il était très fier du parcours universitaire de son fils. Il ne savait pas que son parcours professionnel allait être tout aussi brillant, tout aussi éblouissant.

---

48 Préface de G. Mangenot dans le livre d'AKE-ASSI Laurent, intitulé : *Contribution à l'étude floristique de la Côte d'Ivoire et des pays limitrophes,* Editions Paul Lechevalier, Paris, 1963.

Affaire du livre publié par Roche

Lors de ma deuxième rencontre avec Professeur Aké-Assi Laurent à son bureau le 8 février 2011, il m'avait rapporté une affaire que j'ai jugé nécessaire de révéler dans le présent livre. C'était, selon le professeur Aké-Assi Laurent, en 1991. Cette année-là, il avait reçu, à son bureau, une représentante de la firme pharmaceutique Roche en mission en Côte d'Ivoire. A la fin du séjour de cette dame, il lui avait proposé un manuscrit intitulé : « *Plantes utilisées dans la médecine traditionnelle en Afrique de l'Ouest* ». Professeur Aké-Assi Laurent avait l'intention de faire éditer le manuscrit. Aussi avait-il remis ledit manuscrit à la représentante de Roche pour savoir si elle pouvait intéresser son institution pour une publication éventuelle.

Professeur Aké-Assi Laurent explique : « *Le manuscrit prêt à être publié a été remis à mon Ministre de la Recherche d'alors, afin qu'il me fasse la préface et trouve de l'argent pour l'impression. Plus de deux ans après, il n'y avait pas de réponse de mon Ministre. C'est pourquoi quand la représentante de Roche était venue me rendre visite, je lui ai proposé de regarder le document. Elle a été très intéressée par mon manuscrit. Elle m'a demandé de lui prêter le manuscrit pour un mois. C'est ce que j'ai fait* ».

La représentante de Roche était donc repartie en Suisse (Bâle) avec le manuscrit de professeur Aké-Assi Laurent. Pour la suite, professeur Aké-Assi Laurent indique : « *A son retour avec le document, elle m'a proposé ceci : « Roche accepte de publier votre livre, à condition que vous ne réclamiez pas de Droit d'auteur ». Je n'avais pas le choix. J'ai accepté. Après l'impression du livre, j'ai eu droit à 25 exemplaires* ». Roche avait estimé le coût de publication du livre à 20 millions de francs CFA. Une telle somme ne pouvait être mobilisée par Professeur Aké-Assi Laurent. Par conséquent, il a dû demander à la firme Roche de publier le livre. Le livre avait été publié en deux mille exemplaires par les Editions Roche Basel, Switzerland. La société Roche a offert le livre, en guise de cadeau de Nouvel An, à ses clients à travers le monde. Elle avait remis 25 exemplaires à Professeur Aké-Assi Laurent. Elle avait fait stocker par son représentant à Abidjan, Dr Haller, 500 exemplaires au bureau de Roche à la rue Cannebière. Le stock étant épuisé, chaque chercheur, chaque étudiant ou autre qui voulait s'en procurer pouvait le faire en adressant une correspondance à Roche qui se chargeait de lui adresser l'exemplaire demandé.

Plus de 60 années d'un travail quasi permanent

En 2011, Professeur Aké-Assi Laurent cumule plus de 65 années d'expérience professionnelle extrêmement remplie. Il a travaillé sans relâche de 1946 à ce jour. Peu d'Ivoiriens, peu d'Africains, peuvent se targuer d'avoir réalisé une telle performance professionnelle.

Comment Aké-Assi a-t-il pu réaliser une telle performance, un tel exploit dans le contexte africain caractérisé par toutes sortes de contingences qui empêchent un engagement adéquat du travailleur? Chaque Ivoirien, chaque Africain, qui entend parler de professeur Aké-Assi Laurent se pose cette question. Il est difficile de fournir des éléments de réponse appropriés. On retient simplement que le parcours professionnel d'Aké-Assi Laurent est exceptionnel, phénoménal. On retient également, à travers les différents témoignages recueillis auprès des parents, amis, collègues et collaborateurs que professeur Aké-Assi Laurent dispose d'un potentiel de travail exceptionnel. Ce potentiel est adapté à son ambition professionnelle. La plupart des gens ont une ambition pour la conduite de leur carrière professionnelle. C'est légitime, de leur part, d'afficher une telle ambition. Mais, très peu d'entre eux arrivent à transformer cette ambition en réussite professionnelle, parce que le fond, c'est-à-dire le travail sur lequel tout doit être fondé n'est pas toujours réalisé de manière soutenue et continue.

Réagissant à sa longévité professionnelle, Dr Francis Lauginie, Président de l'ONG Afrique-Nature, identifie Aké-Assi Laurent à « *Théodore Monod, l'académicien et naturaliste français qui a fondé l'Institut Français d'Afrique Noire (IFAN). A 91 ans, il était encore à dos d'âne, parcourant le désert. Il est mort à l'âge de 98 ans à Paris*[49]*. L'un de ses petits-fils, du nom de Jacques Monod, biologiste et biochimiste à l'Institut Pasteur à Paris, eut le Prix Nobel de Médecine en 1965 avec deux autres collègues à savoir François Jacob et André Lwoff pour leur découverte portant sur la structure de l'ADN* ». A la mort de Théodore Monod, toute la France fut émue. Un hommage quasi unanime a été rendu à l'académicien, naturaliste, humaniste et religieux par les Français. Jacques Chirac, alors Président de la République, avait dit : « *Avec lui, c'est un immense humaniste qui nous quitte, un éclaireur et un sage qui, dès son enfance, avait orienté sa vie vers l'essentiel : la recherche du sens qui était pour lui recherche scientifique et recherche de Dieu* »[50].

Au sujet de l'œuvre réalisée par le savant ivoirien, Dr Francis Lauginie donne l'opinion suivante : « *Aké-Assi a une vaste connaissance de la botanique. L'hyperspécialisation, à laquelle on assiste aujourd'hui, laisse peu de place à l'émergence d'experts avec des connaissances aussi vastes*

[49] Théodore Monod est mort le 22 novembre 2000 à Versailles, près de Paris.

[50] (Source : Agence Française de Presse du 22 novembre 2000).

qu'Aké-Assi. De ce point de vue, les botanistes de sa trempe sont en voie d'extinction».

Professeur Aké-Assi Laurent travaille sept jours sur sept depuis 1946. Cela n'est pas à la portée de n'importe qui, surtout pas du citoyen ordinaire. Seuls les savants et autres hommes exceptionnels, dans divers domaines des sciences, des arts et des lettres, sont capables de réaliser de telles prouesses. Ce qui est étonnant dans la situation du savant Aké-Assi Laurent, c'est qu'il fait son travail, presque naturellement. L'on n'a pas du tout le sentiment qu'il force son talent, à le voir travailler. Cela surprend toujours les personnes qui l'approchent lorsqu'il est en situation de travail.

Pour lui, le travail constitue le meilleur et véritable moyen d'épanouissement personnel de l'individu. Il est d'avis que tout citoyen peut se réaliser par le travail, en allant, bien sûr au-delà du minimum dont se contentent la plupart des gens, par manque d'objectif professionnel clairement défini et par manque d'engagement.

Professeur Aké-Assi Laurent a apporté une contribution majeure au développement de l'activité scientifique nationale. En plus de l'abondante activité scientifique, on note la non moins importante contribution qu'il a apportée à la formation de la jeunesse africaine, objet du prochain chapitre.

Abidjan – 02 août 2008 – Amphithéâtre de l'UFR des Sciences

Au premier plan, il y a Prof. Aké-Assi, Prof. Traore Dossahoua et l'impétrant Nguessan Koffi, à la soutenance de la thèse de doctorat de ce dernier.

Abidjan – Symposium ECOSYN- Septembre 2004

Professeur Aké-Assi Laurent s'est retrouvé au cœur de la Réserve Botanique de Yapo, route d'Agboville, lors de la sortie réalisée sur le terrain.

Sommet du Mont Sangbé- 4 novembre 2001

Sur cette photo, prise au sommet du Mont Sangbé, dans la région de Touba, on voit Professeur Aké-Assi Laurent en pleine identification de plantes collectées. Il était en compagnie de Dr Pierre Poilecot, éminent spécialiste des Poaceae. Dr Poilecot est décédé le 21 juin 2012.

CHAPITRE 9
ENCADREMENT DE LA JEUNESSE AFRICAINE

La liste impressionnante de mémoires, de thèses de doctorat de troisième cycle, de doctorats d'Etat encadrés en dit long sur sa contribution à la formation scientifique de la jeunesse de la Côte d'Ivoire et des pays limitrophes. Au cours de sa longue carrière scientifique, professeur Aké-Assi Laurent a, en effet, contribué à l'encadrement non seulement de la jeunesse ivoirienne mais également des jeunes issus d'autres pays africains.

Supervision des travaux de jeunes chercheurs ivoiriens

A. Mémoires du Diplôme d'Etudes Approfondies (DEA) d'Ecologie Tropicale

N°	Date de soutenance	Thème de recherche	Etudiant	Université Institution
01	4 /11.1986	Contribution à l'étude de quelques plantes alimentaires spontanées de la région de Divo, (Côte d'Ivoire)	Pierre N'Dri	Université de Cocody
02	24/11.1988	Recensement, écologie et systématique des Asteraceae du Campus Universitaire d'Abidjan Cocody, (Côte d'Ivoire)	Mamounata Ouédraogo, épouse Belém	Université de Cocody
03	24/11.1988	Recensement, écologie et systématique des Cyperaceae du Campus Universitaire d'Abidjan Cocody, (Côte d'Ivoire)	Noel Zirihi Guédé	Université d'Abidjan
04	28/12.1989	Contribution au recensement, à l'écologie et à la systématique de quelques Angiospermes utilisées, pour l'édification des habitations traditionnelles rurales, par les habitants d'Aboudé-Mandéké, Sous-Préfecture d'Agboville, (Côte d'Ivoire)	Nguessan Koffi	Université d'Abidjan

B. Mémoires de fin d'études d'Ingénieur d'Agronomie, option : Sciences Forestières

N°	Date de soutenance	Thème de recherche	Etudiant	Université
01	29 /10.1988	Contribution au recensement, à l'écologie et à la taxonomie des espèces phanérophytes ligneuses endémiques ouest-africaines, (Côte d'Ivoire)	Mamadou Doumbia	Ecole Nationale Supérieure d'Agronomie d'Abidjan
02	18/11.1989	Recensement, identification et systématique de quelques espèces ligneuses exotiques de l'Arboretum du Banco, Abidjan, (Côte d'Ivoire)	Allou Koffi	Ecole Nationale Supérieure d'Agronomie d'Abidjan

C. Thèses de 3è Cycle, spécialité : Biologie Végétale

Thèse unique en biologie végétale (Botanique)

N°	Date de soutenance	Thème de recherche	Etudiant	Université
01	28/10.2008	Utilisation traditionnelle des plantes et perspective de cogestion des aires protégées de Côte d'Ivoire : cas du Parc National des Iles Ehotilé (littoral Est de la Côte d'Ivoire)	François Malan Djah	Université d'Abobo-Adjamé

Encadrement de chercheurs et d'étudiants stagiaires étrangers

N°	Période	Thème de stage	Stagiaire	Université
01	09/11. 1987 au 30.10.1989	Contribution à la connaissance de la flore ouest-africaine : Systématique et Ethnobotanique de quelques espèces d'Angiospermes	Amenoudji Awonkoude Dodji (Togo)	Centre National de Floristique
02	12/01 au 9/02. 1990	Recensement des fruits de cueillette vendus sur les marchés d'Abidjan, Côte d'Ivoire.	Bourobou-Bourobou (Gabon)	Centre National de

				Floristique
03	Nov 1992 à juin 1994	Formation en botanique taxonomique	Mademoiselle Mama Bamba Diawara (Guinée)	Centre National de Floristique
04	4 mois en 1993 (+ 4 autres mois en 1994)	Formation en botanique systématique et en environnement	Lambert Ahouansou (Bénin)	Centre National de Floristique

Aperçu des activités pédagogiques

Au sujet des activités académiques, on note que Professeur Aké-Assi Laurent a écrit, à la page 149, de la version de son Curriculum Vitae daté de 2009 : « *A l'université d'Abidjan, à la faculté des Sciences et Techniques, j'ai, durant plus de trois décennies, largement contribué à la formation de nombreux cadres de l'Enseignement et de la Recherche Scientifique de la Côte d'Ivoire ainsi que ceux d'autres pays de la sous-région et d'ailleurs. J'ai évolué au sein du Département de Botanique et de Biologie Végétale, d'abord en tant qu'Assistant, de 1964 à 1972, puis Maître-Assistant, de 1973 à 1984, Maître de Conférences, de 1985 à 1989. Promu Professeur titulaire, de 1989 à 1991, j'ai assuré l'enseignement de la Botanique taxonomique au niveau de la Licence en Sciences Naturelles, pour une présence effective de 295 heures se répartissant comme suit : 12 heures annuelles de cours théoriques, 75 heures semestrielles de travaux dirigés, 208 heures de travaux pratiques. J'ai fait valoir mes droits à la retraite depuis août 1991* ».

Depuis 1991, Professeur Aké-Assi Laurent a fait valoir ses droits à la retraite. Il n'en demeure pas moins actif sur la scène scientifique nationale et internationale. Un chercheur, un savant peut-il prendre vraiment sa retraite ? En réalité, un chercheur, un savant ne peut jamais prendre de retraite au sens où il quitte le milieu professionnel pour vivre « *tranquillement* » le reste de sa vie, comme les membres des autres corporations, en attendant que le bon Dieu fasse le reste. En réalité, il est quasiment impossible à un chercheur de prendre des distances vis-à-vis de son métier après avoir atteint l'âge de la retraite. Ainsi, Professeur Aké-Assi Laurent reste un homme professionnellement actif, engagé. Il donne les précisions suivantes : « *A présent, je participe, partiellement, aux enseignements à l'Université Abobo-Adjamé, en tant que Professeur Associé. A Cocody, j'interviens au Département de Botanique, à raison de 100 heures environ par an, pour les étudiants inscrits en DEA d'Ecologie tropicale, option Botanique*

Systématique. A Abobo-Adjamé, j'interviens à l'UFR des Sciences de la Nature, à raison d'une centaine d'heures pour les étudiants inscrits à la Licence et à la Maîtrise de Botanique et de Pharmacopée africaine ».

Au-delà de ces activités académiques, Professeur Aké-Assi Laurent reste un homme particulièrement actif. Ses journées sont pleinement remplies, du point de vue du travail. Du lever du jour jusqu'à son coucher, il est en train de travailler, sans faire la sieste à laquelle bon nombre de nos concitoyens sont si attachés. A quatre vingts ans passés, il est certainement l'un des hommes qui consacre le plus de temps au travail en Côte d'Ivoire. Professeur Aké-Assi Laurent fait incontestablement partie de cette race, de plus en plus rare, de travailleurs que rien n'arrête.

Professeur Aké-Assi Laurent a pris part à diverses activités d'éducation et de formation de la jeunesse ivoirienne. Il indique : « *A l'Ecole Nationale Supérieure d'Agronomie (ENSA), depuis la création des Sciences forestières, j'ai enseigné, jusqu'en 1992, la Dendrologie, à raison de 80 heures annuelles, en enseignement théorique et pratique. J'ai également dispensé, durant plus d'une décennie, des cours de Botanique Systématique, en 1ère année, à l'Institut Agricole de Bouake (IAB), pour 25 heures annuelles, en enseignement théorique et pratique. J'ai été Professeur de Botanique à l'Ecole Forestière du Banco (Abidjan), pendant 20 ans, de 1964 à 1984* ».

Il convient de noter que professeur Aké-Assi Laurent n'a pas travaillé pour son seul pays, la Côte d'Ivoire. Il a réalisé plusieurs activités académiques dans la sous-région ouest africaine et en dehors. Il nous donne les précisions suivantes : « *Hors de la Côte d'Ivoire, j'effectue depuis 1976, jusqu'à ce jour, dans le cadre des échanges interuniversitaires, favorisés par l'Association des Universités Partiellement ou Entièrement de Langue Française (AUPELF) et l'Association des Universités Africaines (AUA), des missions d'enseignement dans les universités d'Antananarivo (Madagascar), du Bénin (Togo), de Conakry (Guinée), de Niamey (Niger), de Ouagadougou et de Bobo-Dioulasso (Burkina Faso)* ».

Il en est de même pour les travaux de recherche conduits ou supervisés par Professeur Aké-Assi Laurent. Il a réalisé tous ces travaux avec une rare conscience professionnelle. Cela donne du baume au cœur de ceux qui ont toujours été choqués par des collègues scientifiques ou universitaires qui n'ont pas toujours assumé leurs responsabilités académiques de manière consciencieuse. Plusieurs autres collègues professeurs ont, pendant des années, empoché les frais d'encadrement des étudiants en maîtrise, en DEA ou en thèse de doctorat sans les avoir encadrés convenablement. Combien d'étudiants en maîtrise ou encore en thèse de doctorat de troisième cycle n'ont-ils pas tout abandonné, faute d'un encadrement adéquat ? Même ceux qui ont pu achever leurs travaux et soutenir leurs mémoires ou thèses, ils l'ont fait souvent aux prix de souffrances et d'humiliations que leur ont fait subir les maîtres, tous ces professeurs qui ne reçoivent uniquement que sur rendez-vous. Mais, à l'heure du rendez-vous, ils brillent par leur absence. En agissant ainsi, ils montrent qu'ils n'ont pas suffisamment de considération pour leurs étudiants et ont peu de respect pour leur métier. En faisant du mal aux étudiants, c'est, en réalité, à la communauté nationale toute entière qu'ils causent un préjudice. Aujourd'hui, la pénurie d'enseignants à laquelle font face les universités publiques du pays ne trouve-t-elle pas là l'une de ses origines, en plus, bien sûr, des salaires peu compétitifs qu'elles proposent aux titulaires de doctorat et autres sachants. C'est pour toutes ces raisons que le mérite de Professeur Aké-Assi Laurent est encore plus grand. Il s'est particulièrement distingué dans la conduite de sa carrière professionnelle et universitaire. Il fait tout avec beaucoup de sérieux, par respect pour son rang et surtout pour tous ceux qui lui font l'insigne honneur de l'associer à leurs activités académiques. Il a réussi à accomplir toutes ces activités par sa rigoureuse organisation interne.

Au sujet du parcours du savant, Docteur Malan Djah François, Ethnobotaniste, Maître-Assistant à l'UFR des Sciences de la Nature de l'Université Nangui Abrogoua d'Abidjan, indique : « *On sait peut-être quasiment tout du parcours exceptionnel du Prof Aké Assi, on connait son immense œuvre scientifique mais on dit peu sur son encadrement scientifique. J'ai eu l'insigne honneur et l'incommensurable privilège d'être le dernier « thésard » du Prof. Aké Assi (et j'en tire une fierté compréhensible). Les rapports du Professeur avec les étudiants désireux de faire une thèse peuvent se résumer, à mon avis, à cette vérité : La science ou le savoir ou encore la sagesse se désire, on ne l'impose pas à l'apprenant* ».

Malan Djah François poursuit : « *Je suis allé voir le professeur Aké-Assi après la soutenance de mon DEA dont il a présidé le jury, pour lui demander d'encadrer ma thèse. Il a refusé, prétextant sa retraite. Je suis reparti à la charge avec un sujet et un projet de thèse à exécuter à la périphérie du Parc National de Taï. La deuxième tentative était la bonne. Mais, la crise militaro-politique de 2002 va rendre la région infréquentable. La Direction du Centre de Recherche en Ecologie (CRE), ma structure de tutelle, me réoriente vers le Parc National des Iles Ehotilé. Je propose alors un autre projet de recherche et dans les jours qui suivent je vais rendre visite à mon encadreur pour qu'il signe mes formulaires d'inscription. Après la signature, le Professeur me demande alors l'état d'avancement de mes travaux. Je lui réponds que j'en suis à la revue de la littérature. Après m'avoir écouté, il me dit alors : « Laissez tout ça, allez sur le terrain, dans la brousse, et récoltez les plantes, c'est là-bas qu'on apprend* ».

Professeur Aké-Assi Laurent venait de montrer le chemin de la « brousse », celui qu'il a tant privilégié, au jeune « thésard ». Ayant bien compris la recommandation de son maître, l'élève Malan Djah François poursuit : « *J'ai enfourché alors ma mobylette P50 (mise à ma disposition par la Direction du CRE) jusqu'à Adiaké pour la « brousse ». Le Parc National des Iles Ehotilé est un archipel que je joignais à l'aide d'une petite pirogue de pêche, parfois pendant plus de 2 heures de navigation. J'ai donc commencé mes inventaires. A l'aide des Flores disponibles, j'ai commencé moi-même les identifications, puis je les transmettais au Professeur Aké pour correction. Au début, il pensait que je « trichais » en me faisant aider par les techniciens du Centre National de Floristique. Pour éloigner toute suspicion, je m'arrangeais à ce qu'il me voie travailler. Je sais qu'il se posait toujours des questions sur le sérieux de mon travail. Il a donc tenu à m'accompagner sur le terrain. Je connais très peu d'encadreurs qui accompagnent leurs protégés sur le terrain, se prenant en charge eux-mêmes* ». Professeur Aké-Assi Laurent a accompagné son étudiant sur le terrain, en brousse, dans le Parc National des Iles Ehotilé. En plus, il n'a demandé aucune compensation financière.

Pour la sortie sur le terrain avec le Professeur Aké-Assi Laurent, Malan Djah François fait face à une situation imprévue. Il explique : « *Un problème subsistait cependant : le Professeur Aké refusait la traversée de la lagune Aby en pirogue. Mais je n'avais pas les moyens de louer un hors-bord. Pourtant, je ne sais trop pourquoi, il a, finalement, accepté de m'accompagner à condition que la pirogue soit un peu plus grande. Avec ma dernière bourse qui venait miraculeusement de « tomber » à la période choisie, nous sommes allés sur le terrain. Nous avons parcouru les différents paysages des îles pendant deux ou trois jours. Un soir, de retour des îles, un de mes informateurs-clés, un guérisseur, regarde le professeur et me dit doucement : celui-là, on ne peut pas le blaguer, si tu le fais il va te prendre ! ». Depuis lors, je relis au moins trois fois tout document à lui soumettre* ».

En définitive, Docteur Malan Djah François a retenu, de Professeur Aké-Assi Laurent, son maître, ce qui suit : « *J'ai appris la rigueur scientifique, rigueur tant du fond que de la forme (il passait ma ponctuation au peigne fin) pendant ma phase de rédaction. Mais j'ai surtout appris l'humilité et la sobriété dans les actes de la vie. Souvent, quand je pense : « j'ai été encadré par Aké Assi ! », je le répète c'est une immense fierté, mais c'est surtout une lourde responsabilité, car travailler sans relâche, avec passion, humilité, est le difficile cap que nous essayons de maintenir chaque jour* ».

Missions d'enseignement réalisées hors de la Côte d'Ivoire

Depuis 1976, professeur Aké-Assi Laurent a réalisé plusieurs missions d'enseignement hors de la Côte d'Ivoire :

1976 26 octobre-12 novembre ; Facultés des Sciences de l'Université de Ouagadougou, Haute Volta ;

1977 20 février-5 mars. Ecole Supérieure d'Agronomie de l'Université du Bénin, Lomé, Togo ;

1978 7-31 janvier. Facultés des Sciences de l'Université de Ouagadougou, Haute Volta ;

1978 14 octobre-7 novembre. Facultés des Sciences de l'Université de Ouagadougou, Haute Volta ;

1980 5-29 janvier. Facultés des Sciences de l'Université de Ouagadougou, Haute Volta ;

1982 12-25 avril. Ecole Supérieure d'Agronomie de l'Université du Bénin, Lomé, Togo ;

1982 2-24 septembre. Etablissement d'Enseignement Supérieur des Sciences de l'Université de Madagascar, Antananarivo ;

1986 10 avril-6 mai. Ecole Supérieure d'Agronomie de l'Université du Bénin, Lomé, Togo ;

1987 2-16 février. Institut des Sciences de la Nature de l'Université de Ouagadougou, Haute Volta ;

1987 1er - 30avril. Ecole Supérieure d'Agronomie de l'Université du Bénin, Lomé, Togo ;

1989 14-17 décembre. Invité en tant que membre de jury de thèse à l'Université de Yaoundé, Cameroun ;

1990 23 janvier-13 février. Facultés des Sciences de l'Université de Ouagadougou, Burkina Faso;

1990 28 octobre-2 novembre. Invité en tant que membre de jury de thèse à l'Université de Niamey, Niger;

1991 24 novembre-9 décembre. Facultés des Sciences de l'Université du Bénin, Lomé, Togo;

1992 5-24 janvier. Facultés des Sciences de l'Université de Conakry, République de Guinée ;

1992 8-22 mars. Facultés des Sciences de l'Université de Ouagadougou, Burkina Faso;

1992 9-29 avril. Faculté des Sciences de l'Université de Niamey, Niger ;

1993 4-24 mars. Facultés des Sciences de l'Université de Conakry, République de Guinée ;

1993 6-15 juin. Facultés des Sciences de l'Université de Ouagadougou, Burkina Faso;

1994 21-30 mars. Facultés des Sciences de l'Université de Ouagadougou, Burkina Faso;

1994 20 juin-2 juillet. Facultés des Sciences de l'Université du Bénin, Lomé, Togo;

1994 28 novembre-12 décembre. Facultés des Sciences de l'Université de Ouagadougou, Burkina Faso;

1995 28 février-17 mars. Facultés des Sciences de l'Université de Conakry, République de Guinée ;

1996 21 février-10 mars. Facultés des Sciences de l'Université de Ouagadougou et Centre Universitaire Polytechnique de Bobo Dioulassao, Burkina Faso;

1996 22 avri-7 mai. Facultés des Sciences de l'Université du Bénin, Lomé, Togo;

1996 16-22 juin. Facultés des Sciences de l'Université de Ouagadougou, pour la présidence de jury de deux thèses, Burkina Faso;

1996 29 novembre -3 décembre. Facultés des Sciences de l'Université de Ouagadougou, Burkina Faso, participation à un jury de thèse de Doctorat d'Etat ès-Science Naturelles;

1997 3-22 mars. Facultés des Sciences de l'Université de Conakry, République de Guinée ;

1997 5-21 avril. Facultés des Sciences de l'Université de Ouagadougou, Burkina Faso ;

1998 3-23 mars. Facultés des Sciences de l'Université de Ouagadougou et Institut de Développement Rural de l'Université de Bobodioulasso, Burkina Faso ;

1999 23 février-15 mars. Facultés des Sciences de l'Université de Ouagadougou et Institut de Développement Rural de l'Université de Bobodioulasso, Burkina Faso ;

2001 25 mai-7 juin. Facultés des Sciences de l'Université de Ouagadougou, Burkina Faso ;

2003 16-20 décembre. Unité de Formation et de Recherche en Science de la Vie et de la Terre de l'Université de Ouagadougou, Burkina Faso pour jury de thèse de doctorat ;

2005 6-11 avril. Unité de Formation et de Recherche en Science de la Vie et de la Terre de l'Université de Ouagadougou, Burkina Faso. Participation à un jury de thèse de doctorat ;

2006 26-30 juillet. Unité de Formation et de Recherche en Science de la Vie et de la Terre de l'Université de Ouagadougou, Burkina Faso. Participation à un jury de thèse de doctorat ;

2008 19-29 juin. Mission d'enseignement à la Facultés des Sciences de l'Université du Bénin, Lomé, Togo;

2008 24 novembre-13 décembre. Mission d'enseignement à la Faculté des Sciences de l'Université Abdou Mimouni, Niamey, Niger ;

2012 5 au 21 juin 2012. France-ville (Gabon). Mission d'enseignement en botanique, Faculté des Sciences, Université des Sciences et Techniques de Masuku (USTM).

2013 24 février au 10 mars 2013. Mission d'enseignement à Niamey et Maradi (Niger). Il a présidé un Jury de soutenance doctorat de thèse unique sur le thème : « *Les Algues du fleuve Niger et des milieux humides connexes de l'Ouest du Niger* » le 28 février 2013 à l'Université Abdou Moumouni, à Niamey. Il s'est ensuite rendu à Marady où il a animé un cours de trente (heures) sur la taxonomie.

Professeur Aké-Assi Laurent, membre de multiples jurys de soutenance de mémoires et de thèses

Professeur Aké-Assi Laurent a assuré l'encadrement de nombreux mémoires de Diplôme d'Etudes Approfondies (DEA) en écologie tropicale, de biologie humaine (option Parasitologie), de thèses de doctorat de 3è cycle en Sciences Naturelles (botanique), de doctorats d'Etat en Sciences Naturelles, de doctorats d'Etat en Pharmacie, en Médecine, en chirurgie dentaires.

A- Mémoires du Diplôme d'Etudes Approfondies (DEA) d'Ecologie Tropicale

1. **Marie-Laure Koutoua**

Thème : ''*Contribution à l'étude de la floraison et la fluctuation du bananier plantain*''. Soutenu à l'Université d'Abidjan, le 6 novembre 1986.

2. **Julien Boko**

Thème : ''*Induction artificielle de la floraison chez le Taro (et Colocasia) et étude de quelques caractères quantitatifs associés : cas des cultivars de Côte d'Ivoire.* Soutenu à l'Université d'Abidjan, le 27 novembre 1986.

3. **Alphonse Sedogo**

Thème : ''*La technique de l'électrophorèse utilisée comme approche méthodologique pour la description de la diversité génétique des Taros (Xanthosoma spp. et Colocasia esculenta (Linn.) Schott en Côte d'Ivoire''.* Soutenu à l'Université d'Abidjan, le 24 février 1988.

4. **Jean-Philippe Mevy**

Thème : ''*Contribution à l'étude de la germination de la graine chez quelques Angiospermes dicotylédones du Camopus Universitaire d'Abidjan''.* Soutenu à l'Université d'Abidjan, le 1er décembre 1988.

5. **Jean-Baptiste Djaha Akadié**

Thème : ''*Incidence d'une réduction totale de l'ombre pendant la phase de pépinière, sur les caractéristiques de croissance et de développement de vitro-plants de Bananiers Plantain''.* Soutenu à l'Université d'Abidjan, le 28 décembre 1989.

6. **Isabelle Lardat**

Thème : ''*Contribution à l'étude du genre Lannea (Anarcardiaceae) du Burkina Faso''.* Soutenu à l'Université de Ouagadougou, le 2 décembre 1989.

7. **Moussa Guira**

Thème : ''*Contribution à l'étude de la biologie florale du Karité (Butyrospermum paradoxum subsp. parkii) dans la région de Ouagadougou''.* Soutenu à l'Université de Ouagadougou, le 2 décembre 1989.

8. **Dana Darnas**

Thème : ''*Contribution à l'étude des Combretaceace de la Forêt Classée du Barrage de Ouagadougou''.* Soutenu à l'Université de Ouagadougou, en décembre 1990.

9. **Louis R. Ouédraogo**

Thème : ''*Etude de la végétation aquatique et semi-aquatique des barrages de Ouagadougou''.* Soutenu à l'Université de Ouagadougou, en décembre 1990.

10. **Louis Sawadogo**

Thème : ''*Contribution à l'étude agrostologique des pâturages nord-soudaniens du Burkina Faso : Zone de Gampéla''.* Soutenu à l'Université de Ouagadougou, en décembre 1990.

11. **Joseph Olivier Pillah Niali**

Thème : ''*Peuplement en Diplopodes du jardin botanique de l'Université Nationale de Côte d'Ivoire''.* Soutenu à l'Université d'Abidjan, en décembre 1990.

12. **Nahim Akambi Balogoun**

Thème : ''*Contribution à l'étude de la contamination des semences du palmier à huile (Elaeis guineensis Jacq.) par Fusarium oxysporum Schlecht.''.* Soutenu à l'Université d'Abidjan, le 25 avril 1991.

13. Ernest Gnayoro Godé

Thème : ''*Effet du broutage sur la végétation d'un pâturage naturel : Cas de la station de recherche sur l'élevage de l'I.D.E.S.S.A à Bouaké''.* Soutenu à l'Université d'Abidjan, en 1995.

14. Maxime Kama Boraud N'Takpé

Thème : ''*Etude floristique et phytosociologique de la jachère attenante au Jardin Botanique de l'Université de Cocody''.* Soutenu à l'Université d'Abidjan, le 23 mai 1995.

15. Marie-Laure K. Guissou

Thème : ''*Esquisse de la flore mycologique (Champignons macroscopiques) de quelques localités du plateau central du Burkina Faso''.* Soutenu à l'Université de Ouagadougou, le 25 février 1999.

16. Paulin Ouoba

Thème : '' *La forêt de Léra : Structure, composition floristique et importance socio-économique''.* Soutenu à l'Université de Ouagadougou, le 25 février 1999.

17. Saran Traoré

Thème : ''*Contribution à l'étude du Karité. Vitellaria paradoxa Gaertn. du Burkina Faso''.* Soutenu à l'Université de Ouagadougou, le 26 février 1999.

18. Amadé Ouédraogo

Thème : '' *Biomorphologie des Rôniers (Borassus L.) du Burkina Faso''.* Soutenu à l'Université de Ouagadougou, le 26 février 1999.

19. Pascal Y. Dotia

Thème : ''*Esquisse de la flore ligneuse, y compris les parasites épiphytoïdes (Loranthaceae) de la région de Kouto, dans le nord de la Côte d'Ivoire''.* Soutenu à l'Université de Cocody, Abidjan, le 14 juillet 1999.

20. Constant Y. Adou Yao

Thème : *''Inventaire de la diversité floristique du Sud du Parc National de Taï (Côte d'Ivoire) ''.* Soutenu à l'Université de Cocody, Abidjan, le 11 mai 2000.

21. Kouadio Kouassi

Thème : *''Approche qualitative de la flore de la Forêt Classée de la Haute Dodo, dans le sud-ouest de la Côte d'Ivoire''.* Soutenu à l'Université de Cocody, Abidjan, le 4 août 2000.

22. Edouard Kouassi Konan

Thème : *'' Contribution de la flore de la Forêt Classée de la Haute Dodo, dans le sud-ouest de la Côte d'Ivoire, par une approche de relevé de surface''.* Soutenu à l'Université de Cocody, Abidjan, le 4 août 2000.

23. Annick Victoire Koulibaly

Thème : *'' Caractéristiques de la végétation et de la flore de la savane soudanaise de Côte d'Ivoire : Cas des alentours de la ville de Korhogo''.* Soutenu à l'Université de Cocody, Abidjan, le 5 août 2000.

24. Lydie Marie-Dominique Adou

Thème : *'' Contribution à la connaissance de la flore de Côte d'Ivoire. Etude taxonomique et écologique des Ptéridophytes du Massif Forestier de Yapo-Abbé (Côte d'Ivoire).* Soutenu à l'Université de Cocody, Abidjan, le 18 décembre 2000.

25. Bakari Ballo

Thème : *'' Etude monographique de quelques adventices dicotylédones de la station de l'Association pour le Développement de la Riziculture en Afrique de l'Ouest (ADRAO), Bouaké, Côte d'Ivoire : Critères permettant l'identification de leurs plantules''.* Soutenu à l'Université de Cocody, Abidjan, le 18 décembre 2000.

26. Karidia Traoré

Thème : *''Etude quantitative des stocks de semence d'adventices des sols rizicoles de la station de l'Association pour le Développement de la Riziculture en Afrique de l'Ouest (ADRAO), Bouaké, Côte d'Ivoire''.* Soutenu à l'Université de Cocody, Abidjan, le 18 décembre 2000.

27. Séraphin Akpro

Thème : ''*Inventaire, systématique, écologique et ethnobotanique des Poaceae de la région d'Abidjan, Côte d'Ivoire''.* Soutenu à l'Université de Cocody, Abidjan, le 15 janvier 2001.

28. Fursy-Rodelec Neuba Danho

Thème : '' *Etude de la diversité floristique de la forêt humide de Logouogo, à Blességué, dans le nord de la Côte d'Ivoire''.* Soutenu à l'Université de Cocody, Abidjan, le 17 juillet 2001.

29. Jean Koffi Kouao

Thème : ''*Etude des fleurs et des inflorescences des Angiospermes du Campus de l'Université de Cocody, pour une maîtrise de la systématique végétale''.* Soutenu à l'Université de Cocody, Abidjan, le 18 décembre 2001.

30. Nadine Ngayila

Thème : ''*Etude des fruits et des graines des Angiospermes du Campus de l'Université de Cocody, pour une maîtrise de la systématique végétale''.* Soutenu à l'Université de Cocody, Abidjan, le 18 décembre 2001.

31. Elvis Serge Ekissi Gbocho

Thème : ''*Caractérisation de quelques propriétés physico-chimiques et fonctionnelles de la noisette africaine, Coula edulis Baill. (Olaceae), au cours de sa transformation en farine''.* Soutenu à l'Université d'Abobo-Adjamé, le 5 juin 2002.

32. Lassana Dosso

Thème : ''*Etude floristique et structurale de quelques lambeaux forestiers de plateaux dans la savane préforestière du V baoulé (Côte d'Ivoire)''.* Soutenu à l'Université d'Abobo-Adjamé, en 2002.

33. François Malan Djah

Thème : ''*Utilisation de la diversité floristique des forêts villageoises de la périphérie du Parc National de Taï, réserve de biosphère et patrimoine mondial (Sud Ouest de la Côte d'Ivoire) : cas de Gouléako II''.* Soutenu à l'Université d'Abobo-Adjamé, le 6 juin 2002.

34. Nicaise Akédrin Tetchi

Thème : ''*Etude monographique de quelques espèces appartenant à la famille des Convolvulaceae des zones suburbaines d'Abidjan''.* Soutenu à l'Université de Cocody, Abidjan, le 21 février 2003.

35. Bamba Issouf

Thème : ''*Etude comparative de deux grands fragments forestiers, entre Zagné et Taï, au sud-ouest de la Côte d'Ivoire''.* Soutenu à l'Université de Cocody, Abidjan, le 24 mars 2004.

36. Ouattara Brahima

Thème : ''*Monographie et biogéographie des espèces endémiques de Côte d'Ivoire''.* Soutenu à l'Université de Cocody, Abidjan, le 24 mars 2004.

37. Maxime Angaman Djédoux

Thème : ''*Contribution à l'étude des plantes utilisées en médecine traditionnelle en tant que sources de phyto-oestrogènes dans la région d'Agnibilékrou (Côte d'Ivoire)''.* Soutenu à l'Université de Cocody, Abidjan, le 12 juin 2004.

38. Chimène Assi Kaudjhis

Thème : ''*Comparaison de la régénération de quatre espèces arborées dans les fragments et les massifs forestiers de la région de Taï-Zagné (Ouest de la Côte d'Ivoire).* Soutenu à l'Université de Cocody, Abidjan, le 12 juin 2004.

39. Léontine Clémence Kouonon

Thème : ''*Contribution à l'étude de la biologie de reproduction d'une espèce de Pistache : Cucumis melo* L. var. *agretis Naudin (Cucurbitaceae)''.* Soutenu à l'Université d'Abobo-Adjamé, le 21 mai 2004.

40. Séverin Bonny Beket

Thème : *''Allocation des ressources des graines et des ressources externes à la croissance chez le Voandzou : Vigna subterranea (L.) Verdc. (Fabaceae)''.* Soutenu à l'Université d'Abobo-Adjamé, le 26 mai 2004.

41. Constant Ahondjon Kouassi

Thème : *''Contribution à l'étude de l'impact de l'éclaircie et du délianage sur les populations de lianes en forêt dense humide sempervirente de la Côte d'Ivoire : cas de la forêt classée de Yapo''.* Soutenu à l'Université de Cocody, Abidjan, le 14 mars 2005.

42. Adjoumani Koffi

Thème : *''Etude de l'hybridation naturelle entre deux variétés de Citrullus Lanatus (Thumb.) Matsumara et Nakaï''.* Soutenu à l'Université d'Abobo-Adjamé, le 21 juin 2005.

43. Bertin Yao Koffi

Thème : *''Influence de la teneur en eau et de la température de conservation sur la durée de variabilité des graines de Citrullus lanatus (Thumb.) Matsumara et Nakaï (Cucurbitaceae)''.* Soutenu à l'Université d'Abobo-Adjamé, le 22 juin 2005.

44. Georges Yao Kouakou Abessika

Thème : *''Etude du développement en milieu naturel, dans la forêt classée de N'Zodji (Alépé, sud-Est de la Côte d'Ivoire) de plantules régénérées de trois espèces de rotin : Laccosperma laeve* (Mann et Wendl.) Drude, *Laccosperma secundfilorum (*P. Beauv.*)* Kuntze et *Eremospatha macrocarpa (*Mann et Wendl.*) Wendl. (Arecaceae)''.* Soutenu à l'Université d'Abobo-Adjamé, le 2 septembre 2005.

45. Nestor Goré Bi Boh

Thème : *''Influence de quelques facteurs physico-chimiques du sol sur l'abondance de deux espèces de rotin, Palmiers lianes, (Arecaceae) dans la forêt classée de N'Zodji, Alépé (Côte d'Ivoire).* Soutenu à l'Université d'Abobo-Adjamé, le 2 septembre 2005.

46. Guillaume Koffi Kouamé

Thème : *''Influence de la densité de semis sur quelques composantes du rendement de deux morphotypes de Voandzou, Vigna subterranea (L.) Verdc. (Papilionaceae)''.* Soutenu à l'Université d'Abobo-Adjamé, le 19 octobre 2005.

47. Adèle Kouassi Adjoua

Thème : ''*Polymorphisme foliaire, lié à l'âge, chez les Leguminosae arborescentes du Campus Universitaire de Cocody, Abidjan (Côte d'Ivoire). S*outenu à l'Université de Cocody, Abidjan, le 13 février 2007.

48. Blaise Kpan Wokapeu

Thème : ''*Etude floristique et structurale de la Forêt Classée de Dassioko-Sud, Sud-Ouest de la Côte d'Ivoire''. S*outenu à l'Université de Cocody, Abidjan, le 26 janvier 2007.

49. Bernard Diby Yao

Thème : ''*Recensement des plantes antipaludiques du Département de Toumodi (Centre-Est de la Côte d'Ivoire) et évaluation in vitro de leur activité antiplasmodiale''. S*outenu à l'Université d'Abobo-Adjamé, le 17 juillet 2007.

50. Esther Kouadio Ahou

Thème : ''*Evaluation de l'activité antifongique de Microglossa pyrifolia (*Asteraceae*)''. S*outenu à l'Université de Cocody, Abidjan, le 27 août 2008.

51. Daouda Touré

Thème : ''*Formulation galénique de tablettes à base de l'huile essentielle d'une plante utilisée en médecine traditionnelle dans le traitement des pharyngites : cas de Lippia multiflora (*Verbenaceae*)''. S*outenu à l'Université de Cocody, Abidjan, le 25 mars 2009.

52. Jean-Eric Tougbaté Ouellé

Thème : ''*Valorisation des plantes naturelles à usage pharmaceutique antifongique à base de feuilles de Alchornea cordifolia (*Schum. et Thonn.*)* Müll.''. Soutenu à l'Université de Cocody, Abidjan, le 28 octobre 2009.

53. Liliane Akré

Thème : ''*Etude de l'activité analgésique de l'extrait méthanolique de Mitracarpus scaber Zucc. (Rubiaceae)''. S*outenu à l'Université de Cocody, Abidjan, le 23 février 2010.

54. Serge David Attéméné Dago

Thème : ''*Etude de l'activité analgésique de l'extrait méthanolique des feuilles de Spondias mombin L. (Anacardiaceae)''*. Soutenu à l'Université de Cocody, Abidjan, le 23 février 2010.

55. Hervé Brice Clédjesson Mohou

Thème : ''*Etude de l'activité analgésique de l'extrait méthanolique des feuilles de Gossypium hirsutum L. (Malvaceae)''*. Soutenu à l'Université de Cocody, Abidjan, le 23 février 2010.

56. Moïse N'Djacla Tchoungbé

Thème : ''*Formulation d'une pommade à activité antidermatophytique, à base d'extrait de Strophanthus hispidus* DC. (Apocynaceae) *et de beurre de karité, utilisée dans la pharmacopée ivoirienne''*. Soutenu à l'Université de Cocody, Abidjan, le 23 février 2010.

57. Yao Konan

Thème : ''*Plantes médicinales et alimentaires les plus utilisées en Côte d'Ivoire : enquêtes ethnobotaniques, recherches des activités anti-oxydantes''*. Soutenu à l'Université de Cocody, Abidjan, le 2 juillet 2010.

B- Mémoires du Diplôme d'Etudes Approfondies (DEA) de Biologie humaine, option Parasitologie

1. Hervé I. Menan Eby

Thème : ''*Evaluation de l'activité antiplasmodiale de deux extraits de plantes de la pharmacopée ivoirienne (Momordica charantia et Parkia biglobosa)''*. Soutenu à l'Université de Cocody, Abidjan, à la Faculté de Médecine, le 15 juillet 1997.

2. Siaka Coulibaly

Thème : ''*Evaluation de l'activité anticandidosique des extraits de Cassia alata, Ficus capensis* et *Mitracarpus scaber* et de leurs fractions respectives par chromatographie sur couche mince de silice G''. Soutenu à l'Université de Cocody, Abidjan, à la Faculté de Médecine, le 26 décembre 2007.

C- <u>Thèses de doctorat de 3è Cycle en Sciences Naturelles (Botanique)</u>

1. Noël Zihiri Guédé

Thème : ''*Contribution au recensement, à l'identification et à la connaissance de quelques espèces végétales utilisées dans la médecine traditionnelle et la pharmacopée chez les Bété du Département d'Issia (Côte d'Ivoire).* Soutenue à l'Université d'Abidjan, le 27 juin 1991.

***2.* Rayaïssom Louis Ouédraogo**

Thème : ''*Etude de la végétation aquatique et semi-aquatique de la mare aux Hippopotames et des mares d'Oursi et de Yomboli (Burkina Faso)''.* Soutenue à l'Université de Ouagadougou, le 5 décembre 1994.

3. N'Guessan Koffi

Thème : ''*Contribution à l'étude ethnobotanique en pays Krobou (République de Côte d'Ivoire)''.* Soutenue à l'Université d'Abidjan, le 6 avril 1995.

4. Abdoulaye Sérémé

Thème : ''*Les Anacardiaceae du Burkina Faso : Paramètre botanique et concentration des tanins''.* Soutenue à l'Université de Ouagadougou, le 26 février 1996.

5. Yacoubou Bakasso

Thème : ''*Contribution à l'étude de potentialités de Sesbania pachycarpa DC. et de ses potentialités d'amélioration génétique''.* Soutenue à l'Université de Ouagadougou, le 17 juin 1996.

6. Adjima Thiombiano

Thème : ''*Contribution à l'étude des Combretaceae dans les formations végétales de la région Est du Burkina Faso''.* Soutenue à l'Université de Ouagadougou, le 18 juin 1996.

7. Sié Kambou

Thème : ''*Etude de la biologie de reproduction de Anogeissus leiocarpus (DC.) Guill. et Perr. (Combretaceae) au Burkina Faso''*. Soutenue à l'Université de Ouagadougou, le 7 avril 1997.

8. Moussa Guira

Thème : ''*Etude de la phénologie et de la variabilité de quelques caractères chez le karité, Butyrospermum paradoxum subsp. parkii (G. Don) Hepper (Sapotaceae), dans les champs et les jeunes jachères dans la moitié Ouest du Burkina Faso''*. Soutenue à l'Université de Ouagadougou, le 8 avril 1997.

9. Honora Tra-Bi Fezan

Thème : ''*Utilisation des plantes par l'Homme dans les Forêts Classées du Haut-Sassandra et de Scio, en Côte d'Ivoire''*. Soutenue à l'Université de Cocody, Abidjan, le 18 juillet 1997.

10. François Kouamé N'Guessan

Thème : ''*Influence de l'exploitation forestière sur la végétation et la flore de la Forêt Classée du Haut-Sassandra (Centre Ouest de la Côte d'Ivoire)''*. Soutenue à l'Université de Cocody, Abidjan, le 17 janvier 1998.

11. Maxime Kama Boraud N'Takpé

Thème : ''*Etude floristique et phytoécologique des adventices des complexes sucriers de Ferké 1 et 2, de Borotou et de Zuénoula, en Côte d'Ivoire''*. Soutenue à l'Université de Cocody, Abidjan, le 15 mars 2000.

12. Soulémane Ouattara

Thème : ''*Ecologie et comportement de Loxodonta africana cyclotis (Matchie, 1900) Elephantidae dans la forêt classée du Haut-Sassandra, en rapport avec l'anthropisation de ce milieu''*. Soutenue à l'Université de Cocody, Abidjan, le 30 mars 2000.

13. Théodore Etien Dibié

Thème : ''*Potentiels de régénération des essences forestières commerciales par la germination des graines, dans la forêt classée du Haut-Sassandra''*. Soutenue à l'Université de Cocody, Abidjan, le 09 avril 2005.

D- *Thèses de doctorat d'Etat en Sciences Naturelles*

1. Benoît Satabié

Thème : *"Biosystématique et vicariance dans la flore camerounaise : cas de quelques espèces arborescentes écophylétiques".* Soutenue à l'Université de Yaoundé, le 15 décembre 1989.

2. Saadou Mahamane

Thème : *"La végétation des milieux drainés nigériens à l'Est du fleuve Niger".* Soutenue à l'Université de Niamey, le 30 octobre 1990.

3. **Albert Patouin Ouédraogo**

Thème : *"Le déterminisme du polymorphisme imaginal chez Callosobrochus maculatus (Fab.), Coléoptère Bruchidae dans un système expérimental de stockage de graines de Vigna unguculata (Linn.) Walp.* Soutenue à l'Université d'Abidjan, Abidjan, le 20 juin 1991.

4. Odile Germaine Nacoulma-Ouédraogo

Thème : *"Plantes médicinales et pratiques médicales traditionnelles au Burkina Faso : Cas du plateau central".* Soutenue à l'Université de Ouagadougou, le 2 décembre 1996.

5. Tamini Zoumbiessé

Thème : *"Etude ethnobotanique et analyses morphologiques du développement de la lentille de terre (Macrotyloma geocarpum (Harms) Maréchal et Baudet".* Soutenue à l'Université de Ouagadougou, le 10 avril 1997.

6. Mipro Hien

Thème : *"Etudes des déplacements des éléphants, lien avec leur alimentation et la disponibilité dans le Ranch de gibier de Nazinga, Province de Nahouri, Burkina Faso".* Soutenue à l'Université de Ouagadougou, le 29 mai 2001.

7. Jeanne Frémiot de Chantal Rasolodimby épouse Millogo

Thème : ''*L'homme, le climat et les ressources alimentaires végétales en périodes de crises de substance au Burkina Faso*''. Soutenue à l'Université de Ouagadougou, le 1er juin 2001.

8. Kagoyire Kamanzi-Atindéhou

Thème : ''*Plantes médicinales de Côte d'Ivoire : Investigations phytochimiques guidées par des essais biologiques*''. Soutenue à l'Université de Cocody, Abidjan, le 13 juillet 2002.

9. Jean-Marie Ouadba

Thème : ''*Caractéristiques de la végétation des milieux anthropisés de la province du Bazèga au Burkina Faso*''. Soutenue à l'Université de Ouagadougou, le 17 décembre 2003.

10. Issa Nombré

Thème : ''*Etude des potentialités mellifères de deux zones du Burkina Faso : Garango (province du Boulgou) et Nazinga (province du Nahouri)*''. Soutenue à l'Université de Ouagadougou, le 18 décembre 2003.

11 . Akoégninou Akpovi

Thème : ''*Recherches botaniques et écologiques sur les forêts actuelles du Bénin*''. Soutenue à l'Université de Cocody, Abidjan, le 3 juillet 2004.

12. Adjima Thiombiano

Thème : ''*Les Combretaceae du Burkina Faso : Taxonomie, écologie, dynamisme et régénération des espèces*''. Soutenue à l'Université de Ouagadougou, le 9 avril 2005.

13. Bakayoko Adama

Thème : ''*Influence de la fragmentation forestière sur la composition floristique et la structure végétale dans le Sud-Ouest de la Côte d'Ivoire*''. Soutenue à l'Université de Cocody, Abidjan, le 30 avril 2005.

14. Joseph Ipou Ipou

Thème : '' *Biologie et écologie d'Euphorbia heterophylla (Euphorbiaceae) en culture cotonnière, au Nord de la Côte d'Ivoire*''. Soutenue à l'Université de Cocody, Abidjan, le 14 mai 2005.

15. Mamidou Witabouna Koné

Thème : *''Potentiels des plantes médicinales de Côte d'Ivoire dans le contrôle des haemonchoses chez les ovins''.* Soutenue à l'Université de Cocody, Abidjan, le 27 août 2005.

16. Soro Dodiomon

Thème : *'' Le karité, Vitellaria paradoxa Gaertn. f. (Sapotaceae). Variabilité de quelques caractères morphologiques, production en fruits et moyen de lutte par épandage contre les Loranthaceae parasites. Le cas du parc naturel à karité de Tingréla, Nord de la Côte d'Ivoire''.* Soutenue à l'Université de Cocody, Abidjan, le 14 janvier 2006.

17. Amadé Ouédraogo

Thème : *''Diversité et dynamisme de la végétation ligneuse de la partie orientale du Burkina Faso''.* Soutenue à l'Université de Ouagadougou, le 27 juillet 2006.

18. Paulin Ouoba

Thème : *''Flore et végétation de la Forêt Classée de Niangoloko, Sud-Ouest du Burkina Faso''.* Soutenue à l'Université de Ouagadougou, le 27 juillet 2006.

19. Abo Kouabénan

Thème : *'' Contribution à l'étude de la fusariose vasculaire du cotonnier, en Côte d'Ivoire : Caractérisation de populations de l'agent pathogène, Fusarium oxysporum. Subsp. Vasinfectum (Atk.) Sn. et H., ; analyse des relations entre les facteurs de l'environnement des sols et l'expression de la maladie''.* Soutenue à l'Université de Cocody, Abidjan, le 30 septembre 2006.

20. Noël Zirihi Guedé

Thème : *''Etudes botanique, pharmacologie et phytochimique de quelques plantes médicinales anti-paludique et/ou immunogène utilisées chez les Bété du Département d'Issia, Ouest de la Côte d'Ivoire''.* Soutenue à l'Université de Cocody, Abidjan, le 18 novembre 2006.

21. Philippe Da Kouhété

Thème : ‘‘ *Etude taxonomique du phytoplancton dulçaquicole des masses d'eau lentiques et lotiques de quelques sites au Sud de la Côte d'Ivoire, entre les fleuves Bandama et Bia : Apports de la microscopie électronique à balayage''.* Soutenue à l'Université de Cocody, Abidjan, le 24 février 2007.

22. Edouard Kouassi Konan

Thème : ‘‘ *Flore de la Forêt Classée de la Haute Dodo, Sud-Ouest de la Côte d'Ivoire. Etude de quelques espèces commercialisées : Cas de Garcinia afzelii* (Clusiaceae), *et des Rotins (Palmiers lianes) des genres Calamus, Eremospatha et Laccosperma (Arecaceae)''.* Soutenue à l'Université de Cocody, Abidjan, le 9 juin 2007.

23. Soro Sibirina

Thème : ‘‘ *Les jachères à Légumineuses arborescentes dans la région de Korhogo (Nord de la Côte d'Ivoire) : Production de litière, évolution de la flore adventice sous les espèces introduites et régénération de Acacia auriculaeformis* (Mimosaceae) *à partir des souches''.* Soutenue à l'Université de Cocody, Abidjan, le 23 juin 2007.

24. Karidia Traoré

Thème : ‘‘*Etude comparée de la flore adventice des agro-systèmes élaeicole (Elaeis guineensis) en basse Côte d'Ivoire : Cas des localités de la Mé et Dabou''.* Soutenue à l'Université de Cocody, Abidjan, le 21 juillet 2007.

25. Hypolite N'Dah Dibi

Thème : ‘‘*Etude de suivi par télédétection et système d'informations géographiques d'une aire protégée soumise aux pressions anthropiques : Cas du Parc National de la Marahoué (Côte d'Ivoire).* Soutenue à l'Université de Cocody, Abidjan, le 11 août 2007.

26. Kouadio Kouassi

Thème : ‘‘*Etude de la flore, de la végétation et impact de l'éclaircie sélective par dévitalisation sur les essences principales de la forêt classée de Bossematié, Est de la Côte d'Ivoire''.* Soutenue à l'Université de Cocody, Abidjan, le 6 octobre 2007.

27. Roland Hervé Kouassi

Thème : '' *Diversité végétale du piedmont et des inselbergs en région forestière (Sikensi et Adzopé), Sud-Est de la Côte d'Ivoire''*. Soutenue à l'Université de Cocody, Abidjan, le 12 avril 2008.

28. Albert Otokoré Dama

Thème : ''*Contribution à la connaissance microécologique, cytologique et biochimique du Maï-Bao ou Champignon Thé-Trésor et ses effets sur les agents microbiens''*. Soutenue à l'Université de Cocody, Abidjan, le 13 mai 2008.

29. Lucie Yéboué N'Guessan

Thème : ''*Coreinae de Côte d'Ivoire : données taxinomiques et éléments de synécologie''*. Soutenue à l'Université de Cocody, Abidjan, le 17 mai 2008.

30. Alphonse Bouet

Thème : ''*Contribution à la lutte contre la Pyriculariose, maladie fongique du riz (Oryza sativa L.) en Côte d'Ivoire : caractéristiques de la population de l'agent pathogène (Magnaparthe grisea Barr.) et méthode d'évaluation variétale pour la résistance à la pyriculariose foliaire et à la pyriculariose du cou''*. Soutenue à l'Université de Cocody, Abidjan, le 24 mai 2008.

31. Annick Victoire Koulibaly

Thème : ''*Caractéristiques de la végétation et dynamique de la régénération, sous l'influence de l'utilisation des terres, dans des mosaïques forêts-savanes des régions de la Réserve de Lamto et du Parc National de la Comoé, en Côte d'Ivoire''*. Soutenue à l'Université de Cocody, Abidjan, le 31 mai 2008.

32. Abdoulaye Sérémé

Thème : ''*Etude de quelques plantes à tanins du Burkina Faso : Anatomie, pharmacopée, tannage, analyse chimique et propagation végétative''*. Soutenue à l'Université de Ouagadougou, Abidjan, le 9 juin 2008.

33. Mamounata Ouédraogo Belem

Thème : ‘‘*Les galeries forestières de la Réserve de Biosphère de la marre aux Hippopotames du Burkina Faso : Caractéristiques, dynamique et ethnobotanique*’’. Soutenue à l’Université de Ouagadougou, le 10 juin 2008.

34. Honora Tra Bi Fezan

Thème : ‘‘*Evaluation de l’activité antifongique de 15 plantes de la flore de la Côte d’Ivoire*’’. Soutenue à l’Université d’Abobo-Adjamé, Abidjan, le 9 juillet 2008.

35. N’Guessan Koffi

Thème : ‘‘*Les plantes médicinales et pratiques médicales traditionnelles chez les peuples Abbey et Krobou du Département d’Agboville (Côte d’Ivoire)*’’. Soutenue à l’Université de Cocody, Abidjan, le 2 août 2008.

36. Benson Boua Boua

Thème : ‘‘*Etude de la phytochimie et du potentiel bioactif sur la dysfonction érectile de 4 plantes de la flore de Côte d’Ivoire*’’. Soutenue à l’Université d’Abobo-Adjamé, Abidjan, le 22 octobre 2008.

37. François Malan Djah

Thème : ‘‘*Utilisation traditionnelle des plantes et perspective de cogestion des aires protégées de Côte d’Ivoire : cas du Parc National des Iles Ehotilé (Littoral Est de la Côte d’Ivoire)*’’. Soutenue à l’Université d’Abbo, Abidjan, le 28 octobre 2008.

38. Marie-Esther Awa Touré

Thème : ‘‘*Dynamique d’infestation de la Forêt Classée Sanaimbo (Sous-Préfecture de Tiémélékro) par des adventices des agro-ecosystèmes environnants*’’. Soutenue à l’Université de Cocody, Abidjan, le 21 mars 2009.

39. Georges Yaméogo

Thème : ‘‘*Les ressources ligneuses et leur gestion dans le terroir de Vipalogo, Province du Kadiogo, Burkina Faso*’’. Soutenue à l’Université de Cocody, Abidjan, le 11 juillet 2009.

40. Kouamé Djaha

Thème : ''*Rôles des animaux frugivores dans la régénération des forêts : Cas de l'éléphant (Loxodonta cyclotis Matschie) dans le Parc National d'Azagni (Sud de la Côte d'Ivoire)*''. Soutenue à l'Université de Cocody, Abidjan, le 21 octobre 2009.

41. Charles Sangne Yao

Thème : ''*Dynamisme du couvert forestier d'une aire protégée soumise aux pressions anthropiques : Cas de la Forêt Classée de Téné, dans le Département d'Oumé (Centre Ouest de la Côte d'Ivoire)*''. Soutenue à l'Université de Cocody, Abidjan, le 21 novembre 2009.

42. Marie-Thérèse Kouamé N'Dri

Thème : ''*Espèces végétales spontanées consommées dans le Département de Gagnoa, au Centre-Ouest de la Côte d'Ivoire : inventaire, teneur en quelques nutriments et essais de domestication*''. Soutenue à l'Université de Cocody, Abidjan, le 28 novembre 2009.

43. Laurent Kouakou Kouakou

Thème : ''*Optimisation de la production de plantules de deux espèces de rotin commercialisées en Afrique tropicale : Laccosperma secundiflorum, Eremospatha macrocarpa (Arecaceae)*''. Soutenue à l'Université d'Abobo-Adjamé, Abidjan, le 30 novembre 2009.

44. Komoé Koffi

Thème : ''*Distribution du phytoplancton dans le complexe lagunaire de Grand-Lahou, Côte d'Ivoire*''. Soutenue à l'Université de Cocody, Abidjan, le 23 janvier 2010.

E- Thèses de Doctorat d'Etat en Pharmacie

1. Thiam Demba

Thème : ''*Tradimédicaments et pathologie digestive : Formes galéniques utilisées dans les pathologies digestives hautes aiguës et douloureuses*''. Soutenue à l'Université d'Abidjan, le 6 avril 1994.

2. Louis Sey N'Draman

Thème : ''*Essais de formulation de shampooing antipelliculaire antifongique à base de plantes utilisées en pharmacopée traditionnelle ivoirienne, pour leur activité anditermatosique vis-à-vis du Pityriasis versicolor : cas de Cassia alata (Cesalpiniaceae), de Mitracarpus scaber (Rubiaceae)''*. Soutenue à l'Université d'Abidjan, le 5 juillet 1995.

3. Korotoumou Nafougo Koné

Thème : ''*Formulation galénique et étude biopharmaceutique de gélules à base de décoctés de plantes utilisées en médecine traditionnelle dans les affections urinaires : Cas de Detarium microcarpum* et *Piliostigma thonningii''*. Soutenue à l'Université d'Abidjan, le 7 janvier 1997.

4. Jocelyne Mokoua Porquet

Thème : ''*Formulation d'un produit diététique à base d'aliments locaux : Cas d'une farine à cuire à base d'aliments appartenant aux espèces : Oryza sativa, Zea mays, Pennisetum thyphoideum, Dioscorea alata, Musa paradisiaca, Musa sapientum, Arachis hypogaea* et *Citrus aurantium''*. Soutenue à l'Université de Cocody, Abidjan, le 24 octobre 1997.

5. Awa Tolo

Thème : ''*Valorisation de la pharmacopée ivoirienne : Etude, formulation, et contrôle biogalénique d'une émulsion dermopharmaceutique à activité antifongique. Cas d'Afzelia bella* et Cassia alata (Caesalpiniacées)''. Soutenue à l'Université de Cocody, Abidjan, le 28 février 1997.

6. Mathieu Weudji Sery

Thème : ''*Essai de formulation de suppositoires à partir de décoctés de plantes à activité anti-hémorroïdaire utilisé s en médecine traditionnelle : Cas du Combretum paniculatum (Combretacées)* et *Phyllanthus amarus (Euphorbiacées)''*. Soutenue à l'Université de Cocody, Abidjan, le 20 décembre 2000.

7. Jeannot N'Gotta Konan

Thème : ''*Place des dérives du Quinghaosu dans le traitement du paludisme à Abidjan (Côte d'Ivoire)*''. Soutenue à l'Université de Cocody, Abidjan, le 18 février 2002.

8. Raymonde Apo Amandé

Thème : ''*Recensement des plantes utilisées dans le traitement du paludisme en médecine traditionnelle ivoirienne*''. Soutenue à l'Université de Cocody, à la Faculté de Pharmacie, Abidjan, le 13 février 2003.

F- Thèses de Doctorat d'Etat en Médecine

1. Issa Dembélé

Thème : ''*Le tradipraticien et les soins de santé primaire*''. Soutenue à l'Université d'Abidjan, à la Faculté de Médecine, le 23 novembre 1998.

2. Blaise Koné Atioumounan

Thème : ''*Contribution à l'étude du Paludisme dans la région de Taï : Réponses thérapeutiques des différents secteurs de santé*''. Soutenue à l'Université de Cocody, à la Faculté de Pharmacie, Abidjan, le 27 mai 1991.

3. Patricia Joëlle Sylvie Fassinou

Thème : ''*Connaissances, attitudes et pratiques des mères ivoiriennes vis-à-vis des infections respiratoires aiguës dans la commune de Yopougon*''. Soutenue à l'Université de Cocody, à la Faculté de Médecine, Abidjan, le 30 juillet 1993.

4. Joël Siby

Thème : ''*Médication traditionnelle en pathologies néonatales chez les Wobè*''. Soutenue à l'Université de Cocody, à la Faculté de Médecine, Abidjan, le 20 janvier 2003.

G- Thèses de Doctorat d'Université

1. Guénoukpati Koami

Thème : ''*Contribution au recensement, à l'identification et à la connaissance de quelques espèces végétales utilisées dans la médecine traditionnelle et dans la pharmacopée, chez les Ouatchi (République du Togo)''*. Soutenue à l'Université de Cocody, Abidjan, le 30 avril 1994.

H- Thèse de Doctorat en Chirurgie dentaire

1. Elvis Jean Serge Diby

Thème : ''*Recensement de plantes médicinales utilisées en Odonto-stomatologie traditionnelle en Côte d'Ivoire''*. Soutenue à l'Université de Cocody, Abidjan, le 9 janvier 2004

CHAPITRE 10
AKE-ASSI ET LA PHARMACOPEE AFRICAINE

L'œuvre accomplie par Professeur Aké-Assi Laurent va au-delà de la science botanique. A travers cette œuvre, le savant se préoccupe également des possibilités d'utilisation des résultats des travaux effectués à des fins thérapeutiques. La médecine africaine traditionnelle trouve-là l'opportunité pour se mettre en valeur, en contribuant à résoudre l'épineuse question de la fourniture des soins de santé aux populations africaines. Professeur Aké-Assi Laurent s'est saisi de cette opportunité pour participer à la promotion de la pharmacopée africaine.

Rencontre avec les tradi-praticiens de santé ou guérisseurs

Professeur Aké-Assi Laurent s'intéresse à la pharmacopée africaine depuis longtemps. Il le fait parce qu'il connait les plantes et leurs potentiels de guérison de diverses maladies. Il est donc scientifiquement qualifié pour proposer les plantes appropriées à la guérison des maladies tropicales. Il a la matière grise et les matériaux nécessaires.

Dans la rubrique intitulée *Grandes Enquêtes* de Fraternité Matin, sous la plume de Raphael N'Guessan, dans un papier dont le titre est : « *La matière première abondante* », on peut lire : « *La matière première végétale qui fournit aux tradipraticiens, naturalistes, naturothérapeutes et autres guérisseurs leur matériau de base est fort abondante en Côte d'Ivoire. Environ 5000 espèces botaniquement connues ont été répertoriées et constituées en herbiers (spécimens séchés) qu'on peut d'ailleurs consulter au laboratoire de botanique de l'Université Nationale* »[51]. Les données collectées, pendant des années, par le Professeur Aké-Assi Laurent et ses collaborateurs, constituent, en effet, une banque de données « *vivantes* » d'une richesse scientifique inouïe. Les éléments nécessaires à « l'alimentation » d'une pharmacopée africaine vivante, sont disponibles.

Quel est le niveau de collaboration entre la médecine moderne et la médecine traditionnelle aujourd'hui en Côte d'Ivoire? Ce ne sont pas les initiatives visant justement à rapprocher ces deux types de médecine qui ont manqué. Toutes les initiatives développées visent à contribuer à guérir les malades par les plantes. Pour une conciliation entre la médecine traditionnelle et la médecine moderne, Gooré Bi Hué suggère : « *Il s'avère nécessaire que, pour une efficacité accrue, les médecins modernes et les*

---

[51] *Médecine traditionnelle – La matière première abondante*», Raphael NGuessan, dans la rubrique Grandes Enquêtes de Fraternité Matin.

tradi-praticiens collaborent franchement. Que les deux sciences se fassent mutuellement confiance. Ce qui signifie, entre autres, que le guérisseur soit considéré par les médecins des hôpitaux comme un partenaire à part entière »[52]. Professeur Aké-Assi Laurent pose cependant une condition : « *S'il est prouvé que ce dernier est un vrai guérisseur !* ». La prudence de professeur Aké-Assi se justifie par le fait que parmi les experts de la médecine traditionnelle, il y en a qui sont de « faux docteurs ». Ce sont ceux-là qui jettent le discrédit sur tout l'ensemble du corps médical traditionnel en Côte d'Ivoire.

Se faire ''*mutuellement confiance*'' constitue incontestablement la base de la collaboration, de la coopération entre acteurs ou groupes d'acteurs. Autrement dit, sans un minimum de confiance, il est quasiment impossible à ces acteurs de coopérer, de regarder dans la même direction, même pour quelque temps.

Professeur Aké-Assi Laurent a de profondes raisons de croire en la capacité de la médecine traditionnelle à résoudre les problèmes de santé d'une frange importante de la population africaine. Il ne voit pas la médecine traditionnelle et la médecine moderne comme des concurrentes. Il pense plutôt qu'elles doivent collaborer. Pour corroborer cela, il donne le témoignage suivant, rapporté par Joane Artaud : « *C'était,* insiste-t-il, *le seul mode de guérison employé avant l'introduction des médicaments. Les plantes étaient alors d'une aussi grande efficacité que les cachets, piqûres, sirops et suppositoires. De nos jours, on voit les mères, les sœurs ou les épouses apporter au malade, le médicament traditionnel à l'hôpital. Des docteurs le tolèrent d'ailleurs. Je sais que pour un cas spécial, par exemple, les plantes ont réussi là où la science moderne a presqu'échoué. Il s'agissait d'un motard de la police qui, à la suite d'un accident, a passé plusieurs mois à l'hôpital pour tenter de se remettre d'une mauvaise fracture. En fin de compte, sa famille est venue le chercher pour le ramener au village et le faire soigner. Un mois après, il était complètement guéri* »[53]. Les témoignages de ce genre abondent. Ils montrent, de manière pratique, les limites de la médecine moderne pour le traitement de certains cas spécifiques.

Parmi les acteurs de cette médecine traditionnelle, figurent, en bonne place, les femmes dans la guérison des maladies dites des ''femmes''. Toujours, sous la plume de Joane Artaud, on peut, en effet, lire : « *Les femmes qui guérissent sont souvent spécialisées dans les maladies propres aux femmes (grossesses, stérilité, règles, accouchements) et aux enfants. Chez les Akyé, par exemple, il y a plus de femmes guérisseuses que*

---

[52] « *Médecine du mystère* », Gooré BI Hué, dans la rubrique Grandes Enquêtes de Fraternité Matin.

[53] *AKE ASSI : un paysan devenu savant* », Joane Artaud, Ivoire Soir N° 262 du 15 février 1976.

d'hommes. Aké-Assi Laurent lui-même se souvient que tout petit, une femme a guéri un épouvantail mal de gorge dont il souffrait, en lui faisant boire un jus de plante bouilli (décoction) avec du piment »[54].

Dans la mise en œuvre de son programme de collaboration avec les guérisseurs traditionnels de Côte d'Ivoire, professeur Aké-Assi Laurent note : « *Lorsque j'arrive dans un village, je demande s'il y a quelqu'un qui connait les médicaments. Lorsqu'il y en a, on me le présente. Je lui expose alors le but de ma mission qui est de capter et conserver la tradition, afin d'en faire bénéficier le monde entier »*[55].

La mise en œuvre de cette collaboration ne recueille pas l'unanimité parmi les guérisseurs. Il y a des oppositions de la part de la majorité des guérisseurs. Seule une minorité de 17 guérisseurs, sur des centaines contactés, ont accepté l'offre de collaboration d'Aké-Assi Laurent dans le cadre du recensement des plantes médicinales. Les partisans du boycott de la main tendue du savant expliquent leur refus de collaborer avec le professeur en ces termes : *« Si nous vous faisons connaître les plantes, vous allez en faire des médicaments et vous enrichir. Alors que nous, nous resterons pauvres* »[56].

L'exploitation des plantes médicinales dans un pays donné a toujours présenté des enjeux colossaux notamment sur les plans social, culturel, anthropologique et financier. C'est ce qui explique le fait que plusieurs guérisseurs sollicités ont décliné l'offre de collaboration de Professeur Aké-Assi Laurent. Pourtant, professeur Aké-Assi Laurent avait bien expliqué à ses collègues guérisseurs que sa démarche ne « *consiste pas à faire du commerce, mais à écrire des livres* ». En réalité, cela n'a pas suffi pour rassurer la majorité des guérisseurs rencontrés. Dans ses investigations, Professeur Aké-Assi Laurent a fait un constat majeur. Dans les régions de la zone Sud de la Côte d'Ivoire, les guérisseurs traditionnels sont plus réticents, plus fermés alors que ceux de la zone Nord sont plus ouverts. Il poursuit : « *Au Sud, c'est difficile ; les guérisseurs nous montrent quelque chose (une plante) juste pour avoir de l'argent. Au Nord, on donnerait tout sauf ce qui concerne l'avortement ou le poison*».

A la suite de sa rencontre avec le savant Aké-Assi Laurent, Joane Artaud relève : « *Aké-Assi disposait d'un budget pour payer des intéressements aux guérisseurs traditionnels. Certains demandaient quelque chose, mais beaucoup ne réclamaient rien, car selon eux, l'argent détruit le pouvoir curatif de la plante. Aké-Assi Laurent n'hésite pas à raconter une anecdote rapportée par son oncle guérisseur. Pour une espèce de plante, ce dernier*

---

[54] *AKE ASSI : un paysan devenu savant* », Joane Artaud, Ivoire Dimanche N° 262 du 15 février 1976.

[55] *AKE ASSI : un paysan devenu savant* », Joane Artaud, Ivoire Dimanche N° 262 du 15 février 1976.

[56] «*AKE ASSI : un paysan devenu savant »*, Joane Artaud, in Ivoire Dimanche N° 262 du 15 Février 1976.

demande un « salaire » de 1 franc symbolique. Parce qu'il y a trente ans, son premier utilisateur lui avait payé 1 franc. Il a dû conserver cette valeur pour ne pas détériorer le pouvoir de guérison qu'avait la plante à l'époque. Les dons spontanés ne sont quand même pas refusés (argent, whisky, poulets, pagnes pour les femmes) »[57].

Dans la plupart des aires culturelles de la Côte d'Ivoire, l'accès aux médicaments traditionnels n'était pas difficile. Quiconque se sentait malade pouvait approcher un guérisseur dans le village pour se soulager. Certains guérisseurs ne réclamaient même pas un franc. Ils demandaient le plus souvent qu'on leur présente des noix de kola, du vin de palme ou « *bandji* » dans le langage populaire. Dans certains cas, le guérisseur laissait une marge de manœuvre au patient. C'est généralement après le constat effectif de guérison que le patient allait offrir « *quelque chose* » au guérisseur. Ce « *quelque chose* » était généralement de la boisson locale. Il n'y avait pas de contrat verbal ou écrit entre un guérisseur et un patient portant sur les conditions ou les modalités de rémunération. Tout était organisé uniquement sur la base de la morale, de la confiance. Ce qu'il ne fallait pas faire, par contre, c'est de retourner les mains vides chez le guérisseur après avoir été guéri de son mal par absorption, par exemple, d'une décoction qu'il aura proposée. Si un tel cas se présentait, le guérisseur ne manifestait aucun mécontentement. Mais il gardait cela en mémoire. Tôt ou tard, lorsqu'il est sollicité par ce premier bénéficiaire de ses services ou un de ses proches, il n'hésitait pas à le faire savoir.

Il faut également noter que dans l'ancien temps, notamment dans les villages, un guérisseur traditionnel ne vivait pas de cette activité, qu'il n'exerçait pas, du reste, à temps plein ou même à temps partiel. Il était d'une corporation donnée avant d'être guérisseur. Celui-ci n'avait pas pignon sur rue comme cela se voit, de plus en plus, aujourd'hui. Par ailleurs, l'activité de guérisseur se transmettait de père en fils ou de grand-père en petit-fils. Mais, à partir du moment où des guérisseurs ont commencé à être des « *professionnels* », à monnayer leur travail, notamment en milieu urbain, tout a changé. C'est alors que l'on a commencé à voir une race de guérisseurs qui se sont, en réalité, « *improvisés* » guérisseurs. C'est aussi à partir de cette nouvelle donne que l'activité de guérisseur a commencé par tomber dans une certaine banalité. Des pratiques d'escroquerie ont également entouré les actions de certains guérisseurs des temps nouveaux qui ont très rapidement perdu toute capacité de guérison. Au point que certains ont disparu de la scène. C'est à partir de là également qu'une partie du public a commencé à prendre une certaine distance vis-à-vis de certains tradi-thérapeutes.

---

[57] *AKE ASSI : un paysan devenu savant* », Joane Artaud, Ivoire Soir N° 262 du 15 février 1976.

AKE-ASSI Laurent : un guérisseur par les plantes

Professeur Aké-Assi Laurent a une connaissance profonde des plantes. Cette connaissance s'est traduite, naturellement, par le développement de fortes capacités à guérir des maladies par les plantes. Il connait les vertus thérapeutiques des plantes étudiées. Nous proposons ici un aperçu des possibilités de guérison des maladies présentées par professeur Aké-Assi Laurent.

Guérison de la stérilité féminine par les plantes en Côte d'Ivoire

Nom scientifique de la plante	**Zone géographique de prédilection**	**Nom en langue(s) nationale(s)**	**Peuples utilisateurs de la plante**	**Mode d'emploi**
Annona senegalensis var. oulotricha *(Annonaceae)*	Espèce soudano-guinéenne, elle se rencontre dans tous les types de savane, depuis le Sénégal jusqu'au Nigeria et en République Centrafricaine		Djmini de la région de Dabakala	Absorption, durant plusieurs semaines, d'une mixture à base d'écorces de racines de cette plante. Les écorces des racines ou seulement les petites racines sont lavées, séchées et pulvérisées au pilon dans un mortier. Avec la poudre ainsi obtenue, mélangée avec du poisson, on prépare une sauce. Cette mixtion, assaisonnée avec du piment et du sel, doit être ingurgitée chaude, deux fois par jour (matin et soir). Chaque séance de traitement doit être complétée par un bain plus ou moins chaud de décoction des feuilles de la plante.
				Chez les Koulango de la région de Bouna, le traitement de la stérilité féminine consiste en un breuvage d'un décocté des racines de cette plante. Ce sont les racines affleurantes, traversant un sentier, qui sont employées. Il faut tronçonner celles-ci d'un seul coup de coupe-coupe de chaque côté du sentier (à droite et à gauche) et par racine. Les racines ainsi extirpées sont lavées et rangées dans un canari ; de l'eau y est ajoutée et le tout est

***Ficus glumosa* Del** (Moracées)	Espèce de savane, répandue du Sénégal au Niger	Loko (Koulango)	Koulango de la région de Bouna	porté à ébullition. La cuisson est indiquée par la coloration plus ou moins foncée du liquide. Le traitement est conseillé une fois par jour, dès les premières heures du matin, pendant plusieurs semaines. Le décocté doit être bu, tiède ou froid, dans le creux de chacune des mains, deux fois dans la droite et deux fois dans la gauche. Si nécessaire, le contenu du canari peut être renouvelé en utilisant la même méthode.
Crossopteryx febrifuga (Rubiacées)	Espèce soudano-guinéenne, elle est largement répandue dans toute l'Afrique intertropicale	Kinguéhoun (Malinké) Krokro (Baoulé)	Malinké de la région de Séguelon	Pour guérir la stérilité, les Malinké de la région de Séguelon, prescrivent la décoction des feuilles de cette plante en boisson. On place dans un canari quatre bottes de feuilles complétées par de l'eau ; le tout doit être mis à bouillir de façon à obtenir un liquide plus ou moins foncé. Tiède ou refroidi, le décocté doit être bu dans le creux des deux mains (trois fois dans la droite, quatre fois dans la gauche), deux fois par jour, pendant plusieurs semaines. Le traitement doit être complété chaque fois par un bain de la même décoction.

Clerodendrum umbellatum Poir. (Verbiacées)	Espèce africaine répandue du Sénégal au Cameroun	Appié-So (Attié) Irkpiking (Adioukrou)	Attié Adioukrou	
Elytraria marginata Vahl (Acanthacées)	Espèce répandue depuis le Sénégal jusqu'au Zaïre	Nohotou (Oubi)	Oubi	
Geophila obvallata Schum. ***F. Didr*** (Rubiacées)	Espèce sciaphile, répandue depuis la république de Guinée jusqu'au Congo			
Microdesmis keayana J. Léonard (Pandaceae)	Espèce de sous-bois de forêt répandue depuis la république de Guinée au Cameroun et en Angola	Kpeundzun (Attié) Kpekpel (Adioukrou) Dého (Guéré) Klatoué (Oubi) Kokoï (Abbey)	Ceux qui sont cités ci-contre	Pour traiter la stérilité, les Bété de la région de Guéyo utilisent les feuilles de ces quatre espèces et des nids de guêpes maçonnes. Les feuilles et les nids sont triturés et pétris. La pâte ainsi obtenue est délayée dans de l'eau tiède ; cette solution aqueuse est administrée en lavement, deux fois par jour, matin et soir, pendant plusieurs semaines.

Guérison traditionnelle de maladies par la banane-plantain en Côte d'Ivoire et en Afrique Occidentale

Professeur Aké-Assi Laurent présente le bananier plantain en ces termes : « *Le bananier plantain est bien connu pour son fruit qui constitue une source alimentaire importante dans la plupart des pays tropicaux, principalement dans la région guinéo-congolaise de l'Afrique de l'Ouest. En Côte d'Ivoire, et en Afrique Occidentale, en général, outre l'utilisation alimentaire habituelle de son fruit, la banane, la plante est employée en médecine traditionnelle, pour la préparation de plusieurs remèdes. Les différentes parties du bananier servent à la préparation de plusieurs remèdes utilisés dans le traitement de diverses maladies* »[58].

Dans les lignes ci-dessous, professeur Aké-Assi Laurent donne un aperçu des différentes maladies soignées à partir du bananier plantain :

- On soigne les aphtes et la gingiviste en faisant des applications locales avec le charbon de la « peau » (péricarpe) de la banane.

- La macération, dans de l'eau, des racines du bananier, est recommandée, en bain de bouche, contre la carie dentaire.

- L'administration, en installations oculaires, de l'extrait des racines fraîches de la plante, mélangée avec un peu de sel, traite la cataracte.

- L'administration, par voie buccale, de l'extrait des feuilles fraîches de Bidens pilosa Linn (Asteraceae) melé avec du charbon de la « peau » de banane, est efficace contre la dysenterie.

- Contre l'incontinence urinaire, on recommande, en boisson, le jus de cuisson de bananes vertes.

- Pour remédier à la ménorragie, on conseille de faire des lavements avec une solution obtenue à partir de racines fraiches pétries du bananier, que l'on délaye dans de l'eau tiède.

[58] Source : Curriculum Vitae du professeur, version 2009, page 124.

- Contre les palpitations cardiaques, on prescrit, en breuvage, l'extrait de l'extrémité, non épanouie, de l'inflorescence pilée, dans lequel on incorpore du gros sel.

- Dans les cas de blessure, la râpure de la « tige » du bananier est utilisée, en application locale, comme hémostatique.

- La cendre de la « peau » de banane, après mélange avec de l'eau, filtrée dans une poêle à feu doux, donne une potasse très utilisée, aussi bien dans la préparation de diverses recettes médicamenteuses, en savonnerie, qu'en cuisine dans la confection de certaines sauces. Cette potasse entre aussi dans la préparation du tabac à chiquer et à priser.

Aké-Assi Laurent a découvert une multitude d'autres plantes guérissant de diverses maladies. Joane Artaud nous en donne un résumé selon les informations qui lui ont été fournies par le savant : «*Sur les 304 plantes retenues dans le premier inventaire demandé par le Ministère du Plan, on constate que 7 d'entre elles soignent des abcès. Fait surprenant : aucun guérisseur n'a voulu parler des plantes qui fassent avorter. Toutefois, Aké-Assi a découvert que les rameaux du Opilia celtidifolia (Opiliaceae), carbonisés et pilés, donnent une poudre à effet abortif. Par contre, la décoction (opération consistant à bouillir des feuilles) du même Kro N'Guéké est également considérée comme un anti-poison. Cinq plantes permettent d'accoucher sans douleur. Lorsqu'une personne se lave avec le décocté des feuilles de Embelia guineensis (Myrsinaceae), et après, si un chien mord cette personne, le chien meurt. Aké-Assi décrit également 5 plantes anti-poisons, 5 anti- venimeuses, 1 anti-tétanique. Il a trouvé 18 plantes aphrodisiaques, 11 plantes différentes contre la blennorragie, 7 contre la colique, 10 contre la diarrhée, 15 contre la dysenterie, 20 contre la conjonctivite, et 5 contre la constipation. 7 plantes sont utilisées comme contre-poison, 22 dans les soins contre la jaunisse ou le paludisme ou tous les ennuis de foie. Cinq plantes soignent les entorses, et seulement 1, les luxations. Deux plantes sont réputées provoquer la fécondité chez la femme. Toutes les plantes curatives sont accompagnées de piments qui donnent une sensation de bien-être. Les doses pour enfant comportent souvent moins de piment. Cet inventaire de plantes soignant diverses maladies prouve bien que ces plantes sont spécifiquement adaptées aux maladies tropicales. Les collectes et recherches d'Aké-Assi sont transmises aux chercheurs chimistes qui opèrent un choix et perfectionnent ensuite la recherche. Une station d'extraction pilote est en cours de construction à l'Université d'Abidjan qui pourra procéder à l'amélioration des extraits bruts totaux des plantes répertoriées par Aké-Assi. La Côte d'Ivoire pourra les vendre dans un premier temps à des industries pharmaceutiques internationales. Plus tard, raffiner ces produits sur place, sera possible. Les plantes découvertes et répertoriées par Aké-Assi sont séchées et classées dans l'Herbier National de Côte d'Ivoire, sis au Centre National de Floristique à l'Université de Cocody. C'est tout naturellement lui qui en a la charge. Elles sont classées par familles. A ce jour, il existe 64.000 échantillons. Le chiffre est important. Aké-Assi s'est également efforcé de cultiver ces plantes dans le jardin botanique de l'Université d'Abidjan, ouvert aux étudiants, mais aussi à toutes personnes désireuses de s'instruire* »[59].

Le savant Aké-Assi Laurent connait les vertus médicamenteuses de plusieurs plantes parmi celles qu'il a récoltées durant sa longue carrière scientifique et professionnelle. Malgré cette immense connaissance des plantes tropicales, il ne s'est jamais proclamé guérisseur comme le font de nombreux compatriotes qui utilisent abusivement les médias notamment les journaux et la télévision nationale pour berner les populations ignorantes. Ils sont, en effet, nombreux à passer à la télévision pour se vanter de soigner telle ou telle maladie, à partir de telle ou telle plante. Ils n'hésitent pas à extorquer de l'argent à des citoyens honnêtes. Ces ''*guérisseurs*'', par leurs comportements mercantiles, ternissent l'image des vrais guérisseurs par les plantes. Leurs comportements frisent parfois l'escroquerie.

Professeur Nguessan Kouakou Edouard, qui a longtemps travaillé avec professeur Aké-Assi Laurent, d'abord en tant que son étudiant et ensuite comme collègue, indique : « *Quand professeur Aké-Assi Laurent est malade, le premier acte qu'il pose, c'est d'aller chez un médecin. Chaque année, il fait son bilan de santé au moins deux fois. Si quelqu'un est avec lui dans la forêt, c'est-à-dire loin d'une pharmacie ou d'un centre de santé et qu'il sent un mal, il peut l'aider en utilisant les plantes qui se trouvent dans les environs. Professeur Aké-Assi conseille toujours aux gens de se rendre à l'hôpital* ».

Professeur Aké-Assi Laurent a toutes les raisons d'ouvrir une officine de médecine traditionnelle dans un quartier d'Abidjan. Rien que par son seul nom et par les connaissances intrinsèques qu'il a acquises en la matière, il attirerait de nombreux patients. Les gens s'aligneraient certainement devant son officine. Mais, l'ouverture d'une telle officine n'a jamais effleuré son esprit. Cela n'effleurera certainement jamais son esprit. En réalité, Professeur Aké-Assi Laurent n'est pas animé d'un esprit mercantile. Il n'est pas prêt à s'en écarter. Cela l'éloigne de la pratique de ce genre d'activité, lui qui est si attaché aux principes éthiques et déontologiques liés à l'exercice d'un métier quelconque. Il ne veut pas être taxé de pratiquer illégalement la médecine traditionnelle.

---

[59] *AKE ASSI : un paysan devenu savant* », Joane Artaud, Ivoire Dimanche N° 262 du 15 février 1976.

Professeur Aké-Assi Laurent voit souvent des gens, se disant guérisseurs, passer à la télévision publique et affirmer travailler en collaboration avec lui. Ces pratiques qui frisent l'escroquerie morale et intellectuelle n'émeuvent, en rien, le professeur.

Relation entre le botaniste et le chimiste

Le lecteur serait curieux de savoir comment la plante collectée par le chercheur botaniste est transformée en médicament à partir du travail réalisé par le fabricant. En d'autres termes, quels sont les différentes étapes, les procédés utilisés, les modalités du processus de transformation d'une plante par le botaniste et le chimiste pour aboutir au médicament ? Le lecteur peut se poser une autre question non moins pertinente, à savoir quelle est la structure qui certifie que telle ou telle plante, après analyses chimiques ayant conduit à l'extraction des molécules, remplit toutes les conditions pour être utilisée pour soigner des malades?

Professeur Aké-Assi Laurent donne l'éclairage suivant sur le type de collaboration qui prévaut entre lui et le chimiste : « *Par exemple Strychnos afzelii (Loganiaceae) est aphrodisiaque. La macération des racines dans du koutoukou*[60] *ou du gin est indiquée en boisson matin, midi et soir, à raison d'un petit verre après le repas. Elle doit être consommée, chaque fois que c'est nécessaire. Le genre Strychnos est un tropical. Parmi les espèces des autres régions du monde, certaines sont aussi aphrodisiaques. Comme par exemple Strychnos nux-vomica, originaire de l'Inde, est également aphrodisiaque. Les deux plantes de différents pays sont aphrodisiaques. Ce qui est un bon recoupement. Pour que Strychnos afzelii puisse être utilisé sans danger, il faut que le chimiste fasse des études la concernant afin qu'il trouve la dose pouvant être utile à la santé de l'homme, etc. Pour ce travail, on a besoin du chimiste, du biochimiste, du physicien, du botaniste, du pharmacien, du médecin, etc…*».

En définitive, on comprend que la fabrication d'un médicament à base de plante est une activité à laquelle participent plusieurs spécialistes pour assurer sa fiabilité, sa crédibilité et qu'elle puisse être consommée sans risque sanitaire pour l'espèce humaine. En fait, chaque spécialiste apporte sa touche scientifique et technique.

---

[60] Koutoukou est un alcool obtenu à partir, entre autres, de la distillation du vin de palme.

De l'initiation à la botanique taxonomique à l'ethnobotanique

Professeur Aké-Assi Laurent a eu à bénéficier de l'appui financier de personnes œuvrant dans divers domaines. Parmi ces personnes, l'une retient particulièrement l'attention : Kouassi Brou Mathieu. Cet homme n'est pas un botaniste. Il a eu une formation littéraire et a exercé comme banquier. Il constitue un cas unique. Il va faire la rencontre avec professeur Aké-Assi Laurent qui va l'initier à la botanique. Depuis, les deux hommes ne se sont plus quittés. Leur expérience de collaboration mérite d'être citée en exemple.

Kouassi Brou Mathieu utilise aujourd'hui les plantes pour soigner diverses maladies. Il nous explique les circonstances de sa rencontre avec le professeur Aké-Assi Laurent : « *J'ai rencontré le professeur Aké-Assi Laurent en 2005. Quand j'ai vu pour la première fois le professeur Aké-Assi, j'ai été séduit par son parcours. J'ai compris que tous les deux, nous sommes attachés au développement des compétences. J'ai simplement voulu lui apporter une contribution en matière de formulation des projets. Cela va déboucher sur mon initiation à la botanique par le professeur Aké-Assi Laurent* ».

Parlant de son parcours professionnel et de ce qu'il réalise aujourd'hui, Kouassi Brou Mathieu précise : « *J'ai travaillé à la Banque Internationale pour le Commerce et l'Industrie en Côte d'Ivoire (BICICI) comme cadre supérieur. Après 22 ans de carrière professionnelle, j'ai fait valoir mes droits à la retraite anticipée, et j'ai quitté la banque en qualité de Directeur commercial, chargé de la gestion des comptes des Grandes Entreprises. Ce départ de la banque me donnait l'opportunité de disposer du temps pour d'abord me consacrer à moi-même et ensuite à l'éducation de mes enfants.*

C'est ainsi que j'ai essayé de faire l'élevage de volailles en cherchant à sortir des sentiers battus. J'ai opté pour l'élevage de la pintade sauvage avec pour objectifs, entre autres, de préserver l'espèce et de valoriser une ressource locale dans le cadre d'une production intensive mais de type biologique. J'ai alors établi des contacts avec des acteurs de la filière de l'élevage et avec le Ministère de la production animale. J'ai acquis un domaine dans la région d'Adiaké pour en faire une ferme expérimentale.

Mais faire de l'élevage de la pintade sauvage, c'est comme ouvrir une encyclopédie avec des pages blanches parce que, contrairement à l'élevage du poulet, cette spéculation n'a jamais fait l'objet de recherches scientifiques. Le mode d'alimentation, les pathologies et les conditions propices d'élevage ne sont pas connus. Il a fallu nous atteler à un travail de pionnier. Quand j'ai commencé l'élevage des pintades, j'ai observé un taux de mortalité élevé de l'ordre de 95 % au niveau des pintadeaux. J'ai cherché à savoir ce qui causait cela. Mes observations sur la ferme expérimentale m'ont permis de comprendre que, dans la nature, les pintades sauvages se nourrissent de graminées, mais aussi de feuilles d'autres plantes et de racines. J'ai envoyé des échantillons au Professeur Aké-Assi Laurent qui a une connaissance encyclopédique des plantes. Ensemble nous avons commencé à répertorier ces feuilles et ces racines par famille, par genre et par espèce biologiques et nous avons fini par comprendre que, outre leur fonction purement alimentaire, ces plantes avaient également des vertus médicinales. Et, c'est en travaillant sur ces plantes que nous avons élaboré un protocole de traitement des pathologies des pintades sauvages pendant tout le cycle de production.

Ce protocole de traitement associé à des conditions d'élevage adaptées et à une alimentation équilibrée nous a permis de ramener le taux de mortalité des pintadeaux qui était de l'ordre de 95%, au début du projet, à moins de 1% l'année, aujourd'hui.

Outre la résolution de ce problème, cette approche méthodologique nous a également permis de comprendre que certaines familles de plantes avaient une efficacité dédiée sur certaines pathologies et le binôme-médicament et maladie- fonctionne comme une comptabilité à partie double. A un crédit correspond toujours un débit ou vice versa. En d'autres termes, à la maladie, la nature apporte toujours un remède thérapeutique. Ceci participe du jeu d'équilibre de l'ordre des choses de l'univers ».

On retient que Kouassi Brou Mathieu a fini par impressionner le professeur Aké-Assi Laurent qui a trouvé, en lui, un partenaire aux compétences insoupçonnées dans le domaine de la botanique, notamment au niveau des plantes médicinales. Il ajoute modestement: « *Professeur Aké-Assi accorde du crédit à ce que je dis. Il me fait confiance. Cela m'étonne* ».

CHAPITRE 11
RECONNAISSANCE DE L'ŒUVRE DU SAVANT

Professeur Aké-Assi Laurent a accompli une œuvre scientifique gigantesque. Cette œuvre lui a ouvert la porte d'une renommée qui a dépassé les frontières de son pays natal, la Côte d'Ivoire. Cette reconnaissance montre un contraste dû notamment à la méconnaissance du savant par la communauté nationale. Très peu de citoyens ivoiriens savent, en effet, qui est le professeur Aké-Assi Laurent et qu'est-ce qu'il a fait pour être au niveau où il se trouve aujourd'hui.

Portée du travail du savant

Aké-Assi Laurent s'est engagé très tôt dans la science botanique. Comme on l'a déjà indiqué, ce ne fut pas du tout le fait du hasard. Il est évident qu'en choisissant de travailler sur la botanique, il ne pouvait pas s'imaginer que le volume et la qualité de son travail pourraient atteindre l'ampleur que l'on connaît aujourd'hui. Au fil du temps, son travail a pu l'imposer comme l'une des figures marquantes de la botanique en Côte d'Ivoire, en Afrique et dans le monde.

Vis-à-vis de la botanique, le citoyen lamda pense, à juste raison, que c'est une discipline réservée à une catégorie particulière de personnes. Il faut reconnaître que le travail de professeur Aké-Assi Laurent n'était pas non plus orienté directement vers le grand public. C'est à une certaine « élite » constituée de gens éclairés ou qui ont des préférences ou des intérêts pour la science botanique que le fruit de son travail était prioritairement destiné. Cette élite est constituée de praticiens de la botanique, notamment les enseignants, les fabricants de médicaments à base de plante et les étudiants et autres personnes en quête de connaissances. Mais, cette perception étriquée de la portée du travail de professeur Aké-Assi Laurent a fortement changé. L'examen détaillé de l'œuvre réalisée par le savant montre, en effet, que le grand public est concerné. Quel citoyen peut-il, en effet, s'extirper de l'impact de la dégradation de la forêt ivoirienne et de son corollaire le réchauffement climatique, de la perte de la biodiversité ? Le grand public sait également l'influence que peut exercer sur sa santé physique et donc sur sa vie personnelle l'utilisation des plantes médicinales aussi bien par la médecine moderne que par la médecine traditionnelle. Au total, l'œuvre de professeur Aké-Assi Laurent a une portée qui s'étend bien au-delà de sa sphère professionnelle classique. Autrement dit, le travail accompli par le savant rejaillit sur l'ensemble de la société ivoirienne, africaine et le reste du monde. A ce titre, il a contribué, à son niveau, à hisser le « *drapeau* » ivoirien au niveau des concerts des nations en ce qui concerne la science botanique.

Paradoxalement, la plupart des articles consacrés par des journaux locaux à l'illustre savant soulignent la méconnaissance de ce dernier par le grand public. En d'autres termes, un grand nombre de citoyens ivoiriens ne connaissent pas le savant Aké-Assi. C'est un fait indéniable. Cependant, on peut faire observer que cette tendance est en train de changer progressivement du fait des deux (2) films qui sont, ces dernières années, proposés au grand public sur sa vie, son parcours et son œuvre. Le premier film, « *Génie de la brousse* » et le second, « *Bois sacré de Professeur Aké-Assi* », réalisés respectivement par Goran Konan Edgar (2009) et professeur Diabaté Idriss (2010), ont, en effet, proposé ces dernières années, un aperçu sur la vie et l'œuvre du savant. Ainsi, depuis la diffusion du premier film, le savant Aké-Assi Laurent ne peut plus passer inaperçu dans la rue. A son domicile, les gens se succèdent. Ils veulent le voir, le rencontrer. Chacun des mouvements du savant dans la rue provoque un petit attroupement. Chacun veut le saluer, le féliciter et lui dire son admiration. Ces personnes sont issues de toutes les couches sociales.

C'est dans ce contexte qu'apparaît la biographie du savant. L'un des intérêts que la présente biographie suscite ou devrait susciter réside incontestablement dans le fait qu'au-delà de la science botanique, ce sont le personnage, sa vie et son parcours qui commencent à avoir un écho favorable auprès de l'opinion publique nationale. Ce parcours intéresse plus d'un Ivoirien, plus d'un Africain.

Professeur Aké-Assi Laurent a cherché à fournir des éléments de réponse aux problèmes qui se posent à la société ivoirienne du moins dans le domaine de la botanique et de la conservation de la nature. David Bornstein, dans l'introduction du livre intitulé : « *Comment changer le monde- Les entrepreneurs sociaux et le pouvoir des idées nouvelles* », indique : « *Il (son livre) démontre surtout que l'innovation dont la société a besoin pour résoudre ses problèmes les plus épineux passe nécessairement par des individus créatifs, animés d'une solide détermination et d'une ténacité à toute épreuve. Il montre également que, à l'origine des grands changements sociaux, on ne trouve souvent qu'une seule et unique personne : quelqu'un de très entreprenant et opiniâtre qui, ayant identifié un problème et imaginé une solution nouvelle, décide d'agir pour matérialiser sa vision. Cette personne déploie alors toute l'énergie et la ténacité indispensables pour réunir les ressources et créer les structures nécessaires, mais aussi pour surmonter les inévitables résistances; elle s'emploie pendant des décennies à améliorer, renforcer et amplifier cette vision jusqu'à imposer comme une nouvelle norme ce qui, à l'origine, n'était qu'une idée locale* »[61].

---

[61] David Bornstein, « *Comment changer le monde- Les entrepreneurs sociaux et le pouvoir des idées nouvelles* », Nouveaux Horizons, La Découverte, Paris, 2005, page 9.

Professeur Aké-Assi Laurent a réalisé son œuvre d'une manière excellente. Il reste aux décideurs politiques de fonder les mesures de protection et de sauvegarde de la forêt ivoirienne sur des éléments objectifs d'analyse fournis par Aké-Assi Laurent et autres. Aké-Assi Laurent a travaillé à une échelle locale, pendant des années. Par son œuvre, il a laissé une empreinte appréciable sur la science, d'une manière générale, et, en particulier, sur la botanique dans son pays. Cette empreinte, au départ, localisée, c'est-à-dire portée sur la science, a pris une dimension nationale.

Aké-Assi: nommé ingénieur d'agronomie

Quatre mois après la soutenance de sa thèse de Doctorat d'Université, l'administration ivoirienne a décidé de nommer, de manière exceptionnelle, Aké-Assi Laurent dans le grade d'Ingénieur agronome par arrêté N° 647 / AGRI/ SAF, du 29 mai 1961. La nomination d'Aké-Assi Laurent dans le grade des Ingénieurs Agronomes a été faite par Charles Bauza Donwahi, alors Ministre de l'Agriculture de la République de Côte d'Ivoire. Avant la prise de la décision de nomination d'Aké-Assi Laurent dans le grade des Ingénieurs agronomes, Charles Bauza Donwahi avait pris soin de consulter le Centre National de Recherche Scientifique (CNRS). Le CNRS a donné un avis motivé au projet du ministre ivoirien, d'autant plus qu'Aké-Assi Laurent est titulaire d'un doctorat. Cette nomination couronnait, dans une certaine mesure, les travaux et les écrits du chercheur en faveur de la forêt, de la protection de la nature, du reboisement. Elle sanctionne également sa grande connaissance de la nature et sa contribution à la détermination d'arbres forestiers, des plantes médicinales et des plantes cosmétiques.

La nomination d'Aké-Assi Laurent dans le corps des ingénieurs agronomes était la première grande reconnaissance nationale. La nomination de l'homme de science dans le grade d'Ingénieur agronome était une bonne récompense. On voit qu'il n'était même pas encore rentré définitivement dans son pays. Cela pourrait être interprété comme une volonté manifeste des pouvoirs publics pour l'amener à venir se mettre à la disposition de son pays. Dans leur esprit, il fallait couper l'herbe sous le pied de toutes les personnes ou les institutions qui seraient tentées d'intégrer le prodige Aké-Assi Laurent dans leur équipe. Le grade d'Ingénieur agronome lui conférait déjà une bonne marge de manœuvre pour la suite de sa carrière. Les responsables administratifs étaient certainement loin de s'imaginer qu'Aké-Assi Laurent réaliserait des prouesses scientifiques ou professionnelles qui dépasseraient leurs attentes et lui ouvriraient la voie d'autres distinctions, tout aussi prestigieuses. Quelle a pu être la réaction des Ingénieurs agronomes de Côte d'Ivoire? Cette nomination d'Aké-Assi Laurent dans le corps des ingénieurs agronomes a provoqué, selon les dires du savant, le mécontentement de certains ingénieurs. Pour eux, Aké-Assi Laurent ne méritait pas d'être nommé dans leur corps, parce qu'il n'a pas suivi le parcours classique qui mène au diplôme d'ingénieur agronome. La réaction des ingénieurs agronomes se comprend, dans une certaine mesure. Chaque corporation cherche toujours à se protéger des intrusions. Cela est connu. Mais, la Côte d'Ivoire avec en tête le Ministre de l'Agriculture, d'alors, pouvait-elle rester indifférente face à la prouesse scientifique précoce du génie ivoirien en botanique ? Manifestement, les autorités du pays ont vu juste. En plus, l'un des enjeux majeurs de la nomination d'Aké-Assi Laurent, qui n'était même pas encore rentré dans son pays après le doctorat, c'était certainement de l'amener à venir se mettre à son service. Il y avait des risques pour la Côte d'Ivoire que le génie ne reste en France ou en Europe pour faire sa carrière alors que le pays avait cruellement besoin de cadres pour amorcer sa marche vers le progrès. La tournure prise, plus tard, par les évènements n'a-t-elle pas, en définitive, donné raison aux autorités ivoiriennes ? Aké-Assi Laurent a, en effet, prouvé par la suite qu'il méritait d'être nommé dans le corps des ingénieurs agronomes. N'a-t-il pas fait mieux que bien d'ingénieurs agronomes régulièrement diplômés ? Le constat fait est que, par la suite, ils se sont tus face à la détermination et à l'ingéniosité du savant, de l'agronome qui n'a jamais accepté de s'en laisser compter.

Œuvre reconnue à l'échelle nationale

Aujourd'hui, de nombreuses personnes de tout bord politique, social, culturel, économique et autre ne tarissent pas d'éloges à l'endroit de Professeur Aké-Assi Laurent. En plus du Président Félix Houphouet-Boigny dont la rencontre avec Aké Assi Laurent a servi de rampe de lancement, le savant ivoirien a eu à rencontrer de nombreuses personnalités politiques ivoiriennes. Les quelques photos qui suivent en disent long sur la reconnaissance du talent d'Aké-Assi Laurent par les personnalités les plus illustres de la scène politique nationale.

Abidjan – 16 octobre 1996 – Hôtel Ivoire

Le Professeur Aké-Assi Laurent présentait au Premier Ministre Kablan Ducan, les herbiers d'échantillons de quelques plantes qui ont disparu des forêts ivoiriennes.

Abidjan – Décembre 1992

Le Professeur Aké-Assi Laurent est salué par le Premier Ministre Alassane Dramane Ouattara.

Abidjan – 18 juillet 2005 – Hôtel Ivoire

A l'occasion de la rentrée solennelle de l'ASCAD, Professeur Aké-Assi Laurent est félicité par Son Excellence Laurent Gbagbo, Président de la République.

Abidjan –2003 à l'Hotel Ivoire

Le Président de la République de Côte d'Ivoire, Laurent Gbagbo, remettant à Professeur Aké-Assi Laurent, le prix spécial de la recherche d'excellence, composé d'un diplôme et d'une enveloppe contenant la somme de dix millions de francs CFA.

Pour sa part, Professeur Séry Bailly a procédé à une évaluation des publications réalisées par le savant Aké-Assi. Il nous indique : « *L'analyse permet de voir que les textes sont publiés à plus de 60 % à l'extérieur du continent, le reste étant publié plus en Afrique qu'en Côte d'Ivoire. C'est le signe d'une reconnaissance qu'on ne peut soupçonner d'avoir bénéficié d'une certaine complaisance »*[62]. Pour un scientifique, d'ici ou d'ailleurs, il n'y a pas meilleur indicateur pour avoir de la notoriété que de publier des articles dans les revues étrangères de renom. Sur ce plan, Aké-Assi est un géant avec 134 publications faites dans les plus grandes revues scientifiques traitant de la botanique.

Que peut-on dire ou écrire à la vue de l'impressionnante liste des publications scientifiques faites par Professeur Aké-Assi Laurent et proposée à la fin du livre? Cette liste laisse pantois tout observateur qui la consulte. On note simplement qu'ils sont peu nombreux les universitaires qui ont eu un tel nombre de publications. Ils sont rares à avoir publié la moitié de ce qu'a fait professeur Aké-Assi Laurent. Cela donne à l'œuvre du savant une dimension spéciale. Comment pouvait-il réaliser cette immense œuvre s'il avait été un scientifique ordinaire ? Manifestement, Aké-Assi Laurent a pu réaliser l'œuvre devant laquelle nous éprouvons une grande fierté, doublée d'un profond respect, parce qu'il est un GENIE. Il mérite parfaitement le double titre de « *génie de la brousse et des universités* » après seulement la classe de cours élémentaire, première année.

Des universitaires ivoiriens de renom consacrent des articles à Aké-Assi. L'un de ces articles retient particulièrement l'attention. Il s'agit de celui proposé par le professeur Séry Bailly. Dans cet article intitulé : « *Un grand arbre »,* Professeur Séry Bailly porte, en effet, le regard suivant sur le savant et son oeuvre: « *Nous venons de célébrer une journée de l'arbre. Or, la Côte d'Ivoire est une forêt. Oui, même si elle est menacée de déforestation. C'est la raison pour laquelle nous sommes sans doute concernés par cette journée. Il en va de même pour nos grands hommes qui sont comparables à de grands arbres. Et les hommages se succèdent. J'ai participé à plusieurs d'entre eux. C'est ainsi que nous arrêterons la désertification de notre terre et de nos esprits. L'idéal, c'est d'être reconnu de son vivant par ses contemporains. Malgré sa modestie, on devient comme un monument vivant. Chaque célébration est un appel à la grandeur. On peut choisir de demeurer petit. Souhaitons que la société ne soit pas frappée par une épidémie de petitesse. Nous n'allons pas tous atteindre le « sommet de l'Himalaya » comme parlait feu Douk Saga. Mais nous pouvons au moins lever nos regards. La vie de ces modèles montre qu'on se hisse toujours péniblement*

---

[62] Source : « *Laurent AKE-ASSI, un grand arbre parmi nous* », in Porteurs d'espoirs, Séry Bailly (livre à
paraître en 2012 chez l'L'Harmattan).

au sommet. Il n'y a pas de magie ni sacrifice. Si le fameux « Behanzin » a pu nous tenir en haleine, c'est parce que nous sommes tous fascinés par les ascensions avec ascenseur. Le travail et le mérite sont passés au second degré, on veut des faiseurs de miracle. Ces deniers jours, il s'agit de Memel-Fotè et d'Amédée Pierre. Mais quelques arbres ne sauraient cacher la forêt. Laurent Aké-Assi est un grand arbre qui se soucie de l'avenir de nos arbres qui sont devenus ses amis. Par son itinéraire peu ordinaire, son sens du défi et son effacement, il est un héros à proposer aux jeunes Africains. Aké-Assi a quitté l'école dès les premières années du primaire. Cette rupture indique un malaise de l'enfant vis-à-vis de l'institution scolaire avec ses méthodes et son ambiance générale pendant la période coloniale. Il n'est pas moins devenu une sommité mondiale dans sa discipline. Au-delà des péripéties de sa carrière universitaire, retenons l'affrontement de deux logiques : les titres contre les capacités, les connaissances déjà accumulées contre les connaissances à acquérir, à découvrir, la rigidité contre la flexibilité, les principes étriqués des institutions contre les besoins de la société. Si Aké-Assi a su saisir sa chance, il a fallu que des personnes la lui donnent. Il faut rendre hommage à tous ceux qui ont aidé le savant et la science. Au premier rang de ces derniers G. Mangenot à qui, avec son ami Lorougnon Guédé, il a dédié une plante dénommée Heckeldora mangenotiana (Meliaceae). Il cite aussi F. Houphouet Boigny, Charles Donwahi et le Doyen Baudet. Pour être savant, il faut travailler avec une démarche scientifique. La taxonomie qui classe les plantes fait penser aux arbres généalogiques des êtres humains. On rencontrre des mots familiers comme genre, espèce et famille. Cela pourrait évoquer nos clans et nos tribus ! Mais il y a problème si nous passons à la société des hommes sans un minimum de précaution. Il faut savoir travailler en équipe. Ce n'est pas la moindre des qualités de l'homme, accompagnant les uns au début et accompagné des autres par la suite. L'humilité conduit à l'honnêteté. Le sens de l'amitié se manifeste de manière concrète dans l'attribution des noms aux nouvelles espèces découvertes. Cette pratique des savants rappelle celle de nos parents qui donnent à leur progéniture les noms ou prénoms de leurs amis ou de personnes qu'ils admirent. On pense que les hommes de science sont sans cœur et d'une objectivité desséchante. Voici que le sens de l'amitié vient montrer le contraire et le goût des langues une inclination à apprécier le contact des hommes.

Son livre « Fleurs d'Afrique » rend justice à la dimension esthétique chez le biologiste. Les couleurs éclatantes des fleurs nous éloignent de l'ennui et de nos deuils sans fin. Elles expriment la joie et appellent à la joie. Alors Aké-Assi devient comme C. Nokan chez qui la société nouvelle est représentée par des couleurs éclatantes. Les fleurs font penser au bouquet de la nation. La biologie et la politique s'articulent d'abord sous le signe de la métaphore. Ce qui se réalise dans l'une fait écho à ce qui se déroule dans l'autre. L'une et l'autre enregistrent ensuite l'action des hommes sur la vie, celle des plantes et celles des hommes. On se trompe beaucoup d'ailleurs sur une apparente coexistence pacifique entre les plantes. En réalité, il faut savoir que les plantes se battent, elles aussi comme le montre le cas de celle dénommée **Okoubaka** *et qui détruit ses voisins. Ce n'est là qu'un premier aspect de la guerre des plantes. Pour les botanistes, l'endémie renvoie à ce qui appartient à un espace donné. Comme les populations humaines, les plantes débordent les frontières étriquées de la colonisation. La biologie végétale connait aussi les ruptures, invasions et calamités qui affligent le monde des hommes. Les plantes bougent et se déplacent. Elles ne le font pas toujours avec bienveillance ni sans raison historique. Certaines espèces, considérées comme des fléaux, affrontent les plantes autochtones qui sont finalement étouffées et remplacées. Telles sont les plantes surnommées « indépendance » et « Sékou Touré ». Quels sont les termes de l'affrontement entre économie et écologie ? Aké-Assi a conscience qu'il faut des ressources économiques pour le progrès ou la richesse des nations. Mais, au nom du présent et des performances immédiates, doit-on compromettre l'avenir ? La responsabilité concerne aussi la santé des populations. Celle-ci est une dimension du développement qui est aussi capacité de se soigner soi-même avec les moyens de son environnement et à la hauteur de ses ressources. Les plantes sont un atout pour nous. La leçon principale de la biopolitique, c'est peut-être qu'il faut être en équilibre avec soi-même et avec son environnement. L'idée est simple. Tout ce qui avance dans le déséquilibre est sujet à l'incertitude, à la précarité, à la vulnérabilité et condamné à trébucher et s'effondrer. Retrouvons notre équilibre. Telle est l'invitation que le savant Aké-Assi nous lance* »[63].

Le regard de professeur Séry Bailly nous permet de découvrir l'homme multidimensionnel. Professeur Aké-Assi Laurent a, en effet, plusieurs dimensions. Il fait partie du cercle assez restreint de personnes humaines qui ont excellé dans leur domaine d'activité. Un tel homme constitue un exemple qui mérite d'être vu de tous. Son exemple peut apporter une contribution non négligeable au processus de création des conditions objectives du développement du progrès social et économique de son pays.

Par ses réflexions sur la vie et l'œuvre du savant, professeur Séry Bailly pose la question de la vie de l'homme, finalement sur la terre. Il montre l'interdépendance entre la vie de l'homme et celle des plantes. Toute menace sur la vie des végétaux impacte incontestablement celle de l'homme. C'est également pour cette raison que le naturaliste et humaniste Théodore Monod nous interpelle en disant: « *Nous devons apprendre à respecter la vie sous toutes ses formes : il ne faut détruire, sans raison, aucune de ces herbes, aucune de ces fleurs, aucun de ces animaux qui sont tous, eux aussi, des créatures de Dieu* » (Le Monde du 22 Novembre 2000).

---

[63] *Un grand arbre,* Le regard de Séry Bailly , in Le Courrier, N° 1060 du mercredi 11 juillet 2007.

Jean-Pierre Bonafos, franco-ivoirien, est un paysagiste de renom (il a aménagé, entre autres, le jardin de la Basilique de Yamoussoukro, le jardin du campus de l'Institut National Supérieur de l'Enseignement Technique(INSET)). Il exerce et réside en Côte d'Ivoire depuis plus de quarante années. Parlant du savant Aké-Assi Laurent, Jean-Pierre Bonafos indique : « *Aké-Assi est plus qu'un botaniste. Il connaît les plantes avec leurs noms, les identifie avec une rare facilité, définit leurs propriétés thérapeutiques et sait à quels endroits où il peut les trouver. Il nous donne un autre regard sur le monde qui nous entoure. Finalement, il s'est développé entre nous une amitié et une considération réciproques* ».

Jean-Pierre Bonafos, expliquant les conditions dans lesquelles il a rencontré le savant Aké-Assi, affirme : « *C'est l'un de mes concurrents, et ami, qui m'a parlé de lui. Un jour, il était allé le voir pour lui demander d'identifier une plante. Il l'a fait d'une manière déconcertante. C'est un personnage hors du commun. Il me rendait gracieusement des services dans le domaine de la botanique. Sa compétence m'a intéressé. Un jour, ma sœur, Michèle Champetier, une biologiste émérite, voulait organiser un séminaire sur la médecine traditionnelle tropicale en Côte d'Ivoire. Je lui ai dit d'inviter Aké-Assi Laurent. C'était en 1993*[64]*. Il a accepté l'invitation vu la présence annoncée de hautes personnalités du monde scientifique. Au cours de ce séminaire*[65]*, il a enthousiasmé tous les participants par la densité et la pertinence des arguments développés au sujet de la pharmacopée africaine* ». Au sujet de sa participation audit séminaire, professeur Aké-Assi Laurent a indiqué : « *J'étais en mission à Paris et à Genève pour quatre (4) mois pour le compte du Conservatoire et Jardin Botaniques de Genève, dans le cadre de la rédaction de mon livre sur la flore de la Côte d'Ivoire*[66]*. Pour ce séminaire, j'ai dû obtenir une autorisation d'absence des Autorités de l'Académie Suisse des Sciences, qui ont financé cette mission. Je n'étais pas basé à Genève, mais à Paris. J'allais souvent à Genève pour consulter des documents, notamment dans la bibliothèque et dans l'herbier*».

Pour permettre à Aké-Assi Laurent de participer audit séminaire, l'organisatrice, Michèle Champetier l'a fait venir spécialement de Genève en lui achetant un billet d'avion, en aller et retour. Aké-Assi était retourné en Suisse dès la fin du séminaire. C'est un fait rare qui mérite d'être évoqué. Cela montre toute la notoriété du savant Aké-Assi Laurent auprès des acteurs de la communauté scientifique internationale.

---

[64] C'était lors de la préparation du séminaire.

[65] *Le séminaire a été organisé, du 2 au 12 janvier 1994, à Abidjan, puis à San Pedro, sur le thème : « Premier séminaire de phytothérapie tropicale traditionnelle et moderne et de protidologie ».*

[66] Aké Assi, L., - *Flore de la Côte d'Ivoire : Catalogue sytématique, biogéographique et écologi. Mémoires de botanique systématique.* Conservation et Jardin Botaniques de Genève.

Quant à Professeur Kotchy Barthélémy (Président de l'ASCAD[67]), il a marqué son étonnement au sujet du parcours atypique de son collègue universitaire. Il précise : « *Je l'avais vu en 1941 à Agboville. Nous n'étions pas dans le même quartier. Il vivait dans un quartier un peu excentré d'Agboville dénommé 'Aké-M'po'. Je l'avais ensuite perdu de vue. Plus tard, en France, j'apprends qu'il a présenté une thèse de doctorat d'université. J'étais étonné. Après, j'apprends encore qu'il est devenu savant. Je n'en revenais pas* ». Face à la méconnaissance du chercheur, du savant par le public ivoirien, Professeur Kotchy Barthélémy s'est senti interpellé. Il a décidé de réagir. Il explique : « *Il y a deux ou trois ans, j'ai rencontré le professeur Séry Bailly. Tous les deux nous avions été voir Aké. Nous avions échangé avec lui. Nous lui avions dit ceci : Personne ne te connait. Passe à la télévision, à la radio. Nous avions tellement insisté qu'il a fait ce que nous lui avions demandé de faire* ».

Il y a eu une sorte de coïncidence entre cette interpellation des deux professeurs (Kotchy Barthélémy et Sery Bailly) au sujet de la méconnaissance du savant Aké-Assi Laurent et le désir d'un agent de la RTI, Goran Konan Edgar, de faire connaître nos génies méconnus du public. Le réalisateur explique : « *A l'occasion du cinquantenaire de l'accession de la Côte d'Ivoire à la souveraineté internationale, j'ai voulu faire connaître quelques unes de nos sommités. J'avais le choix entre* Aké-Assi *(le génie de la brousse), Bruly Bouabré, Henry Lattier (le sculpteur aux mains nues) et Adjobi François (le seul Ivoirien à avoir inventé « Akruba », la seule langue qui pourrait être parlée à la fois par les Akans, les Krous et les Malinkés). Finalement, mon choix s'est porté sur le professeur Aké-Assi*».

Au-delà de la science botanique, Goran Konan Edgar donne le point de vue suivant sur l'homme Aké-Assi: « *Il est un peu comme un magnétophone. Il dit les mêmes choses, mais il ne se trompe jamais, à la virgule près, avec les mêmes détails. Il m'a épaté et il a également épaté tous ceux qui étaient avec moi lors du tournage du film* ». Donnant les raisons du choix du botaniste parmi les trois autres dinosaures, le réalisateur avance ceci : « *Il y a l'originalité de l'œuvre du savant. En plus, il a marqué la période coloniale et son travail est encore d'actualité*». Pendant le tournage du film, le réalisateur a fait des observations exceptionnelles par rapport à la manière du savant de se tenir, de se comporter. Il indique, par exemple : « *Les raccords sont parfaits. Un raccord est l'équivalent d'un son, d'une image qui donne au film une certaine logique, une certaine harmonie. Dans le film, Aké-Assi est son propre antagoniste. Il se caractérise également par la puissance de son esprit de pénétration et de sortie* ». Enfin, le réalisateur Goran Konan Edgar indique l'image d'Aké-Assi vue par le téléspectateur, le spectateur : « *Aké-Assi fonce presque tête baissée vers la plante pour la collecter* ».

[67] ASCAD (Académie des Arts, des Lettres et des Sciences et de la Diaspora).

Sur la carrière professionnelle et scientifique d'Aké-Assi Laurent, Mao NGuessan Ernest ne tarit pas d'éloges : « *Ce qu'il a fait est simplement formidable. Il a aimé son métier. Si chacun de nous avait réalisé la moitié de son œuvre, la Côte d'Ivoire n'en serait plus là. Beaucoup à la place d'Aké-Assi allaient passer leur temps à brailler en ville. Il est discret. Il est toujours loin de ce qui est tintamarre. Il est toujours loin de ce qui est rutilant. Allez voir là où il habite. C'est tout simple. Parmi les Ivoiriens, Aké-Assi est sans doute celui qui a toutes les raisons de vivre bruyamment. Mais, c'est celui qui vit le plus humblement. Quelle leçon d'humilité nous fait-il !* ».

En Côte d'Ivoire, de grands hommes de science ont reconnu l'importance de l'œuvre du savant. Professeur Aké-Assi Laurent nous apprend qu'il a eu à dédier une plante à son collègue professeur Charles Tuho Valy. Il explique : « *Le recteur de l'Université d'Abidjan, sachant qu'il devrait quitter sa fonction, était venu me voir pour me demander de lui dédier une plante. La plante qui lui a été dédiée a été récoltée dans la région de Botro. Le nom scientifique proposé à la plante est le suivant : « Cassia tuhovalyana Aké-assi »*. Combien de citoyens ne seraient-ils pas heureux de voir une plante de leur pays porter leur nom, pour l'éternité?

Aké-Assi Laurent est un nom auquel la communauté nationale commence progressivement à s'habituer. Ce nom incarne pour beaucoup d'Ivoiriens le modèle de vie, de simplicité, d'éducation donnée à ses enfants.

Professeur Aké-Assi Laurent commence à être sollicité depuis que les hommes de communication ont décidé de s'intéresser à lui. Professeur Aké-Assi Laurent explique lui-même : « *Le petit film qui passe à la télévision ivoirienne, première chaine, a un impact réel. Les familles appellent la RTI pour demander sa rediffusion* ». Les parents émerveillés par le récit invitent leurs enfants à regarder le film.

On voit que depuis quelque temps Professeur Aké-Assi Laurent a commencé à connaître la notoriété à l'échelle de son pays, la Côte d'Ivoire. Cette notoriété est relativement tardive. Il vaut mieux qu'elle soit tardive plutôt qu'elle ne vienne pas du tout. Théodore Monod, le naturaliste et humaniste français, n'a-t-il pas connu la même situation ? On a pu, en effet, lire ceci au sujet de sa notoriété: « *Travailleur de la science et de la nature pendant plus de 70 ans, il (Théodore Monond) atteint une brusque et tardive notoriété au début des années 1990, à la suite d'un reportage télévisé qui lui était consacré en 1993.*»[68]. La notoriété nationale d'Aké-Assi Laurent est en pleine construction, grâce en grande partie à la télévision publique, qui diffuse assez régulièrement le premier film qui lui est consacré.

Parmi les hommes de communication qui s'intéressent à l'œuvre et à la vie de Professeur Aké-Assi Laurent, on peut citer Patrice Gnadja,

---

[68] Source : ''Théodore Monod-Biographie/Wikipédia – L'encyclopédie livre''

responsable du service de communication de la Sodefor[69]. Celui-ci se souvient de sa rencontre avec le professeur Aké-Assi Laurent : « *J'étais à l'Ecole Forestière du Banco. Le cours de botanique systématique était dispensé par feu N'Da Clément. Durant les cours, celui-ci ne faisait que citer le nom de professeur Aké-Assi Laurent. Durant toute la formation, j'ai été passionné par la botanique systématique, car reconnaître les plantes et dire leurs noms scientifiques était, pour moi, un plaisir. A la fin de mes études à l'Ecole Forestière du Banco, j'ai effectué un stage à la Sodefor. J'y ai ensuite été embauché. Dans les différentes villes où j'ai exercé mon métier de forestier*[70]*, tous les responsables et les autres agents ne parlaient que de Professeur Aké-Assi Laurent pour leur avoir permis d'identifier les arbres. Par exemple, à Guiglo, Professeur Aké-Assi Laurent avait formé des prospecteurs. Tous ceux-là parlaient constamment de lui* ». Selon Gnadja Patrice, les uns parmi ses collègues considèrent Professeur Aké-Assi Laurent comme un phénomène ; pour les autres, c'est un génie. Gnadja Patrice poursuit le récit de sa rencontre avec le Professeur Aké-Assi Laurent *: « A partir de 2009, je m'étais inscrit à l'Institut des Sciences et Techniques de la Communication (ISTC). Un documentaire était en préparation sur le Professeur Aké-Assi. Le cadreur de l'équipe, Bolou Orlando, qui est un ami, m'a également parlé du génie de l'homme. Un jour, le documentaire est diffusé à la Radio Télévision Ivoirienne. C'était ce jour-là que je voyais l'image de Professeur Aké-Assi Laurent pour la première fois. Dès lors, j'ai eu l'intention de le rencontrer. En août 2011, j'étais allé acheter un médicament à la pharmacie, sise près du marché de Cocody. Là, tout à fait par hasard, je vois le Professeur Aké-Assi Laurent. J'hésite un instant. Après ce moment d'hésitation, je m'adresse au professeur. Il me donne son numéro de téléphone mobile. Un rendez-vous est pris pour une rencontre au Centre National de Floristique (CNF). Le jour du rendez-vous, je me présente à l'entrée de l'Université de Cocody. Il y a des difficultés, puisque l'Université de Cocody est fermée. Je suis bloqué par les éléments des Forces Républicaines de Côte d'Ivoire (FRCI). Face à ces difficultés, j'appelle le professeur Aké-Assi Laurent. Il prend sa voiture pour venir me chercher à l'entrée de l'Université de Cocody. J'ai été très frappé par le fait qu'il se soit déplacé pour me faire entrer surtout avec son âge. J'ai commencé à le découvrir. Nous nous sommes rendus dans son laboratoire. J'indique que j'ai été voir le professeur Aké-Assi dans le cadre du mémoire que je prépare à l'ISTC. Je travaille, en effet, sur le thème : « Production de charbon de bois à partir des bois de plantation en forme métallique : Cas de Cassia siamea ; Opportunité de lutte contre la désertification et la pauvreté ». J'avais des questions à poser à professeur Aké-Assi sur cette espèce*

[69] Sodefor : Société de Développement des Forêts

[70] Patrice Gnadja a passé une dizaine d'années à l'intérieur du pays avant d'être recruté à la Sodefor.

végétale. J'ai bénéficié de ses conseils dans le cadre de cette recherche. Il m'a accordé une interview. Après cette rencontre, le professeur avait écrit et proposé un article à Fraternité Matin. L'article n'avait pas été publié. J'ai proposé ledit article à l'un de mes amis du journal « Quotidien d'Abidjan ». L'article intitulé « Alerte à une hécatombe de cocotiers » a été publié dans le « Quotidien d'Abidjan », dans sa parution du 29 septembre 2011. C'était le début de notre collaboration. Depuis, nous nous sommes régulièrement vus. Entre Professeur Aké-Assi Laurent et moi, c'est comme le professeur et l'élève, ou le père et l'enfant mais surtout deux êtres ayant, à peu près, la même conception de la vie malgré la différence d'âge entre nous».

On ne cessera pas de le répéter. Professeur Aké-Assi Laurent est plus connu à l'échelle internationale que nationale. Il convient d'indiquer que si cette reconnaissance nationale de la valeur du savant a tardé à se réaliser en Côte d'Ivoire, c'est en raison même de son parcours atypique. Gbocho Elellé Joseph, qui a suivi le parcours d'Aké-Assi Laurent, depuis la France, est plus précis : « *Parmi ses collègues, même les plus proches, certains n'ont pas, curieusement, reconnu très vite sa qualité de savant. Par la suite, tout le monde a fini par reconnaître qu'il est un maître, un génie de la botanique. La vérité sur la valeur scientifique d'Aké-Assi a fini par éclater* ».

Professeur Aké-Assi Laurent indique qu'il fait l'objet de sollicitations diverses, depuis un moment. Il précise, par exemple : « *Un groupe d'étudiants est venu me voir après m'avoir écrit une lettre, pour être le Président d'honneur de leur association* ».

Un autre groupe d'étudiants étaient venus visiter le Jardin Botanique du Centre National de Floristique, avec leur encadreur. Après cette visite, avant de partir, et en guise de cadeau, ils m'ont remis une chaise traditionnelle ''baoulé''. Ils m'ont également remis le papier dont une copie est proposée ci-dessous.

Abidjan, le 19 août 2009

VISITE DU CENTRE NATIONAL DE FLORISTIQUE PAR LES ETUDIANTS DE LICENCE DE SOCIOLOGIE (OPTION : ENVIRONNEMENT) AVEC LE Dr SEKA

HOMMAGE AU MAITRE AKE ASSI LAURENT

CHER MAITRE,

Grands sont les sentiments et les émotions qui nous animent
A l'idée de pouvoir découvrir l'homme et son héritage.
L'homme dont les éloges et les mérites a dépassé le temps
Et l'espace, et force l'admiration.
Nos yeux ont pu le voir, nous avons pu l'entendre,
Mais nos esprits ont, par-dessus tout, pu comprendre
Et retenir tout l'amour et tout l'intérêt que vous portez
A l'environnement en général, et à la floristique en
Particulier.
Maître, la nature nous parle, nous lui devons tout
Et même notre genèse, car nous sommes tirés d'elle
Et par elle, nous pouvons tout.
Vous l'avez compris et de sa sauvegarde, vous en faite
Un sacerdoce.
Nous, étudiants en licence de sociologie option
Environnement, avons retenu la leçon.
Et comme bruissent les feuilles sous nos pas,
Nous relayerons la voix de la nature qui nous parle.
Comme ce vent berce notre être,
Nous distillerons le bien-fondé de la flore si vulnérable.
Comme le silence de ces arbres,
Nous ferons prendre conscience que l'environnement
Est notre mère.
Et tels les chemins empruntés,
Nous continuerons votre chemin et ferons de la nature
Un partenaire durable pour le développement durable
De notre société.
Si cette nature vous dit merci,
Nous nous joignons à elle en vous remerciant pour
Votre irremplaçable, incontournable et incommensurable apport
A l'évolution de la connaissance des étudiants,
Et nous témoignons notre gratitude.
Nous avons vu un savant,
Nous avons entendu le chant de ses enfants,
Ils font de vous une légende !
Que les hommes entretiennent votre œuvre.
Et puisse DIEU bénir le maître d'œuvre
Pour ses chefs d'œuvres.

Merci Maître.

Le texte original a été signé par les trente deux étudiants du groupe ayant visité le Centre National de Floristique. Ce poème a été agrandi et encadré. Il fait partie des tableaux qui se trouvent dans le salon du professeur Aké-Assi Laurent. D'autres groupes de personnes de Côte d'Ivoire ou venant de la sous-région ouest-africaine se bousculent pour rencontrer le professeur Aké-

Assi Laurent. Cela nous conduit à dire que le professeur n'a pas encore fini d'étonner, de glaner des lauréats, de gagner en estime et en considération auprès du public.

Abidjan–Institut National de la Santé Publique (INSP)–Adjamé/GEPMCI – 20Juin 2010.

Professeur Aké-Assi Laurent venait d'arborer un ensemble boubou Yacouba offert par le Comité d'Organisation. A droite, Adrienne Sro, la Présidente du Groupement des Exploitants des Plantes Médécinales en Côte d'Ivoire (GEPMCI).

Professeur Aké-Assi Laurent a participé à la manifestation littéraire dénommée SILA 2012 (Salon Ivoirien du Livre d'Abidjan), organisée à Versus Banque au Plateau (Abidjan). A cette occasion, il a eu à faire la dédicace de son livre intitulé : « *Quelques plantes employées traditionnellement dans la couverture des soins de santé primaire* », paru à Abidjan, aux NEI-CEDA, 2011». Il avait, au cours des dédicaces, été invité à participer, en direct, à l'émission *Midi Première*, sur la première Chaine de la Télévision Nationale de Côte d'Ivoire.

<u>Abidjan–Radio Télévision Ivoirienne (RTI), émission *Midi Première*– 03 décembre 2012</u>.

Professeur Aké-Assi Laurent, à droite, avait été l'invité de la RTI. Il avait été accompagné sur le plateau de la Première par YAO Ngoran Bazin, son biographe, à gauche de la photo.

Ministère de l'Enseignement Supérieur
et de la Recherche Scientifique

ENS

Ecole Normale Supérieure d'Abidjan
Direction

République de Côte d'Ivoire
Union - Discipline - Travail

Abidjan, le ...[illegible]...

Le Directeur,

N° : 27/ENS/DIR/sac

CONTACTER
SECRETARIAT : 05 81 03 02/06 62 06 20
Mail : bodje2000@yahoo.fr

A

Monsieur le Professeur
Aké ASSI

ABIDJAN

Monsieur le Professeur,

Dans l'optique d'honorer les personnalités scientifiques et/ou politiques qui ont œuvré au développement et à l'épanouissement de l'Enseignement Supérieur et de la Recherche Scientifique en Côte d'Ivoire, vous êtes pressenti membre du récipiendaire de l'ENS.

A cet effet, l'Ecole Normale Supérieure d'Abidjan (ENS) gravera votre nom sur un édifice, une salle ou un espace, pour immortaliser votre inestimable contribution. Vous voudriez bien nous en donner l'autorisation et mettre à notre disposition votre Curriculum Vitae.

Veuillez agréer, Monsieur le Professeur, l'expression de nos salutations distinguées.

Le Directeur
Professeur SIDIBE Valy

08 BP 10 ABIDJAN 08 - ☎ (225) 22 48 88 54 - FAX : (225) 22 44 42 32

Le Professeur Aké-Assi Laurent a accepté l'offre de la direction de l'Ecole Normale Supérieure (ENS). Il faisait donc partie des récipiendaires. Il a donc pris part à la cérémonie organisée le mardi 22 janvier 2013 à l'ENS d'Abidjan et dénommée : « *Hommage aux pionniers de l'éducation, aux artistes et hommes de culture de Côte d'Ivoire* ». Au cours de cette cérémonie, présidée par la Grande Chancelière, le Professeur Henriette Dagri DIABATE, tous les pionniers de l'éducation en Côte d'Ivoire avaient été réunis. S'adressant aux illustres récipiendaires, le Directeur de l'ENS, le Professeur Sidibé Valy a dit ceci : « *Vous avez été et vous êtes tous et toutes la conscience critique de votre temps, de notre temps, de notre patrie dans laquelle bon nombre d'entre vous passent inaperçus, inconsidérés, mais vous, vous incarnez des valeurs universelles de profité, d'humilité et de rigueur scientifique et de don de soi pour que nous autres nous soyons. En effet, nantis de la patience du paysan qui sème le grain, qui l'accompagne dans la germination, dans l'éclosion, dans la croissance lente et épanouie, dans la floraison, vous nous avez semés, arrosés, nourris aux deux grandes mamelles du savoir et du savoir faire avec bonté et douceur maternelle et souvent avec rigueur pour ne pas que nous titubions.....Nous sommes fiers d'avoir été votre étudiant, votre disciple. Votre rigueur scientifique, votre hargne au travail, votre goût avéré du perfectionnisme ont fait fuir certains étudiants, mais ceux qui vous ont suivis, supportés au propre comme au figuré sont ici et vous remercient de leur avoir offert une parcelle de votre immense savoir »*[71].

A chacun de ces illustres pionniers, un laboratoire, une salle ou un local a été attribué. Ainsi, sur la salle SVT n°6, le nom de Professeur Aké-Assi Laurent est gravé, immortalisé. C'est, à notre connaissance et à celle de Professeur Aké-Assi Laurent, la seule salle qui porte son nom en Côte d'Ivoire, son pays natal.

Professeur, signant le livre d'or de l'Ecole Normale Supérieure d'Abidjan.

Au Centre Culturel Comoé (CCC), sis à Cocody, Mermoz, Abidjan, Professeur Aké-Assi Laurent a été invité, le samedi 22 décembre 2012, par un

[71] Source : Service de communication de l'ENS d'Abidjan, janvier 2013.

groupe d'étudiants catholiques, pour une causerie-débat. Professeur Aké-Assi était accompagné de Yao Ngoran Bazin, son biographe. Cette causerie fut très enrichissante pour les étudiants dont la majorité étudient la botanique, la biologie, la médecine, la pharmacie, la chimie-biologie-géologie (CBG), et autres. Certains s'étaient dit très ravis de rencontrer le Professeur Aké-Assi Laurent en "en chair et en os", après l'avoir vu, jusque-là, sur l'écran de la télévision. Une dizaine d'étudiants ont eu l'occasion de poser directement des questions, toutes pertinentes, au professeur. Répondant aux questions, au fur et à mesure qu'elles étaient posées par les étudiants, Professeur Aké-Assi Laurent a enthousiasmé plus d'un étudiant. Il avait fourni des réponses émouvantes, sur la botanique, sur son parcours et sur son œuvre. A plusieurs reprises, il a soulevé, parmi l'auditoire, des applaudissements nourris. L'un des étudiants a posé la question suivante : « *Professeur, j'ai entendu dire, sur une chaine de radio étrangère, que vous avez été le premier Noir à avoir identifié les plantes du Jardin Botanique de la Reine d'Angleterre. Est-ce vrai Professeur* ?». A cette question, Professeur Akai-Assi Laurent a répondu : « *Oui, c'était moi. C'était en 1959 à Kew, le Jardin Botanique de la Reine d'Angleterre [Royal Botanic Gardens]. C'est un grand domaine qui s'étend sur plusieurs hectares. La visite de ce jardin peut prendre deux à trois jours*».

Au cours de cette rencontre, le biographe de Professeur Aké-Assi Laurent avait pris la parole, lorsque c'était nécessaire, pour fournir quelques informations complémentaires sur certains aspects du parcours du savant et sur sa vie. Il a, par exemple, insisté sur l'acharnement de professeur Aké-Assi Laurent au travail, en indiquant que même le jour de l'An ou encore le premier janvier, il fait un tour au bureau, y travaille quelques heures, avant de rentrer à la maison. Pour le professeur Aké-Assi Laurent, le jour de l'An est un jour comme les autres. Cela ne le gêne pas d'aller travailler.

Les organisateurs ont arrêté la causerie-débat, de ce jour-là, vers 18h40 mn, après que le Professeur ait indiqué qu'à la fin de ses études, il était rentré en Côte d'Ivoire en 1964. Une fois sorti de la salle de réunion, Professeur Aké-Assi Laurent avait donné aux étudiants un perçu de l'étendue de ses connaissances de certaines langues nationales. Alors que certains étudiants interrogés par Professeur Aké- Assi Laurent dans leur propre langue n'ont pas été en mesure de lui répondre correctement. Au total, ce fut une rencontre très enrichissante. Les étudiants, conscients de n'avoir pas tout appris du savant, ont promis de reprendre contact dès que possible avec lui afin d'organiser une autre rencontre.

Malgré le regain d'intérêt qui se manifeste, ces dernières années, autour de la personne de Professeur Aké-Assi Laurent, certains intellectuels ivoiriens surtout parmi ceux qui l'ont côtoyé, sont unanimes à indiquer que la nation n'a pas encore suffisamment reconnu le mérite de l'illustre botaniste. Dr Lamizana Paul, vétérinaire et ancien directeur de la Société de Développement de la Production Animale (Sodepra) fait partie de ceux qui estiment que Professeur Aké-Assi Laurent n'a pas bénéficié d'une vraie reconnaissance de la nation.

Dr Lamizana Paul a bien voulu donner le témoignage suivant sur les circonstances de sa rencontre avec Aké-Assi Laurent : « *C'était en 1956, en France, précisément à la Maison de la France d'Outre-Mer (FOM) que j'ai rencontré Aké-Assi. J'étais en année préparatoire. Je venais à la cité universitaire où résidaient bien d'autres Ivoiriens tels qu'Ahmadou Kourouma, Hamza Abdouramane, Kamano François, Boka Ernest, Samba Diarra, pour ne citer que ceux-là. Nous étions dans différentes universités. Dès notre rencontre, Aké m'avait impressionné. Il me parlait de Mangenot et des grands chercheurs français en botanique de l'époque. Chaque fois, il me disait qu'il allait au grand sanctuaire. Je l'admirais et je voyais qu'il sortait de l'ordinaire. Il avait l'air sérieux. Moi, j'avais soutenu ma thèse à l'Ecole Nationale Vétérinaire de Toulouse. Après j'étais rentré en Côte d'Ivoire. C'est ici, en Côte d'Ivoire, que j'ai mieux connu Aké-Assi. Il était passé me voir au ranch d'Abokouamékro avec Professeur Edouard Adjanahoun. Ils étaient également passés me voir au ranch de Sipilou. C'est à l'occasion de ces visites d'étude que j'ai pu me rendre compte de l'immense étendue du savoir d'Aké-Assi Laurent. J'affirme qu'il connait non seulement la botanique de la Côte d'Ivoire et de l'Afrique, mais également celle de tout le monde entier. Il peut se retrouver, par exemple, en Australie ou partout ailleurs. Il maîtrise mieux la botanique plus que les botanistes locaux* ».

Docteur Lamizana Paul poursuit : « *En compagnie des professeurs Aké-Assi Laurent et Adjanahoun Edouard, nous étions montés au sommet de la montagne d'où nous avions une vue panoramique sur plusieurs kilomètres à la ronde. Professeur Aké-Assi identifiait avec facilité toutes les plantes qui se trouvaient de chaque côté du chemin qui mène au sommet. Au sommet de la colline, il y a une case. Tous les grands hommes qui étaient de passage avaient mangé dans cette case. Quelques années plus tard, les professeurs Aké-Assi Laurent et Adjanahoun étaient revenus en mission d'étude au ranch d'Abokouamékro. Ils y passèrent environ quinze jours. Ils avaient résidé dans le chalet qu'occupait un ressortissant belge. Mon amitié avec le professeur Aké-Assi Laurent allait bien au-delà de la botanique. Ainsi, en janvier 1998, j'ai été le témoin de mariage de Yolande, l'une de ses filles. Après ce mariage, nous nous étions perdus de vue pendant quelques années. C'est seulement un jour du mois de janvier 2013 que nous nous sommes revus. Ce jour-là, j'étais assis devant la boutique de ma fille, située à quelques mètres du commissariat de police, 8è arrondissement de Cocody. Tout à fait par hasard, j'ai vu Aké-Assi passer. Je l'ai appelé et j'ai crié : quel est ce revenant ! Je me suis approché de lui. Nous nous sommes embrassés, longuement* ».

Docteur Lamizana Paul termine ses propos avec un brin de déception due au manque de reconnaissance de la nation ivoirienne au professeur : « *Professeur Aké-Assi Laurent m'a communiqué la passion de la botanique. C'est un grand homme. Il mérite que l'on lui dédie un monument. Les Ivoiriens semblent ne pas connaitre la valeur de cet homme. Je suis certainement la personne la mieux placée, en Côte d'Ivoire, pour parler d'Aké-Assi Laurent* ».

Parmi tous les botanistes ivoiriens rencontrés, dans le cadre de la biographie de Professeur Aké-Assi Laurent, Dr Lamizana Paul, le vétérinaire, a fait montre de vastes connaissances non seulement dans le domaine de la médecine vétérinaire mais également en agronomie et surtout en botanique. Il citait avec beaucoup d'aisance les noms scientifiques des espèces de plantes, des familles et des genres. Dr Lamizana Paul a fait une forte impression. Il avait, lui-même, expliqué qu'il « *avait tiré un grand parti de sa rencontre avec Aké-Assi Laurent dans la conduite de sa carrière professionnelle* ».

Œuvre reconnue à l'échelle africaine et internationale

Incontestablement, le Professeur Aké-Assi Laurent est plus connu à l'extérieur de la Côte d'Ivoire. Il a laissé de très grands témoignages partout où il a eu à se rendre, dans le cadre de l'exercice de sa longue carrière scientifique.

<u>Ouagadougou (Burkina Faso) – Le 6 octobre 2009</u>

Professeur Jean –Louis POUSSET, en conversation avec le professeur Aké-Assi Laurent. Il a dit que lorsqu'on "est en compagnie d'Aké-Assi, on n'a plus envie de retourner chez soi" (Source : film "Bois Sacré de professeur Aké-Assi").

Dans les pays de la sous-région ouest africaine, de nombreuses personnalités du monde politique et scientifique reconnaissent l'immense travail réalisé par le savant ivoirien. Parmi les Africains ayant reconnu les talents et les mérites de Professeur Aké-Assi Laurent, on peut citer monsieur Adama Touré, le Fondateur du Lycée « Les Ecoles Internationales de la Jeunesse » (EIJ-AT) de Ouagadougou (Burkina Faso). Il a dédié le laboratoire des sciences dudit lycée à Professeur Aké-Assi Laurent. Celui-ci explique : « *Après avoir créé l'école, il avait organisé une rencontre des enseignants en vue de donner un nom à la partie scientifique de l'établissement. Ils avaient eu du mal à trouver un nom au laboratoire. Parmi les personnes qui participaient à cette rencontre, il y avait une femme, madame Baiono, qui avait étudié les sciences naturelles à l'Université Nationale de Côte d'Ivoire. Elle avait proposé le nom Aké-Assi Laurent qui a été unanimement accepté. Ainsi, le volet scientifique des activités académiques est réalisé au sein dudit laboratoire* ». Professeur Aké-Assi Laurent avait déjà été informé de l'existence du laboratoire portant son nom, il y a quelques années. A l'occasion du CIPO 2012, où il a séjourné au Burkina Faso, Professeur Aké-Assi Laurent s'est rendu audit lycée, en compagnie du fondateur, le 12 octobre 2012. La photo suivante a été prise ce jour-là devant le laboratoire du lycée Les Ecoles Internationales de la Jeunesse » (EIJ-AT).

<u>Ouagadougou (Burkina Faso)- 13 septembre 1997</u>.

Professeur Aké-Assi Laurent (au centre) en compagnie du Fondateur du Lycée « Les Ecoles Internationales de la Jeunesse » (EIJ-AT), le 13 septembre 1997, en face du laboratoire qui porte son nom (Laboratoire Aké Assi) à Ouagadougou.

Toujours au Burkina Faso, précisément à Banfora, une plantation porte le nom de « *Professeur Aké-Assi Laurent* ». Le fondateur de cette plantation est monsieur Koné Soungalo. Professeur Aké-Assi Laurent explique : « *Au début de son activité, monsieur Koné Soungalo allait dans les champs pour acheter, auprès des paysans, leur production. Finalement, il a acquis un terrain. Il a enrichi ledit terrain. Il a créé une plantation de rôniers. Il extrait le vin de rônier. Ce vin, stabilisé, est aujourd'hui, vendu dans le commerce courant* ».

A l'entrée de la plantation de monsieur Koné Soungalo, dans les environs de Banfora (Burkina Faso), on trouve la pancarte sur laquelle on peut lire, entre autres choses : « Bosquet Pr AKE ASSI (Université d'Abidjan) ».

Distinctions obtenues par Aké-Assi Laurent

Professeur Aké-Assi Laurent a collectionné de nombreuses distinctions obtenues au cours de sa longue carrière professionnelle. Ce qui impressionne, c'est aussi bien le nombre de distinctions obtenues que leur diversité. On note également qu'il a reçu des distinctions de l'étranger notamment de France, d'Italie, des Pays-Bas, du Cames, du Burkina Faso. Le tableau suivant récapitule l'ensemble des distinctions obtenues par le chercheur au moment où on écrit sa biographie.

N° Ordre	**Distinctions**	**Pays ou Organisations**	**Année**
01	Médaille de bronze	Société Nationale Française pour la protection de la nature, Paris	1960
02	Officier de l'Ordre National	Côte d'Ivoire	1971
03	Officier du Mérite de l'Ordre de l'Education Nationale	Côte d'Ivoire	1980
04	Commandeur du Mérite de l'Ordre de l'Education Nationale	Côte d'Ivoire	1985
05	Lauréat du Prix des travaux en Botanique de la Faculté des Sciences et Techniques	Université d'Abidjan	1986
06	Docteur Honoris Causa	Université de Tuscia, Viterbo, Italie	1990
07	Commandeur de l'Ordre de l'Arche d'Or par le prince Bernhard des Pays-Bas	Soestdjik Palace	1995
08	Lauréat du Prix de la Recherche	Ministère de la Recherche Scientifique	Edition 1996
09	Lauréat du Prix d'Excellence de l'Action Individuelle de Préservation de l'Environnement	Réseau de l'Environnement de Côte d'Ivoire (RECI)	1996
10	Lauréat du Prix d'Excellence du Président de la République	Présidence de la République	1997
11	Commandeur de l'Ordre National	République de Côte d'Ivoire	2002
12	Lauréat du Prix Spécial du Président de la République pour la recherche	Présidence de la République	2003
13	Grade de Chevalier de l'Ordre international des Palmes Académiques du CAMES	C.A.M.E.S[72]	2005

[72] Cames : Conseil Africain et Malgache de l'Enseignement Supérieur

14	Chevalier de l'Ordre National	Burkina Faso	2009
15	Grand Officier de l'Ordre National de Côte d'Ivoire	République de Côte d'Ivoire	2010
16	Citoyen d'honneur de la ville de Montpellier	France	2011
17	Prix du programme d'appui stratégique à la recherche scientifique	Centre Suisse de Recherche Scientifique	2011
18	Lauréat du prix IKEDA pour la culture, l'éducation et la paix	SGI-Côte d'Ivoire[73]	2012
19	Prix Jean-Louis Pousset pour l'innovation et la recherche sur les plantes médicinales	Congrès International de Phytothérapie de Ouagadougou (CIPO)	2012

La toute première médaille obtenue par Aké-Assi Laurent. Elle lui avait été décernée par la Société Nationale de Protection de la Nature et d'Acclimatation de France. C'était en 1960 à Paris.

---

[73] SGI-CI: Soka Gakkai Internationale Cöte d'Ivoire.

<u>Ouagadougou (Burkina Faso)- 6 octobre 2009</u>

Professeur Aké-Assi Laurent est décoré par le Ministre Burkinabé de la Recherche Scientifique au grade de Chevalier de l'Ordre National du Burkina Faso.

Ouagadougou (Burkina Faso)- CIPO, 9 octobre 2012

Professeur Aké-Assi Laurent, à l'occasion du Congrès International de Phytothérapie de Ouagadougou (CIPO). Remise du Prix Jean-Louis Pousset pour l'innovation et la recherche sur les plantes médicinales.

On dénombre au total 19 distinctions majeures. Ce tableau montre la grande diversité des distinctions honorifiques obtenues par professeur Aké-Assi Laurent durant sa longue et riche carrière professionnelle. La valeur et l'origine des distinctions montrent la véritable portée de l'œuvre scientifique qu'il a accomplie.

Au sujet des distinctions obtenues par Aké-Assi, professeur Séry Bailly indique : « *Voici donc un homme qui peut être fier d'avoir été honoré par un Prince et trois Présidents : le Prince Bernhard des Pays-Bas, les Présidents Houphouët-Boigny, H. Konan Bédié et Laurent Gbagbo* »[74].

[74] Source : « *Laurent AKE-ASSI, un grand arbre parmi nous* », in Porteurs d'espoirs, Séry Bailly (livre à paraître en 2012 chez l'L'Harmattan).

Lauréat de la Faculté des Sciences et Techniques

N° 005

A l'occasion des Premières Journées Scientifiques

Monsieur Aké Assi Laurent

a reçu Le Prix d'Honneur

de la Faculté des Sciences et Techniques

Pour sa distinction du C.A.M.E.S

sur ses travaux en Botanique Tropicale

En foi de quoi le Récipiendaire est élevé au rang de

Lauréat de la Faculté des Sciences et Techniques

Abidjan, le 9/Avril 1986

Le Doyen

Dr Francis Lauginie, Président de l'ONG Afrique-Nature, basée à Abidjan, fait observer que : « *Aké-Assi fait partie des sommités dans le domaine de la botanique. C'est à juste titre qu'il a reçu, en 1995, le Golden Ark des mains du Prince Bernhard des Pays-Bas* ». Le Professeur Laurent Aké-Assi est honoré par le Prince Bernhard des Pays-Bas dans la plus haute distinction décernée par le World Wild Fund (WWF) ou le Fonds Mondial pour la Nature. Dr Francis Lauginie sait ce que ce prix représente, lui qui a travaillé pendant de nombreuses années pour le compte du WWF. Voici le communiqué de presse que Dr Francis Lauginie a eu l'amabilité de nous fournir : « *En ce mois de novembre (1995), au Palais de Soestdijk, Son Altesse Royale, le Prince Bernhard des Pays-Bas, a honoré huit personnalités du monde scientifique et de la conservation pour leur œuvre en faveur de la sauvegarde et de la gestion rationnelle des ressources naturelles. Au premier rang de ces heureux récipiendaires figurait le Professeur Laurent Aké-Assi, Directeur du Conservatoire botanique de l'Université nationale de Cocody qui fut le seul à être élevé dans le plus haut grade, celui de Commandeur de la Golden Ark. Cette décoration constitue la plus haute distinction à être décernée, chaque année, pour le compte du Fonds Mondial pour la Nature (WWF)* »[75].

Professeur Aké-Assi Laurent, lors de la remise du prix PASRES, Adiopodoumé, Centre Suisse de Recherche Scientifique, Abidjan le 2 septembre 2011. A gauche du professeur, Dr Francis Lauginie, Président de l'ONG Afrique-Nature, qui a tenu à partager ce moment de plaisir avec le savant. Une très longue amitié unit les deux personnages depuis des décennies. Dr Francis Lauginie est décédé le 1er avril 2018 à Toulouse en France.

[75] Document fourni par Dr Francis Lauginie, Président de l'ONG Afrique Nature

Soestdjik Palace (Pays-Bas), 4 Novembre 1995

Professeur Aké-Assi Laurent, décoré dans le grade de Commandeur de l'Ordre de l'Arche d'Or des Pays-Bas (Grand Master of the Oder of The Gold ARK) par le Prince Bernhard des Pays-Bas. A l'extrême droite, le Professeur Bretler de l'Université de Wageningen qui a accompagné Professeur Aké-Assi au Palais.

Il convient d'indiquer que Dr Francis Lauginie est un citoyen français. Il a occupé le poste de conseiller technique dans différents ministères ou directions chargées des parcs nationaux en Côte d'Ivoire depuis 1977. Il a également été coordonnateur de la mission sur le parc de Taï. Enfin, il a eu à coopérer avec le World Wild Fund (WWF) pendant une quinzaine d'années. C'est dans le cadre de ses différentes activités qu'il a rencontré professeur Aké-Assi Laurent. Avec lui, il a eu à réaliser plusieurs missions sur le terrain. Il était rentré en France où il est resté quelques années. Il est revenu en Côte d'Ivoire pour créer l'ONG Afrique Nature dont il assure actuellement la présidence, avec pour vice-président, le professeur Aké-Assi Laurent.

Professeur Aké-Assi est le seul botaniste en Côte d'Ivoire à pouvoir réaliser la description complète d'une plante en latin. Il décrit les feuilles, les fleurs, les fruits, les branches et les ramifications, les troncs, les racines, etc. La description d'une plante en latin donne, selon professeur Aké-Assi, « *de la valeur scientifique, de la reconnaissance et de la crédibilité à une plante collectée ou découverte* ». Professeur Aké-Assi ajoute : « *Quelqu'un peut connaître le latin, mais il peut ne pas toujours maîtriser le latin appliqué à la botanique* ». Le latin appliqué à la botanique est, en quelque sorte, du latin technique. Par conséquent, il n'est pas à la portée de tous ceux qui ont étudié le latin.

Abidjan – Université de Cocody, Jardin botanique- 18 juillet 2003

Réception organisée après l'obtention du Prix Spécial de la Recherche (Edition 2003) avec la participation de l'épouse et des enfants. On reconnaît, de gauche à droite, Aké-Assi Larissa, Aké-Assi Marie-Hélène, professeur Aké-Assi, Mme Aké-Assi, Aké-Assi Evelyne, Aké-Assi Yolande, et Aké-Assi Emma.

Abidjan – 20 octobre 2010

Décoration de Professeur Aké-Assi Laurent au Grade de Grande Croix de l'Ordre National de Côte d'Ivoire par le Grand Chancelier, Issouf Koné.

Abidjan – 20 octobre 2010

Professeur Aké-Assi Laurent a été décoré au grade de Grande Croix de l'Ordre National de Côte d'Ivoire. Il a posé avec sa fille Emma, botaniste, Maître-Assistant à l'UFR des Sciences, Université de Cocody.

Comme l'indique la citation faite à cette occasion, le Professeur Laurent Aké-Assi a été honoré pour avoir consacré sa vie à améliorer la connaissance des plantes africaines, pour sa position rigoureuse en faveur de la conservation de la nature en Côte d'Ivoire et son rôle de pointe dans la protection des forêts tropicales humides et l'utilisation rationnelle des plantes médicinales. Il a été également honoré à la fois en tant que directeur fondateur du Centre National Ivoirien de Floristique, membre de l'Association pour l'Etude Taxonomique de la Flore Tropicale d'Afrique et pour sa contribution à la Commission de Sauvegarde.

Au sujet de la pertinence et de l'actualité du travail du savant, Dr Francis Lauginie nous apprend ceci : « *En 1960, Aké-Assi avait publié un article dans le quotidien " Abidjan-Matin". Si on publiait le même article dans un journal d'aujourd'hui, il serait encore d'actualité* ». En 1960, Aké-Assi n'était encore qu'un étudiant. Ses articles faisaient déjà autorité dans le monde scientifique.

Au niveau national, Professeur Aké-Assi Laurent a obtenu, tour à tour, le prix de la recherche (1996), le Prix d'Excellence du Président de la République (1997) et le Prix Spécial du Président de la République pour la recherche (2003). Au niveau national, les prix de la recherche obtenus par Professeur Aké-Assi Laurent sont les mieux dotés financièrement. Ainsi, il a obtenu 10 millions de francs CFA deux fois soit au total 20 millions de francs CFA. Cet argent ne peut guère compenser l'effort et l'œuvre réalisés inlassablement par le professeur pendant des décennies. Mais, c'est le signe de la reconnaissance par la communauté nationale de l'œuvre du savant, à commencer par les plus hautes autorités du pays. C'est déjà très encourageant.

Professeur Aké-Assi Laurent nous indique, au sujet du Prix Spécial du Président de la République pour la recherche (2003) ceci : « *Les membres du Comité d'Organisation m'ont demandé de donner mon Curriculum Vitae. Ensuite, le Ministre de la Recherche Scientifique m'a écrit pour m'annoncer que je suis le lauréat. Après avoir obtenu ce prix, j'ai organisé un cocktail. Parmi les invités, il y avait un homme, un universitaire qui avait été le Président du Comité d'Organisation. C'était le Professeur Jean Tano*[76]*, de la Faculté des Lettres* ».

En septembre 2011, le professeur Aké-Assi Laurent a obtenu le Prix du programme d'appui stratégique à la recherche scientifique (PASRES) du Centre Suisse de Recherche Scientifique (CSRS) basé à Adiopodoumé, Abidjan. Présentant l'un des lauréats 2011, en la personne de professeur Aké-Assi Laurent, Marc Yevou écrit : « *Laurent Aké-Assi est professeur titulaire de botanique à l'université de Cocody. Cet enseignant a retenu l'attention du PASRES pour être le plus grand botaniste en Afrique et le meilleur spécialiste de la flore africaine dans le monde. En plus d'être enseignant, Pr ASSI a créé et développé le jardin botanique de l'université de Cocody, l'herbarium national dénommé Centre National de Floristique* »[77].

La valeur d'une distinction scientifique ou de toute autre nature n'est pas seulement financière, loin s'en faut. Une distinction procure toujours, à la personne qui la reçoit, une grande satisfaction intellectuelle et morale personnelle. Elle est la reconnaissance du mérite d'une personne par une communauté. Cela n'a pas de prix. Une distinction donne toujours du relief au travail que le lauréat réalise souvent dans l'ombre, pendant des années. Enfin, elle rejaillit positivement sur l'entourage du lauréat. De ce point de vue, Professeur Aké-Assi Laurent a comblé les siens de joie. C'est un aspect très important.

Pour la petite histoire du prix PASRES 2011, Professeur Nguessan Kouakou Edouard témoigne : « *Un appel à candidatures avait été publié dans le quotidien Fraternité-Matin. Lorsque j'ai vu l'appel, j'ai pensé au professeur Aké-Assi Laurent. Je lui en avais parlé. Il n'était pas très enthousiaste à présenter sa candidature. J'ai alors pris la décision de présenter, moi-même, sa candidature. J'ai rassemblé les éléments*

---

[76] Le Professeur Jean Tano est décédé en avril 2011 à Abidjan.

[77] Marc Yevou, « *CSRS – Trois prix pour magnifier la recherche scientifique* » in Fraternité Matin du mardi 4 octobre 2011, page 3.

nécessaires pour constituer son dossier. J'ai relié le document et je suis allé le déposer au CSRS. Sur la couverture, j'ai précisé : Candidature proposée et présentée par professeur titulaire Nguessan Kouakou Edouard. La candidature de professeur Aké-Assi Laurent a été retenue». On observe qu'un professeur titulaire propose et présente lui-même la candidature d'un autre professeur titulaire à la retraite. Le professeur Nguessan Kouakou Edouard aurait pu présenter sa propre candidature, puisqu'il est également botaniste. Mais, il ne l'a pas fait. Il s'est effacé en faveur de son maître. On peut dire que la leçon d'humilité que le Professeur Aké-Assi Laurent a toujours enseignéé, son jeune collègue, Professeur Nguessan Kouakou Edouard, l'a bien appliquée, l'a bien rendue.

Prix PASRES et cocktail de partage avec la famille Aké-Assi

Le prix PASRES 2011 a distingué trois personnalités du monde scientifique dont le professeur Aké-Assi Laurent. Pour fêter ce prix, comme il a l'habitude de le faire, professeur Aké-Assi a offert un cocktail au domicile de sa fille Aké-Assi Evelyne aux Deux Plateaux (Cocody), Abidjan. En fait, au lieu d'un cocktail, il s'agissait plutôt d'un véritable repas. C'était le samedi 14 janvier 2012. Ce fut un moment de partage. Le prix Pasres 2011 décerné à Aké-Assi Laurent avait une particularité. Ce n'était pas lui-même qui a présenté sa candidature. Celle-ci a été *présentée par son jeune collègue Nguessan Kouakou Edouard, ancien* directeur du CNF. En signe de reconnaissance à son jeune collègue, Aké-Assi Laurent l'a invité ainsi que tous ses collègues, chercheurs du département de botanique. La plupart des invités étaient présents.

Datté Jean-Jacques, gendre d'Aké-Assi Laurent et également porte-parole de la famille Aké-Assi a saisi l'occasion pour présenter le contexte du repas et le caractère symbolique rattaché. Il a rendu un hommage appuyé à professeur Nguessan Kouakou Edouard et à tous ses collègues du CNF. Il a également présenté et félicité le cinéaste, le professeur Diabaté Idriss, le réalisateur du film : "*Bois sacré du Professeur Aké-Assi*" ainsi que Yao Ngoran Bazin, le biographe de professeur Aké-Assi Laurent.

Le repas a réuni environ quarante personnes. Ce fut une belle fête de partage avec une connotation familiale : la famille Aké-Assi et alliés, d'une part, et, d'autre part, la famille des botanistes du CNF. L'ambiance était bon enfant. La bouffe et les boissons étaient abondantes. Il y avait presque tous les mets classiques ivoiriens.

Il convient de faire observer qu'avant le professeur Aké-Assi Laurent, sa fille Aké-Assi Amoin Yolande, Chef de laboratoire à Lanada (Laboratoire National d'Appui au Développement Agricole), avait été lauréate du prix

Pasres, en 2009, pour ses travaux sur le thème : « *Qualité hygiénique des poissons fumés* ».

Fête de la biodiversité: «Bois Sacré du professeur Aké-Assi » à Montpellier

On continue aujourd'hui de célébrer le professeur Aké-Assi Laurent à l'étranger. Cela corrobore, une fois de plus, le fait que le savant est plus connu à l'extérieur que dans son propre pays. En cette année 2011, année marquée par une grave crise politique en Côte d'Ivoire, professeur Aké-Assi Laurent a encore été célébré en France. Cheickna D. Salif a bien voulu informer le public ivoirien de cette manifestation : « *La fête de la biodiversité qui se tiendra pour la 3ème fois, du 19 au 21 mai 2011, accueille la projection en avant-première, ce jeudi 19 mai, à l'auditorium du Musée Fabre de Montpellier, du film documentaire du professeur Laurent* Aké-Assi :*«Bois sacré ». A travers ce film, le cinéaste ivoirien Idriss Diabaté rend un hommage au professeur Assi, considéré comme un grand témoin de la flore africaine en faisant voyager le spectateur dans le monde »*[78].

«Le film commence avec Okoubaka, l'arbre qui tue les autres arbres. Cela n'est pas dénué de sens. Des herbiers disparaissent, des espèces se perdent, un patrimoine est en péril, le paludisme s'acharne sur nous. C'est la mort qui rôde! Comment conjurer la mort qui menace aussi bien les plantes que les hommes? C'est à cette question que veut répondre le film émouvant de Idriss Diabaté " Bois sacré du Pr. Aké-Assi " », témoigne le professeur Séry Bailly.

Professeur Séry Bailly poursuit : *La caméra d'Idriss Diabaté va s'employer à dévoiler l'œuvre du professeur Assi. Depuis 2007, il suit les pas du vieux savant. Ce documentaire nous fait voyager dans le monde des plantes africaines. Il faut noter que Laurent Aké-Assi a toujours eu l'obsession de déterminer toutes les plantes qu'il rencontre. C'est ainsi qu'il a pu constituer l'herbier de l'Université de Cocody ou encore la bibliothèque des plantes de Côte d'Ivoire qui est unique dans le monde. En soixante ans de carrière, le professeur Assi a classé 90% des plantes de Côte d'Ivoire.*

Le documentaire de Diabaté montre la thérapie botanique, celle qui permet de soigner les êtres humains par les plantes. C'est d'ailleurs à juste titre que le Pr. Assi est qualifié d'ethno-botaniste par de nombreux chercheurs, des botanistes et écologistes. Dans ce film, où la musique a été assurée par le professeur Zadi Zaourou et Will Menter (musicien Anglais vivant en France), le cinéaste montre la démarche à la fois pédagogique et scientifique de Laurent Aké-Assi. «Ce film est un plaidoyer pour aider le

[78] Fraternité Matin du 19 mai 2011, p.14.

professeur Aké-Assi à faire avancer la cause de la botanique. Au service d'une conscience écologique mondiale, il a su garder le sens de l'humilité et de l'amitié. Tous les authentiques dirigeants de peuple ont un rapport positif avec ce que De Gaulle a appelé "peuple des arbres" et qui a des droits comme les peuples d'humains », soutient le professeur Sery Bailly.

Midi Libre

Montpellier et sa région

4 | Montpellier

X3---

Le fameux ethnobotaniste a été fait citoyen d'honneur. OLIVIER DEMOLS

Les honneurs pour le "génie de la brousse"

Biodiversité | Laurent Aké-Assi médaillé.

Le drapeau ivoirien flottait, hier, sur l'Esplanade. Et pour cause : Laurent Aké-Assi était l'invité d'honneur de la fête de la biodiversité. Mieux : il fut fait citoyen d'honneur de la ville par Serge Fleurence, le premier adjoint. Un hommage rendu à celui que l'on surnomme volontiers "le génie de la brousse".

Il faut dire que cet ethnobotaniste ivoirien est une sommité dans le monde entier. Lui, le fils de garde-forestier qui, dès son plus jeune âge, épata les spécialistes français venus en Afrique pour identifier la végétation locale. À 80 ans, il fait partie de multiples sociétés savantes dans plusieurs continents et fait partager son savoir aux étudiants d'Abidjan.

La légende fait volontiers de lui un autodidacte éclairé et éclairant. Reste qu'il est devenu docteur d'université et ingénieur botaniste.

Pour l'anecdote, il fut ébruité, hier, que le professeur Aké-Assi a été invité à visiter la serre tropicale de Lunaret. Il sidéra son monde : pas une seule des plantes présentées qu'il ne fut capable d'identifier. *« Même la plus petite. »*

Il faut dire que son tout premier séjour à Montpellier avait précisément pour but l'identification d'un lot de plantes tropicales. C'était en 1956, à l'invitation d'universitaires scientifiques...

Quarante et un an plus tard, lors d'un séminaire, il fut l'hôte du Cirad. Et, en cette année internationale de la forêt, Laurent Aké-Assi a participé au film documentaire *Bois sacré* présenté à Montpellier.

MICHEL MARGUIER

Pour le cinéaste Diabaté, on aperçoit que tous ceux qui ont participé à l'élaboration de ce documentaire, à savoir Zadi Zaourou, Sery Bailly et Aké-Assi, militent tous pour une «Côte d'Ivoire moderne». Où au-delà de tout clivage politique, des intellectuels collaborent dans une bonne intelligence.

Soulignons que la première projection du film «Bois sacré de Laurent Aké-Assi» aura lieu très prochainement au jardin botanique de l'université de Cocody créé par l'éminent savant en 1964 »[79]. La fête de la biodiversité a eu effectivement lieu à Montpellier (France) comme prévu. Au sujet de la fête de la biodiversité à Montpellier, professeur Diabaté Idriss indique: « *Quand j'étais allé à Montpellier avec le professeur Aké-Assi, nous avions eu un accueil qui a dépassé notre entendement. Il a été logé pendant trois (3) jours à l'hôtel Pullman, avec le luxe que présentent les chambres. En plus, une sortie sur le terrain avait été organisée dans le jardin d'acclimatation de Montpellier, une forêt tropicale créée de toutes pièces* ».

Parlant de la collaboration de professeur Aké-Assi lors de la réalisation du film, professeur Diabaté Idriss a tenu à préciser ceci : « *Il a collaboré de manière franche avec moi. Il m'a soutenu jusqu'au bout. Sans son apport personnel, je n'aurais jamais pu réaliser le film. Il m'avait toujours réconforté quand j'avais eu quelques moments de doute* ».

« *Bois Sacré* » : première projection à Abidjan

La toute première projection du film « *Bois Sacré* de Laurent Aké-Assi » a eu lieu non pas au jardin botanique du fait de la fermeture de l'Université de Cocody, mais au Goethe Institute d'Abidjan, le mercredi 23 novembre 2011. Pour l'occasion, la salle de projection de l'institution allemande s'est avérée très exigüe pour accueillir les invités. Alors qu'habituellement, les Ivoiriens ne répondent pas toujours nombreux à l'occasion des manifestations à caractère culturel ou scientifique, il y avait foule. Ce jour-là, des experts des questions liées à la botanique et aux sciences de la nature, en général, s'y étaient donné rendez-vous. A l'entrée de la salle, toutes les personnes qui n'avaient pas eu de places assises se sont agglutinées. D'autres ont dû, faute de places, rentrer chez eux. Cela voudrait signifier que l'évènement était spécial.

Le film commence, comme il fallait s'y attendre sur les chapeaux de roue. Il met l'emphase sur certains pans de la vie du chercheur. On voit, tour à tour, en effet, le savant dans son centre fétiche, le Centre National de Floristique de l'Université de Cocody, dans les brousses ivoiriennes ou encore au Parc National du Burkina Faso, en Guinée Conakry, en France. On a pu mesurer la dextérité avec laquelle, le savant Aké-Assi manie le sécateur qu'il utilise pour la collecte des plantes. Il sait exactement là où il doit positionner les tailles pour couper, toujours d'un seul trait, la plante visée. Le geste lui-même est un régal. On a pu voir également la différence existant entre le système de conservation des herbiers en France et en Côte d'Ivoire.

---

[79] AKE-ASSI Laurent a créé de toutes pièces la forêt du Centre National de Floristique.

La différence est tellement criarde que l'on peut même dire que les deux systèmes de conservation ne sont pas comparables. Cela montre que les plantes africaines ont plus de chance d'être conservées dans les herbiers en France qu'en Afrique. C'est la réalité.

Dans le film, on voit également le savant Aké-Assi Laurent au travail en compagnie de Joël Jérémie[80], botaniste guadeloupéen. Il nous rassure que pour la conservation des plantes, et par mesure de prudence, chaque espèce ou taxon est collecté en trois exemplaires dont l'un est envoyé aux Etat Unis, un autre en France et le troisième gardé ici à Abidjan. Le savant a toujours pris cette précaution d'usage afin de préserver les plantes collectées de potentielles catastrophes comme celle que la Côte d'Ivoire a connue notamment la guerre à l'issue du scrutin présidentiel de 2010. Les Etats-Unis et la France disposent de meilleures conditions matérielles de conservation des plantes. Aké-Assi fait profiter cela aux plantes de Côte d'Ivoire.

Par ailleurs, le film propose au spectateur des témoignages poignants d'anciens étudiants de professeur Aké-Assi Laurent. Dans le film, les usages thérapeutiques de nombreuses plantes sont indiqués. Cela a enthousiasmé le public. Vers la fin du film, le spectateur est réconforté en voyant Dr Aké-Assi Emma, l'une des filles de professeur Aké-Assi Laurent, professer avec vigueur et passion dans une salle de cours avec des étudiants.

Après la projection du film, une petite table ronde fut organisée. Elle a regroupé, outre le professeur Aké-Assi Laurent, le cinéaste et auteur du film, le professeur Diabaté Idriss, et Yacouba Sangaré, journaliste, jouant le rôle de modérateur. « *Pourquoi professeur Diabaté a-t-il eu l'idée de réaliser un film sur Aké-Assi?* ». Le cinéaste, professeur Diabaté Idriss, répond : « *Au départ, ce n'était pas pour réaliser un film. On avait, en effet, collaboré, dans le cadre d'une activité scientifique. L'idée de réaliser le film était arrivée bien plus tard* ».

A une question posée par Gnadja Patrice, journaliste et environnementaliste, au Service Communication de la Sodefor, au sujet de la disparition des 42 espèces végétales en Côte d'Ivoire, à travers laquelle il demandait au professeur Aké-Assi Laurent « *s'il n'a pas été complice de cette situation parce qu'il n'en aurait pas fait suffisamment* », le savant a proposé la réponse suivante : « *J'ai fait mon travail, ponctué par 134 publications dans divers revues et journaux scientifiques* ». C'est la juste réponse du chercheur. Ce n'est pas le chercheur qui décide. Dans une société dans laquelle les rôles et les responsabilités des acteurs institutionnels sont clairement définis, les agences chargées du développement doivent recourir aux chercheurs ou autres experts nationaux pour leur demander des conseils techniques afin d'orienter et donner une assise scientifique et objective à leurs programmes et projets. Si tel n'est pas le cas, ce n'est pas la faute du savant ou du chercheur. En plus, le

---

[80] Joël Jérémie, qui avait eu également Georges Mangenot comme maître, était, au moment de la réalisation du film, Professeur au Muséum National d'Histoire Naturelle de Paris.

rôle du savant ou du chercheur n'est pas de se mettre à crier, tout le temps, et fort sur tous les toits pour se faire entendre.

Professeur Kotchy Barthélémy, Président de l'ASCAD, a été la dernière personne à prendre la parole pour dire à l'endroit de la jeunesse ivoirienne que l'œuvre du savant n'aura été possible que grâce à son engagement au travail. Il a réaffirmé haut et fort que professeur Aké-Assi Laurent était « *parti de rien, mais il a pu réussir par le travail* ». Le professeur Kotchy Barthélémy avait ainsi saisi l'occasion pour répéter ce qu'il dénonce depuis des décennies à savoir la voie de la facilité qu'affectionnent nombre d'Ivoiriens.

Au total, le public était réparti très renseigné sur certains pans de la vie et de l'œuvre du savant Aké-Assi Laurent. A la fin de la projection du film, le sentiment personnel que j'ai eu est que la vie et l'œuvre du savant ne peuvent pas être entièrement décortiquées à travers un film de quelques minutes. Le film ne présente qu'à peine 10 à 15 % de ce qu'on doit savoir sur ce qu'a fait le savant et de ce qu'il continue de faire. En même temps, j'ai été réconforté à l'idée que la biographie en préparation va fournir des éléments inédits sur la vie, sur le parcours et l'œuvre du savant. Cela a été une grande source de motivation supplémentaire pour la suite de mon travail, visant à restituer la vie et l'œuvre du savant.

Professeur Diabaté Idriss, relatant les conditions dans lesquelles sa rencontre avec le savant Aké-Assi Laurent s'est faite, dira, quelques semaines plus tard : « *Ma rencontre avec Aké-Assi s'est réalisée à la suite de deux évènements. D'abord, j'étais étudiant en France, en 1980, en thèse de doctorat de troisième cycle en communication. J'étais venu pour faire des recherches sur le terrain en Côte d'Ivoire. J'ai fait la connaissance de quelqu'un qui s'appelle Robert Brac de la Perrière, également étudiant en thèse. Ses travaux portaient sur le mil (Pennisetum glaucum). Son directeur de thèse était le Professeur Touré Bakary, ancien recteur de l'Université de Cocody. C'est Brac qui m'a parlé, pour la première fois, d'Aké-Assi. Il m'a conduit au Centre National de Floristique. Ensuite, après ma thèse, je suis rentré en Côte d'Ivoire. J'ai réalisé un film sur Théodore Monod, le naturaliste et humaniste français. Après, je suis retourné en France avec mon ami Brac. J'avais un projet, à savoir interviewer Aké-Assi. L'interview a été faite pour la structure dénommée BEDE. L'interview dure dix (10) minutes. Après cette interview, je me suis dit : ''Aké-Assi, c'est mon Théodore Monod''. J'ai été donc le voir. C'était en 1997. Nous avons échangé. Il a donné son accord. J'ai commencé le travail. Je le rencontrais dans le jardin botanique. Au fur et à mesure, je découvre qu'il a été énormément influencé par Georges Mangenot. Je découvre également qu'il a enseigné dans toute la sous-région ouest africaine. J'ai décidé d'aller plus loin dans la connaissance du personnage. Enfin, un Symposium International portant sur l'Aromathérapie et les plantes médicinales avait été organisé dans la ville de Grasse, capitale du parfum, dans le Midi de la France. Aké-Assi Laurent y avait été invité. Je suis allé à Grasse. Je l'y ai rencontré. J'ai également rencontré de grands noms de la botanique africaine notamment les Professeurs Rockya Sanago du Département de Pharmacie, Université de Bamako (Mali), Yves Pelissier de l'Université de Montpellier (France), Jean-Louis Pousset de l'Université de Poitiers et Joël Jérémie, du Laboratoire de Phanérogamie du Muséum National d'Histoire Naturelle de Paris* ».

Depuis cette rencontre de 1997, les professeurs Diabaté Idriss et Aké-Assi Laurent ne se sont pratiquement plus quittés. Le premier cité a réalisé sur le second le film dénommé : « *Bois Sacré* » de Professeur Aké-Assi Laurent. Professeur Diabaté Idriss est, aujourd'hui, le Président de l'Association IBAAN.

Lauréat du prix IKEDA de la SGI-Côte d'Ivoire pour la culture, l'éducation et la paix

Le samedi 18 Août 2012, à la Bourse du Travail de Treichville (Abidjan), pleine à craquer, fut organisée la cérémonie de présentation du 4è lauréat du prix IKEDA de la SGI-Côte d'Ivoire pour la culture, l'éducation et la paix. A cette occasion, le Professeur André Deazon, Directeur Général de la SGI-Côte d'Ivoire a prononcé un excellent discours sur l'importance de la science et dont nous avons extrait les éléments suivants : « *Aujourd'hui, nos pays ont besoin de modèle pour construire, pour bâtir. Toutes nos structures sont flottantes : l'école est flottante, les institutions sont flottantes, la démocratie est flottante. Les œuvres littéraires, nous en avons en quantité industrielle. Mais, pour les productions scientifiques, la moisson est maigre. Or, c'est de la science que nous avons besoin pour construire ! Il n'y a pas longtemps la Côte d'Ivoire a célébré ses cinquante ans d'indépendance. Mais l'école ivoirienne continue de fonctionner avec les objectifs de l'école coloniale. A l'opposé du Japon qui avait ouvertement opté pour la maîtrise des sciences et techniques occidentales tout en préservant avec soin sa culture, il fallait aux Ivoiriens une formation scientifique et technologique sommaires. Les résultats sont clairs : demander à un élève de Terminale A B C ou D, que sait-il faire après avoir passé au moins treize ans de sa vie à l'école ? Mesdames et messieurs, chers invités, vous comprenez pourquoi la SGI-Côte d'Ivoire, la plus grande organisation bouddhiste d'Afrique honore depuis quelques temps les scientifiques. Nous voulons, par ces choix, indiquer à notre jeunesse le chemin à prendre. Ce qui manque à l'Afrique, ce ne sont pas les poètes et romanciers mais les scientifiques. Le troisième bénéficiaire du Prix IKEDA de la SGI-Côte d'Ivoire, vous vous souvenez, est le Professeur Moustapha Diabaté, inventeur de la science indicamétrique. Aujourd'hui, j'ai l'insigne honneur de vous annoncer que le quatrième lauréat du prix IKEDA de la SGI-Côte d'Ivoire pour la culture, l'éducation et la paix est le Professeur Laurent Aké-Assi, Professeur Titulaire de*

Botanique à l'Université d'Abidjan-Cocody. La SGI-Côte d'Ivoire va donner le meilleur d'elle-même, comme elle l'a fait pour l'indicamétrie, pour faire avancer, ne serait-ce que d'un pas vos travaux de botanique pour la Côte d'Ivoire, l'Afrique et le monde entier ! Toutes nos félicitations ».

Quelques temps après le discours de Professeur André Deazon, la parole fut donnée au lauréat du prix. Professeur Aké-Assi Laurent a saisi l'occation pour adresser à la très nombreuse assistance les paroles suivantes, pleines de simplicité, d'humilité :

« *Monsieur le Directeur Général,*

Mesdames

Messieurs

Chers collègues

Chers étudiants

Chers invités

Chers parents,

Je suis très honoré, très impressionné, de me trouver, aujourd'hui, en ces lieux, devant vous, et je vous remercie de tout cœur, de m'avoir choisi comme lauréat du 4è prix IKEDA de la SGI-Côte d'Ivoire pour la culture, l'éducation et la paix.

J'ai été très sensible à vos aimables paroles ; mais, en réalité, je n'ai que peu de mérite, car j'ai pu bénéficier des enseignements d'un grand nombre de personnes qui m'ont initié à la botanique, et plus particulièrement à la connaissance de la flore et de la végétation des régions tropicales africaines et ailleurs.

Il y a d'abord le Professeur Georges Mangenot qui m'a enseigné les principes de la taxonomie et m'a recruté en tant que préparateur, puis Assistant à l'Institut d'Enseignement et de Recherches Tropicales (I.D.E.R.T.) d'Adiopodoumé. A ce poste, j'ai pu côtoyer et conduire sur le terrain d'éminents spécialistes de la flore africaine, parmi lesquels Auguste Chevalier, en 1948 et 1949, puis les Professeurs Miège, des Abbayes, Farager, Schnell, Nozeran, Emberger, Jaeger, Adjanohoun, pour ne citer que les plus célèbres.

J'ai énormément profité de leur présence à Adiopodoumé et, grâce à eux, j'ai pu accroître mes connaissances en morphologie, biologie et systématique, puis m'intéresser aux problèmes de la protection de la nature et d'aménagement des territoires en Afrique intertropicale, et plus spécialement en Côte d'Ivoire. C'est aussi grâce à leurs travaux que l'exceptionnel intérêt du Parc National de Taï a été reconnu par l'UNESCO comme seul échantillon préservé de la forêt dense humide d'Afrique de l'Ouest. Aujourd'hui, sur tout son pourtour, ce parc est soumis à la pression des exploitants forestiers et autres riverains et, sans une extrême vigilance des pouvoirs publics et de divers autres organismes de défense de la nature, cette très précieuse relique serait vouée à disparaître.

Monsieur le Directeur Général, Professeur André Deazon, au-delà de ma personne, ce sont tous les botanistes qui travaillent en Côte d'Ivoire que vous honorez. Nous vous remercions pour l'intérêt que vous portez à la conservation de la nature, à la culture et à la paix dans notre pays.

Je suis convaincu que ce prix suscitera, très certainement, beaucoup de motivations et de vocations.

Je remercie, très sincèrement, tous ceux qui ont contribué à la réussite de cette cérémonie.

Merci, enfin, aux amis, parents et collègues, venus si nombreux, pour célébrer, avec nous, cette grande fête du mérite et de l'excellence.

Merci ».

La présentation du 4è lauréat du prix IKEDA de la SGI-Côte d'Ivoire pour la culture, l'éducation et la paix sera suivie, selon le Professeur André Deazon, Directeur Général de la SGI-Côte d'Ivoire, le 28 octobre 2012, de la remise officielle du prix, au Palais de Culture d'Abidjan.

Après la distinction de Professeur Aké-Assi Laurent par SGI-Côte d'Ivoire, le 28 octobre 2012, nous avons lu le texte suivant, dans le quotidien Fraternité Matin, des 3 et 4 novembre 2012 : « *Etre prophète dans son pays de son vivant. Cela n'est pas souvent le cas pour les grands hommes qui auront marqué l'humanité de par leurs actions et le fruit de leurs recherches. Le professeur titulaire de botanique, Aké-Assi, 81 ans, a bien eu de la chance d'être célébré par les siens. C'était dimanche à la salle Anoumanbo du palais de la culture Bernard B. Dadié de Treichville, à l'occasion de la 4è édition du prix Ikeda pour l'éducation, la culture et la paix. Cette distinction lui a été décernée par la communauté des bouddhistes réunis au sein de la Soka Gakkai International-Côte d'Ivoire (SGI-ci) pour toutes ses actions en faveur de la valorisation et la protection de l'environnement. Il a reçu, pour ce faire, un diplôme, une médaille et un chèque d'un million de francs de f CFA. Le directeur général de la SGI-Côte d'Ivoire, Professeur André Deazon, a indiqué que la plus grande organisation bouddhiste d'Afrique a décidé de témoigner de la grandeur du professeur qui est un modèle pour les autres. Avant de déclarer à l'endroit du récipiendaire : ''Ce prix récompense vos mérites de scientifique exceptionnel, mais il s'agira pour nous de témoigner partout de la grandeur de votre travail. Il s'agira de faire découvrir les travaux de votre équipe au grand public''. Le professeur Aké-Assi, tout en félicitant l'initiateur de cette cérémonie, a exprimé sa profonde gratitude à toute l'équipe de la SGI-Côte d'Ivoire, pour avoir reconnu sa modeste contribution à la sauvegarde de l'environnement et du riche patrimoine naturel du pays. Il a dédié son prix à tous les scientifiques, chercheurs, enseignants, forestiers, conservateurs, agents des ministères chargés de la gestion des ressources naturelles et à tous ceux qui contribuent à la sauvegarde de ce patrimoine. Le prix IKEDA a pour objectif de promouvoir la culture et l'éducation voire la paix et le développement global d'une nation. Rappelons que ce prix a déjà été décerné au ministre de la Culture et de la Francophonie, Maurice Bandaman, alors Président de l'Association des Ecrivains de Côte d'Ivoire (AECI), à Sidiki Bakaba, ex-directeur du Palais de la culture et à professeur Moustapha Diabaté, inventeur de la science indicamétrie»*[81].

Appartenances à des sociétés savantes

Professeur Aké-Assi Laurent est membre de plusieurs sociétés savantes. Le tableau ci-dessous donne un résumé.

N°	Société savante	Date d'adhésion
01	Société Botanique de France	1956
02	Association pour l'Etude Taxonomique de la Flore d'Afrique Tropicale au Sud du Sahara (AETFAT)	1959
03	Association Scientifique de Côte d'Ivoire	1964
04	Académie Royale Belge des Sciences d'Outre-Mer	1980
05	Comité Consultatif de l'Union International pour la Conservation de la Nature et de ses ressources	1983-1986
06	Académie Francophone d'Ingénieurs, UNESCO	1983
07	Commission Consultative Internationale du Secrétariat Général, au Malawi, de l'AETFAT	Novembre 1989-Août 1994
08	Commission de la Sauvegarde des Espèces de l'Union Mondiale pour la Nature	1994
09	Membre honoraire de l'Académie Royale Belge des Sciences d'Outre-Mer	1996
10	Académie des Sciences, des Arts, des Cultures d'Afrique et des Diasporas Africaines (ASCAD), Abidjan, Côte d'Ivoire	2004

On ne devient pas par hasard membre d'une société savante. Ce n'est pas par le diplôme que l'on devient membre d'une société savante. Le diplôme

[81] « Sauvegarde de l'environnement- Pr. Aké-Assi distingué », par ISSA T. YEO, Fraternité Matin des 3 et 4 novembre 2012.

est certes bon, nécessaire, mais il ne suffit pas du tout. C'est par la valeur de son travail, accompli inlassablement, patiemment au cours des années, que Professeur Aké-Assi Laurent a été accepté comme membre de ces sociétés savantes. En plus, pour un chercheur ou un savant, une chose est d'être installé au plus haut niveau. Une autre est de s'y maintenir longtemps ou durablement. Ce n'est pas la chose la plus facile à réaliser. Professeur Aké-Assi Laurent a réussi, d'une façon merveilleuse, à se maintenir à ce haut niveau, toujours par le travail réalisé, année après année, décennie après décennie. Il n'y a pas de facilité en la matière et en toute autre.

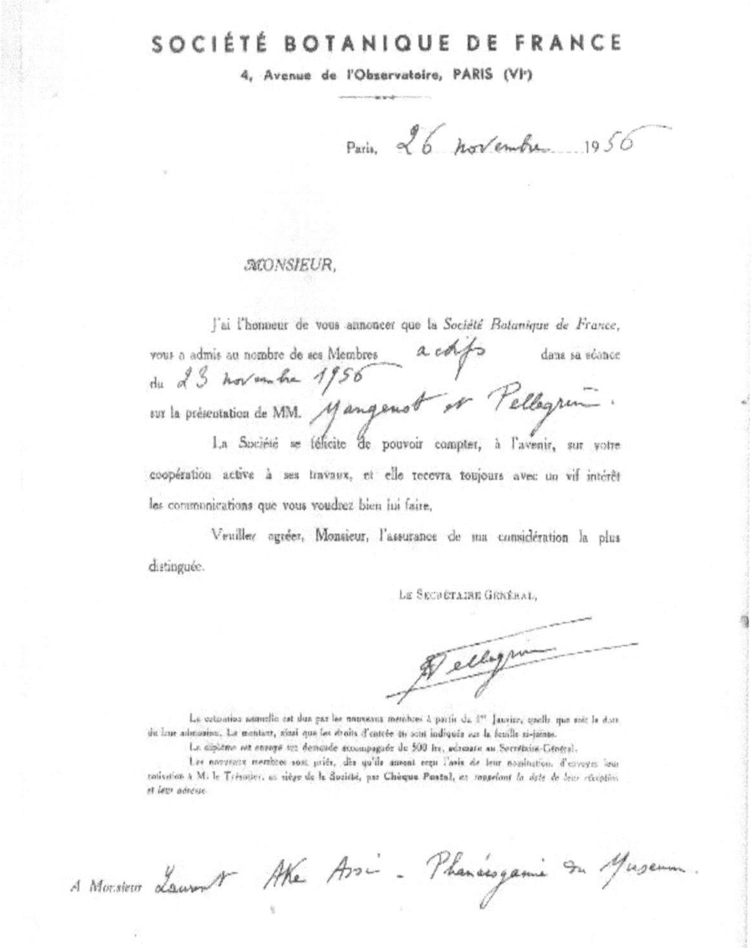

SOCIÉTÉ BOTANIQUE DE FRANCE

4, Avenue de l'Observatoire, PARIS (VIe)

Paris, 26 novembre 1956

MONSIEUR,

J'ai l'honneur de vous annoncer que la *Société Botanique de France*, vous a admis au nombre de ses Membres actifs dans sa séance du 23 novembre 1956 sur la présentation de MM. Mangenot et Pellegrin.

La Société se félicite de pouvoir compter, à l'avenir, sur votre coopération active à ses travaux, et elle recevra toujours avec un vif intérêt les communications que vous voudrez bien lui faire.

Veuillez agréer, Monsieur, l'assurance de ma considération la plus distinguée.

Le Secrétaire Général,

Pellegrin

La cotisation annuelle est due par les nouveaux membres à partir du 1er Janvier, quelle que soit la date de leur admission. Le montant, ainsi que les droits d'entrée en sont indiqués sur la feuille ci-jointe.

Le diplôme est envoyé sur demande accompagnée de 500 frs, adressée au Secrétaire-Général.

Les nouveaux membres sont priés, dès qu'ils auront reçu l'avis de leur nomination, d'envoyer leur cotisation à M. le Trésorier, au siège de la Société, par Chèque Postal, en rappelant *la date de leur réception et leur adresse*.

A Monsieur Laurent Aké Assi - Phanérogamie du Museum.

On remarque que depuis le 26 novembre 1956, Laurent Aké-Assi est membre de la Société Botanique de France. Il a eu à participer activement aux activités de cette société savante, comme le lui demande le Secrétaire Général, en faisant publier de nombreux articles. Il a également participé activement aux activités des autres sociétés savantes dont il est membre.

CHAPITRE 12
PERPETUATION DE L'ŒUVRE DU SAVANT : UN DEFI COLLECTIF?

La perpétuation ou la pérennisation de l'œuvre humaine est une équation qui se pose généralement après la disparition des grands hommes. L'on se réfère alors aux notes ou paroles testamentaires prononcées ou écrites devant des témoins par ces hommes pour réorienter leurs actions. Pour le génie Aké-Assi Laurent, la question est posée de son vivant. Comment les activités peuvent-elles être organisées afin de permettre à l'œuvre du génie de ne pas tomber dans les oubliettes mais de la faire vivre ?

Problématique de la pérennisation de l'œuvre

En Côte d'Ivoire comme ailleurs, la question de la pérennisation de l'œuvre des géants a toujours été une préoccupation. Sans une telle préoccupation, il est difficile de retrouver leur œuvre dans un état normal, souvent quelques années seulement après leur disparition. Cette question est d'autant plus cruciale que dans beaucoup de cas, le géant, le savant ou le génie n'a pas toujours su préparer la relève. C'est pour cette raison qu'après la disparition de la plupart des grands hommes d'Etat, des grands hommes de l'économie, de la science, de la littérature, de la philosophie et des arts, et de tout autre domaine de l'activité ou de la pensée humaine, il est toujours difficile de préserver les acquis.

Préparer la relève, voilà une activité qui est facile à énoncer mais qui, en réalité, a du mal à se mettre en place. La relève est toujours difficile à assurer lorsque le savant ou le génie, ou encore la célébrité n'est plus en vie. C'est le savant ou le génie qui a conçu son œuvre qui peut savoir ce qu'il faut réaliser pour la maintenir. Il sait pourquoi il lui a donné telle ou telle forme, telle ou telle orientation et comment il peut la modifier, totalement ou partiellement, en fonction des contingences. Les disciples ou tous ceux qui se proclament disciples éprouvent toutes les difficultés à se mettre dans la vision du penseur, dans la philosophie du concepteur de l'œuvre. Ils ne sont donc pas disposés à conduire correctement les activités en vue de pérenniser l'œuvre. La conséquence, c'est que les disciples, insuffisamment préparés ou mus par des intérêts particuliers, se retrouvent souvent dans des querelles intestines qui finissent toujours par réduire l'œuvre qui leur a été léguée à sa plus simple expression. Dans le pire des cas, l'œuvre ou l'héritage laissé est détruit.

Aujourd'hui, Professeur Aké-Assi Laurent est encore bien portant, vivant. Le bon sens veuille que, pendant qu'il est vivant, l'on profite de sa présence pour orienter toutes les pensées et les activités de manière à ce qu'elles puissent permettre d'aboutir à une pérennisation effective et durable de son œuvre. C'est ensemble, avec le savant, lui-même, que les personnes concernées de près ou de loin commencent à mettre en place les bases de la pérennisation de sa gigantesque œuvre. Chacune des personnes qui le côtoient, que ce soit ses enfants, ses collègues, ses collaborateurs, ses amis et des citoyens de tous bords, apporte ses idées et son énergie en vue de mettre en place et consolider une organisation qui puisse survivre à la période postérieure à son existence. Dans ce contexte participatif, tout se fait non pas dans l'abstrait, mais sur des bases concrètes, réelles. La présence du génie ne veut pas dire qu'il n'y aura pas de difficultés ou d'obstacles. La pérennisation de l'œuvre du géant, du savant demeure, avant tout, une œuvre humaine, donc susceptible d'être entachée de faiblesses. Mais, les talents du génie, lui-même, et l'apport des autres personnes notamment en termes d'idées, d'énergie, et de détermination, permettront d'aplanir les obstacles, de tous ordres, qui se présenteront dans la conduite du processus devant aboutir à la pérennisation effective de l'œuvre.

Enfants Aké-Assi face à l'œuvre du père

L'une des questions que l'on est en droit de se poser, c'est de savoir l'attitude des enfants Aké-Assi face à l'œuvre de leur géniteur. D'autres personnes vont jusqu'à se demander si l'un de ses enfants peut suivre les traces de son père. Il y a une foule de questions que les uns et les autres se posent, tellement le père a placé la barre à un niveau élevé. Papa Aké-Assi Laurent a allumé une flamme. C'est une situation qui interpelle ou qui devrait interpeller les enfants. C'est un héritage qu'ils doivent assumer. A la question de savoir s'ils sont prêts à assumer cet héritage, les avis des enfants sont partagés. Dr Aké-Assi Amoin Yolande, par exemple, avoue une certaine impuissance: « *Cette situation dérange. Je n'aime pas m'afficher. Ainsi, je n'avais jamais voulu dire à celui qui est devenu mon mari que je suis la fille d'Aké-Assi Laurent. Lorsque j'étais étudiante, je ne voulais pas prendre le titre de mon père. C'est après ma deuxième année à la faculté que mon copain a su cela. Je ne voulais pas qu'on dise que j'ai obtenu tel ou tel diplôme après avoir utilisé le nom de mon père. Au sujet de l'œuvre qu'il a accomplie, papa lui-même pense que le travail qu'il a fait, tout le monde peut le réaliser. Il sera difficile à l'un de ses enfants de faire ce qu'il a fait. Une chose est certaine : personnellement, je ne peux arriver là où il est arrivé. Mais, petit à petit, on va savoir que ses enfants avancent d'eux-mêmes. Là où il est arrivé, c'est trop fort pour moi* ».

Lorsqu'on pose la question aux enfants Aké-Assi face à l'œuvre de leur géniteur, on pense automatiquement et naturellement à Dr Aké-Assi Emma. C'est la seule fille qui s'est orientée vers une carrière de chercheur et d'enseignant dans le domaine de la botanique. On se dit d'emblée qu'elle est sur le bon chemin, sur les traces de son père. D'ailleurs, le film « *Bois Sacré du Professeur Aké-Assi*» se termine sur une note d'espoir pour tous ceux qui pensent qu'Emma est sur les traces de son père. On la voit, en effet, avec des étudiants dans une salle de cours. Aujourd'hui, on peut prendre le risque de dire que les filles d'Aké-Assi Laurent, si elles ne le clament pas haut et fort, ont l'ambition de réaliser de grandes œuvres.

Papa Aké-Assi Laurent a placé la barre à un niveau très haut. C'est à l'honneur de la famille toute entière. Les enfants sont conscients que cela constitue une invitation à travailler plus, chacun dans son domaine. Aké-Assi Laurent a pris l'habitude, lorsqu'il reçoit une personnalité, d'associer ses filles. Aké-Assi Laurent veut que son nom soit toujours « *propre* ». C'est une véritable obsession pour lui. Pour Aké-Assi, la ''propreté'' renvoie à toutes les valeurs morales et intellectuelles auxquelles il est resté attaché durant sa vie, à savoir, entre autres, l'honnêteté, l'humilité, le courage et l'engagement au travail.

Dans son subconscient, professeur Aké-Assi sait qu'il a tracé des sillons et que ses enfants ont l'obligation de poursuivre l'œuvre entamée. On note également une certaine mobilisation qui se met en place de la part des enfants en vue de pérenniser la renommée de la famille Aké-Assi.

Attitude des collègues ou scientifiques face à l'œuvre du savant

AKE-ASSI Laurent a accompli une œuvre titanesque qui lui a donné une renommée à l'échelle nationale et internationale. La question qui se pose est celle-ci : l'œuvre du savant fait-elle l'unanimité ? Il faut le dire d'emblée, une unanimité s'est incontestablement établie sur l'œuvre du savant. Une très large majorité de chercheurs rencontrés ont émis des jugements concordants sur l'œuvre accomplie par le savant ivoirien. Cependant, il s'agit d'une œuvre humaine, et non celle de Dieu. C'est donc normal qu'il y ait quelques voix discordantes. Mais, quelles sont les personnes qui ont émis un avis contraire ? Quelle est la nature des griefs formulés par rapport à l'œuvre du savant ? Autrement dit, quels sont les jugements portés par d'autres botanistes sur le parcours et l'œuvre du savant Aké-Assi Laurent ? Une minorité d'universitaires dont quelques collègues travaillant dans le même département ont émis des avis discordants, par rapport à ce que l'on a entendu jusque-là.

Pour beaucoup de personnes, les avis contraires émis portent, pour l'essentiel, sur les aspects plutôt humains et relationnels. Parmi ces personnes figurent celles qui n'ont pas entretenu de très bons rapports humains avec le savant. C'est au nombre de celles-ci que se trouvent tous ceux qui ont pensé que le savant Aké Assi Laurent constituait, en quelque sorte, un « *ombrage* » pour eux.

Au sujet de cette pseudo controverse, Professeur Aouti Salomon donne l'éclairage suivant sur l'attitude de certains acteurs de la scène scientifique nationale: « *Certains universitaires se sont montrés distants d'Aké-Assi. Pour n'avoir fait que la classe de CE1, et obtenu certains diplômes universitaires, à la suite d'une décision d'équivalence, ces universitaires ont minimisé Aké-Assi Laurent. En conséquence, ils n'ont jamais voulu se mettre à son ''école''* ». L'attitude de ces universitaires s'apparente à un complexe de supériorité. « *Surtout*, soutient Professeur Aké-Assi Laurent, *que ces personnes rapportent à leurs étudiants et autres qu'Aké-Assi n'a pas obtenu le baccalauréat* ». Tout cela a mis, en quelque sorte, une barrière psychologique entre eux et le savant qui, au contraire, a toujours travaillé sans aucun complexe, ni d'infériorité ni de supériorité, pour devenir ce qu'il est aujourd'hui. Paradoxalement, c'est celui qui a été minimisé qui a fourni la production scientifique la plus significative, la plus connue, la plus appréciée, mondialement.

On ne peut empêcher des hommes et des femmes de penser et de dire ce qu'ils veulent d'un collègue. Le savant Aké-Assi Laurent est un homme qui s'est attaché à la recherche de la vérité scientifique, notion absolument relative. Il est un homme mu par l'humilité, l'une des principales qualités d'un scientifique. Il sait que la science a des limites. Par conséquent, l'œuvre accomplie n'est pas parfaite, puisque c'est Dieu seul qui a pu créer d'une manière parfaite l'univers. Cela dit, il n'est pas pensable que l'œuvre du professeur fasse l'unanimité absolue autour d'elle. C'est même utopique de le penser.

Parmi les scientifiques et les chercheurs de Côte d'Ivoire, il y en a qui reprochent à l'auteur et à son œuvre un certain nombre de choses. Il y a, en effet, une certaine froideur manifestée par des contemporains par rapport à l'œuvre d'Aké-Assi Laurent. Que lui reprochent-ils exactement ? En les approchant, on s'attendait à entendre des choses qui allaient montrer qu'effectivement le savant n'est pas aussi élevé ou éclairé que l'on voudrait le montrer. On ne voit pas ce que l'on reproche fondamentalement à l'œuvre du savant. En réalité, ce sont des personnes qui se sont uniquement focalisées sur les diplômes et qui ont ''*combattu*'' Aké-Assi Laurent. Chaque ''*détracteur*'' d'Aké-Assi ne s'est focalisé que sur le volet ''*diplôme*''. Le diplôme et les grades, c'est bon. Mais, ce n'est guère suffisant. C'est pour attester cela que professeur Nguessan Kouakou Edouard affirme : « *avec Aké-Assi c'est du concret* », alors que la plupart des botanistes restent théoriques. On voit là toute la différence entre lui et les autres.

Imperturbable et faisant fi des dires des uns et des autres, Aké-Assi Laurent s'en tient à la sincérité et à l'objectivité des évaluateurs de ses travaux. Tranquille, il indique, en effet : « *Ceux qui évaluent mes travaux scientifiques ne sont ni des personnes de mon groupe ethnique ni des camarades qui ont fait le CE1 avec moi. C'est surtout la communauté internationale, le Conseil Africain et Malgache de l'Enseignement Supérieur (C.A.M.E.S), par exemple* ».

Attitude de la communauté nationale

La question de l'attitude de la communauté nationale face au travail du savant doit être examinée à deux niveaux au moins à savoir le citoyen ordinaire et les pouvoirs publics. Au sujet de la perception du travail de chercheur par le citoyen, Professeur Aké-Assi Laurent s'est penché sur la question de savoir s'il a le sentiment que les populations comprennent le travail qu'il réalise. Il a répondu ceci : « *Un jour, c'était le 25 septembre 1958, dans la région d'Aboisso. J'étais dans la voiture de service. Au moment où nous passions sur le pont enjambant une rivière, j'ai vu des algues. Je suis descendu dans l'eau. J'en ai ramassé quelques unes. C'était le Batrachospermum torridum* (Batrachospermaceae). *Des femmes baoulé, qui passaient par là, ont dit en langue baoulé* »: « *Ce monsieur est en train de ramasser des œufs de grenouille; il croit qu'il travaille comme çà* ». Professeur Aké-Assi Laurent poursuit : « *Quand d'autres personnes nous voient avec les plantes, elles sont étonnées et se demandent bien à quoi cela peut-il servir* ». Ces propos montrent qu'Aké-Assi a travaillé dans un environnement national, caractérisé par le peu de compréhension et surtout d'attention d'un grand nombre de concitoyens à la recherche scientifique. Le peu de considération des citoyens face au travail du botaniste ne l'a pas empêché de travailler avec passion. Cela ne l'a-t-il pas encouragé à faire plus pour mieux faire connaître son métier à ses concitoyens ?

Quant aux pouvoirs publics, on rappelle qu'ils ont pris conscience, dès les années 70, de l'importance des travaux de recherche portant sur la botanique. Cette prise de conscience s'est traduite par le soutien administratif et financier apporté aux chercheurs pour réaliser des programmes de recherche majeurs. Cependant, l'on observe que les soutiens financiers apportés aux chercheurs pour la conduite des activités se sont amenuisés pour atteindre un faible niveau aujourd'hui. La recherche scientifique étant un instrument de souveraineté nationale, elle mérite plus d'attention de la part des pouvoirs publics. Le financement de la recherche scientifique relève exclusivement de leur responsabilité.

Pour la communauté nationale, dans son ensemble, l'un des défis majeurs auxquels elle doit faire face, c'est comment utiliser les fruits du travail du savant pour assurer la protection ou la conservation de la nature. A ce sujet, Dr Francis Lauginie, Président de l'ONG-Afrique Nature, voit une très grande faiblesse au niveau des grandes stratégies nationales orientées, par exemple, sur la question de la réduction de la pauvreté. Il se veut plus précis : « *La question de la conservation de la forêt ou de l'amélioration de l'environnement n'est pas suffisamment traitée. Elle n'est pas du tout prise en compte au moment de l'élaboration des grandes stratégies nationales de développement. C'est le cas, par exemple, du Document de Stratégie de la Réduction de la Pauvreté (DSRP)* » préparé par la Côte d'Ivoire.

Quelle stratégie de pérennisation de l'œuvre du savant ?

Avant tout, il faut noter que le savant Aké-Assi Laurent a toujours rêvé de créer un musée national où toutes les plantes de Côte d'Ivoire seraient conservées. Cette idée est-elle difficile à mettre en œuvre ? La mise en place d'un musée national sur la conservation des espèces végétales de la Côte d'Ivoire est un projet ambitieux. L'exécution d'un tel projet demande la mobilisation des plus hautes autorités du pays. La volonté politique doit être affichée. Le savant sait qu'il lui serait difficile d'impliquer et de mobiliser les acteurs politiques au plus haut. L'idée est-elle pour autant abandonnée ? L'idée n'est pas abandonnée, loin s'en faut. Cependant, Aké-Assi sait que le combat pour arriver à concrétiser son projet sera rude.

En attendant de voir son projet aboutir un jour, professeur Aké-Assi met son dévolu sur la recherche de solutions alternatives. L'une des alternatives, c'est de créer une fondation qui porterait le nom du professeur émérite, par exemple, « *Fondation Aké-Assi Laurent* ». La mise en place d'une telle fondation constituerait un hommage fort mérité qui serait ainsi rendu à l'illustre chercheur. Des hommes et des femmes de bonne volonté ont déjà prêté une oreille attentive à l'appel du génie de la brousse et des universités pour l'aider à assurer la protection de son œuvre.

La question de la pérennisation de l'œuvre du professeur Aké-Assi Laurent est cruciale. Elle peut être abordée à deux niveaux au moins. Elle se pose d'abord au niveau du Centre National de Floristique de l'Université de Cocody. Après avoir créé et dirigé avec une rare passion le centre pendant de nombreuses années, professeur Aké-Assi Laurent est à la retraite. Il avait effectué un travail considérable de base. Depuis le départ à la retraite du professeur Aké-Assi Laurent, le Centre National de Floristique est à son troisième directeur. Il y a eu successivement Aman Kadio, Nguessan Kouakou Edouard et actuellement Ipou Ipou Joseph. L'actuel directeur, en poste depuis le 18 octobre 2010, est Maître-Assistant. Il est titulaire d'un doctorat en écologie végétale, avec un accent tout particulier sur la gestion des écosystèmes cultivés. Ipou Ipou Joseph a été sous-directeur du CNF pendant trois années. Il connaît donc la structure.

Le nouveau directeur du CNF a constitué une équipe pour conduire ses activités. L'équipe est consciente qu'un travail de base a été effectué. Elle se dit prête à consolider l'acquis après avoir reconnu ceci : « *Il y a des efforts à faire, car il y a des espèces qui ne sont pas représentées dans l'herbier* ». L'équipe en place entend poursuivre l'œuvre du savant Aké-Assi Laurent. Elle se dit également prête à apporter des ajustements nécessaires et sa touche personnelle. Elle entend mettre en place un nouveau mode de gestion. Ipou Ipou Joseph fait le constat et s'engage à assurer une gestion moderne: « *La gestion de l'herbier est traditionnelle, archaïque. Il faut une gestion moderne, en utilisant les outils modernes qui existent notamment l'outil informatique* ». Le nouveau directeur du CNF fait l'observation suivante : « *J'ai visité l'herbier de Clermont-Ferrand (France). Tous les vieux retraités sont là* ». Cela veut dire que la jeune équipe dirigeante du CNF ne peut pas ne pas s'appuyer sur le professeur Aké-Assi Laurent et d'autres botanistes pour conduire la destinée du centre.

Ipou Ipou Joseph fait un autre constat majeur: « *Au niveau des ressources humaines, le CNF n'est pas bien doté. Le potentiel humain actuel est composé de onze (11) personnes. Actuellement, il y a un technicien botaniste, un dessinateur. Il n'y a aucun chercheur travaillant à temps plein au Centre. Toutes les personnes qui fréquentent le centre sont du laboratoire de botanique de l'UFR des Sciences. Il va falloir résoudre, outre les questions de nivellement des équipements de travail, la question de la formation du personnel* ».

La rencontre organisée le 7 décembre 2011 avec le directeur du CNF en présence de ses plus proches collaborateurs a montré qu'il y a une équipe très jeune, fortement engagée, déterminée et motivée à maintenir le CNF au niveau où l'avait laissé le professeur Aké-Assi Laurent et éventuellement améliorer son positionnement sur l'échiquier national et international. En somme, l'équipe se veut optimiste quant à l'avenir du Centre. Elle a de l'ambition. Cet optimisme de la nouvelle équipe dirigeante ne peut cependant pas cacher la forêt qui se résume à la faiblesse des moyens (humains, matériels et financiers).

La question qui se pose est de savoir si l'équipe actuelle du CNF a les moyens appropriés pour transformer son ambition en réalité concrète. On peut donc dire qu'on attend pour juger l'équipe, à la fin de son mandat, mandat renouvelable une seule fois. Sur le papier, elle semble enthousiaste et prête à batailler ferme pour le CNF. Mais, le moins que l'on puisse dire est que la bataille n'est pas gagnée d'avance.

Pour la pérennisation de l'œuvre du savant, professeur Nguessan Kouakou Edouard pense que cela ne peut se faire que dans le cadre strict de la recherche universitaire. Il justifie son point de vue en ces termes : « *Tant qu'il (*Aké-Assi*) est encore en vie, beaucoup de personnes gravitent autour. Mais, le jour où il n'est plus là, tout s'arrête. Il n'y a pas de magnats qui aiment la forêt et qui sont prêts à injecter de l'argent dans les activités liées à la protection de la biodiversité. Le nom de professeur Aké-Assi Laurent ne* *sera pérennisé que si l'Etat assure le financement de la recherche en science botanique, à l'Université publique* ».

Professeur Nguessan Kouakou Edouard a développé un argumentaire qui ne peut être rejeté du revers de la main. Cependant, deux remarques s'imposent. Premièrement, la recherche scientifique ne se fait plus uniquement dans les universités. Il y a une forte tendance à délocaliser l'activité recherche dans des organisations non gouvernementales, dans des entreprises, dans des fondations et autres structures préoccupées par les questions de protection de la biodiversité et de développement durable. Ces organisations captent aujourd'hui une bonne partie du financement octroyé par les firmes privées et des organisations internationales à la recherche scientifique. Deuxièmement, ce que toutes ces organisations recherchent, avant tout, c'est la qualité de la gouvernance des structures privées ou communautaires en charge des questions de développement durable. Pour parvenir à une telle gouvernance, il faut mettre en place, à travers des textes clairs et fonctionnels, un système d'organisation et de gouvernance qui les rassure. Une organisation se met, progressivement, en place concernant l'œuvre du savant Aké-Assi Laurent. Elle a besoin d'être peaufinée pour aller au-delà de la personne du savant Aké-Assi Laurent et répondre aux attentes des partenaires actuels et futurs de la fondation Aké-Assi Laurent. Plusieurs personnes évoluant dans le monde scientifique, en général, et, en particulier, de la botanique, venant notamment de l'extérieur de la Côte d'Ivoire sont impatientes. Elles attendent, en effet, que l'Association IBAAN (Institut de Botanique Aké-Assi) se structure, se construise. Elles se disent prêtes à accompagner IBAAN dans sa marche.

C'est dans ce cadre que la rencontre organisée le samedi 5 janvier 2013 se situait. IBAAN avait, en effet, reçu, ce jour-là, la visite de Robert Ali Brac de la Perrière, le Coordonnateur de l'association BEDE (Biodiversité, Echanges et Diffusion d'Expériences) et son épouse, Domer-Brac de la Perrière Christine, à Andokoi, son siège, commune de Yopougon.

Professeur Aké-Assi Laurent, au siège d'IBAAN, à Andokoi, commune de Yopougon (Abidjan) donnant à Robert Brac de la Perrière et à son épouse, quelques informations sur une des nombreuses plantes de la cour de la fondation.

Pour professeur Traoré Dossahoua, la pérennisation de l'œuvre du savant Aké-Assi peut se faire à deux niveaux. « *Premièrement, un grand nombre de plantes a été récolté par professeur Aké-Assi. Elles sont dans l'herbier. La postérité a le devoir de pérenniser les plantes qui ont été récoltées. Deuxièmement, le jardin botanique, l'arborétum, est le lieu où ont été transplantées toutes les plantes qui étaient menacées de disparition. Il faut protéger ce jardin. La protection de ce jardin sera l'un des meilleurs moyens d'assurer la pérennisation de l'œuvre accomplie par le savant* ».

La question de la pérennisation de l'œuvre du savant se pose également au niveau de sa famille et de ses alliés. L'ensemble de l'œuvre réalisée par Professeur Aké-Assi est monumental, le mot ne semble pas suffisamment fort pour qualifier le travail du scientifique. Aujourd'hui, le savant se préoccupe de la pérennisation de son œuvre. Cette pérennisation n'est pas une simple activité à réaliser. Sachant cela, il a commencé à mettre en place les bases organisationnelles et surtout juridiques de cette pérennisation. La première initiative prise, c'est le changement de fonction de sa grande maison construite dans le quartier d'Andokoi dans la commune de Yopougon, à proximité de la forêt du Banco. Dans cette maison, le professeur Aké-Assi Laurent a déjà transféré, en ce mois de septembre 2011, la totalité de sa documentation personnelle estimée à plus de 10 mille livres et documents divers. Il a pu bénéficier de l'appui de bonnes volontés pour ce qui concerne la climatisation. Il reste à résoudre la question du paiement des frais d'électricité. A terme, cette maison sera appelée « *Fondation Aké-Assi Laurent* ». Il est prévu une phase transitoire qui consiste à mettre en place une association dénommée « *Association Aké-Assi Laurent* ». Cette association devrait évoluer à court terme vers la fondation du même nom.

Concernant toujours la pérennisation de son œuvre, le professeur Professeur Aké-Assi Laurent peut compter sur un certain nombre de personnes. Parmi ces personnes, figurent en bonne place ses enfants et leurs conjoints. Datté Jean Jacques, gendre et porte-parole de la famille Aké-Assi, indique : « *Cette pérennisation ne peut se faire sans nous. Chacun d'entre nous (*les gendres*) doit y contribuer. Chacun viendra avec sa formation, ses ressources et ses relations. La fondation peut héberger l'herbier. Elle peut être également un centre d'initiation à la botanique* ». Ainsi, on retient que les gendres de professeur Aké-Assi Laurent se sentent très concernés par la question et se disent prêts à y contribuer.

Maison d'Andokoi : une richesse botanique dans la cité

Pour la pérennisation de son œuvre, Professeur Aké-Assi Laurent dispose d'un atout. C'est, en effet, cette maison de 8 pièces à Andokoi. C'était, au départ, la résidence construite pour être celle de toute la famille. Mais, aujourd'hui, et selon toute vraisemblance, cette résidence devrait changer de destination. Professeur Aké-Assi Laurent explique : « *J'ai acheté le terrain en 1965. C'était une ancienne cacaoyère. Nous y avions, pendant des années, cultivé du manioc, de l'igname, du maïs et autres. J'ai construit cette maison qui compte huit (8) pièces en vue d'y résider avec ma famille. Mais, mes enfants sont en majorité des filles qui, une fois mariées, vont chez leurs maris. Mon épouse et moi, nous ne pouvons l'habiter à deux. La maison est restée inoccupée pendant plus d'une vingtaine d'années*».

La maison du Professeur Aké-Assi Laurent, de type R + 1, est bâtie sur un terrain d'environ 6500 m2. C'est donc un domaine assez grand. Ce n'est pas tant la maison, d'une conception architecturale somme toute sobre, qui retient particulièrement l'attention du visiteur qui s'y rend pour la première fois. Ce qui l'impressionne, par contre, c'est le cadre « *physique*» dans lequel elle se trouve. L'espace extérieur à la maison est tout engazonné. A plusieurs endroits de ce vaste domaine, se trouvent des bosquets constitués d'espèces végétales de Côte d'Ivoire et d'ailleurs. C'est donc un espace écologique diversifié, créé par le savant. Pour mesurer la richesse de cet espace botanique, le visiteur doit se soumettre à une visite guidée par le « *bâtisseur de la brousse* », le Professeur Aké-Assi Laurent, lui-même.

Nous avions eu le privilège de faire cette visite guidée avec le Professeur Aké-Assi Laurent. Nous étions un groupe de personnes. Il y avait, en effet, le doyen Tchriffo Dominique (préfet à la retraite), Gnagne Arthur (un scientifique en médicaments traditionnels améliorés) et son épouse et moi-même (le biographe). Nous nous étions retrouvés là le samedi 19 novembre 2011 en vue d'échanger sur la forme juridique à donner à la structure qui devrait se charger d'assurer la gestion future du domaine de Professeur Aké-Assi Laurent qui sera, selon toute vraisemblable, transformée en fondation d'utilité publique.

La maison d'Aké-Assi ne sera donc pas une bâtisse quelconque, abandonnée à un triste sort. C'est là que l'on verra les témoignages immortels de sa vie scientifique dense, menée sans relâche, pendant plus de 65 années. Aujourd'hui, les mots pour décrire cette œuvre gigantesque ne sont pas suffisamment explicites. Mais, demain, certainement, les autres générations donneront, à juste titre, la vraie valeur à cette bâtisse réalisée à proximité de la forêt du Banco, considéré comme le poumon écologique de la capitale économique de la Côte d'Ivoire.

Avant tout, nous avons commencé par la visite de la maison, rappelons-le, de type R + 1. Dans chaque pièce de la maison notamment à l'étage, se trouvent stockés des trésors inouïs portant sur divers aspects de l'œuvre du savant. Ces trésors n'étaient pas encore tous correctement rangés dans des étagères au moment de notre passage. Ils sont, pour la plupart, entreposés en divers cartons ou armoires dans les différentes pièces de la maison. Un regard porté, par exemple, sur des dizaines d'outils artisanaux confectionnés à partir de végétaux, permet au visiteur d'avoir le sentiment d'être dans un musée botanique à venir.

La visite du jardin constitue un véritable régal. La première observation que l'on peut faire est que Professeur Aké-Assi Laurent a rapporté, de chaque pays visité, dans le cadre de ses activités professionnelles, au moins une plante. On peut citer, pêle-mêle, quelques plantes. Ainsi, dans le jardin, il y a, par exemple, un arbre chinois utilisé pour soigner l'hypertension artérielle, ''Abricot-pays'' (nom créole), qui est *Mammea americana (Clusiaceae)*, originaire de la Guadeloupe, un corossolier rapporté de Colombie ; il est le seul spécimen qui existe en Côte d'Ivoire. Il y a également le géant cacaoyer de l'Amazonie ou encore le bananier plantain d'Ouganda dont le régime, une fois coupé, met au moins un mois avant de mûrir. Professeur Aké-Assi a déjà fait l'expérience, à plusieurs reprises. Le bananier ougandais règle, lui-même, un problème majeur auquel sont confrontés les paysans à savoir la conservation post-récolte. On trouve également le spécimen d'un flamboyant exotique provenant de Madagascar, *Colvilea racemosa_(Caesalpiniaceae)*. Enfin, on trouve le *Socratea exorhiza* (Arecaceae) ramené d'Amazonie (Brésil) et planté en 1976 par Professeur Aké-Assi. C'est une plante dont la croissance des racines se fait nuitamment. Dès que la lumière du jour apparaît, cette croissance s'estompe.

Pendant la visite, Professeur Aké-Assi Laurent nous a raconté l'anecdote suivante : « *Un jour, je passais dans un village nommé Kopéragui situé entre San Pedro et Soubré. C'était le 6 juin 1967. Les villageois qui se trouvaient au bord de la route ont vu qu'il y avait beaucoup de plantes au-dessus de mon véhicule, une Land-Rover. Ils m'ont fait signe de m'arrêter. Ils ont tellement insisté que j'ai décidé de m'arrêter. Ils m'ont demandé ce que je fais avec les plantes. Je leur ai expliqué tout. Ils m'ont dit qu'il y a une plante que je n'ai jamais vue. Ils ont donc décidé de me conduire auprès de cet arbre afin que je le voie. C'est une espèce qui s'appelle Synsepalum aubrevillei (Sapotaceae*». Cette plante est édulcorante, c'est-à-dire qu'elle contient du sucre dont la consommation n'est pas dangereuse pour la santé, l'organisme. Professeur Aké-Assi Laurent poursuit : « *Les villageois m'avaient donné à boire du vin de palme très fermenté. Mais, après avoir sucé la graine de cette plante, on m'a servi à nouveau le vin de palme. Ce que je trouvais amer, quelques temps auparavant, devint sucré. Il était devenu comme du sirop* ».

Savez-vous qu'il y a des plantes carnivores ou insectivores ? Il y a, en effet, des plantes qui se nourrissent de bêtes. Le poster géant d'une plante carnivore se trouve dans une pièce de la maison de Professeur Aké-Assi Laurent à Andokoi. Cette plante s'appelle *Amorphophallus dracontioides* (Araceae). Professeur Aké-Assi Laurent explique qu'au moment de la floraison, cette plante dégage une odeur qui attire une grande quantité de mouches. Celles-ci pénètrent à l'intérieur de l'inflorescence qui est un spadice avec spathe. Cette spathe est munie, à l'intérieur, à sa base, de longs poils réfléchis qui empêchent les mouches de ressortir, et en se débattant, elles sont précipitées au fond de la spathe qui contient un liquide dans lequel sont dissoutes les mouches et autres. Le même circuit reprend lorsque d'autres mouches reviennent. Cette plante se nourrit donc d'insectes.

Au niveau des plantes ivoiriennes, on trouve, dans le domaine botanique de Professeur Aké-Assi Laurent, *Alafia multiflora (Apocynaceae*). C'est une plante récoltée à Monogaga, près de San Pedro. C'est une liane qui contient un latex qui guérit rapidement les plaies chroniques. Il y a également la plante endémique d'Agboville que l'on trouve plus précisément à Atobro. Cette plante est utilisée dans la parfumerie. Cette plante à parfum s'appelle *Monanthotaxis capea (Annonaceae).* Enfin, on note le jacquier dont le nom scientifique est *Artocarpus heterophyllus* (Moraceae). C'est une plante qui a plusieurs types de feuilles sur l'arbre. La chair mûre, très sucrée, et les graines cuites à l'eau sont comestibles.

Le domaine de professeur Aké-Assi Laurent sis à Andokoi est un petit centre floristique très riche. Il comporte des plantes qui n'existent nulle part en Côte d'Ivoire, en dehors de ce domaine, car elles ont été ramenées de loin. Quelques plantes ont été présentées ici. De nombreuses autres plantes avec diverses particularités existent sur le site dont la visite guidée procure une masse considérable de connaissances en botanique. Cela devrait constituer une curiosité et motiver la visite par d'autres personnes. A la fin de la visite, l'on a le sentiment d'avoir fait un parcours ''*écologique*'' avec le savant, en Côte d'Ivoire et à l'étranger, sur le site.

Face à la rapidité déconcertante avec laquelle Professeur Aké-Assi Laurent prononce les noms scientifiques si difficiles des plantes (nous avons du mal à retenir plus d'un nom), la question suivante lui a été posée: « *Professeur, pour nous qui sommes des novices en botanique, la prononciation du nom scientifique d'une seule plante est difficile. Comment faites-vous pour retenir ces milliers de noms scientifiques des plantes ?* ». Professeur Aké-Assi Laurent répond tout simplement : « *C'est comme vous retenez les noms des habitants de votre village !* ».

Cette réponse du savant m'a laissé pantois. C'est vrai que dans un village africain, chacun connaît le nom de chacun. Pour nous qui avons longtemps vécu dans un village, nous appelions facilement chaque habitant, à l'exception des nouveau-nés, par son nom. Mais, tout de même, les noms des habitants d'un village africain ne sont pas toujours difficiles à prononcer. On dira que cela est relatif. En plus, ces noms ne sont pas ''scientifiques'' et ne sont pas écrits en latin.

En réalité, Professeur Aké-Assi Laurent est doté d'une mémoire exceptionnelle. Il a une très forte capacité de rétention. Professeur Aké-Assi Laurent se souvient de la date exacte (le jour, le mois et l'année) et le lieu précis où s'est produit un évènement à environ 40 ou 50 années plutôt. Il se souvient, avec une facilité déconcertante, du numéro de téléphone d'un ami vivant dans un autre pays. A chaque fois qu'il a eu à nous communiquer le numéro de téléphone d'un ami vivant à l'étranger, Professeur Aké-Assi Laurent n'a pas toujours eu besoin de recourir à son immense carnet d'adresses.

Voici une façade de la maison familiale (R+1) de Professeur Aké-Assi Laurent qu'il n'a jamais habitée et qui sert aujourd'hui de siège à IBAAN (Institut de Botanique Aké-Assi Laurent).

QUATRIEME PARTIE
VIE DE FAMILLE, EDUCATION DES ENFANTS ET SOCIETE

CHAPITRE 13
PERSONNAGE D'AKE-ASSI

Qui est cet homme dont le parcours scolaire, universitaire et professionnel étonne par sa singularité ? C'est la question que se posent la plupart des gens qui ont soit regardé les films portés sur lui, soit entendu parler de lui. La connaissance du personnage renseigne sur son parcours et sur l'œuvre accomplie. On serait tenté alors de dire « *tel personnage, tel parcours, telle œuvre* ». C'est parce qu'il est Aké-Assi Laurent qu'il a réalisé ce que l'on voit.

En savoir sur Aké-Assi : un exercice intellectuellement redoutable

Aké-Assi Laurent n'est pas un personnage ordinaire, classique. Par conséquent, vouloir en savoir sur lui constitue un difficile et redoutable exercice intellectuel. Cette difficulté résulte, avant tout, du caractère pluridimensionnel du personnage. Ainsi, après de nombreuses et longues séances de travail avec professeur Aké-Assi Laurent, j'ai toujours découvert de nouvelles facettes de l'homme, à chaque nouvelle rencontre. J'ai fini par admettre que la vie du savant ne peut être totalement cernée, quels que soient le temps qu'on se donne de le faire et la méthode utilisée pour y parvenir. En réalité, une seule biographie ne peut suffire à restituer la totalité de la vie du savant. Il en faudra d'autres, après celle-ci. On peut noter, à titre de comparaison, par exemple, sur Théodore Monod, l'illustre naturaliste et humaniste français, ce sont plus de dix biographies différentes qui ont été écrites. Cela montre le chemin à parcourir pour, à la fois, cerner totalement le personnage Aké-Assi Laurent et montrer son œuvre immense à la communauté nationale et internationale.

La biographie de Professeur Aké-Assi Laurent constitue, pour les jeunes générations, une curiosité, à découvrir. Il ne s'agit pas d'une simple découverte du personnage Aké-Assi. Il s'agit de comprendre comment les anciens, à l'image d'Aké-Assi, ont réussi à atteindre leurs objectifs, parfois avec peu, alors qu'avec toutes les facilités qui s'offrent aujourd'hui aux jeunes générations, elles ont de la peine à se créer des voies et à les suivre pour atteindre le sommet.

Aké-Assi Laurent a réussi à atteindre ses objectifs scientifiques et professionnels en se contentant de « peu ». Il n'attend pas que toutes les conditions matérielles soient remplies au maximum pour entamer une action, sur le terrain ou au laboratoire. Très endurant, il a réussi à surprendre toujours ses collègues et ses collaborateurs, à l'occasion de missions réalisées sur le terrain. A l'issue de l'exercice, il est proposé, dans ce chapitre, un aperçu sur le personnage Aké-Assi Laurent.

Humilité d'un grand homme de science

Au premier contact, Professeur Aké-Assi Laurent parait froid. Il ne fait pas montre d'un enthousiasme débordant. Cette « froideur » du savant peut être interprétée comme la manifestation d'une certaine prudence. Il attend de découvrir la personne qu'il rencontre pour la première fois.

Aké-Assi Laurent est un homme d'une grande humilité, doublé de simplicité. Ce double caractère ressort dès le premier contact. Au sujet de l'humilité du chercheur, Gnaba Logon Jean affirme : « *Quand Aké était venu me voir au bureau pour me présenter son diplôme, mes collègues croyaient que je mentais. Il était venu au bureau chaussé de sandales communément appelés « Aboguié », à l'époque. Mes collègues ne me croyaient pas. Aké était venu tout simplement me présenter son diplôme. Il n'avait pas pris de dispositions particulières notamment en termes d'habillement* ».

Il est également un homme très reconnaissant. Gnaba Logon Jean, qui aura été, pendant de très nombreuses années, l'un des plus grands conseillers d'Aké-Assi Laurent affirme : « *Il est très reconnaissant. A son arrivée de France, après le doctorat, il a cherché à me voir. J'étais alors en poste à Anyama. Il était allé me montrer son diplôme à mon bureau. Il m'a dit qu'il a suivi les conseils que je lui ai donnés. Et que le doctorat était le résultat de mes conseils. Cela m'avait profondément touché* ».

Aké-Assi Laurent est d'une simplicité ou d'humilité hors-pair. Son extrême humilité lui a joué plusieurs mauvais tours dans sa vie. Gnaba Logon Jean se souvient d'une situation particulière que le chercheur a vécue : « *Aké-Assi Laurent s'était rendu à Agban-Village pour chercher une maison à louer. C'était en 1965. On lui a présenté une villa avec le loyer correspondant. La personne qui a présenté la villa à Aké-Assi Laurent a dit que le loyer n'était pas à sa portée. Le propriétaire de la villa, qui pensait qu'il avait affaire à un démarcheur, lui posa les deux questions suivantes : Où est ton patron ? Il a répondu que c'est lui-même qui doit habiter la villa. Le propriétaire de la maison poursuit : « Qui es-tu pour chercher à louer une villa ici ? ». Après avoir entendu ces propos, le propriétaire de la villa, non convaincu, a refusé de louer sa villa à Aké-Assi Laurent*». En fait, c'est par son habillement qu'Aké-Assi Laurent n'avait pas pu convaincre le propriétaire de la villa, alors qu'il était en mesure de payer le loyer mensuel indiqué. Tout propriétaire qui veut louer une maison cherche à s'assurer que le locataire est en mesure de payer régulièrement le loyer. Pour vérifier sa solvabilité, il se fonde sur un certain nombre de critères aussi bien objectifs que subjectifs. Il se trouve que souvent les critères subjectifs priment sur les autres.

Professeur Aké-Assi Laurent a été plusieurs fois victimes de sa simplicité au niveau de l'habillement. Il nous en donne un seul exemple : « *C'était en 1975. J'étais allé au Plateau pour payer l'assurance de ma voiture. L'agent qui me recevait m'avait demandé si c'est moi Aké-Assi Laurent. Quand j'ai répondu par l'affirmative, il était étonné* ».

Un dernier témoignage a été donné par Gnaba Logon Jean au sujet des vexations subies par Aké-Assi Laurent. Il indique : « *Une fois Aké-Assi était allé à Dimbokro avec son chauffeur. Celui-ci avait un frère dans la ville. Ils sont allés chez lui pour leur problème de logement. Le frère du chauffeur d'Aké-Assi a dit ceci : « Toi, je peux te loger. Je ne peux rien faire pour l'autre ». Sur ce, le chauffeur répliqua* : « *Celui que vous voyez-là est mon patron* ». Le frère du chauffeur poursuit sur sa lancée : « *Il est trop petit pour être ton patron* ».

Généralement, on distingue, par l'observation de l'accoutrement, un patron d'un chauffeur. Le patron, qui est d'un rang social au-dessus de celui du chauffeur, peut se permettre d'acheter des vêtements d'une certaine qualité. Le chauffeur ne peut pas toujours se payer ce luxe. C'est ce qui explique souvent la différence entre un patron et son chauffeur sur le plan vestimentaire. On dit également que l'habit ne fait pas le moine. Mais, Aké-Assi Laurent, qui ne met pas un accent tout particulier sur le volet habillement, a été souvent contrarié et considéré moins qu'un chauffeur ou un agent subalterne.

Tous ceux qui ont vu ou rencontré Professeur Aké-Assi Laurent, en Côte d'Ivoire ou ailleurs, ne tarissent pas d'éloges notamment en ce qui concerne la simplicité dont il fait toujours preuve. C'est une qualité qu'il a cultivée, tout le temps. Un homme de science, un chercheur cultive toujours la simplicité et la prudence. Car, lorsqu'il pense avoir trouvé la solution, il découvre de nouveaux problèmes qui se posent à lui. Il doit encore les résoudre. Cela le met constamment sur la brèche. Professeur Aké-Assi Laurent parle lui-même de ce que les gens disent à son sujet : « *Dans mon quartier, il y a un vendeur de journaux. Quelqu'un était venu le voir. Moi, je passais devant eux. Le visiteur lui demande : ''qui est ce monsieur'' ? Le vendeur de journaux lui répond : « C'est Professeur Aké-Assi Laurent, le savant ». Le visiteur étonné s'écrit : « Il habite encore ici ? Il n'a pas changé de maison avec le nom qu'il a ? Les autres ne feraient pas comme lui. Ils seraient partis depuis longtemps dans un autre quartier* ». Le visiteur était étonné de ce que le savant soit encore dans une maison si modeste. Professeur Aké-Assi Laurent a toujours argumenté et soutenu sa manière de se comporter dans la société: « *Je n'ai pas de raison de faire comme les autres. Moi, je suis parti de très bas. Le bon Dieu a fait que je me suis retrouvé à cette place. Je n'ai pas besoin de me montrer* ». C'est un principe de vie qu'il a adopté. Il n'est pas prêt à l'abandonner.

Cette simplicité de l'homme se voit également dans l'usage des produits de consommation. Ainsi, au sujet des véhicules de grosses cylindrées dont ses concitoyens raffolent, Aké-Assi défend une position contraire. Aussi, a-t-il conservé la modeste voiture de marque Peugeot que ses filles se sont cotisé pour la lui offrir en 2003. Certains de ses concitoyens souhaiteraient le voir dans une voiture avec un gabarit plus spectaculaire, en somme une voiture qui « fait classe » ou une voiture de son rang. Mais, cela n'a jamais effleuré son esprit. Le savant justifie son choix : « *Je peux m'acheter une Mercedes. Elle va me coûter plus cher à l'entretien. Si c'est pour venir au travail, je n'ai pas besoin d'une Mercedes. Quand je veux aller au village, je loue une voiture avec chauffeur* ».

La simplicité du savant s'observe également à travers les vêtements qu'il porte. Avec Aké-Assi Laurent, l'habit ne fait pas le moine. Il s'est toujours habillé d'une manière simple. Il indique qu'il possède deux costumes qu'il porte seulement à l'occasion des cérémonies auxquelles il est invité. C'est une philosophie de vie qu'il a toujours adoptée et suivie, à la lettre, jusqu'à ce jour. Il n'est pas du tout prêt à changer cette ligne philosophique.

Toujours dans sa simplicité, Professeur Aké-Assi était venu à mon bureau, lui-même, me porter les documents que je lui avais demandés la veille. Il aurait pu désigner l'un de ses collaborateurs pour le faire. Il a tenu à me les remettre en mains propres. Grande fut ma surprise de constater qu'il était arrivé au volant de sa voiture avec les documents. Le professeur Aké-Assi, le savant, s'était déplacé personnellement pour aller me remettre lesdits documents, alors que le contact venait juste d'être établi entre nous. C'est avec émotion que je l'ai vu arriver à mon bureau. Je ne m'attendais pas à cela.

Un des dénominateurs communs de la plupart des grands hommes, c'est incontestablement leur humilité. De ce point de vue, Aké-Assi Laurent fait partie des grands hommes. Il est d'une humilité exceptionnelle. C'est un homme de science que l'on peut rencontrer sans avoir, au préalable, pris un rendez-vous. A tout moment, toute personne qui voudrait rencontrer le professeur Aké-Assi Laurent n'a qu'à le joindre sur son téléphone mobile, quel que soit le motif. Et, sur-le-champ, un rendez-vous est pris, pour une rencontre avec lui dans les minutes ou les heures qui suivent, au cours de la même journée. Il ne pose jamais de préalable à quiconque souhaite le rencontrer.

Sur ce plan, professeur Aké-Assi Laurent est une exception, à un moment où la plupart des professeurs titulaires d'université de notre pays ne reçoivent généralement que sur rendez-vous. Encore qu'il faut avoir de la chance pour les trouver, à leur poste, le jour et à l'heure du rendez-vous. Professeur Aké-Assi Laurent est un sachant que l'on rencontre aisément. Il a le souci permanent d'instruire l'autre, son prochain, de lui dispenser le savoir. Pour cela, il ne se fait pas désirer, pour parler plus simplement. Sa simplicité et son humanisme tranchent littéralement avec ce que l'on a l'habitude de voir sous les tropiques. Avec lui, les gens sont toujours agréablement surpris.

Le savoir est un ensemble de connaissances que l'on acquiert au fil des années, des décennies. Cela s'ajoute au potentiel intrinsèque que possède chaque individu. « *Le savoir qu'une personne acquiert gratuitement ou à un certain prix ne lui appartient pas personnellement. Elle a le devoir de le partager avec les autres* », affirme professeur Aké-Assi. La meilleure manière pour le sachant de réaliser ce partage, c'est non seulement de mettre son savoir à la disposition des demandeurs, mais également de se mettre spontanément, lui-même, à la disposition des autres, de ceux qui ont besoin de ses conseils pour réaliser leur propre vie. Professeur Aké-Assi Laurent a compris cela dès le début de sa longue et riche carrière scientifique. Il ne fait pas attendre quiconque a besoin de son appui scientifique ou technique. Cela mérite d'être souligné.

Professeur Aké-Assi Laurent est un homme aux multiples facettes. A chaque rencontre avec lui, on découvre une nouvelle facette, une nouvelle idée, une nouvelle force. Face à ce constat, je me suis demandé si à la fin de la réalisation de sa biographie, il ne resterait pas toujours des pans entiers, inédits et inconnus de sa vie, de son parcours.

Un jour, j'avais une séance de travail avec le professeur Aké-Assi Laurent à son bureau. Il était arrivé, ce jour-là, avec un léger retard. Assis sur le banc, devant son bureau, j'ai vu, parmi les vestiges d'anciennes plantes collectées, un produit extrait d'un arbre dont j'ignorais le nom en français. Cela m'a rappelé des souvenirs d'enfance. C'est que, lorsque j'étais adolescent au village, dans la région de Bouaké, avec mes camarades, nous allions chercher, en brousse, les racines de cet arbre. A partir de ces racines, nous extrayions des fibres que nous allions vendre au marché hebdomadaire comme des éponges. J'étais en train de penser à cette activité qui nous permettait d'avoir quelques revenus, lorsque professeur Aké-Assi Laurent était arrivé. Une fois, dans la salle de travail, et avant le démarrage de notre séance, j'ai parlé de l'arbre en question au professeur Aké-Assi Laurent. Il y avait juste à côté de lui, dans son bureau, un sachet dans lequel se trouvait une demi-douzaine d'éponges traditionnelles extraites dudit arbre. Là, Professeur Aké-Assi Laurent me fait une révélation. Il me dit précisément ceci : « *Pour me laver, c'est cette éponge traditionnelle que j'utilise depuis toujours. L'échantillon d'éponges qui se trouve dans ce sachet vient de Katiola* ».

J'étais ravi de ce que le scientifique, le chercheur n'ait jamais coupé les racines d'avec la tradition, la culture locale. La plante dont la racine fournit les éponges traditionnelles s'appelle « *Sloka* » en langue baoulé. Professeur Aké-Assi Laurent m'a donné le nom scientifique de la plante. Il s'agit d'*Erythrina senegalensis* (fabaceae). Ce sont les racines battues qui donnent cette fibre qu'on appelle éponge végétale. Les fibres de cet arbre peuvent également être utilisées à des fins économiques multiples.

On note également que jusqu'à un passé récent, professeur Aké-Assi Laurent utilisait, pour se laver, du savon noir, de fabrication artisanale. Ce savon noir lui était fourni par son ami togolais, le professeur Amoukoué Ahyi de l'Université de Lomé, décédé au cours de l'année 2010. Avec la disparition du fournisseur du savon noir, Professeur Aké-Assi Laurent a décidé d'utiliser, pour sa toilette, du savon ordinaire vendu dans le commerce.

Dans toutes ses consommations, professeur Aké-Assi Laurent privilégie ce qui est local. Ainsi, au niveau de la consommation alimentaire, de la consommation musicale et des produits culturels, il porte son premier choix sur ce qui sort du terroir. Il pratique cela à merveilles. Il est resté égal à lui-même, malgré ses nombreux et multiples séjours chez les Blancs, dont certains ont été de longue durée. Ses séjours de longue durée en Europe auraient pu, en effet, modifier ses goûts, ses préférences en matière de consommation. Mais, il est resté profondément attaché à ses racines culturelles.

Aké-Assi Laurent : un modèle d'intégrité et de simplicité de vie

La société ivoirienne se pose aujourd'hui un certain nombre de questions. Des voies s'élèvent, de plus en plus, pour fustiger, en effet, les comportements peu orthodoxes de nombre de citoyens. On observe, en effet, l'émergence d'une frange certes encore minime de la population qui dénonce les dérives de toutes sortes constatées dans notre société. Les hommes et les femmes qui œuvrent en vue d'un changement de mentalités et de comportements des citoyens se heurtent à un épais mur d'incompréhension de leurs concitoyens. Mais, la question qui se pose est de savoir si la société elle-même offre suffisamment de modèles capables d'impacter positivement le reste des citoyens. C'est en cela qu'Aké-Assi Laurent est perçu par plusieurs personnes comme un modèle vivant. C'est un citoyen modèle à tout point de vue. Il est d'une grande intégrité morale et intellectuelle. Dans son parcours professionnel et dans sa vie quotidienne, il n'a montré et ne montre encore aujourd'hui que de bons comportements. On ne peut pas, pour autant, dire qu'il n'a jamais commis de gaffes. C'est un être humain ; il est donc faible. Mais, il demeure le modèle, par excellence, que l'on peut proposer ou présenter valablement à la jeunesse de Côte d'voire et d'Afrique.

Aké-Assi Laurent est un citoyen ivoirien. Par conséquent, il devrait épouser les comportements adoptés par ses concitoyens. Mais, il se distingue, d'une manière particulière, comme le modèle de citoyen qui est «*parti de rien*» notamment sur le plan matériel avec les conditions d'existence modestes de ses parents et un niveau d'instruction parmi les plus bas, au départ. Il est un modèle parce qu'il ne s'est pas contenté de pleurer sur sa triste situation et de voir émerger en lui, progressivement, une certaine aigreur. Au contraire, il s'est fondé sur cette situation précaire pour se forger un caractère, un mental pour avancer, stoïquement, par le travail continu, assidu et passionné.

Aké-Assi Laurent est un modèle par l'attitude qu'il a adoptée durant sa vie face au phénomène argent, l'opium de notre société moderne, qui continue d'asservir le peuple, en l'éloignant de ses valeurs essentielles. Si tous les Ivoiriens avaient la même perception de l'utilisation de l'argent et le même comportement face à l'argent, notre société ne serait certainement pas dans l'état moral débilitant dans lequel elle se trouve aujourd'hui.

Aké-Assi Laurent est également un modèle pour l'éducation qu'il a donnée à ses enfants. Si l'échec de l'éducation des enfants dans de nombreuses familles semble être la règle, Aké-Assi Laurent donne une véritable leçon à nous tous.

Aké-Assi Laurent est un modèle pour son engagement sans retenue au travail. Il n'est pas exagéré d'affirmer que le travail constitue sa principale raison d'être, de vivre. Il a bâti tout sur le travail. A preuve, aujourd'hui, à plus de 80 ans, il demeure certainement l'un des citoyens ivoiriens qui passe le plus de temps au travail, quotidiennement. Il est toujours en train de travailler, travailler et toujours travailler. Cela peut se vérifier par quiconque se rend chez lui, à toute heure de la journée ou même la nuit.

Il est un modèle de simplicité de vie. Dès la première rencontre avec lui, ce qui se dégage, c'est cette simplicité. Il impressionne par son humilité et sa modestie. Gbocho Elellé Joseph conclut sur la simplicité du savant : « *Finalement, l'image que je retiens d'Aké-Assi Laurent, c'est qu'il n'est pas un homme envahissant, extravagant. Il est très sobre. A tel point que lorsqu'on dit à quelqu'un qu'il est un savant, celui-ci a du mal à croire* ».

Professeur Aké-Assi Laurent est d'une intégrité morale et intellectuelle hors du commun. Il est très éloigné de tout ce qui peut porter atteinte à cette intégrité. Il a cultivé cette intégrité morale et intellecuelle sur toute la ligne.

Enfin professeur Aké-Assi Laurent peut être considéré comme le « *modèle des modèles* » de notre société, parce qu'il a gravi des échelons sans avoir triché, sans s'être engagé lui-même ou avoir engagé autrui sur la voie du favoritisme, de la corruption, de la complaisance, de la fainéantise.

Aké-Assi Laurent : un homme organisé.

Lorsqu'on rentre dans le bureau de professeur Aké-Assi Laurent, on a le sentiment qu'il y a un certain désordre dû à la grande quantité de documents à ranger. Ce désordre n'est qu'apparent. Car, le professeur est prêt à sortir un document daté de plusieurs années voire des décennies mais soigneusement rangé. Il le sort au bout de quelques secondes. Cela est étonnant. Au moment où on se dit que la prochaine fois il montrerait le document, il se lève, rentre dans son bureau et en ressort une ou deux minutes plus tard avec ledit document. Ainsi, il a fait sortir, en une poignée de secondes, un lot de cahiers de ses filles quand elles étaient au cours maternels et primaires. Il a soigneusement conservé tous les cahiers de ses enfants. C'est extraordinaire. Mieux, il a gardé tous ces cahiers dans son bureau, au Centre National de Floristique, pour ne pas qu'ils se perdent. Combien de parents, ayant son âge ou même un âge inférieur, sont-ils aujourd'hui prêts à sortir quasi instantanément les cahiers d'écolier de leurs enfants, ayant fait les études maternelles ou primaires dans les années 60-70 ? Professeur Aké-Assi Laurent sort rapidement n'importe quel autre document que l'on lui demande. Quelques secondes ou tout au plus une minute lui suffisent pour satisfaire le demandeur, là où d'autres personnes mettraient des heures voire des jours pour chercher et trouver un document dans un bureau.

Les différentes lettres échangées par le chercheur depuis de nombreuses décennies avec des personnes physiques, des organisations nationales et surtout internationales sont également et soigneusement conservées. Le volume de ces centaines de lettres en dit vraiment long sur la densité et l'intensité des échanges du savant avec l'extérieur. L'examen des contenus de l'ensemble de ces lettres peut être soumis à un étudiant à l'occasion d'un mémoire de licence en communication ou en gestion de relations partenariales. Les résultats d'un tel travail devraient nous édifier.

On observe également que le savant a conservé les postes de radio anciens et tous les appareils et instruments de musique qu'il a eu à acheter. Les appareils et les instruments de musique soigneusement conservés par le savant témoignent, de manière éloquente, de son amour pour la musique.

Cette organisation du savant est fortement facilitée par sa mémoire phénoménale. Il se souvient de tout, à tout moment. Cela transparait toujours même lorsqu'on passe, lors des séances de travail, d'un sujet à un autre, d'un domaine à l'autre, d'une activité à l'autre. Lors de nos multiples rencontres, professeur Aké-Assi Laurent donnait, avec une très rare précision, les dates notamment le jour, le mois, l'année et le lieu des différents évènements qui se sont déroulés, pour certains, il y a des décennies. Il est difficile de trouver des mots pour qualifier cette mémoire.

Aké-Assi Laurent : un homme aux multiples talents

Le nom Aké-Assi Laurent renvoie de manière systématique au botaniste. C'est normal, car c'est à travers la pratique passionnée de la science botanique qu'il a bâti sa réputation. Mais, en dehors de la botanique, Aké-Assi Laurent pouvait exercer une multitude d'autres métiers. Enfant, il s'était, en effet, adonné à une multitude d'activités au village. En réalité, il possède une multitude de talents dans divers autres domaines de l'activité humaine. Il nous donne, lui-même, un aperçu de ses talents : « *Lorsque j'étais au village, j'allais couper les arbres pour construire une case. Je fabriquais des sandales en bois, des statues, des chaises, etc. Je faisais des dessins. J'ai inventé un système pour représenter les 26 lettres de l'alphabet. Cela me permettait de tenir sécrètes certaines informations personnelles. Enfin, j'ai toujours fait les photographies moi-même*».

En définitive, on retient qu'Aké-Assi Laurent est un personnage pétri ou doté d'une multitude de talents. Tous ces nombreux talents, du fait de l'omniprésence de la botanique dans sa vie, n'ont pas été exploités, en dehors de la photographie. Au sujet de ce dernier talent, professeur Aké-Assi Laurent présente un évènement au cours duquel il a pu se mettre en évidence en tant que photographe : « *Par exemple, le 15 janvier 2012, à l'occasion de la présentation des 24 couples de mariés, où l'Archevêque de Grand-Bassam avait remis les certificats de mariage signés du Pape Benoît XVI. Parmi les mariés, il y avait ma fille Evelyne et son mari. La remise de ces certificats a eu lieu dans le village d'Abouabou, commune de Port-Bouet. A cette occasion, c'est moi-même qui ai fait les photos avec mon appareil photo de marque Canon que j'ai acquis depuis plus de trente années*». L'observation des nombreuses vues photographiques faites par le professeur Aké-Assi Laurent montre qu'il est un véritable photographe professionnel sans avoir été formé à cet art. Il a eu à faire des photos des personnes et des plantes, un peu partout, en Côte d'Ivoire et dans les différents pays visités. Dans le cadre de la conduite de ses activités sur le terrain, notamment lors de la collecte des plantes, son appareil photo ne le quitte jamais.

Professeur Aké-Assi Laurent est aussi dessinateur, car il ne peut exercer le métier de botaniste sans faire des dessins. Certes, il y avait à côté de lui, un dessinateur de talent, Amon Aya Lazare. Mais, cela ne l'a pas empêché de s'exercer au dessin et d'avoir, avec le temps, une belle expertise. Il convient d'ouvrir une petite lucarne sur Amon Lazare, le dessinateur attitré de professeur Aké-Assi Laurent. Amon Aya Lazare n'était pas un dessinateur de métier, contrairement à ce qu'on serait tenté de penser. Il n'a fréquenté aucune école de dessin. Professeur Aké-Assi Laurent explique : « *Amon Aya Lazare n'a pas fait une école de dessin. Il était au village. Il prenait les photos des gens et réalisait leurs portraits. Je l'ai découvert au village et je l'ai fait venir dans mon laboratoire, à Abidjan. Il a appris à faire le dessin des plantes avec moi* ». Amon Aya Lazare est arrivé à un niveau excellent de réalisation des dessins des plantes. Pour se faire une idée de l'expertise de ce dessinateur hors du commun, parti, lui aussi « *de rien* », il faut voir les dessins de toutes les plantes contenues dans le plus récent livre de professeur Aké-Assi Laurent, à savoir : « *Abrégé de médecine et pharmacopée africaines : Quelques plantes employées traditionnellement dans la couverture des soins de santé primaire* », paru à Abidjan, aux NEI-CEDA, 2011. C'est Amon Aya Lazare qui a dessiné toutes les plantes qui y figurent, à la main. En conduisant Amon Aya Lazare au dessin des plantes, on peut dire que professeur Aké-Assi a aussi la qualité de dénicher des talents cachés. Amon Aya Lazare est décédé en octobre 2011. Professeur Aké-Assi Laurent a ainsi perdu l'un de ses plus fidèles compagnons.

Le savant Aké-Assi Laurent est un très grand amoureux de la musique. Pour preuve, il donne l'information suivante : « *J'ai une discothèque de plus de trois cents (300) disques : des 33 tours, des 78 tours et des 45 tours, de tous les genres de musique, notamment la musique ivoirienne, la musique zaïroise ou plutôt congolaise (Congo RDC), la musique française, la musique classique, grégorienne, etc.* ». La diversité et la variété de la collection musicale de professeur Aké-Assi Laurent montre qu'il a une très vaste culture musicale. Il faut cependant noter que les musiciens ivoiriens des générations actuelles ont du mal à toucher son « cœur » (selon une formule consacrée), avec leurs musiques dont les observateurs les plus avertis dénotent la pauvreté. Ce qui gêne profondément le professeur Aké-Assi Laurent, c'est la propension des musiciens de cette génération à chanter en français. Aussi, lance-t-il modestement : « *Ivoirien, il ne faut pas chanter en français !* ». En le disant, c'est une manière, pour le professeur Aké-Assi Laurent, d'encourager les musiciens ivoiriens à participer à la protection de nos langues nationales. Cela est extrêmement important.

Aké-Assi Laurent est un humoriste-né. Par son humour, il avait fortement émerveillé l'assistance lors de la soutenance de sa thèse de doctorat d'Etat, le samedi 2 juin 1984. La presse locale en avait, à l'époque, fait l'écho. Aké-Assi Laurent a certainement d'autres talents encore cachés. On ne peut les découvrir tous, dans le cadre de la rédaction d'une simple biographie.

Qualités et défauts du chercheur

L'une des principales qualités du professeur Aké-Assi est qu'il est toujours disponible pour aider autrui. Cette aide peut être sous forme matérielle, scientifique ou de conseil. Gbocho Elellé Joseph nous indique ceci : « *J'ai retenu, chez Aké-Assi, sa forte propension à aider autrui dans la conduite de son activité. Ainsi, par exemple, il a grandément aidé, techniquement et scientifiquement, Jean Lorougnon Guédé et Anoma Gladys, lorsque ceux-ci préparaient leur thèse de doctorat de troisième cycle en France. J'ai vu ce qu'il leur a apporté dans la conduite de leurs travaux* ». Professeur Aouti Salomon donne son avis sur la disponibilité du chercheur, du savant à aider : « *Aké-Assi est toujours disponible. En effet, à chaque fois que je l'ai sollicité pour m'accompagner sur le terrain, dans le cadre de mes activités professionnelles, il a toujours accepté sans hésitation. Ainsi, nous avons effectué plusieurs sorties dans les forêts de Téké, de Taï, etc.* ». Aké-Assi Laurent se met de manière spontanée au service de toute personne qui lui demande un service.

On note également que professeur Aké-Assi Laurent n'aime pas faire attendre son prochain. Il est toujours disponible pour recevoir quiconque émet le désir de le rencontrer. Il est prêt à rencontrer, à écouter et à donner des conseils à quiconque le sollicite.

On rappelle qu'Aké-Assi Laurent est un homme simple, humble et discret. Il n'aime pas le tapage en tout ce qu'il fait. Il n'aime pas le bruit, au sens propre comme au sens figuré. Il est également un pacifiste, car le chercheur qu'il est, plus que quiconque, a besoin de paix et de tranquillité pour travailler. Aké-Assi Laurent a fait du travail quelque chose de sacré. Au sujet de l'amour et de la passion du travail d'Aké-Assi, son ami Mao Nguessan Ernest soutient: « *Dès notre première rencontre, ce qui m'avait impressionné chez Aké, c'est tout le sérieux qu'il attachait à ce qu'il faisait. Pour lui, le travail est un sacerdoce. Tout ce qu'il fait, il le fait avec enthousiasme et passion* ». Par le travail, Aké-Assi Laurent a la paix intérieure et la paix avec les autres. La Côte d'Ivoire recherche la paix, la paix et la paix. Elle a encore du chemin à parcourir pour avoir la paix, définitivement. Ce qui peut donner la véritable et durable paix à notre pays, c'est l'amour du travail, l'engagement des citoyens dans le travail, à la manière d'Aké-Assi Laurent. Ce n'est pas la démocratie qui donne la paix. C'est le travail qui donne la paix. La plus grande menace qui pèse sur la paix sociale dans notre pays, c'est le manque d'emplois, c'est-à-dire le chômage. C'est lorsque tous ou une très grande partie des citoyens seront occupés, comme Aké-Assi Laurent, à travailler, à faire quelque chose avec leur tête et leurs dix doigts que la paix durable sera possible dans notre pays.

Aké-Assi Laurent pratique la fraternité. Il croit en la fraternité entre les citoyens. Professeur Aouti Salomon renchérit : « *Aké-Assi est très fraternel et fidèle. Il n'hésite pas à manifester cette fraternité et cette fidélité dans la gestion de ses relations avec ses amis, collègues ou collaborateurs. Il ne revendique rien par la force, car c'est un homme paisible* ».

Professeur Aké-Assi Laurent n'est pas prêt à rentrer dans une affaire de corruption ou de favoritisme. Comment peut-il en être autrement pour un homme si attaché à des valeurs tels que le travail, la persévérance, la patience ou encore le mérite. Il pense, au plus profond de lui-même, et affirme que chaque citoyen peut changer sa situation sociale personnelle en se fondant sur ces valeurs.

Professeur Aké-Assi Laurent affectionne se mettre au service des gens, sans aucune distinction, pour les aider à résoudre des problèmes qui se posent à eux. Mais, il n'est pas prêt à faire des interventions auprès d'une autorité ou d'une institution donnée en faveur de telle ou telle personne. Monsieur Aké Adjé Jean Tiburce[82], neveu de professeur Aké-Assi Laurent, l'a appris à ses dépens. Il se souvient : « *En 1992, j'étais en classe de terminale au lycée de Divo. J'ai échoué au baccalauréat, série A2, avec un*

[82] *Aké Adjé Jean Tiburce, neveu de Professeur Aké-Assi, prépare, depuis quelques années, une thèse de doctorat de 3è cycle en linguistique à l'Université de Cocody. Il est également enseignant dans des écoles secondaires privées d'Abidjan.*

total de 239 points là où il me fallait 240 points. J'étais allé voir mon oncle, le professeur Aké-Assi Laurent, avec mes parents, au Centre National de Floristique pour une ''intervention''. C'était la première fois que je le voyais. Professeur Aké-Assi Laurent a dit qu'il ne pouvait rien faire. Il a indiqué que lorsque sa fille a été orientée, à l'âge de 17 ans, à l'Ecole Normale Supérieure (ENS) après le baccalauréat, série C, alors qu'elle avait demandé à faire la médecine ou la pharmacie ou encore la Chimie-Biologie-Géologie (CBG), à l'Université. Professeur Aké-Assi Laurent a dit n'avoir entrepris aucune démarche auprès d'une quelconque autorité pour changer les choses. Mes parents étaient repartis, tous énervés et déçus de n'avoir pas eu un écho favorable auprès du professeur. Quant à moi, j'ai repris la terminale l'année suivante. J'ai été reçu au bac. J'ai été le voir au CNF. Il m'a dit que c'est à la maison qu'il reçoit pour les affaires familiales. A chaque fois que je l'ai sollicité, professeur Aké-Assi Laurent m'a toujours aidé. Certes, à chaque fois que je le sollicite pour un problème d'argent, il me gronde. Mais, il finit toujours par me donner ce que je lui demande».

Aké-Assi Laurent est un homme très sincère, détestant la duplicité et profondément respectueux de l'autre (autrui). Il ne veut pas, par exemple, que ses enfants se moquent de quelqu'un. Un jour, ses enfants se sont moqués d'un maître de maison. Fâché, il les a fortement réprimandés. De tous temps, il ne voulait pas également que ses enfants aillent « *provoquer* » quelqu'un dans le quartier, en se battant, par exemple, et que l'on vienne l'appeler pour le règlement d'une telle affaire. Cela l'indisposerait et l'empêcherait, par exemple, de travailler.

Dr Francis Lauginie, Président de l'ONG Afrique-Nature, et ancien compagnon d'Aké-Assi lors de missions réalisées en Côte d'Ivoire, parlant des qualités du savant, indique : « *Aké-Assi est un homme qui se distingue, d'une manière particulière, par sa disponibilité, son humilité. Jamais, il n'a fait attendre quelqu'un. En plus, il est toujours prêt à donner un conseil, à proposer une solution à tout problème qui lui est soumis».*

Aké-Assi Laurent est fidèle dans la gestion de ses relations d'amitié. Au sujet de ses relations personnelles avec Aké-Assi Laurent, Gbocho Elellé Joseph[83], Administrateur du travail et des lois sociales, à la retraite, indique : « *C'était en 1957, à Paris (France), que j'ai rencontré Aké-Assi Laurent. C'était à la Maison de la France d'Outre-Mer. Nous nous rencontrions souvent. Nous avions fini par sympathiser. A cette époque, Aké-Assi était tout le temps avec les étudiants baoulé tels que Nanan Kouassi Tiacoh de Toumodi ou Cowppli Bony de Bouaflé, Koko Tanoh, Koffi Kouakou, Bertrand Tanoh Kouakou, Dié Kouakou, Marie-Louise Kimi, Ndri Kouamé*

[83] Gbocho Elellé Joseph a été, entre autres fonctions assumées en Côte d'Ivoire, Directeur du Personnel de l'Energie Electrique de Côte d'Ivoire (EECI) et, cumulativement, conseiller de Lambert Konan, le Directeur de l'EECI.

Alexandre, etc. Aké était donc ‘‘ baouléisé’’[84]. *On se moquait de lui pour cela. C'est à partir de 1960 que nos relations ont été véritablement renforcées. Après mon mariage, cette année-là, j'ai quitté la cité universitaire pour aller m'installer à Cachan. Chaque dimanche, Aké et moi, nous nous voyions chez moi. Je jouais, en quelque sorte, le rôle de chef des Akyé à Paris. C'était d'ailleurs chez moi qu'Aké-Assi a rencontré sa femme actuelle, Assy Delphine. Quelque chose m'avait particulièrement frappé chez Aké-Assi. En plein hiver, en effet, Aké ne portait jamais un manteau de fourrure comme tout le monde le faisait, à l'époque. Il se contentait d'un simple imperméable. C'était exceptionnel».*

Aké-Assi Laurent est, avant tout, un être humain. Il a des qualités et, par voie de conséquence, des défauts. Parmi ses défauts, on peut dire qu'il fait partie de ceux que l'on peut classer parmi les idéalistes, car il imagine une société ivoirienne où les citoyens s'attachent à leur travail, sans jalousie, sans haine. Aké-Assi Laurent est un perfectionniste à souhaits. Etre idéaliste comme l'est Aké-Assi Laurent constitue-t-il réellement un défaut ? Le mot idéaliste revient souvent sur les lèvres de beaucoup de personnes qui se retrouvent face à toutes celles qui croient que chacun peut améliorer son existence et celle des autres en donnant le meilleur de lui-même. La société ivoirienne, elle-même, n'a-t-elle pas trop tendance à se contenter de traiter d'idéalistes ceux qui veulent qu'elle se transforme à partir de la transformation de chacun de ses membres ? Ceux qui ont compris la justesse du combat des idéalistes pensent, de leur côté, qu'une société, qu'une communauté, qu'une organisation humaine sans des idéalistes est susceptible d'être sclérosée voire de « *mourir* ».

Au sujet de la recherche de la qualité par le professeur Aké-Assi, j'ai été personnellement témoin d'une scène, certes isolée, mais profondément significative. J'étais allé le rencontrer afin de récupérer un document avec lui. Au moment où j'arrivais chez lui, il était sorti pour une petite course. A son arrivée, quelques minutes plus tard, il avait dans sa main, outre un sachet contenant des mangues, une eau de Cologne. Il l'avait achetée en vue de l'offrir à Kouadio Aya Sabine, la servante de la maison. Auparavant, selon professeur Aké-Assi, « *elle utilisait un parfum dont l'odeur était identique à celle d'un insecticide* ». Il était donc allé acheter une eau de Cologne pour sa servante. La nouvelle eau de Cologne devrait remplacer l'ancienne. Professeur Aké-Assi a demandé à sa servante de jeter l'ancienne, à « *l'odeur d'insecticide* » dans la poubelle. La jeune fille a accepté l'eau de Colgne qui venait de lui être offerte par son patron. Toutefois, elle a indiqué qu'elle n'allait pas jeter l'ancienne dans la poubelle comme le lui recommandait son patron, mais elle allait l'offrir à sa sœur lorsqu'elle rentrerait en famille. On

[84] Cette ‘‘baouléisation’’d'Aké-Assi Laurent avait, en fait, commencé au campement de son père où il avait passé une partie de son enfance avec les jeunes Baoulé. Il n'a fait que prolonger cela en France.

voit donc que le professeur Aké-Assi Laurent est un patron qui s'occupe des détails notamment de l'eau de Cologne que sa servante utilise. Il ne s'est pas contenté de dénoncer la mauvaise qualité de l'eau de Cologne de sa servante. Mais, en plus, il a pris de son argent pour acheter une nouvelle eau de Cologne pour elle. Cela sort véritablement de l'ordinaire.

Madame Coulibaly Madongui nous donne encore une information relative à l'utilisation de l'eau de Cologne : « *Une fois, professeur Aké-Assi devrait aller en mission à l'intérieur du pays avec Amon Aya Lazare, le dessinateur. Mais, Lazare a mis une eau de Cologne dont l'odeur ne lui plaisait pas. De ce fait, il a demandé à Amon Aya Lazare de rester à Abidjan. Il était allé à cette mission sans Lazare* ».

La recherche de la qualité a conduit le professeur Aké-Assi à œuvrer au changement du statut de Zoumana Koné, le garçon de laboratoire. Il explique : « *Quand je rencontrais Zoumana, il ne savait ni lire ni écrire. Mais, je l'ai formé progressivement. Il a su lire et écrire. A telle enseigne qu'il a ensuite passé le concours d'intégration de la Fonction Publique. Il a été alors recruté comme agent de bureau, c'est-à-dire en tant que fonctionnaire. Il a fait sa carrière. A l'approche de la retraite, il était allé dans son village. Une fois, il était venu nous saluer au Centre National de Floristique. Au moment où il retournait au village, il avait emprunté un autocar. Celui-ci a fait un accident dans lequel Zoumana a perdu la vie* ».

Au sujet des défauts d'Aké-Assi Laurent, professeur Aïdara Daouda indique : « *Aké-Assi n'a pas formé d'étudiants à son image. A telle enseigne qu'il demeure, à l'heure actuelle, le seul en Côte d'Ivoire et dans le monde à avoir cette maîtrise exceptionnelle de la taxonomie. En outre, son meilleur collaborateur, dans le cadre de l'identification des plantes, était Koné Zoumana*[85]*, le garçon de laboratoire. Quand il avait besoin d'une plante, il envoyait Koné Zoumanan en lui indiquant l'endroit précis où il pouvait la trouver. A cela, il faut ajouter qu'Aké-Assi a aussi un ''esprit de guérisseur'', qui n'amène pas le guérisseur à montrer les secrets ou les facettes de sa science à son entourage. Enfin, au sujet des étudiants, Aké-Assi a expliqué que lorsque ceux-ci venaient le voir, c'était pour poser essentiellement des problèmes d'argent. Et, comme il n'avait pas d'argent, comme tous les chercheurs du reste, pour leur donner, il n'était pas toujours disponible à travailler avec eux. Or les problèmes d'argent évoqués généralement par les étudiants pouvaient être posés ailleurs notamment au service des Bourses. Il lui suffisait de les orienter vers ce service* ».

''*Former des étudiants à son image*'', c'est ce que le savant Aké-Assi Laurent n'aurait pas pu faire pendant son long parcours professionnel. Il y a lieu de se demander pourquoi une telle situation. C'est un questionnement essentiel. Il faut examiner la question avec prudence. La question que cette situation soulève est de savoir si parmi les étudiants que le professeur Aké-

[85] Selon professeur AKE-ASSI, Koné Zoumana a parcouru toutes les régions du pays avec lui.

Assi a eu à enseigner ou encadrer, il y en avait qui avaient le « *profil* » nécessaire pour se faire former à l'image du maître. Autrement dit, professeur Aké-Assi Laurent a-t-il pu déceler quelques qualités chez ses étudiants et surtout leur disposition mentale et morale à s'engager franchement avec le maître ? Le savant Aké-Assi se connait. Il ne lui est pas facile de trouver quelqu'un qui puisse réunir un certain nombre de qualités et mériter d'être, en quelque sorte, son disciple ?

En plus, lorsqu'on dit que le professeur Aké-Assi Laurent n'a pas *''formé des étudiants à son image''*, il n'est pas d'accord. Il [Aké-Assi] s'énerve, quelque peu, agacé: « *Des collègues ont dit aux étudiants qu'Aké-Assi n'a pas le baccalauréat. Ainsi, au moment des encadrements, aucun étudiant ne venait me solliciter. Tout le monde veut être bien formé ! Les étudiants ne veulent pas se faire encadrer par un enseignant qui n'a pas le bac. C'est cela le vrai problème ; le professeur Aïdara le sait lui-même pourtant. Il faut que tout le monde le sache. Les gens sont méchants ! On sait également que les encadrements sont payés cher. Donc, plus on a des étudiants à encadrer, plus on a de l'argent. Il ne fallait donc pas en laisser à ceux qui n'ont pas le bac. Les choses ont toujours fonctionné ainsi* ».

Professeur Aké-Assi Laurent poursuit : « *Ils ont tellement répété cela aux étudiants qu'après les cours, ils partaient. Ils ne revenaient plus vers moi pour se faire former. L'un des rares qui, malgré tout, s'est approché de moi et a demandé que je le forme, a été bien formé. Il est actuellement au département de botanique à l'Université d'Abobo-Adjamé. Il est aujourd'hui l'un des meilleurs botanistes de la place. D'autres ont été formés. Certes, ils ne sont pas nombreux ; mais ils sont bons* ».

A l'image de son parcours scolaire et universitaire (études doctorales) atypique, Aké-Assi Laurent a beaucoup souffert, sur le plan professionnel. Un regard sur son évolution dans les grades universitaires situe sur les difficultés qu'il a rencontrées. Ainsi, il a passé 9 années dans l'assistanat, là où d'autres ont mis 3 ou 4. Ensuite, il a passé 12 années dans la maîtrise d'assistanat. En tout, Aké-Assi Laurent a passé 21 années en tant que professeur de rang B. Enfin, il a passé au total 7 années en tant que Maître de Conférences et Professeur titulaire, pour le rang A. Il n'a donc eu que 6 ou 7 années pour assurer l'encadrement des thèses de doctorat de troisième cycle et des thèses de doctorat d'Etat. Sa marge de manœuvre a été finalement faible en matière d'encadrement des thèses. Cette situation permet de mieux comprendre le nombre peu élevé d'étudiants qu'il a eu à former durant sa carrière universitaire.

Professeur Aké-Assi Laurent n'a pas eu beaucoup de charges d'enseignement et d'encadrement des étudiants surtout en troisième cycle. Par contre, il a eu le temps de s'adonner à son activité favorite, à savoir le travail de recherche sur le terrain. Cela lui a permis d'accumuler une masse considérable de connaissances sur la science botanique. Il a ensuite judicieusement exploité ces connaissances pour écrire et publier des articles dans les plus grandes revues scientifiques de son domaine d'activité. Cela lui a permis de faire la différence avec la plupart des botanistes en Côte d'Ivoire et de s'imposer sur la scène africaine et internationale comme l'un des plus grands spécialistes de la botanique taxonomique de sa génération. En définitive, on retient donc que face aux difficultés d'ordre administratif et académique, Aké-Assi Laurent a su se battre avec courage, en s'engageant dans le travail de terrain. Il n'a reculé devant aucune difficulté. Docteur Kouassi Akoua Philomène, Maître-Assistante au Département de Chimie[86] à l'Université de Cocody, et ancienne étudiante de professeur Aké-Assi Laurent témoigne, par rapport à son exceptionnel courage : « *Face aux tergiversations de ses collaborateurs au moment de charger le sac de jute contenant les plantes collectées, professeur Aké-Assi Laurent, lui-même, a pris le sac, l'a mis au dos au prix d'un grand effort, et s'est mis en route. Tout le monde était surpris* ». Etonnant de vitalité, Aké-Assi Laurent a toujours montré sa disponibilité et sa détermination, là où plusieurs personnes ont tendance à murmurer en posant des questions, à baisser les bras ou à exiger des choses avant de s'engager dans le travail. Aké-Assi Laurent est un homme hors du commun. Il a manifesté cela durant tout son parcours.

Parlant des défauts du savant, Dr Francis Lauginie, Président de l'ONG Afrique-Nature, nous donne un éclairage. Il dit, en effet, ceci : « *Aké-Assi est très exigeant, rigoureux. C'est en raison de sa grande rigueur qu'il a du mal à trouver et à mettre autour de lui des hommes capables d'assurer la pérennisation de son œuvre* ». Goran Konan Edgar, réalisateur du film « *Génie de la brousse* » et chef de service Documentaire-Fiction, à la Radio Télévision Ivoirienne, abonde dans la même direction : « *Aké-Assi Laurent dégage une force scientifique et fait preuve d'une telle rigueur que lorsque les étudiants ont obtenu leurs diplômes, ils rechignent à s'approcher de lui* ». Ils n'osent plus, pour la plupart, avoir de relations professionnelles avec lui.

Les membres de la famille et ceux qui connaissent Aké-Assi Laurent notent qu'il y a un important déficit de communication entre lui et les autres membres de la famille. En tant que chef de famille, il est le seul à décider. Et, il veut que l'on respecte ce qu'il décide. De tout temps, les choses se sont passées de cette manière. Aké-Assi Larissa, la benjamine des enfants Aké-Assi, renchérit : « *Papa a sa manière de concevoir les choses. Il veut que tout le monde fasse exactement ce qu'il demande* ». Les enfants de la famille Aké-Assi ont tous grandi ; la plus jeune d'entre eux a 36 ans. Les filles sont aujourd'hui toutes mariées. La plupart d'entre elles ont relevé une espèce d'immixtion du professeur dans leurs affaires.

---

[86] Dr Kouassi Akoua Philomène est en Pharmacognosie (étude chimique des plantes) au Département de Chimie.

Lors des entretiens séparés avec les filles de professeur Aké-Assi Laurent, il est ressorti un « *déficit* » de communication entre elles et leur père. Sa nature d'homme calme et peu bavard, et surtout son attachement au travail, qui l'amène à réfléchir constamment, ne l'ont-ils pas confiné dans une situation où il communique peu avec les gens autour de lui ? Par rapport à sa disposition à communiquer peu, il a été indiqué ceci : « *Avant, lorsque papa, revenant du travail, trouvait des gens au salon notamment des cousins ou des cousines, ou des beaux-parents, il ne les saluait pas. Il passait à côté d'eux, allait prendre les escaliers et monter dans la chambre* ».

Toujours au titre des défauts du savant, Dr Aké-Assi Marie Hélène affirme : « *Papa a un problème de communication avec nous qui sommes ses enfants. Ensuite, il préférait toujours les enfants qui travaillaient bien à l'école. Il est donc plus disposé à communiquer avec ceux qui travaillaient bien à l'école qu'avec les autres* ».

Dr Konan Kouassi Edouard, Maître-Assitant au département de botanique, à l'UFR des Sciences, Université de Cocody, a eu l'occasion de participer, en compagnie de professeur Aké-Assi Laurent, à des missions scientifiques en Côte d'Ivoire et en Sierra Leone. Il se prononce sur la personne de professeur Aké-Assi Laurent : « *Professeur Aké-Assi Laurent présente deux facettes. La première facette qu'il nous présente, c'est le professeur à Abidjan avec une apparence hermétique. La deuxième facette, c'est le chercheur hors d'Abidjan, c'est-à-dire le chercheur lors des sorties sur le terrain. Le soir, lorsqu'il est arrivé de la brousse, il est plus disposé, plus détendu, plus gai. Il devient une toute autre personne. Tout ce qu'on veut obtenir de lui, on peut l'avoir. En fait, le travail de terrain le relaxe, véritablement* ».

En définitive, on note que professeur Aké-Assi Laurent parait un homme ''*fermé*''. C'est le sentiment qu'il donne lorsqu'on le voit de ''loin'', lorsqu'on le rencontre pour la première fois. Mais, quand on s'approche de lui, dans le cadre du travail ou dans la vie de tous les jours, il s'ouvre totalement. On le découvre alors, car les préjugés tombent. Il est agréable à vivre.

Professeur Nguessan Kouakou Edouard reconnait au savant Aké-Assi Laurent des qualités indéniables parce que, selon lui, « *il a une vie réglée et saine* ». Il a eu le temps de le connaître. Parlant des défauts d'Aké-Assi, il indique : « *Professeur Aké-Assi Laurent ne participe pas aux funérailles dans son village. Souvent, il préfère envoyer de l'argent par le truchement de quelqu'un d'autre plutôt que de s'y rendre en personne* ».

On voit donc que l'un des reproches que les membres de l'entourage font au professeur Aké-Assi Laurent, c'est certainement son manque d'implication directe dans la conduite des activités funéraires. Ce n'est pas par manque d'intérêt pour les funérailles qu'il n'était pas toujours présent. C'est le fait qu'il a été constamment sollicité, en Côte d'Ivoire et surtout à l'étranger qui l'a éloigné des funérailles, aussi bien dans le village de sa mère (Bacon) que dans celui de son père (Ahouabo). Cette situation lui a causé des désagréments dans le passé, par exemple, à l'occasion des obsèques de sa génitrice. C'était en 1975. Aké-Assi Laurent se souvient : « *L'enterrement de ma mère était prévu à Bacon. Il a été perturbé du fait du refus de collaborer d'une frange importante de la population villageoise. Le cousin désigné pour coordonner l'ensemble des préparatifs des obsèques n'a pas été à la hauteur. Il n'avait pas utilisé les ressources financières mises à sa disposition pour effectuer les dépenses. Heureusement, avec la compréhension du catéchiste de l'église catholique du village et des fidèles, l'enterrement s'est fait normalement. Après l'enterrement, une réception a été offerte. Nous avions tout prévu au départ d'Abidjan avec une camionnette bâchée ayant transporté les éléments nécessaires. Depuis cette date, je ne suis plus reparti à Bacon, le village de ma mère.* ». Professeur Aké-Assi a fait observer que l'habitation de quatre chambres construite pour sa mère est devenue la propriété de son cousin qui lui a joué le tour. Après le décès de ce dernier, la maison est occupée par sa famille.

Au sujet des défauts du savant, le professeur Nguessan Edouard poursuit: « *Il n'a jamais accepté d'héberger chez lui un neveu, une nièce ou autre. Il s'est occupé uniquement de ses seuls enfants* ». On peut faire remarquer que ce sont des attitudes que notre société ivoirienne ou africaine, à l'heure actuelle, n'accepte pas encore. Du moins, c'est ce que beaucoup de citoyens pensent. D'autres citoyens peuvent émettre un avis contraire. En réalité, professeur Aké-Assi Laurent a une tout autre perception de ces dimensions sociales ou sociologiques. Tout en étant membre de la société ivoirienne, il réfute certaines situations qui peuvent, à la longue, se révéler nuisibles et peuvent hypothéquer l'avenir non pas d'une seule personne mais de toute une famille. Aké-Assi Laurent pense que chaque homme, que chaque femme, après avoir mis au monde un ou des enfants, a la responsabilité sociale et morale de lui ou de leur assurer le nécessaire pour lui ou leur permettre d'atteindre un niveau d'instruction et d'éducation approprié. C'est cela le rôle du père de famille. Cela peut passer, par exemple, par le travail dur, acharné, continu, comme il le fait. Il pense encore que le fait, pour un géniteur ou une génitrice, de confier un ou des enfants à autrui pour assurer leur instruction et leur éducation, est la voie de la facilité. Or, Professeur Aké-Assi ne cautionne pas du tout la facilité, la fainéantise et autre main toujours tendue vers l'autre. Sur ces différents aspects, il n'est pas encore possible de trouver, aujourd'hui, une position consensuelle au sein de la société ivoirienne. L'une des questions qui se posent, aujourd'hui, à notre société moderne est de savoir ce qu'elle veut. La société ivoirienne est, dans son ensemble, interpelée. Par exemple, au sujet de la recherche de la facilité ou du raccourci, qui semble être la règle aujourd'hui, en son sein, que préconise-t-elle ? C'est une question absolument essentielle.

CHAPITRE 14
AKE-ASSI ET SA VIE DE FAMILLE

Le chercheur Aké-Assi a une famille. La famille influence le chercheur et sa vie professionnelle, et vice versa. Autrement dit, les deux interagissent mutuellement. L'évolution sociale et professionnelle du chercheur peut s'apprécier en prenant en compte la relation tissée entre lui et sa vie de famille. Comment le savant a-t-il bâti sa vie professionnelle autour de sa famille ?

Echec essuyé par des filles de ménage

Aké-Assi Laurent a eu à vivre seul. C'était avant qu'il ne parte en France. Célibataire, il bénéficiait des services de filles de ménage. Malgré ce statut, le jeune technicien de laboratoire n'avait eu une relation intime avec aucune d'elles, malgré tout ce qu'elles ont tenté de faire. Gnaba Logon Jean témoigne : « *Les femmes qui lui faisaient à manger ont voulu le « gâter ». Elles lui faisaient des avances, car elles le considéraient comme leur mari. La plupart des femmes (une baoulé, une bété et une ébrié) qui venaient lui faire à manger étaient plus âgées que lui. Mais, il était très intelligent, il refusait très astucieusement leurs avances. Il a tout fait pour ne pas tomber dans les pièges que chacune d'elles a pu lui tendre* ». Combien de jeunes travailleurs, célibataires, fiancés ou mariés sont-ils aujourd'hui capables de refuser les avances d'une servante ? Et, inversement, combien de filles de ménage sont-elles à même de dire non à un patron marié ou non, leur faisant des avances ?

Le verbe « *gâter* », employé par Gnaba Logon Jean (93 ans), mérite une explication. Généralement, on emploie le mot « *gâter* », dans ce contexte, lorsqu'une femme de ménage ou toute autre employée fait des avances à son patron et que ce dernier les refuse. Il y a, en effet, des risques qu'elle utilise d'autres méthodes pour atteindre son objectif. Elle peut, par exemple, mettre un « *médicament*» dans le repas de son patron pour l'amener à changer d'attitude après avoir touché son « *cœur* ».

Dès lors, on comprend que déjà, à cette époque, Aké-Assi Laurent avait le regard résolument tourné sur sa carrière et non sur autre chose pouvant porter atteinte à sa vie professionnelle. Il n'était pas du tout prêt à se compromettre et à hypothéquer sa carrière. La capacité de l'homme à refuser de rentrer dans une relation intime avec son employée de maison dénote son désir et son attachement à la réalisation de sa carrière professionnelle. Aké-Assi Laurent a tenu ferme pour ne pas succomber à l'appât d'une relation intime facile avec parfois des conséquences incalculables. C'est encore un mérite.

Echec d'un premier mariage : incompatibilité d'humeurs

Plusieurs grands hommes, à travers le monde, qu'ils soient du milieu politique, économique, scientifique, littéraire, artistique et autres, ont généralement eu une première expérience de vie conjugale qui s'est soldée par un échec. Cela n'est pas une règle. C'est une tendance. On emploie le mot échec parce que l'union s'est soldée par une séparation définitive après quelques années de vie commune. L'épouse n'avait pas pu s'adapter à la manière dont Aké-Assi Laurent voulait conduire sa carrière professionnelle.

Professeur Aké-Assi Laurent se souvient : « *J'étais marié. Nous étions partis pour la France. Il y avait une évidente incompatibilité d'humeur. Chaque fois que je rentrais tard à la maison, c'était des palabres. Pour elle, j'ai fait une incursion quelque part pour voir une autre femme. C'était insupportable. Elle avait du mal à comprendre que je sois retenu par mon travail à des heures tardives. Je faisais normalement mon travail. J'ai encaissé des coups et des coups. Un an environ après l'accouchement de notre fille, je devrais aller en mission à Madagascar pour environ un mois. Elle devrait être seule pendant mon absence. Alors, je lui ai acheté un billet d'avion pour qu'elle rentre en Côte d'Ivoire. J'ai fait garder l'enfant chez une nourrice, Madame Dujardin, à Arcueil, dans la région parisienne. Elle offrait un service de bonne qualité. L'enfant est restée avec moi. Quant à sa mère, elle n'était plus répartie en France* ».

Elle était venue à Abidjan mais n'était plus répartie en France faute de billet d'avion. Aké-Assi Laurent ne voulait plus qu'elle retourne pour poursuivre la vie à deux avec lui. La question qui se pose est de savoir s'il y a eu une « *entente* » préalable entre les deux conjoints à Paris au moment de la prise de la douloureuse décision. Evidemment, il ne pouvait pas avoir d'entente entre eux. Aké-Assi Laurent a pris sa responsabilité, après avoir analysé les avantages et les inconvénients de sa décision, en particulier sur sa carrière scientifique et professionnelle.

Aké-Assi Laurent était rentré, lui-même, en Côte d'Ivoire pendant les grandes vacances. Il avait voulu que tout se passe dans le calme. Aussi a-t-il entrepris une démarche auprès des parents de son épouse. Il explique : « *J'ai été rencontrer les parents de mon épouse. Je leur dit qu'il est difficile, pour nous, de continuer à vivre ensemble. Je leur ai présenté mes excuses. Ensuite, j'ai été voir le juge. L'affaire est passée au tribunal. Le divorce a été prononcé. J'ai eu la garde de notre fille. Jusqu'à ce qu'elle ne parte travailler en France, elle était à la maison, chez moi. Il n'y avait aucune différence de traitement entre elle et les autres enfants de mon épouse actuelle. Ma fille avait eu une maîtrise en anglais et elle enseignait ici dans le secondaire. En France, elle a fait des études complémentaires. Elle travaille actuellement à la Sécurité Sociale française. Quant à mon ex-épouse, elle s'est remariée et elle a eu cinq (5) enfants. Lorsqu'elle avait perdu, d'abord, sa mère, je me suis rendu aux obsèques avec mon ami Mao Nguessan et toute ma famille, mon épouse et mes enfants y compris. Ensuite, lorsqu'elle a perdu son père, toute ma famille s'est déplacée à nouveau. En définitive, j'ai gardé un très mauvais souvenir de notre vie de couple en France* ».

Au sujet de ce premier mariage, Mao NGuessan Ernest a donné le témoignage suivant :« *Aké-Assi Laurent avait eu une première épouse en Côte d'Ivoire. Il est allé en France avec elle. Ils ont eu une fille. Cette première épouse,* selon Mao Nguessan, *n'avait pas « tenu ». Elle pensait que son mari allait être tout le temps avec elle, à la maison, aux heures normales. Or, Aké-Assi Laurent était tout le temps parti au Centre National de Recherche Scientifique (CNRS), au Muséum National d'Histoire Naturelle et à l'Institut de Botanique d'Orsay (Université de Paris-Sud). Il n'avait pas le temps nécessaire à consacrer à son épouse. Dans ces conditions, la vie à deux était difficile voire impossible. Ils s'étaient séparés et elle était rentrée en Côte d'Ivoire* ». Mao NGuessan poursuit pour dire *:* « *Aké-Assi Laurent, s'est remarié en 1964 en France avec sa femme actuelle*».

Le mot « *tenir* » est un mot important. Il nous montre tout de suite que pour épouser un savant ou une savante, il faut être psychologiquement préparé et avoir le courage de tenir. C'est certainement, à cause de l'impréparation que beaucoup de savants ou de grands hommes ou de grandes femmes ont vu leur vie de couple brisée très tôt. Ils ont dû, pour la plupart, refaire leur vie conjugale. Pour prévenir tout accident de parcours du couple, faudrait-il que chacun des conjoints sache ce qu'il veut. Pour Aké-Assi Laurent, la renommée qu'il a connue avait un prix qu'il a payé, par le divorce. Un divorce fait toujours mal à un conjoint comme à un autre. Dans le cas d'espèce, on s'imagine que le divorce a mis un terme aux souffrances de l'un et de l'autre. C'était certainement la meilleure décision parce qu'il était devenu impossible de continuer à vivre à deux.

Madame Badié Alice, nom de la première épouse, n'avait certainement pas compris que marier un homme obnubilé par son travail n'était pas une chose facile. L'amour excessif du travail voire la passion du travail porte, dans beaucoup de cas, préjudice à la vie du couple. C'est difficile de trouver des travailleurs très passionnés avec une vie conjugale sans heurts si les conjoints n'ont pas fait preuve d'une très grande compréhension. En faisant preuve de compréhension, un conjoint participe ainsi à la réalisation de la carrière de l'autre. La difficulté à laquelle la plupart des jeunes couples sont confrontés, c'est l'impossibilité de trouver, au moment opportun, surtout lorsqu'ils sont à l'étranger, des personnes qui peuvent donner des conseils avisés. Cela relève donc de la responsabilité des conseillers conjugaux.

Madame Aké-Assi née Assy Delphine

Aké-Assi Laurent s'est remarié, toujours en France, avec Assy Delphine. Aujourd'hui âgée de 76 années, cette infirmière-puéricultrice de formation, est retraitée depuis 1993. Elle indique les circonstances de leur rencontre : « *J'étais allée en France en novembre 1960. En janvier 1961, j'avais été rendre visite à la famille Gbocho. Monsieur Gbocho était, en fait, un parent à Aké-Assi. Je connaissais un peu Aké-Assi à Abidjan. Nous nous sommes rencontrés à Paris, chez cette famille. Le couple était en stage en France. Je crois que le couple a parlé de moi à Aké-Assi. Je crois également qu'Aké-Assi cherchait à se marier. Il faut dire que comme j'étais nouvelle, on m'invitait de temps en temps. Nous nous sommes mariés en 1964 à la Mairie du Cinquième Arrondissement à Paris. Le mariage religieux y a été également célébré*».

Le second mariage d'Aké-Assi a été une réussite. Fort de l'échec du premier mariage, Aké-Assi Laurent a mis en place des balises. Il ne voulait pas que les anciennes erreurs se répètent. Il voulait repartir sur de nouvelles bases, plus solides. Car, on dit généralement que le futur se construit à partir des erreurs du passé si, bien entendu, l'on a su tirer les leçons utiles. Les erreurs du passé peuvent servir comme boussole pour la construction de l'avenir.

Au sujet de ses voyages, de ses absences et de sa passion du travail, tout le monde l'a compris. Il a tout mis en œuvre pour que cette compréhension se fasse. Aké-Assi Laurent renchérit : « *J'ai toujours fonctionné de cette manière avant de me marier et d'avoir des enfants* ». Il se demande ce qu'il va devenir si on lui demande de ne plus travailler le dimanche. Madame Aké-Assi née ASSY Delphine renchérit : « *Avant de nous marier, il a tenu à dire que son travail lui prend beaucoup de temps. Il serait souvent absent du domicile conjugal pour raison de travail ou de voyage, dans le cadre professionnel. Il tenait beaucoup à cela* ». Tout s'est joué à partir de cette mise au point du marié et surtout de la compréhension de son épouse.

Dans le cycle de vie d'un couple, il y a souvent des situations difficiles. Le couple Aké-Assi n'y a pas échappé. Madame Aké-Assi explique : « *Il y a eu des difficultés. Mais, nos difficultés se réglaient très vite par nous-mêmes* ». Le règlement des difficultés au sein du couple se faisait donc par les conjoints eux-mêmes. Aujourd'hui, beaucoup de couples, lorsqu'ils sont face à des problèmes difficiles, s'orientent, presque de manière systématique vers des tierces personnes pour demander des conseils. Ces personnes extérieures peuvent être soit des parrains ou des marraines, soit des amis ou même des parents proches ou lointains. L'apport de ces personnes dans le règlement d'un problème dans un couple ne donne pas toujours des garanties. Dans bien de cas, en voulant compter sur autrui pour le règlement d'un problème entre conjoints, ceux-ci se sont retrouvés devant d'autres personnes dont l'apport devrait aider à le résoudre. Mais, souvent, ceux qui sont venus, en pompiers, pour éteindre le feu dans le couple, ont, plutôt, contribué, volontairement ou involontairement à aggraver la situation par manque de tact. On ne connait pas toujours l'intention réelle de la personne sollicitée pour résoudre le problème. C'est pour cette raison que l'exemple du couple Aké-Assi, à savoir régler leur problème de foyer par eux-mêmes, peut être jugé bon et digne d'être imité. En la matière, c'est certainement la meilleure manière. Quelles ont été les retombées de la renommée du savant sur la vie personnelle de son épouse ? Les retombées sont évidemment nombreuses. Elles sont, avant tout, d'ordre moral. Le parcours du savant et de l'époux, avec toutes les distinctions obtenues par lui, a, en effet, produit, chez elle, une immense satisfaction morale.

Madame Aké-Assi née Assy Delphine a été rappelée à Dieu le samedi 22 juin 2013 à l'Institut de Cardiologie d'Abidjan. Elle laissait ainsi seul le savant et ses six enfants inconsolables. La disparition de cette femme aux multiples qualités s'est produite alors même que le Professeur Aké-Assi Laurent était en mission d'enseignement en République du Gabon. La nouvelle du décès de son épouse ne lui avait été annoncée que quatre (4) jours plus tard, soit le mercredi 26 juin, à son arrivée à onze heures à Abidjan. Madame Aké-Assi née Assy Delphine a été inhumée le samedi 13 juillet 2013 dans la cour de la maison familiale à Ahouabo, département d'Adzopé. Professeur Aké-Assi Laurent avait demandé et obtenu une autorisation spéciale du Préfet d'Adzopé pour que l'inhumation de son épouse se fasse à cet endroit. Fidèle à lui-même, à sa philosophie de vie, Professeur Aké-Assi Laurent a organisé des obsèques simples à son épouse.

Paris – Le 4 juillet 1964

Aké-Assi et son épouse, lors de la célébration de leur mariage, signent les livres de mariage.

<u>Paris – Mairie du 5è Arrondissement- Le 4 juillet 1964</u>

Aké-Assi et son épouse Assy Delphine venaient de s'engager devant les hommes et devant Dieu, pour le meilleur et le pire.

Paris – Le 4 juillet 1964

Le couple Aké-Assi à la sortie de la salle de mariage, avec leurs invités, devant l'hôtel de ville du Cinquième arrondissement. Au 1er plan, les enfants Julien Yassi.

Dimension spirituelle de plus en plus affirmée

Travailler sur la nature, comme Aké-Assi Laurent l'a fait pendant des décennies, conduit au renforcement des relations humaines avec Dieu, le Créateur de tout ce qui existe. Le savant Aké-Assi est idéalement placé pour donner une opinion autre que celle que nous avons l'habitude d'entendre des autres hommes de science. Lorsqu'on rentre pour la première fois au Centre National de Floristique de l'Université de Cocody, en voyant tous ces arbres que l'on peut couper en guise de billes de bois, l'on se demande bien comment un homme a-t-il pu les planter, les arroser et les voir grandir ? C'est Dieu qui fait grandir ou croître.

Aké-Assi Laurent travaille tous les jours y compris les samedis et les dimanches. Cela a été dit et répété plusieurs fois. Il a toujours fonctionné ainsi. Le dimanche est le jour du sabbat dans la religion chrétienne. Cela veut dire que l'on ne devrait faire aucune œuvre ce jour-là. Aké-Assi Laurent ne s'est jamais préoccupé de cette vérité biblique. Mieux, il se prononce en des termes qui, au premier abord, peuvent surprendre : « *Si l'un des buts de l'église est d'apprendre à faire le bien, je n'ai pas besoin d'aller à l'église, puisque je le fais déjà* ». C'est généralement ce qu'il donnait comme réponse à tous ceux qui l'approchaient pour tenter de l'emmener vers une église. A vrai dire, Aké-Assi Laurent est un homme généreux. Il fait, en effet, régulièrement du bien à des personnes qui sont dans le besoin et qui viennent le solliciter. Ces personnes peuvent être des connaissances ou des gens anonymes. Il ne se pose pas des questions notamment sur les origines géographiques ou ethniques des personnes qui le sollicitent. Ce penchant du savant pour la libéralité est constamment ressorti des entretiens avec les personnes qui le connaissent. Pour le savant, à partir du moment où il donnait à ceux qui lui demandaient, il faisait l'œuvre de Dieu. C'était le raisonnement qu'il tenait devant les hommes et devant Dieu.

Professeur Aké-Assi Laurent n'allait donc pas à l'église. Pendant longtemps, il ne voulait même pas que l'on lui parle d'église. A ce sujet, il donne, lui-même, l'anecdote suivante : « *Je fréquentais le jeune frère de mon épouse. Il n'habitait pas loin de moi. La femme de ce dernier m'a demandé d'aller à l'église. Elle estimait que j'ai bénéficié de beaucoup de choses de la part de Dieu. Pour m'avoir dit et répété cela, à plusieurs occasions, j'ai mis fin à mes visites chez le couple. Je n'étais pas hostile à Dieu et à l'église. Mais j'étais hostile au temps que cela prenait* ». Professeur Aké-Assi Laurent n'allait certes pas à l'église, mais il encourageait ses filles à la fréquenter. Cela dénote qu'il avait une parfaite conscience de l'existence d'un Dieu Créateur. Au cours des dernières années, des appels se sont montrés plus pressants. Aké-Assi Laurent se souvient : « *Il y a 2 ou 3 ans, j'ai rencontré une dame. Le matin, je suis sorti de chez moi. Je partais prendre la voiture dans le parking en face de la maison. Elle m'avait dépassé. Mais, elle était revenue sur ses pas pour me poser la question suivante : « C'est vous professeur Aké-Assi? ». « J'ai répondu par l'affirmative ». Elle m'a encore demandé*: « *Où allez-vous ?* ». *Je lui ai répondu* : « *Je m'en vais au travail* ». Professeur Aké-Assi renchérit : « *Sur ce, la dame s'est présentée et a indiqué qu'elle a été mon étudiante à l'université de Cocody et qu'elle est professeur de sciences naturelles dans le secondaire*». Elle a poursuivi son intervention pour dire : « *A la fin de mes études, j'ai été affectée à l'intérieur du pays. Maintenant, je tends vers la retraite et je suis réaffectée à Abidjan. Tous mes collègues, lorsqu'ils sont affectés à Abidjan, ne trouvent des logements qu'à Yopougon ou Abobo ou encore Bingerville. Mais, moi, j'ai trouvé une maison ici à Cocody. Je suis chrétienne, pratiquante et je crois que c'est Dieu qui m'a trouvé le logement ici. Vous êtes âgé. Ceux qui ont votre âge ne peuvent plus marcher et vous, vous êtes encore solide. C'est grâce à Dieu, qui vous aime. Vous devez aller à l'église* ». Aké-Assi Laurent a répondu à la dame : « *Je vais au travail le dimanche ; le bon Dieu sait ce que je vais faire* ». Professeur Aké-Assi poursuit : « *A la suite de mon intervention, la jeune dame a persisté pour me demander où j'habite. Je lui ai répondu que j'habite juste en face. Sur ce, on s'est séparé* ».

Le soir, selon Professeur Aké-Assi Laurent, la même dame était revenue à la maison, chez lui. Elle l'a trouvé en famille. Elle a parlé de Jésus Christ et après, elle est ressortie. Professeur Aké-Assi Laurent indique qu'il n'a plus jamais revu cette dame jusqu'au jour de notre entretien. Parce que malheureusement, il n'avait pas pris son contact.

Toujours est-il que Professeur Aké-Assi Laurent avait fait le constat suivant : « *Après cette rencontre, les jours suivants, lorsque je vais quelque part, on me parle de Dieu*». Il poursuit : « *Une autre fois, j'étais en face de la faculté des sciences économiques, à l'université de Cocody. J'y rencontre un homme qui s'adresse à moi en ces termes : « Dieu vous aime. J'enseigne ici. Vos collègues, qui ont le même âge que vous, ne viennent plus ici, parce qu'ils ne sont plus en mesure de travailler du fait de leur âge avancé. Certainement que vous avez reçu une grâce particulière de Dieu* ». Professeur Aké-Assi se souvient encore : « *Ce genre de situation s'est répété plusieurs fois. J'ai commencé à raconter ces choses à plusieurs personnes. On m'a répondu que c'est Jésus Christ qui est apparu à chaque fois. J'ai pris peur. J'ai cherché vainement la première dame. Au fil du temps, j'ai commencé à prendre conscience que Dieu m'appelle* ».

Le savant Aké-Assi Laurent reconnait avoir connu, comme tout être humain, des moments difficiles. Mais, il pense avoir, à plusieurs reprises, bénéficié de la bienheureuse main de Dieu lorsqu'il affirme : « *Il m'est arrivé de manquer d'argent. Mais, il se produit toujours ''quelque chose'' qui me permet d'en avoir dans les heures ou les jours qui suivent* ».

Les appels étaient devenus de plus en plus pressants à l'endroit du savant. Il n'avait donc pas pu résister longtemps. Finalement, il a décidé d'aller à l'église. Le problème que le savant Aké-Assi a eu, c'est qu'il ne pouvait pas abandonner son travail en vue de consacrer quelques moments à Dieu. Il avait accordé la priorité à son travail, au détriment de l'œuvre de Dieu comme le font la plupart des chercheurs.

Au sujet de la foi chrétienne naissante de professeur Aké-Assi Laurent, Mao Nguessan Ernest révèle : « *Aké était venu me voir un jour pour m'annoncer que tous les matins il va à l'église avant de se rendre au travail* ». Dans le langage d'Aké-Assi Laurent, la place de Dieu prend de l'importance. De plus en plus conscient de ce que Dieu a eu une grande part dans la conduite de sa vie, de sa carrière professionnelle et de sa famille, Aké-Assi Laurent confesse: « *J'étais tout le temps parti. Mais, dans cette situation, mes enfants ont réussi. Je ne peux pas dire qu'il n'y pas eu la main de Dieu dedans*». Dieu est patient. Ce sont les hommes qui sont pressés. Aujourd'hui, dès que certains « *évangélistes*» ou « *experts* » en évangélisation rencontrent quelqu'un pour la première fois, ils veulent que ce dernier s'engage tout de suite dans le Seigneur. C'est une erreur qu'ils commettent. Une personne peut recevoir l'évangile, mais la prise de la décision d'engagement ne se fait pas automatiquement. C'est le temps, l'autre nom de Dieu, qui fait le reste. Ainsi, depuis l'année 2008, Professeur

Aké-Assi Laurent a, en effet, décidé d'aller à l'église. Il fréquente actuellement l'église catholique Saint Jean de Cocody. Il a choisi l'église catholique parce que ses parents étaient catholiques. Il va à la messe en semaine, de lundi à samedi, de 06h30 à 07 heures.

Le dimanche, il se rend à l'Université pour travailler jusqu'au soir après une pause entre midi et quatorze heures pour le déjeuner. Dans la semaine, il estime nécessaire de prendre part au culte matinal qui débute à six heures et qui offre l'avantage, selon lui, de durer moins, par rapport au culte dominical, généralement plus long.

Aké-Assi Laurent est certainement engagé dans une belle course contre la montre avec le Créateur. Il lui a donné beaucoup de talents. Il a travaillé pour répondre à sa soif de connaissance scientifique et à celle de la société humaine. Il a achevé le travail physique que Dieu lui a permis de réaliser, même si le chercheur ne finit jamais de travailler. Maintenant qui sait si l'Eternel Dieu veut lui confier d'autres responsabilités à assumer notamment dans le domaine de la connaissance spirituelle en faveur des hommes ? Si tel devrait être le cas, cela pourrait être perçu comme une sollicitation du Créateur qui veut amener Aké-Assi Laurent à exploiter ses immenses talents pour l'avancement de son œuvre sur la terre. Aké-Assi Laurent aurait ainsi parachevé son extraordinaire parcours scientifique à la Gloire de Dieu. Rien, absolument rien n'est impossible à Dieu. Cela donnerait un écho encore plus retentissant à l'œuvre physique accomplie par le scientifique ou le génie sur la terre des hommes.

La cérémonie de bénédiction de la maison familiale construite dans le village d'Ahouabo, Sous-Préfecture d'Adzopé, organisée le samedi 01 décembre 2012, constitue certainement l'une des formes les plus évidentes de l'affirmation de la dimension spirituelle du savant ivoirien. Cette cérémonie, sobre mais riche en émotions, a été officiée par l'Abbé Maxime Dogbo du Petit Séminaire de Bingerville, en présence de parents, des gendres et d'amis.

Professeur Aké-Assi Laurent a acheté un terrain d'une superficie d'environ 800 mètres carrés, dans le village d'Ahouabo, au quartier ''Toit Rouge''. Sur ce terrain, il a bâti, progressivement, sa maison. Il nous faut rappeler qu'Ahouabo est le village natal du père de Professeur Aké-Assi Laurent.

La maison, une villa basse, comporte un salon et quatre (4) chambres dont une principale et les sanitaires. Elle comporte également des dépendances et leurs toilettes. La maison est d'un style très simple, tant dans sa conception que dans sa réalisation. Tout cela reflète parfaitement toute la philosophie de vie de Professeur Aké-Assi Laurent, caractérisée par une extrême simplicité. La maison comporte également une grande cuisine et un garage couvert, de deux places. Cette maison est agréable à vivre en raison de la bonne circulation de l'air dans les différents compartiments. Enfin, elle est attractive en raison de la qualité de l'aménagement paysager de la cour, avec notamment des passages en béton reliant les différentes parties de la cour et du gazon, le tout réalisé avec un grand art.

Professeur Aké-Assi Laurent entend couronner le tout par la plantation de quelques arbres (bien choisis) à certains endroits de la cour. Plongée dans la verdure, cette maison familiale sera un bel exemple d'éco-construction à Ahouabo, en ce sens qu'elle allie écologie, construction, éclairage naturel et art d'habiter.

CHAPITRE 15
INSTRUCTION ET EDUCATION DE SES ENFANTS

Comment le chercheur a-t-il pu concilier vie familiale et vie professionnelle pour donner cette bonne éducation à ses enfants qui ont connu une réussite au niveau de leurs études universitaires ? C'est la question que pratiquement tous les admirateurs de la famille Aké-Assi Laurent se posent. Partant des difficultés qu'il a connues pendant son enfance, du fait des conditions modestes de ses parents, Aké-Assi Laurent voulait-il se venger de sa situation personnelle ? Dans tous les cas, il n'a pas lésiné sur les moyens pour offrir une bonne instruction et une éducation solide à ses enfants.

Rigueur et sévérité dans l'éducation donnée aux enfants

Aké-Assi Laurent est né le 10 Août 1931 à Agboville, Côte d'Ivoire. Il est le fils aîné d'une famille de cinq enfants dont trois (3) garçons et deux (2) filles. En janvier 2012, il n'est plus que le seul encore en vie. Son jeune frère, Aké-Adjé Joseph, Inspecteur de l'Enseignement Primaire, de classe principale, est décédé en novembre 2011. La famille Aké-Assi pratique la religion catholique. La vie sociale, familiale et professionnelle d'Aké-Assi Laurent est considérée comme un modèle de réussite.

Le père, Aké Angui, illettré certes mais parlant la langue française, exerçait comme garde forestier à Agboville. Il convient d'ajouter qu'il était collaborateur du professeur Aubréville et voulait que son fils Aké-Assi Laurent soit éduqué dans les champs et les forêts afin de pérenniser les connaissances empiriques et réelles acquises sur les plantes. Aké Angui est originaire du village d'Ahouabo, sous-préfecture d'Adzopé.

La mère d'Aké-Assi Laurent, Ikpé Amoin, également illettrée, était ménagère. Elle est originaire du village de Bacon, sous-préfecture d'Akoupé.

La famille Aké Angui était plutôt modeste et la vie n'était pas facile pour ses membres. Elle n'était pas en mesure d'offrir aux enfants toutes les commodités de la vie, à commencer par la nourriture aux enfants scolarisés. Depuis l'âge de deux ans, le gamin Aké-Assi Laurent était resté à Gboto jusqu'à sept ans. Le campement de Gboto est situé entre le pays Akyé et le pays Abbey. En 1940, le jeune Aké-Assi Laurent était parti de Gboto pour Ahouabo, le village de son père, en vue d'y fréquenter l'école catholique. Ahouabo est un village de la Sous/Préfecture d'Adzopé, le troisième village à partir d'Adzopé, sur la route d'Abengourou, à environ 20 km d'Adzopé.

Une année plus tard, il retourne à Agboville où il fréquente l'Ecole Régionale d'Agboville, de 1941 à 1943. En 1943, six (6) mois après le début de l'année, il quitte l'école, en raison essentiellement des difficultés à s'alimenter et à s'habiller. Comme beaucoup d'autres camarades écoliers de l'époque, il avait, en effet, du mal à trouver à manger du matin jusqu'au soir. C'est, en effet, aux environs de 18 h 30, une fois revenu de l'école, qu'il avait droit à un maigre repas servi, du reste, à une dizaine d'enfants de la cour.

Ces difficultés vont précipiter son départ d'Agboville pour le campement où, selon lui, « *il y avait à manger en abondance* ». Il en avait marre de souffrir de cette manière. Professeur Aké-Assi Laurent ajoute : « *Surtout, je ne savais pas ce qu'allait m'apporter l'école. En plus, les travaux champêtres à l'école, c'étaient des travaux forcés comme dans les villages à l'époque. Pour moi, c'était mieux d'être à Gboto* ».

Professeur Aké-Assi Laurent a donné une bonne éducation à ses enfants avec les résultats dont tous les amis et les connaissances de la famille parlent avec joie et fierté. Cette éducation s'est faite dans une extrême rigueur. L'on se demande comment le professeur Aké-Assi a procédé pour y parvenir.

La question a été posée aux cinq (5) enfants résidant à Abidjan afin de savoir si papa Aké-Assi avait établi des règles de conduite que chaque enfant devrait suivre, d'une manière scrupuleuse. On a pu, en effet, pensé à une sorte de « *règlement intérieur* » familial auquel chaque enfant devrait se conformer. Docteur Aké-Assi Amoin Yolande répond à la question: « *Il n'y avait pas de règles établies ni verbales ni écrites pour guider nos pas à la maison. La personnalité même de papa suffisait, à elle seule, pour nous discipliner. Ainsi, puisque nous avions peur de lui, nous ne pouvions pas aller jouer jusqu'au-delà d'une certaine distance. Les jours de repos notamment le jeudi ou le dimanche, si on est parti jouer, il nous fallait absolument rentrer à la maison avant 17 heures. Papa nous a également privés de télévision pendant des années, quand bien même un poste téléviseur avait été acheté par maman et était posé au salon. Sur ce point, papa avait eu quelques frictions avec maman. Autrement dit, on ne regardait pas la télévision à la maison. On ne parlait pas d'argent non plus. C'est vrai, pour aller à l'école ou à l'église, il nous donnait quelques pièces d'argent. Mais, c'est réellement à partir de la classe de troisième que papa nous donnait de l'argent de poche, par exemple, 3000 ou 5000 francs CFA selon l'âge de chacun d'entre nous*».

A partir de ces quelques mots d'Aké-Assi Amoin Yolande, l'on a une idée de ce que professeur Aké-Assi Laurent voulait donner comme éducation à ses enfants. La réussite scolaire et universitaire des filles de la famille Aké-Assi est la résultante de la qualité de l'éducation que leur ont offerte les parents. Autrement dit, les parents ont donné l'éducation aux enfants et l'école s'est chargée de les instruire. Les deux institutions que sont la famille et l'école ont contribué à la formation citoyenne, équilibrée et solide des enfants Aké-Assi.

Professeur Aké-Assi n'hésitait donc pas à gronder les enfants quand leurs résultats scolaires ne sont pas conformes à ceux auxquels il s'attend. Aké-Assi Amoin Yolande se souvient : « *J'étais en classe de Cours Elémentaires deuxième année (CE2). J'avais été la première de ma classe lors des trois premières compositions. Un jour, c'était un samedi. J'étais revenue de l'école avec mon relevé de notes. J'ai été classé sixième. Lorsque je lui ai présenté mon relevé de notes, il était rentré dans une grande colère, en raison de mon rang. Il m'a copieusement sermonnée* ».

Il faut noter que les réussites scolaires des enfants de Professeur Aké-Assi Laurent lui procuraient une très grande joie. Aké-Assi Evelyne se souvient : « *Au lycée Sainte Marie, en 1984, j'avais été la seule de ma classe à avoir eu le baccalauréat C sur ''coup'' comme on disait à l'époque. Lorsque je lui avais donné mon résultat, il n'était pas sûr. Il était donc allé au lycée pour vérifier et s'assurer que je ne mentais pas. Il était revenu à la maison, quelques temps après, tout en joie* ».

Quand on aborde des questions qui se posent à la société moderne ivoirienne, un grand nombre de citoyens indexent facilement et tout de suite, l'Etat et ses démembrements. Ce sont eux qui sont les seuls responsables de leurs déboires. Ils n'ont jamais eu de responsabilité à assumer, eux-mêmes, face à ces questions. Par rapport à la télévision publique ivoirienne, par exemple, on voit que professeur Aké-Assi Laurent a bien voulu préserver ses enfants des effets négatifs des programmes qui y ont été diffusés pendant des décennies. Il a donc pris la décision d'empêcher ses enfants de s'accrocher à ces programmes. On note toutefois que lorsque professeur Aké-Assi Laurent a pris la décision d'interdire à ses enfants de suivre les programmes de la télévision ivoirienne, il n'en avait pas, à l'époque, expliqué les raisons de son choix. Pendant les absences de professeur Aké-Assi Laurent, les enfants se disaient « *quelque peu soulagés de la rigueur paternelle* ».

La rigueur que le professeur a imprimée à l'éducation de ses enfants a permis à ces derniers, notamment les filles d'atteindre un niveau d'instruction relativement élevé. Mais, au moment où cette rigueur battait son plein, les enfants n'avaient certainement pas compris que c'était dans leur propre intérêt que tout était organisé. En fait, un enfant comprend-il vraiment le sens de la rigueur de l'éducation que lui donnent les parents ? Le statut d'enfant ne permet pas toujours de comprendre cela. Généralement, c'est quand les enfants deviennent des adultes qu'ils se rendent compte de l'importance accordée à la rigueur par les parents dans l'éducation qui leur a été proposée. C'est vrai, il y a des enfants naturellement doués, exceptionnels qui comprennent vite le bienfondé des actions d'éducation proposées par leurs parents.

Un grand nombre de citoyens estiment que la déliquescence actuelle de notre société en termes de dépravation des mœurs est imputable à la démission des parents, à la faillite de notre système éducatif ou encore à la télévision publique qui ont fait, d'une manière ou d'une autre, la promotion de la médiocrité et de la recherche du gain facile. Mais, combien d'entre eux, notamment les parents, sont-ils en mesure de prendre des décisions courageuses et douloureuses pour leurs enfants, au départ, mais qui peuvent se révéler, en définitive, salvatrices pour eux. Pour Aké-Assi Laurent, la fin recherchée justifie pleinement les moyens déployés.

Aké-Assi Laurent est un père jugé sévère par tous les enfants que nous avons rencontrés. Pour autant, il n'était pas méchant. Les filles ont voulu faire la distinction. Tout ce qu'il faisait, il voulait que cela serve effectivement à la réussite de ses enfants. Au sujet de ses qualités, les enfants ont mentionné sa grande générosité. Par exemple, il donne toujours de l'argent à quiconque lui en demande et selon la disponibilité. Il ne peut pas laisser partir son prochain qui lui demande de l'argent, alors qu'il en dispose un peu dans sa poche. On peut dire qu'il était déjà au cœur de l'évangile de la libéralité avant même sa conversion au christianisme.

Professeur Aké-Assi Laurent attribue sa réussite professionnelle, d'abord à lui-même, à sa volonté farouche de connaître et surtout d'aller au-delà de l'ordinaire. Ensuite, il cite son épouse « *qui l'a toujours compris* ». La contribution indirecte des enfants Aké-Assi a été également déterminante. Cette contribution s'explique, selon Professeur Aké-Assi Laurent, par le fait que : « *Nos enfants ont toujours été sages et correctes. Aucune de nos filles n'a jamais découché avant son mariage. Tout le monde mange et dort à la maison. Cela m'a permis d'avoir un bon moral. Dans le quartier où nous vivons, tout le monde me cite en exemple ; tout le monde cite nos enfants en exemple* ».

Professeur Aké-Assi Laurent voulait que ses enfants vivent dans de bonnes conditions y compris environnementales. C'était une obsession pour lui. A ce sujet, Dr Aké-Assi Marie-Hélène nous donne les informations suivantes : « *Après le baccalauréat, j'ai eu une chambre à la cité universitaire de Cocody. Ce ne fut pas facile pour moi de quitter la maison familiale pour rejoindre la cité. Papa a visité la chambre. Il a trouvé qu'elle n'était pas propre. Il a fait repeindre la chambre. Il y a mis du gerflexe. Il voulait que tous les samedis je rentre à la maison. Même après mon mariage, ce ne fut pas facile de quitter la maison familiale pour rejoindre celle de mon mari* ».

Professeur Aké-Assi Laurent exerçait une surveillance étroite sur ses filles. Dr Aké-Assi Marie-Hélène nous apprend ceci : « *Certains habitants de notre quartier ont eu à surnommer notre maison de ''Chien Méchant'', alors qu'il n'y a jamais eu de chiens à la maison* ». L'écriteau ''*Chien Méchant*'' est généralement porté sur le mur ou la porte d'une maison pour annoncer la présence d'un ou des chiens méchants. Il a pour but de dissuader tout individu indésirable qui serait tenté d'y pénétrer. Une famille dans laquelle il y a des jeunes filles peut décider d'apposer l'écriteau ''*Chien Méchant*'' à l'entrée de sa maison pour dissuader les éventuels « *prétendants* » de s'approcher d'elles. Mais, en ce qui concerne la famille

Aké-Assi, c'est la sévérité de papa Aké-Assi qui a conduit certains habitants du quartier à qualifier sa maison de "*Chien Méchant*", alors que dans la réalité, elle (famille) n'a jamais possédé de chiens. Les garçons du quartier ne pouvaient rentrer facilement dans la maison des Aké-Assi en vue d'avoir des contacts avec les filles.

Professeur Aké-Assi n'a jamais relâché la surveillance sur ces filles. Même lorsque quelques unes d'entre elles se sont retrouvées en cité universitaire. Dr Aké-Assi Marie-Hélène se souvient de l'anecdote suivante : « *Un jour, dans l'après-midi, j'étais allé au cinéma à l'Hôtel Ivoire avec mon camarade Konan Kouakou Claude qui allait devenir mon futur mari. A notre sortie de la salle de cinéma, nous avions emprunté un taxi compteur. Dès que le taxi s'est garé et qu'on sortait, papa nous avait déjà vus, parce qu'il était arrivé là en même temps que nous. Nous nous sommes retrouvés presque nez à nez avec lui. Il était descendu de son véhicule pour me demander où j'étais allée. Je lui ai répondu que nous étions allés au cinéma. Papa n'était pas content. Il était réparti. Il m'avait boudé pendant un certain temps*».

Aké-Assi Laurent a eu sept (7) enfants dont un garçon et six (6) filles. A l'exception du garçon, les filles ont eu un très bon niveau d'instruction. Les sept (7) enfants de la famille Aké-Assi Laurent sont dans l'ordre de leur naissance : Aké-Assi Anne (1963 à Paris, née de la première épouse) ; Aké-Assi Michel (1965), Militaire en France ; Aké-Assi Amoin Yolande (1966) ; Aké-Assi Evelyne (1967) ; Aké-Assi Emma (1969) ; Aké-Assi Marie-Hélène (1971) ; AKE-ASSI Larissa (1976).

Aké-Assi Laurent a une influence considérable sur ses enfants. Au sujet du comportement de ses filles par rapport à la sexualité, elles n'ont pas connu les déboires de la plupart des filles de leur génération. Alors que nombre de jeunes filles, de leur époque, ont, en effet, vu leur carrière scolaire et universitaire perturbée ou stoppée, les filles d'Aké-Assi ont connu un parcours exemplaire. A écouter les parents, on comprend qu'elles n'ont pas vécu dans le désordre. Elles se sont préservées. « *Elles n'avaient jamais découché* » comme aime le dire le savant Aké-Assi, avec un brin de fierté à peine voilé. Mais, curieusement, il n'y avait pas eu un accent tout particulier porté, par exemple, sur l'éducation sexuelle des enfants. En réalité, le comportement d'Aké-Assi Laurent, lui-même, n'avait laissé entrevoir aucune faille dans sa vie sexuelle. Autrement dit, il n'avait pas vécu, lui-même, dans le désordre sexuel. Par son propre exemple qu'il constitue, il a pu profondément influencer ses enfants notamment ses filles. Tout s'est passé comme s'il avait donné indirectement l'éducation sexuelle à ses filles, à partir de l'exemple de vie rangée qu'il menait. Cela montre, une fois de plus, que les discours, en matière de sensibilisation, ne valent pas mieux que l'exemple. Car, dans de nombreuses familles, les parents donnent des conseils multiples à leurs enfants en vue de les discipliner, sur le plan sexuel. Mais, la plupart des parents pêchent par leur propre incapacité à donner, eux-mêmes, l'exemple. C'est là où se trouve l'une des origines des problèmes auxquels les enfants font face en matière d'éducation sexuelle.

En bon père de famille, professeur Aké-Assi Laurent voulait un développement maximum de ses enfants. Ce n'était pas une simple déclaration d'intention. Cela s'est, en effet, traduit par la réussite de ses enfants. Aké-Assi n'a pas l'intention de s'arrêter là. Il veut, en effet, faire profiter son expérience en matière d'éducation à ses petits-enfants, auxquels il est profondément attaché. Il manifeste, en effet, la même rigueur face aux petits-enfants lorsque ceux-ci viennent lui rendre visite. Il veut que les petits-enfants se conforment aux règles de la maison.

Lors de l'une de mes visites chez les Aké-Assi, j'ai rencontré un petit-fils qui voulait qu'on mette en marche le poste téléviseur. C'était difficile d'accéder à la requête de l'enfant, parce que professeur Aké-Assi était assis au salon, en train de travailler. La tante du petit enfant a dû lui conter une histoire. Elle lui avait dit (menti) que si on mettait en marche le poste téléviseur, un très gros serpent en sortirait. L'enfant a pris vraiment peur et n'avait plus parlé de téléviseur jusqu'à mon départ de chez les Aké-Assi.

Professeur Aké-Assi Laurent est, aujourd'hui, très attaché à ses petits-enfants. Aussi, à la fin de l'année, prépare-t-il des cadeaux et une enveloppe contenant de l'argent à chacun de ses petits-enfants. Le contenu de chaque enveloppe est déterminé selon l'âge de chaque petit-enfant. De même, à chaque anniversaire d'un petit-enfant, s'il est informé, il prépare toujours une petite enveloppe. Professeur AKE-ASSI Laurent va plus loin. Dès la naissance d'un petit-enfant, il va ouvrir un compte bancaire au nom de ce dernier avec une somme initiale de cinquante mille francs CFA. Les parents du petit ou de la petite sont ensuite chargés d'alimenter ledit compte. C'est un acte d'une grande importance sociale, posé par le professeur. Cela montre tout simplement que le savant se soucie fortement de l'avenir de chacun de ses petits-enfants. Pour un grand-père, l'avenir d'un petit-enfant passe par la qualité de l'instruction qu'il peut recevoir. Une instruction de qualité coûte cher aujourd'hui ; elle coûtera, selon toute vraisemblance, encore plus cher, demain. Ouvrir un compte bancaire au nom d'un bébé, c'est, de l'avis de professeur Aké-Assi, une manière de préparer dès l'enfance les conditions de son entrée dans le système scolaire.

Aujourd'hui, professeur Aké-Assi Laurent ne sait pas encore si ses propres enfants pourront atteindre le niveau de compétence et de professionnalisme qu'il a eu. Il pense avoir réalisé ce qui était humainement possible de faire. Quant au reste, cela ne relève pas de sa compétence, mais de Dieu. Il aura eu le mérite de poser les fondements de l'émergence d'une famille solide, exemplaire dont la société ivoirienne parlera certainement dans les années, décennies ou siècles à venir. Il a tracé les sillons intellectuels pour plusieurs générations.

Exigence de qualité à tout prix pour ses enfants

La qualité de l'éducation donnée par professeur Aké-Assi Laurent à ses enfants ajoute à son œuvre une dimension sociale exemplaire, en tout cas admirée par toutes les personnes qui le connaissent, qui connaissent sa famille. Il a permis à ses enfants d'avoir un bon niveau d'instruction.

Professeur Aké-Assi Laurent ne s'est pas contenté de l'instruction acquise par ses enfants à l'école ou encore de l'éducation que son épouse et lui ont donnée à leurs enfants. Il était allé bien au-delà. Il a renforcé l'instruction et l'éducation de ses enfants. Il a eu, par exemple, à organiser, plusieurs fois, et sur fonds propres, des voyages à l'étranger, à l'intention de ses enfants. Ces voyages étaient organisés pendant les vacances scolaires et universitaires. Ils duraient en moyenne un mois. Les pays visités par les enfants étaient, pour la sous-région, le Bénin, le Burkina Faso et le Togo. Pour l'Europe, la France et l'Angleterre avaient accueilli certains enfants Aké-Assi notamment Evelyne et Marie-Hélène. Quant à Aké-Assi Yolande, outre le Bénin et le Burkina Faso, elle était allée en France dans le cadre d'une bourse d'étude institutionnelle. Les voyages offerts aux enfants avaient pour but de leur permettre, entre autres, de connaître les environnements physiques, économiques ou socioculturels des peuples visités. Cette ouverture des enfants Aké-Assi sur le monde extérieur a été très enrichissante. Les séjours en Angleterre, en particulier, avaient, évidemment, pour but de leur permettre d'améliorer le niveau de leurs connaissances en langue anglaise. Tous les observateurs vantent le mérite des voyages notamment en termes de formation. Et, ce qu'un voyage permet à un être humain de voir ou de savoir ne se trouve pas dans un livre, ou s'y trouve exceptionnellement. Professeur Aké-Assi Laurent a consenti tous ces efforts financiers pour renforcer la formation de ses enfants. C'est tout simplement exceptionnel.

A cette instruction, Professeur Aké-Assi Laurent a ajouté la formation à la vie, certainement la plus complexe, celle qui ne s'acquiert pas sur les bancs d'une salle de classe ou d'un amphithéâtre. L'importance de l'école de la vie n'est plus à démontrer. Elle ne peut être négligée si l'on ne veut pas voir ses progénitures sombrer dans la société. Aujourd'hui, lorsque l'on parle d'éducation, on voit que certains parents, notamment parmi les intellectuels, sont embarrassés, parce qu'ils n'ont pas toujours su donner, d'abord, une bonne instruction, et, ensuite, une bonne éducation à leurs enfants et une bonne formation à l'école de la vie. L'absence ou l'insuffisance de cette triple formation a conduit nombre d'enfants, de toutes les catégories sociales, à des déboires durant leur cycle de vie.

Au sujet des problèmes rencontrés par les jeunes filles, notamment la dépravation des mœurs dans notre société moderne, l'on peut dire que celles de la famille Aké-Assi ont été préparées. Des collégiennes, des lycéennes et des étudiantes sont aujourd'hui très impliquées dans des activités mondaines ou ludiques, souvent au détriment de leurs études. La plupart des jeunes filles scolarisées, adolescentes ou à peine sorties de l'adolescence, cherchent à faire ce que les femmes salariées font avec leur argent, notamment en matière d'habillement. Elles le font en vue de séduire des garçons. Aké-Assi Amoin Yolande donne cette anecdote : « *J'ai eu une chambre à la cité universitaire de Mermoz. J'y ai passé une seule nuit. Je suis retournée chez mes parents dès le deuxième jour. Les conditions de vie ne m'ont pas plu, en raison notamment de la promiscuité qui y règne* ». En réalité, la plupart des filles de la famille Aké-Assi ne se sont pas plu dans une cité universitaire. Celles qui ont eu des chambres dans une cité universitaire n'y ont pas passé plus d'un jour, à l'exception d'Aké-Assi Evelyne qui a étudié l'électronique à l'Institut National Supérieur de l'Enseignement Technique (INSET) de Yamoussoukro. Elles affirment ne pas aimer l'ambiance qui règne dans les chambres des cités universitaires. Elles sont revenues, dare-dare, à la maison parentale. Elles estimaient qu'elles ne se « *retrouvaient pas dans une chambre d'une cité universitaire, là où la plupart des étudiantes se sentent parfaitement à l'aise* ».

Traditionnellement, la cité universitaire constitue, pour les filles comme pour les garçons, un moyen privilégié d'échapper à la rigueur des parents et de disposer d'une certaine marge de manœuvre, en termes de liberté. En matière de sexualité, il faut indiquer que les filles d'Aké-Assi Laurent étant très pratiquantes, elles sont restées attachées à ce que l'évangile enseigne. L'environnement familial dans lequel elles ont été éduquées les a préservées. En tous cas, elles ont su mesurer leur pas, pour tout ce qui concerne le sexe.

Sur la question de la dépravation des mœurs dans la société ivoirienne, les filles d'Aké-Assi indiquent qu'elles n'ont pas reçu de directives particulières de leurs parents. Elles ont pris conscience toutes seules de l'importance de se préserver. Elles n'ont pas vécu dans le désordre, jusqu'à leur mariage. Papa Aké-Assi faisait tout pour éloigner ses filles du besoin d'argent. Autrement dit, il ne les a pas habituées à l'argent. En fait, il n'aimait pas donner de l'argent à ses filles afin de ne pas leur permettre de réaliser des extras. Ce sont les extras qui posent, en effet, des problèmes aux filles, et, par ricochet, à leurs parents. Aké-Assi Evelyne affirme : « *C'est à la rentrée des classes que papa remettait de l'argent à chacun d'entre nous quand les professeurs donnaient la liste des fournitures scolaires. C'était juste pour l'achat de ces fournitures. Même là encore, papa ne voulait pas que ses enfants achètent, par exemple, des stylos sophistiqués et donc plus chers*».

Aké-Assi Laurent veillait sur tous les détails, sur tout ce que les filles faisaient. Aké-Assi Evelyne renchérit : « *Même pour manger des schwingums, on se cachait pour les acheter avec nos pièces de 5 ou de 10 francs CFA* ». Au sujet de l'argent qu'il donnait à ses filles, Papa Aké-Assi indique : « *Elles ne manquaient pas d'argent pour assurer le minimum. En plus, elles géraient correctement ce qu'elles recevaient* ».

Mao Nguessan voit, dans le succès de l'éducation des enfants de son ami, qu'un véritable miracle a été opéré par Dieu. Il pense très fort qu'il y a eu « *la main de Dieu* ».

<u>Tableau récapitulatif du niveau d'instruction et fonction des enfants AKE-ASSI</u>

Année de naissance	Nom et prénoms	Bacca-Lauréat	Diplôme le plus élevé	Fonction actuelle
1963	Aké-Assi Anne	Série A	Maîtrise d'anglais	Travaille à la Sécurité Sociale en France
1965	Aké-Assi Michel	Aucun diplôme	Echec au BEPC	Militaire dans l'armée française, en France
1966	Aké-Assi Amoin Yolande	Série D	Doctorat en médecine vétérinaire	Chef de Laboratoire à LANADA
1967	Aké-Assi Evelyne	Série C	Diplôme d'ingénieur électronicienne (INSET)[87]	Directrice Logistique de la Sodeci
1969	Aké-Assi Emma	Série D	Doctorat en botanique	Enseignante et Chercheuse au CNF[88]
1971	Aké-Assi Marie-Hélène	Série D	Doctorat en médecine (Pédiatrie)	Centre Hospitalier Universitaire (CHU) de Yopougon
1976	Aké-Assi Larissa	Série D	BTS/Pigier en Comptabilité/Finance DESS/Comptabilité	Cadre financier au Service Budget du Port Autonome d'Abidjan (PAA)

[87] INSET : Institut National Supérieur de l'Enseignement Technique, l'une des grandes écoles de l'Institut National Polytechnique Houphouët-Boigny de Yamoussoukro (INPHP).
[88] CNF : Centre National de Floristique, Université de Cocody.

L'observation de ce tableau donne une idée de ce que les enfants Aké-Assi ont su tirer leur épingle du jeu pour se retrouver à un niveau honorable de l'échelle sociale. Cela est arrivé avec la rigueur dont a fait preuve papa Aké-Assi à l'égard de ses filles quand elles étaient sur les bancs de l'école. Aké-Assi Evelyne se souvient : « *A l'issue des compositions, j'avais été classée, première puis cinquième et sixième. Lorsque je suis revenue de l'école, papa m'a proprement sermonnée à cause de mon rang qui n'était pas,* selon lui, *conforme à mes possibilités*». En sermonnant sa fille, professeur Aké-Assi Laurent, farouche partisan de l'excellence, voulait qu'elle se maintienne toujours parmi les meilleurs. C'était une exigence que les enfants devraient respecter.

Avec la famille Aké-Assi, on est aujourd'hui tenté de penser que c'est une dynastie qui est née. Mais, au-delà de tout ce que l'on peut donner comme qualificatif à cette famille, on reste fasciné, face au succès exceptionnel en ce qui concerne l'éducation donnée aux enfants. De ce point de vue, le chercheur a vécu une vie pleine, admirable.

Ils sont combien d'intellectuels en Côte d'Ivoire à avoir réussi à donner une éducation si consistante à leurs enfants ? Aké-Assi Laurent prend le repas avec son épouse et ses enfants aux heures de repas. Il s'efforçait d'être toujours présent aux heures de repas, quand il est en Côte d'Ivoire. La prise du repas par les membres de la famille en commun est un acte d'une importance cruciale. Cet acte du professeur a participé fondamentalement à la consolidation de sa famille. Au cours des repas, les parents décèlent les qualités et les défauts de chaque enfant. A partir de là, ils peuvent apporter les correctifs nécessaires pour leur permettre de s'améliorer.

La question qui se pose, c'est de savoir comment le chercheur a-t-il fait pour donner une telle instruction à ses enfants. On peut rappeler que le chercheur a donné la chance à ses filles de fréquenter de bonnes écoles. L'école privée, le « *Nid* » de Cocody, considérée comme l'un des tout meilleurs établissements d'enseignement maternels et primaires d'Abidjan, a accueilli les enfants de Professeur Aké-Assi. En passant par cette école d'excellence, ils ont pu acquérir une bonne base. Cela a fortement facilité ultérieurement leur parcours scolaire et universitaire. Seul Aké-Assi Michel, le garçon, a connu un parcours plus difficile, avec deux échecs au Brevet d'Etudes du Premier Cycle (BEPC).

En vue de donner une bonne instruction à leurs enfants, Aké-Assi Laurent et son épouse se sont privés de beaucoup de choses. Aké-Assi est plus explicite : « *Pour mieux éduquer les enfants, il faut s'ignorer soi-même. Autrement dit, il faut mettre son dévolu sur leur éducation au détriment de la satisfaction de ses besoins matériels propres*».

En dehors de ses deux amis fidèles que sont Mao Nguessan et Allé Monné, Aké-Assi Laurent n'a pas d'autres fréquentations. Cela est contraire à ce que l'on a toujours constaté, en termes de pratiques chez la plupart de nos intellectuels qui, à la fin de la journée de travail, se rendent au

« deuxième bureau ». Le phénomène de second bureau a pris une certaine ampleur dans notre société. Il n'a pas laissé indifférents les enseignants et les chercheurs. Il a contribué à détourner nombre d'intellectuels de leurs responsabilités familiales notamment en matière d'encadrement de leurs progénitures. Au fil des années, ce précieux travail d'encadrement des enfants par les parents a été progressivement abandonné dans les mains des « *répétiteurs* ». Professeur Aké-Assi Laurent a eu à solliciter, à certains moments, des « *répétiteurs* » pour conduire l'encadrement de ses enfants. Cela ne s'est pas toujours bien terminé.

Professeur Aké-Assi Laurent doit une fière chandelle à son épouse née Assy Delphine. Elle s'est impliquée, corps et âme, dans la tâche d'éducation de leurs enfants. Au sujet de l'encadrement des enfants, elle déclare : « *C'est une grâce de DIEU. Je suis restée souvent seule avec les enfants. Malgré cela, l'éducation de nos enfants s'est faite de manière satisfaisante. Mon mari est un homme extrêmement rigoureux. Il a manifesté cette rigueur dans l'éducation de ses enfants. Pendant longtemps, il les a privés de télévision à la maison. J'ai, moi-même, acheté un poste téléviseur pour la maison. Mon mari ne voulait pas que les enfants mettent en marche ce téléviseur. Il estimait que la télévision ivoirienne n'apportait rien de bon au processus d'éducation des enfants et qu'il y avait trop de distractions. Il voulait que les enfants se consacrent à leur travail*». Une bonne partie du public ivoirien déplore l'absence, depuis des décennies, au niveau de la télévision nationale, de programmes véritablement éducatifs en faveur des enfants. Les programmes de variété musicale y ont occupé, pendant des décennies, la première place. Ce constat est unanimement fait par la plupart des citoyens qui sont amenés à donner leurs opinons sur la pertinence des programmes proposés. Aké-Assi Laurent a, quant à lui, pris très tôt sa responsabilité en refusant d'exposer ses enfants à la télévision publique.

Il était arrivé aux enfants d'Aké-Assi Laurent de se cacher pour aller regarder la télévision chez des voisins. Certaines filles ont pu dire : « *Quand papa a décidé de quelque chose, qui pouvait faire le contraire ? ».* Le respect de l'autorité parentale a été la première cause du succès scolaire et universitaire des enfants d'Aké-Assi. Cette restriction a été souvent bravée par les enfants comme le témoigne madame Aké-Assi: « *En l'absence de leur père, lorsqu'il est au travail, par exemple, les enfants mettaient en marche le téléviseur. Lorsqu'ils entendaient le bruit du moteur de sa voiture, ils éteignaient le téléviseur* ». Aké-Assi Yolande renchérit : « *Papa n'aimait pas que ses enfants participent à des activités mondaines tels que les baptêmes, les anniversaires et autres. Des voisins nous invitaient ; mais papa cachait les invitations pour nous empêcher de répondre auxdites invitations* ».

C'est parce que son épouse a su parfaitement jouer son rôle que les enfants ont été aussi bien instruits et éduqués, vu ses longues et multiples absences de la maison, du pays. En réalité, ses longues et multiples absences du foyer n'ont pas négativement affecté la vie et l'éducation donnée aux enfants. Madame Aké-Assi a su tenir ou maîtriser les enfants. Elle a apporté une grande contribution au rayonnement, à l'échelle nationale, de la famille sur le plan social.

Datté Jean-Jacques, gendre de Professeur Aké-Assi Laurent, n'avait pas manqué, le samedi 1er décembre 2012, de rappeler cela à l'auditoire, à l'occasion de la cérémonie de dédicace de la maison familiale à Ahouabo par l'Abbé Maxime Dogbo du Petit Séminaire de Bingerville. Il a dit ceci : « *Les amis de Professeur Aké-Assi se moquaient de lui parce que les filles scolarisées, à l'époque, en Côte d'Ivoire, ne réussissaient pas. Mais, en l'absence de son mari, absorbé par son travail, madame Aké-Assi a su contribuer à donner à leurs enfants une éducation correcte* ».

Monsieur et madame Aké-Assi n'ont pas fui leur responsabilité parentale comme c'est, de plus en plus, le cas aujourd'hui dans de nombreuses familles. Ils ont pu donner à leurs enfants une éducation que tout le monde trouve exemplaire. En réalité, professeur Aké-Assi Laurent a fait de l'éducation de ses enfants la priorité des priorités. Le meilleur héritage que les parents peuvent laisser à leurs enfants, c'est justement une éducation qui puisse leur permettre d'agir en toute responsabilité pour la conduite de leur vie personnelle. Des parents peuvent laisser de multiples biens matériels à leurs progénitures. Si cela n'est pas accompagné par une bonne instruction et surtout par une éducation complète, les biens laissés peuvent être dilapidés au bout de quelques années. Une bonne éducation des enfants permet de préserver l'harmonie de la famille et les intérêts de tous ses membres, sur le long terme.

Aké-Assi Laurent a refusé d'héberger des enfants de cousines, de cousins et autres. Sur cette position qu'il a eu à adopter, il s'explique : « *Lorsqu'on héberge l'enfant d'un cousin ou d'une cousine, on est obligé de prendre en charge l'intégralité des frais d'éducation scolaire. Ces frais sont plus élevés à Abidjan que dans les villes de l'intérieur du pays ou dans les villages. Je préfère envoyer de l'argent à un cousin ou une cousine pour lui permettre de faire face aux frais de scolarité, de tenues et de fournitures scolaires ou à d'autres dépenses domestiques* ». Aké-Assi Laurent a fait un choix qu'il a assumé pleinement. Des Africains diront qu'il ne s'est préoccupé et ne s'est occupé que de ses seuls enfants. C'est un débat qui est encore d'actualité. Il n'y a pas de solutions toutes faites. Quand un Africain prend une telle position, il est traité de « *Blanc* », *de* « *méchant* », « *d'égoïste* » et que sais-je encore. En adoptant la position qui a été la sienne, Aké-Assi Laurent a voulu que les autres, autour de lui, soient plus responsables. Malheureusement, cette prise de conscience n'est pas toujours effective, chez beaucoup de citoyens. Chacun devrait continuer à réfléchir à la question afin de trouver la solution idoine.

La famille Aké-Assi est très solide, parce qu'elle s'est bâtie non pas sur des fondements matériels mais sur des valeurs morales profondes. Certaines coutumes africaines demeurent encore tenaces malgré l'adoption de divers textes abolissant des pratiques moyenâgeuses qui sont de nature à porter atteinte à l'intégrité sociale des membres de la famille notamment à la suite de la perte des parents. Parmi ces pratiques, on note celles qui consistent, pour les membres d'une famille donnée, à spolier, de manière systématique, les enfants des disparus des biens qui leur reviennent de droit. Il peut, par exemple, s'agir de maisons, de plantations, d'argent liquide, etc. La question de la gestion de ces héritages n'est pas totalement résolue en Côte d'Ivoire en raison du fait que les mentalités n'ont pas encore changé positivement, dans le sens des textes des lois adoptées dans les pays. Les membres de la grande famille refusent encore de se soumettre auxdits textes ou le font difficilement. Cela met les enfants dans une situation matérielle difficile voire dans la pauvreté ou la précarité alors que leurs parents ont travaillé dur pour leur léguer ces héritages.

Dans beaucoup de familles africaines, un grand nombre d'enfants ne sont pas à l'abri de ces pratiques moyenâgeuses de spoliation. Aké-Assi Laurent n'accepterait jamais que ses enfants soient victimes de telles pratiques. Il compte sur ses filles pour barrer la route aux imposteurs qui seraient encore tapis dans l'ombre. Pour lui, l'une des meilleures manières de lutter contre ce genre de pratiques, c'est d'amener les enfants à être bien instruits. On ne peut pas dire que le temps ne lui a pas donné raison, vu le niveau d'instruction atteint, notamment par ses filles. Face aux menaces de spoliation, Aké-Assi Laurent oppose simplement l'instruction de ses enfants. Sa philosophie, c'est que si les enfants sont bien instruits, on ne peut pas abuser d'eux, ou encore les amener en bateau. Ils sauront toujours réagir.

Aké-Assi Laurent est parti de rien, comme il se plaît à le dire. Par le travail, il a pu se hisser à un niveau d'instruction et à une situation sociale sur lesquels très peu de personnes pouvaient parier dès le départ. Certes, il a bénéficié d'un concours de circonstances avec parfois de la chance. Mais, les éminents experts en développement des ressources humaines affirment que la chance ne vient pas comme çà. Elle a besoin d'être provoquée.

Mao Nguessan Ernest a eu le temps de suivre l'éducation qu'Aké-Assi Laurent a donnée à ses enfants. Il soutient que les enfants de son ami ont été avantagés par une prise de conscience très hâtive. Il ajoute : « *Les enfants d'Aké ont l'intelligence vive de leur père. En plus, ils sont aussi humbles que lui. Ils sont très courtois et polis. Leur père s'est fait presque seul. Les enfants ont également réussi, à leur manière, presque seuls. Il y a cependant le cas de son fils (le seul garçon parmi les enfants). Celui-ci avait les qualités de son père. Il avait un sens aigu de l'observation. Son père a tout fait pour lui permettre d'avoir le niveau du brevet élémentaire pour continuer. Cela n'a pas abouti. Aké en a été très peiné* ».

Dans le souci de voir ses enfants réussir, Aké-Assi Laurent dépensait beaucoup d'argent dans leur instruction. Ainsi, il a inscrit ses enfants, au niveau du cycle primaire, dans une bonne école, à savoir le Nid de Cocody.

En les faisant passer par une école privée, avec ce que cela comporte comme coût financier supporté pendant des années, l'on perçoit l'engagement du chercheur à préparer l'avenir de ses enfants. On note également qu'il ne lésinait pas sur les moyens pour mettre à l'aise ses enfants en matière, par exemple, d'habillement. Il se souciait à la fois de l'éducation et de l'habillement de ses enfants. Sur ce point, Aké-Assi Yolande affirme : « *Papa devrait être assistant ou maître-assistant. Il ne devrait pas gagner une fortune. Mais, on s'habillait bien, de la même manière que les enfants de hauts cadres. Papa nous achetait toujours des vêtements de bonne qualité. Nous portions des robes et des chaussures semblables à celles des enfants des ministres* ». Professeur Aké-Assi Laurent avait des amis qui étaient ministres. Il leur rendait visite, souvent en compagnie de ses enfants. C'était le cas, par exemple, de Professeur Lorougnon Guédé, ancien ministre ivoirien de la Recherche Scientifique. Il était ami et collègue à Aké-Assi Laurent. Aussi, les enfants des deux illustres scientifiques se sont-ils connus, fréquentés et ont-ils pu comparer leurs accoutrements. Aké-Assi Evelyne ajoute : « *Papa aimait acheter des articles de qualité pour ses enfants notamment la nourriture, les vêtements. Il nous offrait des raisins, des sucettes qu'il achetait non pas dans la boutique d'à côté, mais dans une superette ou dans un supermarché ou encore dans une pharmacie. Quand il achetait quelque chose pour les enfants, il choisissait toujours ce qui était de qualité. En cas de maladie d'un enfant, papa ne l'envoyait pas dans un hôpital public mais toujours dans une clinique privée. Il ne lésinait donc pas sur les moyens quand il s'agit de la santé physique de ses enfants* ».

Au sujet du phénomène des répétiteurs, Professeur Aké-Assi Laurent avait eu recours à cette pratique. Il le dit lui-même : « *Au départ, j'avais pris un maître pour l'encadrement de mes filles à la maison. Un jour, en rentrant du travail, j'ai vu que l'une d'elle, Aké-Assi Evelyne, se discutait violemment avec ledit maître. Elle disait que le maître ne vaut rien. Car, d'après elle, quand le « maître » pose des problèmes, elle trouve la réponse. Mais, le « maître » dit toujours que les résultats sont faux. En réalité, on s'est rendu compte que c'est le maître qui n'était pas à la hauteur. C'est de cette manière que le recours au répétiteur a pris fin à la maison. Tout le reste du temps, les enfants ont travaillé seuls. Ce sont les filles, elles-mêmes, qui ont demandé à travailler seules* ».

De manière pratique comment les filles de la famille Aké-Assi travaillaient-elles, à la maison? Cette question est importante, car beaucoup de parents butent sur la manière de faire travailler les enfants. En matière d'encadrement des enfants à la maison, il n'y a pas de solutions toutes faites, applicables dans tous les foyers. Chaque famille imagine sa propre approche, celle qu'elle estime capable de permettre aux enfants d'avoir un bon parcours scolaire. Professeur Aké-Assi Laurent lève un coin du voile pour montrer comment ses enfants procédaient pour travailler : « *Lorsqu'elles arrivaient de l'école, elles s'installaient et travaillaient. C'est après avoir fini de travailler qu'elles prenaient la douche et le repas* ». Les enfants font leur part du travail. Les parents doivent également assumer leur responsabilité, de manière quotidienne. Professeur Aké-Assi Laurent se souvient : « *Chaque soir, je vérifiais tous les devoirs de mes enfants non pas pour les corriger, mais pour savoir si le travail demandé par les enseignants a été fait* ».

Des entretiens que j'ai eus avec les enfants, il est ressorti la difficulté de travailler avec papa Aké-Assi Laurent. Il n'avait pas toujours le temps de travailler avec ses enfants. En réalité, ceux-ci avaient acquis leur autonomie pour travailler seuls du fait notamment de la qualité de l'enseignement reçu à l'école primaire, au collège et au lycée. C'est également l'une des raisons pour lesquelles les nombreuses absences de leur père n'ont pas eu trop d'impacts négatifs sur leur cursus scolaire et universitaire.

Aké-Assi Amoin Yolande reconnait avoir eu quelques difficultés quand papa Aké-Assi était allé en France pour la rédaction de sa thèse de doctorat d'Etat. Elle a dû reprendre la classe de première D. Mais, à la fin, elle a obtenu un doctorat en médecine vétérinaire. Elle est également titulaire d'un Diplôme d'Etudes Approfondies (DEA) en Science et Technologie Alimentaire. Elle est en instance de soutenance de sa thèse de Doctorat unique en science. Elle est actuellement directrice de laboratoire à LANADA. Il convient de rappeler que Aké-Assi Amoin Yolande avait déjà remporté à l'école primaire trois (3) fois le Prix Félix Houphouet-Boigny, composé de livres et de romans.

Professeur Aké-Assi Laurent se donnait, comme il le dit lui-même, la peine de vérifier les devoirs de ses enfants, chaque soir. Beaucoup de parents ont abandonné leurs enfants, d'abord entre les mains des filles de ménage, et, ensuite dans les mains des répétiteurs. La réalité est que la plupart des parents ne consacrent même plus, aujourd'hui, le moindre temps à regarder le travail de leurs enfants. En tous les cas, leur contribution dans l'encadrement et le suivi scolaire de leurs enfants devient, de plus en plus, négligeable. La plupart des parents ont d'autres chats à fouetter notamment au dehors que de rentrer à la maison et examiner le travail de leurs enfants. Des règles de bonne conduite ont été établies par Professeur Aké-Assi Laurent pour une bonne marche de toute la famille. Ces règles n'ont certes pas été écrites et affichées, par exemple, dans le salon. Mais, les filles se sont comportées comme si ces règles avaient été consignées. Les enfants ont fait montre d'une « *grande sagesse* » comme le dit papa Aké-Assi, lui-même. Cela a facilité le travail de chaque membre de la famille.

Les niveaux d'instruction que les filles ont atteints témoignent éloquemment de la qualité de l'éducation familiale qu'elles ont reçue. En une heure de temps, madame Aké-Assi a fait le point sur les détails de l'éducation qu'elle et son époux ont donnée à leurs enfants. On retient quatre (4) leçons.

Premièrement, l'éducation des enfants commence dès que les enfants sont dans le sein de leur mère. Cela veut dire que pendant la grossesse, l'homme et la femme ont leur responsabilité collectivement et fortement engagée. De la naissance à ce que les enfants deviennent adultes, monsieur et madame Aké-Assi ont fait entendre aux enfants le même discours. Il n'y a eu aucune note discordante. Avec sa force de caractère, Aké-Assi Laurent a assuré, de main de maître, la direction du foyer ; il a été brillamment secondé par son épouse.

Deuxièmement, ce n'est pas l'argent qui fait l'éducation des enfants, quoique certains de nos compatriotes le pensent fortement. L'argent contribue certes, mais dans une très faible proportion. Ce qui compte, le plus, aux yeux de monsieur et madame Aké-Assi, c'est l'amour réel qu'ils ont manifesté à leurs enfants. Cet amour ne se mesure pas à l'aune des somptueux cadeaux de Noël ou d'anniversaires ou de baptêmes comme beaucoup de compatriotes ont tendance à le faire. Pour ce qui concerne l'argent de poche que les parents donnent aux enfants qui vont à l'école, Professeur Aké-Assi Laurent suggère : « *Il ne faut pas donner beaucoup d'argent aux enfants* ». Au sujet de l'argent, madame Aké-Assi indique : « *Mon époux n'aime pas parler d'argent avec ses enfants. Il n'aime non plus que ses frères et cousins viennent donner, lors de leur passage, à la maison, de l'argent et autres cadeaux à ses enfants. Il affirmait qu'il était seul, en tant que père, assumant ses responsabilités, à leur donner de l'argent de poche. Il disait que l'argent donné, à droite et à gauche, aux enfants par des parents proches ou éloignés pouvait les amener à s'écarter, par sa mauvaise utilisation, de la voie qu'il entend leur donner en matière d'éducation* ».

Troisièmement, l'éducation des enfants est assurée collectivement. A telle enseigne que l'absence d'un conjoint est aussitôt compensée par la présence assidue de l'autre. C'est ce qui explique que les absences prolongées de professeur Aké-Assi Laurent n'ont pas du tout affecté négativement l'éducation qu'ils ont décidé de donner à leurs enfants. Madame Aké-Assi a assuré, de manière satisfaisante, la continuité du travail de son époux.

Quatrièmement, les enfants de la famille Aké-Assi se sont soumis à la volonté parentale. Ils ont suivi à la lettre les conseils que leurs parents leur donnaient, comme des paroles bibliques. Ils se sont toujours comportés en véritables enfants, respectueux, car aucun d'eux n'a jamais haussé la voix face aux parents. De ce point de vue, ils ont tous étés admirables.

Lorsqu'on demande au professeur Aké-Assi Laurent d'indiquer ses plus grandes satisfactions, il estime avoir réalisé l'essentiel de ses projets. Il indique avoir atteint un niveau de connaissance appréciable dans son domaine surtout qu'il est parti de rien. Il indique, enfin, et surtout, avoir pu donner une bonne éducation à ses enfants. Il a su créer, avec la participation, la compréhension et l'engagement de ses enfants un environnement social favorable à sa propre réussite et à celle de ses enfants. C'est un processus qui s'est mis en place et qui a été amélioré au fil des années. Ce processus a commencé par la sensibilisation des enfants qui ont très tôt pris leur responsabilité. Voyant que leur père était tout le temps parti au travail ou en mission en Côte d'Ivoire ou à l'étranger, les filles ont commencé à compter, avant tout, sur elles-mêmes pour s'imposer sur les bancs de l'école. En réalité, c'est un environnement de gagne qui est créé à la maison, contrairement à bien d'autres familles où les enfants attendent toujours que des directives leur soient données par leurs parents avant d'entreprendre quoi que ce soit.

Quant aux enfants Aké-Assi, eux-mêmes, on peut dire, sans vouloir exagérer quoique ce soit, qu'ils (filles et garçons) ont une disposition naturelle, innée à prendre des initiatives de manière prématurée. Cela leur a permis d'acquérir une certaine indépendance vis-à-vis de leurs parents. Ainsi, les filles se rendaient seules à l'université pour accomplir toutes les formalités liées à l'inscription. Elles sentent très vite le besoin de voler de leurs propres ailes. Autrement dit, elles apprennent vite à affronter les difficultés de la vie. C'est un détail important car certains enfants, après l'obtention du baccalauréat, sont toujours accompagnés par leurs parents pour accomplir les formalités de préinscription et d'inscription. On pourrait dire qu'ils sont toujours flanqués de leurs parents. A telle point que ces enfants ne peuvent se passer de la présence tutélaire y compris pour accomplir les tâches les plus élémentaires. Cette attitude des parents n'est pas du tout une bonne chose pour les enfants eux-mêmes. Au contraire, cela contribue à les infantiliser. Ils n'arrivent pas à se libérer de la présence parentale.

La trop grande richesse obtenue au départ par une famille peut même être une source de blocage futur chez certains citoyens à leur avancement individuel et à celui de la société. Tous les enfants de professeur Aké-Assi Laurent n'ont pas eu la chance d'obtenir des bourses gouvernementales, à l'exception de l'une d'elles. Professeur Aké-Assi Laurent précise : « *Mes enfants ont étudié ici sauf Yolande qui a obtenu une bourse du gouvernement ivoirien pour aller en France* ». Les enfants d'Aké-Assi Laurent semblent avoir été parmi les victimes de la note gouvernementale. Cette note dit que les enfants des fonctionnaires dont le salaire mensuel était au-dessus de 150 mille francs CFA ne devraient pas bénéficier d'une bourse de l'Etat.

La plupart des enfants d'AKE-ASSI Laurent sont des filles. Il a tenu à leur donner une réelle chance afin qu'elles se fassent une place au soleil, dans une Afrique où la plupart des membres de la gent féminine, malgré les efforts accomplis par les gouvernements en matière d'éducation, restent, de loin, les moins nanties intellectuellement. Aujourd'hui, avec l'actualité de la problématique du genre, les femmes sont sur le point de gagner la bataille de leur représentation dans les postes de décision. Avant l'avènement du paradigme du genre, au cours de ces dernières années, Aké-Assi Laurent avait pris l'engagement de permettre à ses filles d'avoir un bon niveau d'instruction afin de mieux les positionner sur l'échiquier social. Professeur Aké-Assi raconte l'anecdote suivante au sujet de la perception défavorable de l'éducation des filles: « *C'était à la veille d'une fête de Noel. Je venais de faire des achats dans un supermarché au Plateau avec quelques unes de mes filles. Il y avait plusieurs jouets dont des poupées dans nos mains. Une femme baoulé, m'ayant vu avec les jouets et les enfants a prononcé le mot « anvouè » en langue baoulé ; ce mot veut dire pitié. Etonné par sa réaction, je lui ai demandé de me dire la raison pour laquelle elle a prononcé ces paroles alarmistes. Après la conversation avec cette femme, une inconnue, la plus grande de mes filles voulait en savoir plus. Alors, elle m'a demandé ce que la femme avait dit. Je lui ai tout expliqué. J'ai profité de l'occasion pour lui dire qu'à l'école, elle ne doit pas se laisser dépasser par les garçons. Elle doit fournir l'effort nécessaire afin de toujours figurer parmi les meilleurs. Mes filles avaient tellement compris le message qu'aucune d'entre elles n'avait jamais été classée parmi les derniers de sa classe, tous cycles confondus* ».

Professeur Aké-Assi Laurent est profondément attaché au mérite et au résultat. Il encourage, par conséquent, les enfants qui obtiennent de bons résultats à l'école. C'est donc essentiellement au vu des résultats qu'il récompense. Il ne recherche que les bons, très ou excellents résultats. Il n'aime pas les résultats moyens encore moins faibles ou médiocres. Il ne supporte point la médiocrité. Aké-Assi Evelyne se souvient : « *Papa aimait offrir des cadeaux lorsque les résultats sont excellents. Lorsqu'un enfant avait un bon rang après une composition, il lui offrait des cadeaux. Mais, quand les résultats ne sont pas bons, il se fâche* ».

Professeur Aké-Assi Laurent aimait donner des cadeaux aux enfants dont les résultats sont meilleurs. Cependant, il s'attachait à ne pas faire des excès qui nuisent toujours. C'était de cette manière qu'il motivait ses enfants à toujours donner le meilleur d'eux-mêmes, à l'école. Sur ce plan, il n'a pas été déçu par les filles. Professeur Aké-Assi Laurent continue d'appliquer le principe du mérite, qu'il étend à merveilles aujourd'hui aux petits-enfants. Quand il voit l'un de ses petits-enfants ou n'importe quel autre enfant, il n'hésite pas à lui demander sa classe et surtout le rang qu'il a occupé à la dernière composition ou au dernier trimestre. Si le rang occupé par l'enfant est bon, il donne, séance tenante, une récompense, sous forme d'un billet de banque, par exemple. Il y a des rangs qu'il n'aime pas du tout.

Garçon des enfants Aké-Assi : un échec incompréhensible

L'éducation donnée par Aké-Assi et son épouse à leurs enfants, on ne cessera pas de le répéter, est d'un haut niveau. De ce point de vue, la famille est citée en exemple notamment par leurs voisins de quartier ou par leurs amis et connaissances. On rappelle également que professeur Aké-Assi Laurent a eu au total sept (7) enfants dont six (6) filles. Si toutes les filles ont eu un niveau d'instruction élevé comme le montrent les pages précédentes, il n'en fut pas de même pour le seul garçon, Aké-Assi Michel. Pour ce dernier, qu'est-ce qui a bien pu se passer ? Mao Nguessan Ernest affirme : « *Aké-Assi a tout fait pour le garçon. Mais, ses études n'ont pas marché comme il l'aurait voulu. Il en a été peiné* ». Cela se comprend surtout que c'était le seul garçon. Professeur Aké-Assi explique, lui-même : « *J'ai tout fait. Ça n'a pas marché. Il a fréquenté l'école primaire le « Nid » de Cocody. En sixième et cinquième, au collège moderne de Cocody, ça n'a pas marché. Ensuite, je l'ai envoyé dans un collège catholique en France. Ça n'a toujours pas marché. Après, on m'a appelé pour me dire que son âge était avancé. Il fallait, par conséquent, le sortir de l'école. Il a donc été obligé de quitter la France. Après la France, je l'ai envoyé directement chez l'un de mes amis à Lomé, au Togo. En provenance de Paris, il a simplement fait escale à Abidjan. Les cours avaient déjà débuté et il devrait partir pour rattraper son retard. A Lomé, il a repris la classe de troisième. Il a encore fait échec au Brevet d'Etudes du Premier Cycle (BEPC). Après l'examen, il était revenu ici à Abidjan pour les grandes vacances. Il avait alors 18 ans. Comme il est français, parce qu'il est né en France, l'armée française avait cherché à le prendre pour qu'il aille effectuer le service militaire. Les militaires français ont su qu'il était au Togo. Ils sont allés à Lomé en vue de le « cueillir » chez mon ami. Mais, à leur arrivée, ils ont constaté qu'il avait quitté le Togo pour se rendre en Côte d'Ivoire pour les vacances. Un jour, nous étions à la maison, à Abidjan, lorsque les militaires du 43è BIMA étaient venus le prendre pour le conduire à leur base à Port-Bouet. Il a passé la nuit là-bas. Le lendemain, il était revenu à la maison pour chercher ses affaires. Il a été envoyé en France en vue d'y faire son service militaire. Après les 18 mois de service militaire réglementaire, il a été maintenu dans l'armée française. Ses supérieures hiérarchiques ont estimé qu'il a eu un bon comportement pendant son service militaire. Il a donc décidé de rester dans l'armée française en vue d'y faire carrière. Il était inscrit comme volontaire. On l'a envoyé successivement au Sénégal et au Gabon. Après le Gabon, il a été envoyé en Bosnie Herzégovine (Sarajevo) puis en Nouvelle Calédonie. Depuis, plus de 20 années, il n'est pas revenu en Côte d'Ivoire* ».

Ce sont les nouvelles que le père Aké-Assi a fournies au sujet de son fils. En plus de ces informations, j'ai voulu en savoir davantage sur l'enfant Aké-Assi Michel. Au cours des entretiens que j'ai eus, par la suite, avec ses sœurs à Abidjan, j'ai posé des questions sur Aké-Assi Michel. Dans le cadre de ce travail, il m'a été impossible de compléter les informations obtenues par un contact physique avec Aké-Assi Michel. J'ai demandé et obtenu ses contacts téléphoniques et électroniques. Je lui ai adressé le message électronique suivant, en date du 16 août 2011 :

« Bonjour, Monsieur Aké-Assi Michel.

Je me présente. Je suis Yao NGoran Bazin de la Côte d'Ivoire. Je suis urbaniste et environnementaliste. Je suis chercheur à l'université de Cocody, à Abidjan. J'ai 53 ans, marié et père de 3 enfants. C'est votre soeur Yolande de LANADA qui m'a donné vos contacts téléphonique et électronique il y a quelques semaines.

Depuis le mois de février 2011, j'écris la biographie de votre père, le professeur Aké-Assi Laurent, le génie de la brousse et des universités. Dans le cadre de ce travail, je rencontre un certain nombre de personnes dont les membres de sa famille. Ainsi, je rencontre les enfants. Avec vous, je ne suis pas en mesure de vous rencontrer physiquement. C'est pour cela que j'ai décidé de vous adresser le présent message afin de recueillir votre opinion sur votre père, sur son parcours professionnel, sur l'éducation qu'il a essayé de vous donner. Je serais très intéressé par toutes informations, toutes anecdotes que vous jugez pertinentes et surtout vous concernant afin de me permettre de compléter mon travail. Pour moi, votre père est un modèle. A ce titre, son exemple doit être connu de tous les Ivoiriens et des Africains.

Depuis que j'ai commencé ce travail, je suis pratiquement rentré dans l'intimité de la famille Aké-Assi. Votre père m'a dit (cela a été confirmé par votre mère et vos soeurs) que vous n'êtes pas revenu en Côte d'Ivoire depuis plus de 15 années. Je sais à peu près ce qui s'est passé. Au point que votre père ne vous appelle pas lorsqu'il va en France. En mai ou juin 2011, il y était encore. Il a été fait citoyen d'honneur de la ville de Montpellier.

Votre situation personnelle me touche. Vos soeurs souffrent de ne pas vous voir. Après la publication de cette biographie (avec l'aide de Dieu), je m'engagerai à traiter votre cas pour que vous reveniez dans votre pays, pour y passer des vacances. Pour l'heure, je veux entendre Aké-Assi Michel. Je voudrais cependant vous faire remarquer que professeur Aké-Assi ne sait pas que j'ai vos contacts. Par conséquent toutes les informations que vous me fournirez seront gardées confidentielles. En attendant de recevoir votre message, je vous adresse mes sincères salutations ».

Mr Yao Ngoran Bazin,
Urbaniste et environnementaliste
Abidjan.

Presque deux mois plus tard, soit le 14 octobre 2011, monsieur Michel AKE-ASSI me répond en m'adressant le message suivant :

« Monsieur, bonjour,

Désolé pour ma réponse tardive. Je suis assez indisposé en ce moment. J'ai bien pris en considération votre message et je suis tout honoré de votre démarche. Je ne manquerai pas de vous répondre ou de vous rappeler afin de vous apporter ma modeste contribution à votre ouvrage.

Cordialement ».

Le même jour de la réception de son message, je lui ai répondu en ces termes :

« Bonjour, Mr Michel Aké-Assi,

Votre message me comble de joie. Je vous en remercie du fond de mon coeur. J'attends avec impatience votre note. Je vous souhaite une très bonne fin de semaine.

A bientôt. Mr Yao Bazin à Abidjan ».

En date du 7 Février 2012, Aké-Assi Michel m'a adressé le message électronique suivant:

« Monsieur N'Goran. Comme promis, je vous apporte ma contribution à votre ouvrage. Puisqu'il s'agit de mon père, je tiens aussi, par mon modeste témoignage, à l'honorer vivement et le féliciter pour l'œuvre de sa vie.

Je reste admiratif sur le parcours de cet homme qui a su allier vie de famille et le monde de travail. En effet, Monsieur Aké-Assi Laurent est un acharné du travail ! Et si les hommes naissent sur terre pour accomplir une tâche, je suis persuadé que mon père aura exécuté la sienne au bénéfice de la science, du progrès et de l'humanité.

Je me souviens, alors que nous étions réunis, en vacance, en 1978, dans la région d'Abengourou, avec deux autres familles, mon père s'est autorisé une esquive de deux ou trois jours en lâchant le groupe pour partir, avec son chauffeur, faire des recherches dans la profondeur des forêts environnantes, à l'étonnement et au grand dam de tout le monde. Qu'à cela ne tienne, la mission, c'est sacré.

Pour ainsi dire, à ce jour, je n'ai jamais vu mon père prendre des congés en tant que tel, dimanche matin y compris.

Il n'a pas lésiné, pour autant, sur notre vie familiale et sociale, car la rigueur et la droiture étaient au quotidien. Il n'ya avait pas de place pour le superflu. La nécessité d'apprendre, l'esprit de famille, l'éducation des enfants, les choses bien faites et finies ont toujours été à l'ordre du jour chez lui.

Un homme qui, malgré son statut, sa prestance et sa renommée est resté fidèle à des valeurs de simplicité et d'humilité qui sont des armes fatales contre les dérives sociétaires et humaines.

Je lui rends un hommage, loin de tout avantage du nom. Je ne le remercierai jamais assez d'avoir été mon guide dans ma construction et je me porte garant de la sauvegarde et la transmission de toutes ses valeurs et foi dont l'humanité a tant besoin.

Michel Aké-Assi».

Ce message n'avait pas été gardé confidentiel. Il a été porté à la connaissance de professeur Aké-Assi. Il a bien apprécié le contenu. Le cas d'Aké-Assi Michel, le seul garçon de la famille, est assez difficile à comprendre. Il est celui-là même qui n'a pas pu avoir un niveau d'instruction conforme à ce à quoi son père et la famille toute entière pouvaient s'attendre. Il n'a pas réalisé des études secondaires complètes. Il a arrêté ses études à la fin de la classe de troisième des lycées et des collèges, sans avoir obtenu le Brevet d'Etudes du Premier Cycle (BEPC). Devant une telle situation, l'on peut se poser des questions dont celle-ci : « Pourquoi Aké-Assi Michel a-t-il échoué là où les autres ont réussi ? ». Les interprétations les plus tendancieuses ou les plus invraisemblables, peuvent être faites par les uns et par les autres.

Aujourd'hui, Aké-Assi Michel est en France. Il est dans l'Armée Française. Malgré son séjour prolongé dans l'Hexagone, il reste attaché à sa famille, à son pays. Il appelle ses sœurs régulièrement et individuellement, au téléphone. Ses sœurs indiquent que lorsqu'il appelle, il peut échanger avec elles pendant 45 minutes voire davantage au téléphone. En plus, les noms qu'il a donnés à ses deux enfants sont révélateurs de son attachement à la famille Aké-Assi. Ainsi, sa première fille (20 ans) s'appelle Stellie Aké-Assi et son fils (15 mois) se nomme Aké-Assi Laurent-Alban. Ce petit-fils porte bel et bien le nom du savant, de son grand-père. Cela veut tout dire.

Argent, presqu'un sujet tabou à la maison

On peut noter que malgré les spécificités des familles, il y a des éléments qu'on retrouve chez la plupart d'elles. La manière d'aborder chaque problème posé diffère d'une famille à l'autre. Cela dépend de plusieurs facteurs. Dans certaines familles, il y a des règles de conduite établies. Chaque membre doit faire l'effort de s'y conformer. La réussite de la mise en œuvre de tout cela est déterminée par la qualité de la communication au sein de la famille.

L'attitude et le comportement des membres de la famille Aké-Assi par rapport à l'argent sont profondément marqués par ceux adoptés par le chef de famille. Aké-Assi Laurent n'aime guère parler d'argent à la maison. On note qu'en général, il ne fait pas une grande part aux discussions souvent stériles, interminables sur des questions d'ordre matériel. Au nombre des questions matérielles se trouve l'argent. Celui-ci n'a jamais été un sujet particulier de discussion entre les membres de la famille. Il y a une différence fondamentale entre l'image que la famille Aké-Assi véhicule par rapport à l'argent et celle prônée par de nombreuses familles en Côte d'Ivoire. L'argent est un moyen d'existence et de promotion des individus et des familles. Il est considéré comme une source de « *bonheur* » par d'autres. Mais, il peut être aussi une source majeure de division voire de destruction d'une amitié, d'une famille et de toute autre organisation humaine, s'il n'est pas utilisé avec sagesse.

Professeur Aké-Assi Laurent, connaissant l'impact négatif que peut avoir l'argent sur l'éducation des enfants, s'il n'est pas utilisé intelligemment et avec sagesse, en a fait un « *sujet presque tabou* » à la maison. Il n'a pas du tout placé l'argent au centre de son action d'éducation de ses enfants. C'est un choix qu'il a effectué et assumé jusqu'aujourd'hui. A-t-il eu raison de faire ce choix ? La réponse est évidente. Il n'y a qu'à regarder le niveau d'instruction et d'éducation de ses enfants pour se prononcer. Tout ce qui a été réalisé en faveur des enfants Aké-Assi n'a pas été fondé sur l'argent. Tout a été bâti autour des valeurs tels que l'humilité, le respect de l'autre, la vérité, l'amour du prochain, l'amour du travail et la recherche du mérite, etc.

Enfants Aké-Assi: épanouissement total

Professeur Aké-Assi Laurent avait dit, très tôt, à ses filles qu'il comptait sur elles. Le problème est qu'au départ, surtout parmi les membres de la grande famille, l'on ne croyait pas que l'éducation de ses filles allait connaître un succès. Tout semble s'être joué à partir de la prise de conscience qu'elles peuvent rivaliser avec les garçons.

Une question revient constamment : le professeur Aké-Assi Laurent a-t-il influencé ou orienté ses enfants dans le choix de leur métier ? Aké-Assi Evelyne indique : « *Dans le choix du métier de chaque fille, papa Aké-Assi ne s'était pas imposé. Il a laissé la latitude à chacune d'entre nous, selon nos capacités intellectuelles*».

Une question se pose, à savoir quel type de relations le savant entretient-il avec ses enfants ? C'est une question extrêmement importante. Sur les sept enfants de professeur Aké-Assi Laurent, la fille ainée, Aké-Assi Anne, et le garçon, Aké-Assi Michel vivent en France. Aké-Assi Anne vient en Côte d'Ivoire au moins une fois tous les ans. Il y a un fait à noter : quand Aké-Assi Anne vient en vacance à Abidjan, elle réside chez son père et elle va passer quelques deux ou trois jours chez sa mère. Avant d'y aller, elle prend toujours soin d'aviser son père. Quant à Aké-Assi Michel, depuis plus de vingt années, il n'est pas revenu en Côte d'Ivoire. La question de la gestion des relations du professeur avec les enfants concerne donc les cinq (5) filles qui sont à Abidjan.

Il convient de faire observer qu'en 2012, l'ainée des enfants Aké-Assi, en l'occurrence Aké-Assi Anne, est âgée de 49 et la benjamine, AKE-ASSI Larissa, 36 ans. Les enfants sont devenus majeurs depuis longtemps. Les cinq (5) filles vivant en Côte d'Ivoire sont mariées ou vivent maritalement, cas de Larissa. Professeur Aké-Assi Laurent, le père aimé et craint par les enfants, continue d'entretenir des relations empreintes de paternalisme. Aké-Assi Emma affirme : « *J'avais porté un pantalon jean pour me rendre au marché. Quand papa m'a vue, il m'a demandé pourquoi je l'ai porté. Je lui ai répondu que c'est parce je vais au marché. Il m'a rétorqué pour me dire que le pantalon est délavé* ».

Les filles de professeur Aké-Assi Laurent sont épanouies et véritablement émancipées, matériellement, intellectuellement et mentalement. Elles sont des femmes « *au point* » pour utiliser le langage populaire. Malgré tout, elles gardent leur humilité et leur simplicité, principes de vie que leurs parents leur ont enseignés. Quelques uns des maris des filles de la famille Aké-Assi Laurent ont été rencontrés soit au domicile de leurs beaux-parents soit à leur résidence ou encore à leur lieu de travail. Ils sont également épanouis pour avoir épousé des femmes qui le sont. La joie rayonne constamment sur chacun de leurs visages. Ils ont conscience qu'ils ont eu des femmes « *bien* ». Ils sont bien rentrés et intégrés dans la famille Aké-Assi Laurent. Les parents et les familles des maris des filles de professeur Aké-Assi Laurent ont tout fait dans les règles de l'art, depuis les mariages traditionnels jusqu'aux célébrations officielles dans les mairies et les églises. Au sein des différents couples formés par les enfants Aké-Assi, il n'y aucun nuage.

Datté Jean-Jacques, biologiste, ancien étudiant de professeur Aké-Assi Laurent et gendre, témoigne, au sujet des relations du savant avec ses enfants : « *Les enfants sont plus proches de leur mère. Cela se comprend, car le père était tout le temps parti en mission. Par conséquent, il leur a manqué la ''chaleur'' paternelle* ». Concernant les relations du savant Aké-Assi avec ses gendres, Datté Jean-Jacques indique : « *Nous avons été mis à l'aise par lui. Il nous prend comme ses propres enfants. Il nous donne beaucoup de conseils. Il s'est ainsi créé un véritable esprit de famille. Il nous réunit pour nous montrer un certain nombre d'éléments du patrimoine de sa famille et nous échangeons avec lui sur la stratégie d'assurer leur protection*». On observe l'excellence des relations entre le professeur Aké-Assi Laurent et ses gendres. Il y a un respect mutuel entre eux. Les gendres sont constamment aux petits soins de leurs beaux-parents qui ont, il faut le rappeler, pris de l'âge et qui présentent quelques signes de faiblesse sur le plan de la santé physique. C'était magnifique de voir, par exemple, le professeur Kouassi Boko, agrégé de médecine, auprès de professeur Aké-Assi Laurent, son beau-père, qui ressentait quelques douleurs au dos. Ainsi, le couple Aké-Assi Laurent est bien assisté médicalement. C'est un privilège. Il récolte là les fruits de l'investissement réalisé pour l'instruction et l'éducation de ses enfants.

Kouadio Aya Sabine travaille chez les Aké-Assi depuis 1984. Cela fait 28 années qu'elle est employée par la famille. Sabine est déclarée à la Caisse Nationale de Prévoyance Sociale (CNPS). Elle a une retraite assurée. Professeur Aké-Assi Laurent s'acquitte avec une rare régularité de ses cotisations patronales et autres. Au-delà des aspects matériels déterminant les conditions de vie et de travail, Kouadio Aya Sabine est devenue comme un membre de la famille Aké-Assi. Elle s'est également épanouie chez les Aké-Assi.

24 décembre : moment de retrouvailles de la famille Aké-Assi et alliés

Ce 24 décembre 2011, répondant à l'invitation de professeur Aké-Assi, je me suis rendu au domicile d'Aké-Assi Emma, à la Riviera Palmeraie, Cocody (Abidjan). La veille, j'avais reçu un appel téléphonique de professeur Aké-Assi me disant : « *Monsieur Yao, je vous appelle pour vous faire une proposition. Demain soir, les enfants organisent un repas chez Emma. Je voudrais vous proposer de venir partager avec nous ce repas* ». Au moment où il m'appelait, Aké-Assi Emma était à côté de lui. Celle-ci a pris le téléphone pour réitérer la proposition de professeur Aké-Assi Laurent. J'ai donné mon accord de principe.

Au téléphone, professeur Aké-Assi avait indiqué que le repas commencerait vers 18h30-19 heures pour prendre fin aux environs de 21 heures. Sur cette base, je me suis rendu au domicile d'Aké-Assi Emma, à la Riviera Palmeraie avec Yao Mefassou Emmanuel et Yao Ange-Pascal, mes deux derniers fils. Nous étions arrivés au lieu indiqué à 19 heures TU. Nous avions été accueillis dans leur résidence de type Duplex. Dr Aké-Assi Emma, après avoir loué notre ponctualité, nous apprend que nous étions trop en avance. Elle nous fait savoir que nous devrions patienter. Professeur Aké-Assi ne nous enseigne-t-il pas qu'il faut patienter en toute situation ? Durant l'attente, Dr Aké-Assi Emma et son époux, le Professeur Agrégé de médecine, Kouassi Boko Alexandre se sont mis à nos petits soins en nous offrant le nécessaire, à savoir déjà les amuse-gueule et les boissons. Les autres participants au repas étaient arrivés par petites vagues successives.

Du salon, Professeur Kouassi Boko nous a conviés à descendre dans la cour constituée d'un jardin magnifique avec une belle pelouse. C'est dans cette cour qu'étaient dressées les tables. Là, j'y trouve le professeur Aké-Assi avec son gendre Dr Konan Kouakou Claude assis à sa gauche. Ils échangent à voix basse. Je m'installe à la droite de professeur Aké-Assi. J'étais très impatient de le voir dans un environnement festif avec la présence heureuse et enthousiaste de ses petits-enfants. Chacun d'eux était appelé à faire « *atouhou* » au grand-père. On ressent un grand plaisir à voir les petits-enfants de professeur Aké-Assi se jeter, tour à tour, dans ses bras. Je suivais du regard tous les gestes des petits-enfants comme ceux des grandes personnes. J'écoutais également tout ce qui se disait. Mon objectif, c'était de glaner le maximum d'informations, à cette merveilleuse occasion.

Une fois de plus, nous avions été servis, en attendant l'arrivée des autres membres ou alliés de la famille Aké-Assi. A chaque fois que je voyais une nouvelle personne arriver, j'interrogeais le professeur Aké-Assi en vue d'en savoir sur elle notamment son nom et surtout le type de relations avec la famille Aké-Assi.

Nous parlions et discutions de tout. A un moment donné, professeur Aké-Assi Laurent, par rapport à la musique qui était proposée pour nous égayer, a demandé s'il n'y avait pas des chansons ivoiriennes anciennes du genre de celles des Eba Aka Jérome et autres. On lui a répondu qu'il n'y avait pas ce type de musique dans la collection. Un sujet de discussion est ainsi trouvé. Le sujet est que la musique ivoirienne, qui est proposée aujourd'hui, manque de profondeur. Elle est plate et ne peut accrocher véritablement certains amoureux de la musique notamment ceux ayant un âge un peu plus avancé. Professeur Aké-Assi déplore le fait que la plupart des musiciens ivoiriens chantent, actuellement, en français. Au cours de la discussion, deux groupes se sont formés.

D'un coté, il y a le professeur Aké-Assi Laurent et moi-même. Nous défendons la musique ivoirienne basée sur nos valeurs musicales propres. Professeur cite les Allah Thérese, Amédée Pierre et autres. Quant à moi, j'invoque les noms des Ngoran Jimmy Yacinthe, le maitre du Goli, et Ernesto Djedje, le roi du Zyglibity, pour ne citer que ceux-là dont la mission n'a pas été achevée. De l'autre, il y a le groupe ayant Dr Konan Claude à sa tête. Ce groupe fait l'apologie de la musique moderne ivoirienne avec notamment les DJ. Le groupe de Dr Konan nous pose la question de savoir que sont devenus nos anciens musiciens, dont la plupart sont morts dans la misère. Alors que la plupart des jeunes musiciens de la génération actuelle sont millionnaires.

Le groupe de professeur Aké-Assi n'a pas manqué de leur rétorquer que le fait de vouloir gagner de l'argent en tournant le dos à nos valeurs musicales traditionnelles, constitue, à moyen et à long termes une grave menace sur notre patrimoine musical national. Car, des pans entiers du patrimoine musical de la Cote d'Ivoire sont menacés de disparaitre, définitivement si les musiciens ivoiriens continuent sur cette voie.

Après ces discussions informelles et chaleureuses, le temps s'est écoulé. Le top départ du repas fut donné. On m'installa encore à droite de professeur Aké-Assi Laurent. Je n'en demandais pas tant. L'occasion est favorable pour que je continue de glaner, auprès du professeur, encore des informations sur lui-même et sur les autres membres ou alliés de la famille.

J'apprends pêle-mêle que le repas du 24 décembre a démarré il y a six années. Il est devenu pratiquement une institution. Ainsi, chaque année, professeur Aké-Assi Laurent, son épouse, leurs enfants résidant à Abidjan, leurs petits-enfants, les beaux-frères et les belles-sœurs, etc. se retrouvent, à cette occasion, pour partager un repas. Les petits-enfants du couple Aké-Assi sont au nombre de seize (16), garçons et filles confondus.

C'est une exceptionnelle occasion de retrouvailles des membres et alliés de la famille de professeur Aké-Assi. C'est ce jour-là, en effet, que toute la famille se retrouve, au grand complet. A travers ce repas, les enfants renforcent leur solidarité, les petits-enfants se connaissent. Les époux des filles des Aké-Assi renforcent également leur solidarité. Tout le monde se connaît, tout le monde rit, tout le monde est content. C'est extraordinaire ce que la famille Aké-Assi nous montre.

De même, les servantes ou filles de ménage des différentes familles étaient de la fête. Elles ont participé à la préparation des différents mets. Au moment du repas, elles étaient regroupées en un espace situé à proximité de la cuisine. A un moment donné, j'y ai fait un tour afin de demander à Sabine que je souhaiterais la rencontrer. Elle est la plus ancienne de toutes les servantes présentes, puisqu'elle est au service des Aké-Assi depuis 1984. La durée de son séjour chez les Aké-Assi est une exception, à un moment où les filles de ménage, de plus en plus, ne passent pas plus de six mois dans une famille.

Concernant le repas proprement dit, on peut noter que les principaux mets ordinaires ivoiriens étaient au menu. Ainsi, on pouvait manger du foutou igname ou banane, du riz, de l'alloco, de la pomme de terre, etc. Il y avait différentes sortes de viande. Il y avait des éléments que l'on ne trouve pas tous les jours, tels que le caviar et le saumon. Les participants au repas avaient manifestement l'embarras du choix. Il en était de même pour les boissons. Il y en avait de toutes sortes : sucreries, vins de qualité (vins mousseux et autres spiritueux), des bouteilles de champagne, de cognac. Chaque gendre de professeur Aké-Assi avait apporté des boissons comme contribution au repas. Les boissons étaient regroupées sur une table, à part. La boisson préférée de professeur Aké-Assi Laurent est le cognac.

Vers 23 heures, au moment où mes enfants et moi, prenions discrètement congé de la famille Aké-Assi, il restait encore sur la table une quantité impressionnante de nourriture et de boissons. Pour notre départ, seuls professeur Aké-Assi Laurent et Dr Aké-Assi Emma, que dis-je, Madame Kouassi Boko, avaient été informés. Dr Aké-Assi Emma avait insisté afin que nous restions encore un peu de temps pour partager le gâteau familial.

J'ai été très content d'avoir participé au repas de la famille des Aké-Assi. J'étais un intrus. J'y ai été introduit par le fait que j'écris la biographie du professeur Aké-Assi. Ce fut un grand honneur pour moi d'avoir été associé à ce repas familial. J'étais très content d'avoir eu cette occasion de comprendre un peu mieux la famille Aké-Assi. Ce cadre festif a été très enrichissant pour moi au sens propre comme au sens figuré, notamment par la qualité des informations collectées. J'ai retenu que la famille Aké-Assi donne un autre sens à la vie. Elle donne de l'espoir et l'envie d'avoir des enfants, de leur donner ensuite un bon niveau d'instruction et une bonne éducation. Par la qualité de l'instruction et de l'éducation que les parents Aké-Assi ont données à leurs filles, elles ont épousé des intellectuels de haut niveau. Cela a donné naissance à des couples magnifiques, merveilleux et épanouis. L'idée de dynastie que j'avais déjà avancée semble ainsi se justifier.

Madame Coulibaly Madongui, actuellement secrétaire au Centre National de Floristique, a fait la révélation suivante, au sujet de la relation que professeur Aké-Assi voudrait voir ses filles entretenir avec leur mari : « *Professeur Aké-Assi Laurent aimait dire qu'en Afrique, lorsqu'une famille marie sa fille à un homme, elle attend beaucoup du gendre. Ce n'est pas la conception que le professeur Aké-Assi a du mariage. C'est pour cette raison que ses gendres sont tous issus de familles modestes* ». Cela n'étonne guère de la part de professeur Aké-Assi. Il pense, agit et se comporte d'une manière différente de ce que font la plupart de ses concitoyens.

Madame Coulibaly Madongui poursuit : « *De même, le professeur Aké-Assi disait que, dans un foyer, si le salaire de l'épouse est plus élevé que celui de l'époux, elle doit prendre en charge la plus grande part des dépenses du ménage* ». Cela veut dire qu'il ne veut pas que l'époux seul supporte la presque totalité des charges du ménage, comme cela se voit dans beaucoup de ménages africains. Cette situation constitue une véritable pomme de discorde entre les conjoints dans maints ménages. On rencontre plusieurs époux se lamenter du fait de la faiblesse relative de la participation financière de leurs épouses aux charges du ménage. Le Code de Mariage indique que le mari est le Chef de la famille. Il ne propose pas de règles précises en matière de partage des charges financières liées au fonctionnement quotidien du ménage. Ce qui peut être nécessaire, à faire dans un couple, c'est de parvenir à un consensus entre les conjoints. Cette question fait certainement partie de celles que l'évolution de notre société (qui s'accompagne nécessairement de changement de mentalités, avec une forte demande émancipatrice de la femme) va résoudre, d'une manière ou d'une autre. L'histoire des sociétés occidentales modernes ne nous enseigne-t-elle pas, en effet, que là où les femmes ont atteint un niveau élevé d'émancipation, c'est également là où l'époux seul ne supporte plus les principales charges financières du ménage ?

CHAPITRE 16
CHERCHEUR ET SAVANT DANS LA SOCIETE

La place de la recherche scientifique dans la construction du progrès social, économique et technologique des nations africaines reste une question d'actualité. Cette question se pose essentiellement en termes de manque de reconnaissance de l'importance de l'activité scientifique par les pouvoirs publics et également par la société dans son ensemble. Cela veut dire que jusque-là, ces deux entités n'ont pas encore su mesurer l'importance et surtout la place stratégique qu'ils doivent accorder à l'activité scientifique. De ce fait, la recherche scientifique et les chercheurs sont marginalisés. C'est dans ce contexte que nous posons la question de savoir la place de professeur Aké-Assi dans la société.

Communauté des chercheurs, repliée sur elle-même

Les Ivoiriens, dans leur écrasante majorité, ne connaissent pas le savant Aké-Assi Laurent. Celui-ci est plus connu dans les pays extérieurs qu'en Côte d'Ivoire. Ainsi, des personnes extérieures à la Côte d'Ivoire sollicitent professeur Aké-Assi Laurent afin qu'il intervienne auprès du Chef de l'Etat afin d'obtenir un rendez-vous. Professeur Aké-Assi Laurent affirme : « *Les gens croient que moi je peux aller voir le Président Gbagbo*». Il poursuit : « *Un haut cadre d'un pays étranger, pensant certainement que j'avais des relations avec le Président Gbagbo, voulait postuler pour un emploi dans une organisation internationale. Il était venu me solliciter pour que je l'aide à rencontrer le Président Laurent Gbagbo. Il était venu me voir directement, croyant que je pourrais l'aider. Il a dit que s'il arrivait à rencontrer le Président Gbagbo, son problème serait réglé. Je lui ai dit qu'il m'est impossible de voir le Président Laurent Gbagbo. Je lui ai conseillé d'aller voir un de ses ministres. Le cadre en question est allé. Je n'ai plus eu de suite, à ce jour* ». Une telle sollicitation est une grande marque de considération manifestée à l'endroit du chercheur.

Les Chefs d'Etat reçoivent, à longueur de journée, des citoyens, des responsables de telle ou telle organisation ou association. La rencontre d'une personnalité scientifique de haute stature comme professeur Aké-Assi Laurent par un chef de l'Etat n'est pas une chose courante. Mais, on peut poser la question de savoir si les hautes personnalités du monde scientifique, tel qu'Aké-Assi Laurent, expriment, elles-mêmes, le désir de rencontrer un Chef de l'Etat. La réponse à cette question n'est pas du tout évidente pour la plupart d'entre elles. Mais, elle l'est pour Aké-Assi Laurent qui, même au temps où son ami Félix Houphouët-Boigny était au pouvoir, n'avait pas voulu « défiler » au palais présidentiel. Qu'est-ce que le génie de la botanique n'aurait pas obtenu de son ami Félix Houphouët-Boigny, le génie politique, s'il en avait seulement fait la demande ?

On peut certes mettre en cause le manque de reconnaissance par les pouvoirs public et la société dans son ensemble de la recherche scientifique. Mais, la question qui se pose aujourd'hui est de savoir ce que la communauté scientifique nationale a, elle-même, fait pour changer cet état de choses. On note que les membres de la communauté des chercheurs de Côte d'Ivoire n'ont pas de relations particulières à gérer avec le public en raison de la quasi absence de forums scientifiques ouverts au public. La communauté scientifique nationale vit pratiquement repliée sur elle-même. Elle est donc difficile à pénétrer. Certes, le rôle du chercheur n'est pas de se montrer tout le temps en public. Il travaille et vit caché. S'il se montre trop en public, c'est comme s'il s'écarte de sa vocation. Le chercheur ou le savant, ce n'est pas celui qui cherche à se faire voir ou se faire connaitre systématiquement de ses concitoyens. C'est ce qui donne le sentiment, à tous, que le chercheur est mal connu. Joane Artaud qualifie Aké-Assi « *d'illustre inconnu* ». Elle n'a pas totalement tort : « Aké-Assi, *cet Ivoirien inconnu de ses compatriotes, reçoit des centaines de milliers de lettres du monde entier à la suite de nombreux articles (plus de 130) parus dans les revues spécialisées africaines et européennes. Il a même reçu, il y a déjà 20 ans de cela, le plus grand hommage qu'un botaniste puisse connaître : donner son nom à une plante :* ***Assidora problematica****. C'est dire une fois de plus que l'exemple d'Aké Assi devrait réjouir jeunes et vieux, car il prouve bien que le courage est toujours récompensé* »[89].

Nafissatou D. Koné, du « Quotidien d'Abidjan », a également titré : « *Laurent Aké-Assi un savant méconnu des Ivoiriens* ». Elle débute l'article par : « *Le professeur Aké-Assi Laurent, considéré comme un grand témoin de la Flore africaine, a été honoré du 19 au 21 mai 2011 à l'auditorium du Musée-Fabre de Montpellier en France à travers un film documentaire à lui dédié « Bois sacré du professeur Laurent Aké-Assi ». Malheureusement, ce grand savant dont la renommée dépasse les frontières de la Côte d'Ivoire, est totalement méconnu des siens* ». Plus loin, elle ajoute : « *Humble et très courtois, Laurent Aké-Assi vit parmi les siens qui ignorent complètement sa science. Cela est d'autant plus décevant quand les pays dits puissants comme la France lui vouent un respect absolu et le classent parmi les savants de ce monde. Les médias n'ont pas joué leur rôle d'informateurs et les autorités du pays n'ont pas fait assez. Il y a aussi et surtout, que les Africains attachent très peu d'intérêt à l'environnement en général, la preuve, toutes les personnes à qui nous avons tendu notre micro, ne savent pas qui est Laurent Aké-Assi, et ce qu'il fait. Même les étudiants de*

---

[89] *AKE-ASSI : un paysan devenu savant*, Joane Artaud, Ivoire Soir, n° 262, février 1976, Abidjan.

l'Université de Cocody, sous prétexte qu'ils font du droit ou de la science économique. Mlle Coulibaly Mariam : « Je suis étudiante en anglais à l'Université de Cocody mais je ne connais pas le professeur Aké-Assi ». Idem pour Gnadja Elvice, étudiant en licence de droit. Et pourtant à 80 ans, l'homme tient toujours sur ses jambes et continue d'enseigner son savoir aux étudiants et à tous ceux qui le désirent. Nous voulons dire un grand merci à Idriss Diabaté, cinéaste ivoirien, qui s'emploie à dévoiler l'œuvre du Pr Assi. Depuis 2007, il suit de près le vieux génie de la brousse pour immortaliser ses œuvres. Le professeur Laurent Aké-Assi a pu constituer le Jardin Botanique de l'Université de Cocody, l'Herbier National de Côte d'Ivoire, sis au Centre National de Floristique ainsi que la Flore. En soixante ans de carrière, il a classé 90 % des plantes de Côte d'Ivoire. Vivement, que les autorités compétentes mettent les moyens conséquents au service des personnes qui ont la tête et qui veulent véritablement se mettre au service de leur nation, comme Aké-Assi qui milite pour une Côte d'Ivoire moderne, au-delà de tout clivage politique. Que l'Afrique honore ses grands hommes comme il se doit…»[90].

Ces premières conclusions émanant de nos collègues journalistes constituent, en elles-mêmes, un parfait résumé de la vie du chercheur, du savant Aké-Assi Laurent. Il fait incontestablement partie des grands hommes que la société ivoirienne ait produits à ce jour. Akéssz Laurent a vécu caché durant des décennies. Le moment semble aujourd'hui propice pour que toute la nation le découvre. Sa grande humilité ne pouvait pas faire de lui un homme connu sur la scène publique nationale, il y a une vingtaine ou une trentaine d'années. Son mérite est grand d'être découvert aujourd'hui, presqu'au soir de sa vie, si riche, si remplie. S'il avait été découvert plutôt, il serait devenu aujourd'hui un citoyen quelconque. Les exemples pullulent autour de nous, montrant des gens célèbres qui, quelques années après, tombent dans l'anonymat ou l'oubli le plus complet.

La méconnaissance des chercheurs les uns les autres est une question importante. Est-ce qu'en Côte d'Ivoire comme partout ailleurs, les chercheurs eux-mêmes se connaissent ? C'est une question anodine ; mais elle ne manque pas d'intérêt. Il faut le dire tout de suite, les chercheurs ivoiriens ne se connaissent que très peu. Seuls se connaissent ceux qui appartiennent à la même structure de recherche ou travaillant dans le même laboratoire ou encore, dans une certaine mesure, ceux qui ont le même champ disciplinaire ou travaillant dans des disciplines connexes ou assimilées.

La méconnaissance des chercheurs les uns par les autres est exacerbée en grande partie par le fait que la pluridisciplinarité et également l'interdisciplinarité n'ont pas été toujours mises en exergue au sein de la

---

[90] Nafissatou D. Koné, *Environnement- Laurent Aké-Assi un savant méconnu des Ivoiriens, in Le Quotidien d'Abidjan, rubrique « Portrait »,* N° 0434 du lundi 19 septembre 2011, page 12.

communauté scientifique nationale. Autrement dit, les chercheurs ivoiriens n'ont pas encore su développer les liens de solidarité et d'interdépendance des activités scientifiques conduites au sein des différentes équipes. Ainsi, un chercheur d'un laboratoire peut réaliser un travail et plancher sur un aspect alors que dans un autre laboratoire travaillant sur un domaine connexe, il y a un ou plusieurs experts dont l'apport peut lui permettre d'améliorer significativement la qualité scientifique de son travail. On assiste donc à un cloisonnement de l'activité scientifique nationale. Seuls les chercheurs d'un même domaine ont la possibilité de savoir que tel chercheur réalise telle activité. Et, pourtant, les raisons d'une collaboration scientifique sont multiples. Malgré cela, chaque chercheur ou chaque équipe de chercheurs continue d'évoluer dans un vase clos. C'est ce refus de coopérer ou de collaborer qu'il faut tuer parmi les chercheurs de Côte d'Ivoire.

Aké-Assi Laurent a très vite dépassé ces clivages artificiels entre les disciplines scientifiques pour élargir ses horizons et déterminer les contours de son activité scientifique. Travaillant sur la botanique, il a emprunté des éléments des disciplines comme la géologie ou la géographie, l'ethnologie, pour ne citer que celles-là, pour consolider sa base scientifique.

Aké-Assi Laurent est un savant méconnu des Ivoiriens. Mais, il est l'un des Ivoiriens les plus connus hors de son pays. Sa renommée a, en effet, dépassé les frontières ivoiriennes et même africaines. Il est tellement connu à l'extérieur qu'il est sollicité par des non Ivoiriens pour espérer résoudre, par son canal, leurs problèmes personnels.

Gestion des relations humaines dans la société

On peut noter que professeur Aké-Assi Laurent ne fait pas de distinction entre les citoyens selon leurs catégories. Il n'est pas prêt à traiter un ministre ou un professeur d'université différemment d'un ouvrier, d'un technicien de surface ou d'une fille de ménage. Il les considère absolument égaux.

Dans la vie et surtout dans la gestion des relations humaines, Professeur Aké-Assi Laurent « *déteste l'hypocrisie, le mensonge, le vol, la calomnie, la malhonnêteté, la colère et tout ce qui peut froisser autrui* ». Professeur Aké-Assi ne porte pas plusieurs manteaux comme le font plusieurs personnes dans notre société moderne. Elles changent les manteaux selon les circonstances. Aké-Assi est toujours le même.

Professeur Aké-Assi Laurent a-t-il des amis dans la société ? Il répond : « *En Côte d'Ivoire, j'ai deux amis intimes. J'en ai quelques uns hors de la Côte d'Ivoire notamment au Togo et au Burkina Faso* ». La question posée au professeur pourrait paraître saugrenue. Mais, le fond de cette question, c'est que par rapport à l'extrême occupation du chercheur, on se demande comment il peut dégager du temps pour entretenir durablement une relation d'amitié, d'autant plus que même les samedis et les dimanches, il est au centre, toujours en train de travailler.

Une amitié, c'est bon. Mais, pour qu'elle soit durable, il faut, selon, professeur Aké-Assi Laurent, qu'elle soit « *fondée sur la sincérité, l'honnêteté et le respect mutuel* ». Concernant la gestion pratique de cette amitié, il s'agit, selon lui, « *de partager les idées, de prendre un pot ensemble, de partager des expériences, de se faire des confidences et de s'entraider en cas de nécessité* ». D'une manière générale, chez un homme, ce que professeur Aké-Assi Laurent recherche, c'est « *son humilité, le respect qu'il voue aux autres, la sincérité, sa force mentale, sa vision positive et sa capacité à agir ou réagir* ». En regardant bien les éléments ci-dessus égrenés par professeur Aké-Assi Laurent, on comprend qu'il ne lui est pas facile d'entrer en relation d'amitié avec le premier venu. Car, tout en ne se préoccupant pas du tout du statut social du postulant, il voudrait cependant que ce dernier fasse montre d'un certain nombre de qualités. Cela veut dire qu'il place la barre assez haut. A telle enseigne que très peu de citoyens ivoiriens peuvent oser entrer en relation d'amitié avec lui. A priori, Aké-Assi Laurent n'exclut personne dans le choix de ses amis. Ce sont les personnes qui ne remplissent pas ses ''conditions'' qui s'excluent d'elles-mêmes. Les conditions ici, ce sont les principes de vie que le Professeur Aké-Assi Laurent privilégie, affectionne. Toute personne qui n'adopte pas les principes d'une vie simple éprouve des difficultés à rentrer en relation d'amitié avec lui.

Aké-Assi Laurent voue une fidélité sans faille dans la gestion de ses relations d'amitié. Ses relations ne sont pas marquées du sceau de l'intérêt matériel. Au contraire, il privilégie tout sauf l'intérêt matériel. Gnaba Logon Jean dit qu'Aké-Assi Laurent n'est pas comme ceux qui, après avoir donné, à un contemporain, des conseils, un appui financier ou toute autre contribution, sont prêts à chanter sur tous les toits où ils se retrouvent : « *Je l'ai aidé, je l'ai soutenu. Il a réussi et il ne vient pas me voir pour me donner de l'argent ou une bouteille de liqueur* ». Aké-Assi Laurent déteste profondément cette manière de faire, hélas largement répandue dans notre société. Il estime que « *cela crée la jalousie, la haine* ». Il estime également que « *ce qu'un homme ou une femme fait pour quelqu'un d'autre, il ou elle ne doit pas le faire pour lui-même, mais pour Dieu* ». Autrement dit, un homme qui a accompli un acte de bienfaisance en faveur d'un autre ne doit pas attendre, en retour, une compensation matérielle quelconque. Il fait tout de manière désintéressée.

Aké-Assi Laurent est un homme qui écoute beaucoup. Par cette écoute, il entend donner la possibilité à son interlocuteur de s'exprimer, de bien se faire comprendre. Mais, il n'aime pas les histoires notamment celles qui peuvent entraîner des pertes de temps, à travers des discussions longues et vaines qui peuvent créer la discorde entre lui et les autres. Il tient à préserver la qualité de ses relations avec les uns et les autres.

Aké-Assi Laurent a le sens de la mesure. Il utilise toujours un langage mesuré lorsqu'il s'adresse à quelqu'un soit pour lui répondre ou lui faire une suggestion soit pour lui poser une question. Toutes les personnes que j'ai rencontrées, dans le cadre de mes recherches, ont unanimement affirmé n'avoir jamais été, une seule fois, vexées par Aké-Assi Laurent par une parole déplacée, désobligeante. C'est une véritable obsession pour lui. Enfin, Aké-Assi Laurent n'entretient aucun complexe ni de supériorité ni d'infériorité envers qui que ce soit. Ainsi, il n'a jamais manifesté, devant un plus petit que lui, un sentiment de hauteur, si perceptible au niveau de nombreux citoyens dans la gestion de leurs relations humaines. Il affirme « *se mettre au même niveau que tous les autres citoyens* ». Ceci n'est pas une affirmation gratuite de professeur Aké-Assi Laurent. Il pratique cela au quotidien.

A la question de savoir quelle était la qualité des relations entre le professeur Aké-Assi Laurent et son défunt frère (Aké-Adjé Joseph), Aké Adjé Jean Tiburce répond: « *Les relations n'ont pas toujours été au beau fixe entre mon père et le professeur Aké-Assi Laurent. Les deux hommes se reprochaient mutuellement quelque chose. Par exemple, mon père reprochait au professeur Aké-Assi de ne l'avoir pas ''encadré'', en tant que son aîné. Mon père était un homme très orgueilleux. Après une rencontre avec le professeur, mon père sortait toujours de chez lui avec colère. Professeur Aké-Assi Laurent, à son tour, estimait que mon père avait tout ce qu'il faut pour mener une vie correcte et apporter une bonne éducation à ses nombreux enfants. Mon père était instituteur. Il a gravi tous les échelons, pour finir sa carrière professionnelle en tant qu'inspecteur de classe principale. Mais, il est mort dans des conditions plutôt misérables, en laissant une multitude d'enfants* ».

Face à ce constat d'échec de son frère cadet, relevé par son neveu, professeur Aké-Assi Laurent a donné l'éclairage suivant : « *J'ai fait beaucoup pour mon frère. Il ne s'est pas donné les moyens de mener une vie honorable. A sa retraite, je lui avais proposé de gérer une plantation d'agrumes d'une superficie de cinq (5) hectares et une plantation de cacaoyers de dix (10) hectares. Cela ne l'a pas intéressé. Lorsque mon jeune frère était au lycée, je lui avais acheté, pour ses déplacements, une mobylette. Quand il faisait son stage, en tant qu'élève Inspecteur, je lui avais offert ma '' Babi'' ou 2 Chevaux Citroën. Il a mené une vie très désordonnée. J'ai fait ce que je pouvais, en l'interpellant à plusieurs reprises. Il n'a pas voulu suivre les conseils que je lui ai donnés* ».

Chercheur et société ivoirienne

La recherche scientifique est une activité professionnelle que l'on peut qualifier d'ingrate pour le chercheur en ce sens qu'elle ne lui donne pas suffisamment d'audience auprès du public. Elle n'est même pas connue, parce qu'elle fait partie de celles qui ne sont pas médiatisées. C'est certainement ce qui en fait la spécificité et la différence avec d'autres activités professionnelles. Comme les autres chercheurs ou scientifiques, professeur Aké-Assi Laurent était bien connu du milieu de ses pairs, aussi bien à l'échelle nationale qu'internationale. Il était peu ou pas du tout connu du grand public, du moins jusqu'en 2010. C'est après la diffusion du petit film de 26 minutes environ, réalisé par Goran Konan Edgar que le savant a commencé par être connu du grand public. La diffusion de ce film a, en effet, fait rentrer le savant dans plusieurs foyers de Côte d'Ivoire. A telle enseigne qu'il ne peut plus passer inaperçu. Il ne peut plus parcourir dix mètres dans la rue sans qu'il ne soit interpellé à travers les félicitations et les encouragements de ses concitoyens.

L'heure de la reconnaissance du savant par la société ivoirienne semble avoir sonné. Ainsi, ces derniers temps, ces interpellations se sont multipliées. Aké-Assi Laurent a donné le témoignage suivant : « *J'étais en face d'un immeuble, dans le secteur de Saint-Jean, à Cocody, en train d'attendre un taxi pour me rendre au Plateau, en vue d'effectuer une course. En général, lorsque je me rends au Plateau pour une course, je ne prends pas ma voiture. J'ai arrêté un taxi. Je m'apprêtais à y monter. Une dame, de son balcon se trouvant au deuxième étage, m'avait fait signe de m'arrêter. J'ai laissé partir le premier taxi que j'avais arrêté. Comme la dame n'arrivait pas, j'ai arrêté un deuxième taxi. Je m'apprêtais, une fois de plus, à monter. Elle était descendue précipitamment pour me demander où je voulais aller. Je lui ai dit que j'allais au Plateau. Alors, elle m'a dit : ''Attendez-moi, je reviens dans dix minutes pour vous déposer''. Une fois dans sa voiture, elle s'était adressée à moi en ces termes: « Mon mari et moi avions regardé, à la télévision, le film sur vous. Nous avions eu l'intention de vous rencontrer. Mais, nous nous sommes dit que pour vous rencontrer cela nous prendrait deux mois. Comme je vous ai vu, j'ai décidé de vous faire attendre afin de vous parler, de vous saluer. Elle m'a accompagné jusqu'au Plateau, fortuitement. Le soir, cette même dame était venue à mon domicile avec une bouteille de champagne qu'elle m'avait offerte*».

Professeur Aké-Assi Laurent rend le témoignage suivant : « *C'était hier dimanche 12 février 2012. Je m'étais rendu à la pharmacie d'à côté en vue d'acheter un médicament. Une fois à la pharmacie, je constate qu'elle est fermée. J'ai consulté la liste des pharmacies de garde. Celle qui était la plus proche était la pharmacie Saint Jean. J'ai décidé de m'y rendre. J'ai alors hélé un taxi. Je lui ai demandé le prix de la course. Il m'avait répondu : 500 francs. J'avais un billet de mille francs CFA. Le chauffeur du taxi m'a dit qu'il ne pouvait m'y amener, parce qu'il n'avait pas la monnaie. J'ai insisté. Il ne voulait rien entendre. Je lui ai dit : puisque tu passes par cette pharmacie, dépose moi au lieu de partir vide. Il a dit non ! Il est parti. Quelques temps après, un automobiliste, au volant d'une Mercédès, était venu s'immobiliser à mon niveau. Il m'a demandé où j'allais ? Je lui ai répondu que j'allais à la pharmacie Saint Jean. Il m'a demandé de monter afin qu'il m'y dépose. J'ai accepté et je suis monté. Nous avons commencé à échanger. Il m'a dit qu'il est enseignant du secondaire et qu'il est en service à Grand-Lahou, mais que toute sa famille est à Abidjan. Nous étions arrivés à la pharmacie Saint Jean. Je lui ai dit de partir. Il m'a dit : « Je vous attends ». J'étais descendu pour acheter le médicament. Après que j'eus acheté le médicament, il était venu me descendre à mon domicile. Avant de me quitter, il m'a dit : '' Je m'appelle Kountagny. Je suis un de vos anciens étudiants de l'Université d'Abidjan, en Sciences Naturelles».*

Professeur Aké-Assi Laurent rend un autre témoignage relatif à sa rencontre avec l'une de ses anciennes connaissances, à Korhogo. Il raconte : « *En mission à Korhogo, en 2000, je me rends dans une pharmacie en vue d'acheter un médicament. Après avoir acheté le médicament, je sors de ladite pharmacie. Je partais dans une direction donnée. Quelques temps après, je me rends compte qu'une employée de la pharmacie courait vers moi. A sa vue, je me suis arrêté. Elle s'approche et s'adresse à moi pour me dire que son patron, le pharmacien, désirait me voir. J'ai donc rebroussé chemin. Le pharmacien me salue et me demande si je le reconnais. Je ne me souvenais plus l'avoir vu une fois. Il me fait savoir qu'il s'appelle Koné Sadio. Docteur Koné Sadio était de la Faculté de Pharmacie de Paris. C'était dans les années 1957-1960. Il m'a rappelé que je ne me souvenais plus de lui ; il était à la Cité Universitaire de Paris, à la maison de la France d'Outre-Mer, qu'on appelait ''FOM'' où nous, étudiants boursiers Africains, résidions. Il m'a dit : ''En première et deuxième années de pharmacie, on faisait de la botanique. Avec des étudiants Africains d'autres pays, nous venions vous voir pour l'identification de plantes et pour d'autres informations botaniques. Habitant le même pavillon (FOM), nous venions dans votre chambre''. Sur ce, Docteur Koné Sadio m'a invité à le suivre à son bureau. Là, nous avons échangé pendant quelques minutes. Après cela, j'avais demandé à partir. Au moment où je m'apprêtais à me lever, il me remet une enveloppe contenant la somme de cinquante mille francs. En me remettant l'enveloppe, il a dit ceci : ''Tenez ça pour acheter votre carburant pour le retour''. J'étais fort surpris, parce que je ne m'attendais pas à un tel geste de générosité de la part du pharmacien. Je l'avais remercié et j'étais ressorti».* Docteur Koné Sadio a posé un acte de grande portée. Son geste en faveur de Professeur Aké-Assi Laurent constitue une marque de reconnaissance manifestée par un élève à son maître. Professeur Aké-Assi Laurent a marqué l'esprit d'un grand nombre d'étudiants qu'il a eu à enseigner. Ceux-ci le lui rendent lorsque l'occasion se présente à eux.

Professeur Aké-Assi Laurent donne cet autre témoignage : « *J'attendais un taxi pour me rendre au siège de l'Académie des Sciences des Arts, des Lettres (ASCAD) au Plateau. J'ai vu une voiture faire marche-arrière et se diriger vers moi. Elle était venue s'arrêter à mon niveau. C'était une dame qui était au volant. Elle m'a demandé où j'allais. Je lui ai répondu que je me rendais au Plateau. Elle m'a demandé de monter afin qu'elle m'y dépose. Je ne sais pas où elle travaille. Elle m'a déposé à la Pyramide. Je suis descendu, après lui avoir dit infiniment merci pour ce qu'elle venait de faire ».*

Professeur Aké-Assi Laurent propose le dernier témoignage suivant : « *J'étais monté dans un taxi pour une course en ville. J'étais assis sur le siège arrière. J'ai vu que le chauffeur du taxi n'arrêtait pas de me dévisager, à travers son rétroviseur intérieur. Il se retournait même pour bien me voir. Quelques temps après, il a dit ceci : « Je vous ai vu à la télévision. Tout ce qu'on a dit sur vous m'a plu ». A la fin de la course et voulant payer la note, le chauffeur de taxi m'a dit de ne pas payer. J'ai insisté pour payer. Il a refusé. Il semblait ravi de m'avoir rendu ce service. Je suis parti quelque peu gêné ».*

Les témoignages de ce genre, professeur Aké-Assi Laurent peut en donner à profusion surtout depuis la diffusion à plusieurs reprises du film : « *Génie de la brousse* ». Aujourd'hui, il n'y a pratiquement pas un endroit où se rend le professeur Aké-Assi Laurent sans que l'on ne se précipite vers lui pour le saluer, pour le féliciter pour le travail accompli. A chaque fois qu'il fait un tour en ville ou dans son quartier, plusieurs personnes viennent le saluer en lui indiquant leur admiration. Il y a toujours une personne qui le reconnaît, quel que soit l'endroit où il se trouve. Lorsque les gens sont dans un rang, par exemple, à la banque, il y a toujours quelqu'un qui le reconnait et lui cède sa place. Cela est devenu monnaie courante. Sa popularité ne fait qu'augmenter, de jour en jour, auprès du public. Les félicitations fusent de partout.

Que dire de ce parent qui était venu voir le professeur Aké-Assi Laurent avec son fils, étudiant en Diplôme d'Etudes Approfondies (DEA) en biologie végétale. Il était venu voir le professeur afin de lui présenter son fils. Il voudrait que le professeur donne à son fils des conseils et sa bénédiction afin qu'il réussisse et devienne quelqu'un de grand. Professeur Aké-Assi a dit au parent que son fils est sur la bonne voie, puisqu'il est déjà en DEA. Le parent, non satisfait par les assurances données par le savant, a voulu que celui-ci lui impose les mains, comme le feraient les serviteurs de Dieu. La scène s'est passée à l'Université du Bénin, à Cotonou, en octobre 2004. Professeur Aké-Assi Laurent a, finalement, imposé sa main sur la tête de l'étudiant. Le parent et son fils semblaient manifestement prêter une puissance surnaturelle au « *génie ivoirien de la brousse et des universités* ».

Tout récemment, Professeur Aké-Assi Laurent a vécu une situation qu'il a bien voulu nous relater, lui-même : « *C'était le jeudi 13 décembre 2012. J'étais allé animer un cours à l'Université Nangui Abrogoua (ex. Université Abobo-Adjamé). Pendant que je faisais mon cours, un groupe d'étudiants étaient venus s'attrouper devant la salle. A la fin de mon cours, j'ai remarqué que parmi les étudiants attroupés, l'un d'eux pleurait. En fait, il pleurait d'émotion. Il a expliqué qu'il n'imaginait pas se retrouver aussi facilement devant le génie, le savant. Il a estimé avoir approché le professeur sans difficulté. Il ne s'est heurté à aucune barrière. C'est ce qui l'a poussé à couler des larmes. Il a expliqué que c'était un très grand jour pour lui d'avoir vu le savant* ».

Dans l'introduction du chapitre intitulé : « *Laurent Aké-Assi, un grand arbre parmi nous* », professeur Séry Bailly écrit : « *Aké-Assi, même s'il vit effacé, n'est pas en marge de la vie de notre société. Aller à sa rencontre, c'est prendre le parti de l'accompagner sur le chemin de la vie avec les autres. Nous percevons alors mieux les articulations possibles. Par son itinéraire peu ordinaire et ses conquêtes éblouissantes, pour son stoïcisme et son sens du défi, Aké-Assi est un héros qu'on peut et doit proposer à notre jeunesse et à l'ensemble des jeunes africains. Face aux soucis de la vie, face aux handicaps multiples et invalidants pour nos sociétés, voici un porteur d'espoir, voici un symbole d'espoir. Il ne s'agit donc pas pour nous de nous perdre dans les arcanes de la biologie mais de voir le message qu'elle porte en elle et à travers la vie d'un de ses maîtres. En reprenant son extraordinaire itinéraire, nous voyons comment sa manière d'exercer son métier de savant, c'est-à-dire d'assumer ce statut dans la liberté et dans la responsabilité vis-à-vis des siens, lui a valu une reconnaissance mondiale* »[91].

Bien que retraité, le savant Aké-Assi Laurent est toujours au service de la société ivoirienne. Il est préoccupé par les problèmes qui se posent à la société, d'une manière générale. Il accorde une attention toute particulière aux questions liées à l'agriculture, à l'écologie. Ainsi, il n'arrête pas d'attirer l'attention des pouvoirs publics et de la communauté nationale sur des questions concernant le développement de l'agriculture nationale. Il a, par exemple, alerté la communauté nationale et particulièrement les responsables de la protection des végétaux, dans une adresse intitulée : « *Note à l'attention des responsables de la protection des végétaux (agronomes, entomologistes, nématologues, pédologues, phytopathologistes et virologues*», parue dans le quotidien ivoirien « Quotidien d'Abidjan » dans sa parution du 20 septembre 2011. Dans cette adresse, le professeur écrit, en effet : « *Depuis fin mars-début avril de cette année, on assiste, dans les communes du Plateau et de Cocody, à un périssement anormal de nombreux cocotiers (Cocos nucifera, Arecaceae). Les caractéristiques de ces plants malades sont : le flétrissement généralisé de la couronne foliaire qui devient soudainement pendante, son jaunissement et son assèchement. Il s'agit, peut-être, d'une attaque de cochenilles farineuses. Quelques spécimens de ces cocotiers attaqués peuvent être observés sur les bordures lagunaires, entre l'Hôtel Pullman et le stade Houphouët-Boigny. Ce désastre est*

---

91 « *Laurent AKE-ASSI, un grand arbre parmi nous* », in Porteurs d'espoirs, Séry Bailly, 2012, Harmattan).

également perceptible entre Port-Bouet et Grand-Bassam, ainsi que dans les cocoteraies des alentours de cette ville (Moosou, Vitré). Afin d'éviter que ce fléau envahisse nos plantations industrielles, il est urgent, à présent, que son identification puisse se faire, pour que promptement l'on trouve des solutions adéquates à son éradication à court terme. Je rappelle, pour mémoire, qu'il y a une quinzaine d'années, on a assisté, en Côte d'Ivoire, sans solution, à une destruction, par des cochenilles, de presque toutes les collections des divers genres de la famille des Cycadaceae (Cycas, Encephalartos, Zamia) de tout le pays. Par ailleurs, je signale, à Abidjan, en bordure lagunaire, dans l'eau, en face du stade Houphouet-Boigny, la présence d'une plante envahissante très nuisible, la Massette (Typha domingensis) de la famille des Typhaceae, espèce pantropicale. Cette plante est à détruire, pour éviter son expansion rapide et anarchique. Professeur Laurent Aké-Assi, Enseignant-Chercheur»[92].

En quelques mots, le professeur AKE-ASSI Laurent pose le problème, établit un diagnostic clair et précis. Il va plus loin, en préconisant aux responsables en charge de la gestion du domaine lagunaire des solutions pour le résoudre. Il prend cependant soin d'indiquer qu'il faut avoir, au préalable, une meilleure connaissance (identification) du phénomène observé. Dans ce papier, on retrouve le chercheur, le savant, humble et percutant.

Par cette adresse, le savant Aké-Assi a voulu jouer son rôle d'agent de sensibilisation des pouvoirs publics. La question qui se pose est de savoir si son initiative est prise en compte par les destinataires. Il fait son travail. Maintenant quant à savoir si les pouvoirs publics prennent en compte ses recommandations, c'est une autre affaire. S'il s'avère que les pouvoirs publics ne prennent pas en compte ses observations, il refuserait alors d'être taxé de complice d'une situation qui deviendrait tragique pour les cocotiers.

La recherche scientifique, les chercheurs et tous ceux qui s'y investissent doivent être regardés avec respect. La société ne doit pas oublier que la recherche scientifique, la valorisation des produits de la recherche ou encore la protection des chercheurs sont des enjeux stratégiques pour le futur de notre nation.

La question a été posée au savant Aké-Assi Laurent de savoir quel regard il jette sur la société ivoirienne actuelle. Professeur Aké-Assi Laurent a toujours dit que les choses ne sont plus comment avant. Cela veut dire que les comportements des populations ont changé, au fil du temps. Pour nous le montrer, il nous donne souvent l'exemple d'une pratique qui était en cours et qui a disparu de notre société: « *Nous étions, mes collaborateurs et moi, en mission à l'intérieur du pays. Nous étions sur l'axe routier Botro-Béoumi. C'était en septembre 1962. Au bord de la route, dans un village, les paysans*

---

92 « Abidjan-Alerte à une hécatombe de cocotiers », in Quotidien d'Abidjan du 29 septembre 2011.

avaient l'habitude d'exposer des canaris contenant du vin de palme, en vente. Sur ces récipients, qui étaient de différentes tailles, les propriétaires, absents, collaient des feuilles ou des folioles d'arbres. Une feuille représentait la somme de 25 f CFA, à l'époque. Ainsi, si le canari comportait trois feuilles, le passant ou le voyageur doit débourser la somme de 75 f CFA, après avoir consommé le vin qui y était contenu. A côté des canaris, se trouvait également une petite calebasse dans laquelle le consommateur du vin dépose les pièces de monnaie, avant de quitter les lieux. Au retour du champ, le vendeur du vin de palme récupère l'argent contenu dans la calebasse. Cette pratique a disparu en Côte d'Ivoire. J'ai observé la même pratique en Angleterre et en Suisse chez les vendeurs de journaux. En Suisse, cette pratique est encore en cours aujourd'hui. Dans la société ivoirienne moderne actuelle, si l'on voudrait refaire cette pratique, les visiteurs, non seulement, boiraient le vin contenu dans les canaris sans payer, mais en plus, ils pourraient casser les canaris avant de partir ». La société moderne ivoirienne est en pleine déliquescence. Cette situation de crise morale dans laquelle se trouve notre société ivoirienne moderne n'est pas de nature, loin s'en faut, à réjouir le cœur du savant ivoirien. C'est avec amertume qu'il parle des changements moraux négatifs en cours dans notre société.

Chercheur et outil informatique

Dans le cadre de la conduite de ses activités scientifiques, le professeur Aké-Assi Laurent n'a jamais utilisé personnellement l'outil informatique alors que cette technologie régule, aujourd'hui, de manière incontournable, la vie des individus et des communautés humaines. Ainsi, il n'utilise pas le traitement informatique des textes. Cela est laissé au soin de sa secrétaire. Autrement dit, le professeur Aké-Assi Laurent ne sait pas manipuler un ordinateur. Cela ne le gêne pas du tout. Il écrit tous ses textes à la main et les soumet ensuite à sa secrétaire pour les saisies informatiques. On imagine la pléthore de textes que la Secrétaire de Professeur Aké-Assi recevait lorsqu'il était encore à cent pour cent de ses capacités. On peut imaginer qu'elle n'a jamais eu à « *chômer* » par manque de travail en étant sous la direction de son patron.

On voit également que, de tout temps, le professeur Aké-Assi Laurent travaille avec une feuille, un crayon à papier et une gomme. L'utilisation de ces « *outils* » traditionnels ne permet pas visiblement au professeur de réaliser un gain de temps, alors même qu'il fonctionne à toute vapeur, pour employer un mot très usité par les journalistes.

Le constat fait est que cela peut paraitre anormal voire impensable aux yeux d'un observateur en 2011. Professeur Aké-Assi Laurent ne semble pas du tout gêné par son « *ignorance* » en matière d'utilisation d'outils informatiques. De même, professeur Aké-Assi Laurent ne sait pas manipuler un téléphone cellulaire. Il indique que souvent, il fait appel à autrui pour lui apporter assistance, par exemple, lorsqu'il y a une puce à introduire dans un téléphone cellulaire. Qu'est-ce qui explique cette situation ? La seule raison invoquée par le professeur pour expliquer sa méconnaissance de l'outil informatique est le manque de volonté de sa part à agir. Il n'a pas la volonté de consacrer du temps à réaliser des manipulations sur les appareils électroniques. Il n'ose même pas envisager cela. Cela parait surprenant surtout de la part de celui qui cherche toujours à connaître. Aké-Assi Laurent nous montre, là, qu'il est un homme exceptionnel, mais qu'il ne peut pas tout savoir.

Trio d'une amitié profonde et durable

En Côte d'Ivoire, Aké-Assi Laurent a deux amis fidèles, avec lesquels il n'a jamais eu d'histoire. Ce sont respectivement Allé Monné Blaise et Mao Nguessan Ernest qui sont, comme lui, à la retraite. Ce sont les deux personnes qu'il a l'habitude de fréquenter assidûment à Abidjan, depuis qu'ils sont tous les trois rentrés de France après leurs études. Leur amitié ne date donc pas d'aujourd'hui, puisqu'ils se sont rencontrés en France. Depuis une cinquantaine d'années, tous les trois amis se fréquentent. Professeur Aké-Assi Laurent se plait à dire : « *Toute la semaine, lorsque je ne suis pas en mission hors d'Abidjan ou de Côte d'Ivoire, et que je ne suis pas au travail, c'est que je suis chez l'un d'entre eux. On sait toujours où me trouver* ».

Professeur Aké-Assi Laurent déteste profondément l'hypocrisie, le mensonge, le vol et la tricherie, la calomnie, la colère. L'on comprend aisément la raison pour laquelle il n'a que deux amis en Côte d'Ivoire et deux autres étrangers dont l'un est Togolais et l'autre Burkinabé. Pour lui, une amitié est fondée sur des valeurs. Les anciens affirment, avec raison du reste, que dans le contexte actuel, les amitiés se construisent non plus sur des valeurs morales de la société notamment la sincérité, l'honnêteté et le respect mutuel, mais uniquement sur du matériel à tout crin. Or ce sont ces valeurs qui permettent à une amitié de se consolider et de se prolonger dans le temps. Puisque ces valeurs n'existent pratiquement plus, les amitiés, frappées du sceau de la fragilité, ne résistent plus aux tempêtes.

Le destin a fait rencontrer trois personnes : Aké-Assi Laurent, Mao Nguessan Ernest et Allé Monné Blaise. L'amitié née entre ces trois personnes, chose rare pour être mentionnée, a traversé les années, les décennies, pour être encore très forte aujourd'hui. Le dicton populaire indique que « *qui s'assemble se ressemble* ». Ces trois personnes partagent les mêmes valeurs, les mêmes idéaux, sur lesquels ils ont bâti leur amitié.

Au sujet, par exemple, de la perception et de l'accomplissement du travail, Mao Nguessan Ernest explique comment il se comportait lorsqu'il était encore en activité : « *Un fonctionnaire qui n'a pas d'idéal n'a pas sa place à la fonction publique. Quand on est à la fonction publique, il faut travailler pour l'intérêt de tous. Je consacrais très peu de temps à ma famille. Pendant longtemps, je ne descendais pas les midis. Le soir, je n'arrivais pas à la maison avant 21 heures. Je ne passais pas mon temps là-bas à m'amuser. Je cherchais à savoir comment bien faire le travail qui m'est confié* ».

En ce qui concerne l'importance excessive accordée par la société à l'argent et au matériel, Mao Nguessan Ernest indique : « *Le matériel est indispensable. Nous en avons besoin, d'abord pour nous-même, ensuite pour notre famille. Dans notre société troublée, à quoi cela sert-il d'être riche? Tu ne peux pas en jouir. Tu as peur pour ta vie et pour celle de ta famille. Chaque jour, la question à laquelle tu dois répondre est celle-ci : Comment survivre ?* ». C'est à Paris, en 196I-1962, qu'ils se sont rencontrés alors qu'ils étaient étudiants. Mao NGuessan Ernest se souvient : « *Après seulement quelques moments d'échange, j'ai constaté, d'emblée, que nous nous entendions très bien. Lors d'un déménagement, Aké-Assi Laurent était venu me donner un coup de main avec sa voiture, une Citroën 2 chevaux, communément appelée « Baby ». Cela m'avait profondément touché*».

Déjà, en France, les deux amis se voyaient une fois par semaine. Cette fréquence de la rencontre entre deux personnes vivant à l'étranger était élevée. Une fois rentrés en Côte d'Ivoire, leur amitié s'est poursuivie et s'est consolidée d'une manière continue pour atteindre la longévité que l'on lui connaît.

Les trois amis, à la fin de leurs études, étaient rentrés en Côte d'Ivoire au cours de la même année 1964, mais à des dates différentes. Les trois amis résident depuis cette date, de manière permanente à Abidjan, au bord de la lagune Ebrié. Mao Nguessan Ernest explique : « *Aké-Assi Laurent et Allé Monné Blaise étaient, au départ, logés à Adjamé, précisément au quartier des 220 logements tandis que moi, j'étais à Cocody. J'habitais l'immeuble sis en face de la Station Service actuellement ''Shell'' (anciennement ''Agip'') à Cocody, après l'église Saint Jean. C'est après qu'ils sont venus à Cocody. Eux, ils habitaient vers le collège Jean Mermoz* ».

A la question de savoir s'il a quitté le quartier d'Adjamé pour Cocody par snobisme, Aké-Assi Laurent répond : « *Ce n'était point par snobisme. C'est vrai, certains cadres quittaient Adjamé ou d'autres quartiers pour venir habiter Cocody. Mais, moi, j'ai quitté Adjamé pour Cocody, dans la seule optique de me rapprocher de mon lieu de travail, à savoir l'université de Cocody et dans des circonstances que j'ai expliquées au tout début de ce document*».

Mao Nguessan Ernest donne quelques détails concernant leur amitié : « *Nous avons décidé, tous les trois, d'aller, un samedi à Affery. Le soir, nous avions décidé d'aller saluer ma mère. Lorsque j'ai présenté mon ami Aké-Assi Laurent à ma mère, elle s'est mise à rire. Surpris, je demande à ma mère la raison pour laquelle elle rit. Elle m'explique, avec des détails irréfutables, qu'en réalité, Aké-Assi Laurent n'est pas un ami, mais un frère consanguin, un parent à moi. Elle m'explique que, pendant la période coloniale, on leur demandait de transporter l'huile de palme d'Affery à Agboville. Comme le chemin était long, ils allaient passer la nuit dans le campement du père d'Aké-Assi Laurent situé à quelques kilomètres d'Agboville. Et, le lendemain, ils poursuivaient leur route jusqu'à Agboville pour aller livrer l'huile chez le commandant de cercle. Au moment où ils allaient livrer l'huile, Aké-Assi Laurent était tout petit ».*

Ce lien de parenté établi entre Mao Nguessan Ernest et Aké-Assi Laurent n'a affecté, d'une manière ou d'une autre leur amitié. Depuis qu'ils se sont rencontrés en France sans savoir qu'ils ont quelques liens de parenté, ils sont restés très unis, jusqu'à ce jour.

Après l'entretien avec Mao Nguessan Ernest, une constante forte s'est dégagée. Les trois amis ont énormément investi dans l'instruction et l'éducation de leurs enfants. Cela leur a permis de leur donner un niveau d'instruction que bon nombre de familles, qui ont misé sur autre chose, peuvent leur envier. Pendant qu'ils investissaient dans l'instruction de leurs enfants, d'autres optaient, par exemple, pour l'investissement dans l'immobilier, dans la création de plantation, dans des placements en bourse, etc.

Tout comme Aké-Assi Laurent, Mao Nguessan Ernest a sept enfants dont l'ainée est magistrate comme son père, en poste à Abengourou. Elle était de passage le jour de l'entretien à la maison paternelle, parce qu'elle était venue effectuer un retrait à la banque, pendant la période de crise politique où de nombreuses banques avaient fermé. En plus de la magistrate, il y a trois autres enfants mariés et travaillant en France. L'une d'elles est diplômée des Hautes Etudes Commerciales (HEC) de Paris et occupe une fonction importante dans une firme française. Un autre garçon travaille dans les finances. Ce dernier, travaillait à Ecobank à Abidjan. Il a eu un nouveau poste au Caire, en Egypte. Mais, deux semaines après sa prise de fonction, les évènements politiques ont secoué le pays des Pharaons pour entraîner la chute du Président Hosni Moubarak. L'entreprise dans laquelle il travaillait au Caire s'était relocalisée pendant quinze jours à Abuja, la capitale fédérale du Nigeria, avant de repartir en Egypte. Une autre fille de la famille Mao travaille, en tant que cadre supérieure dans le domaine de la téléphonie mobile à Abidjan.

Monsieur Mao Nguessan Ernest indique, à 76 ans, qu'il continue encore de faire des dépenses pour le compte de ses enfants. Il a également fait savoir qu'il a eu à financer, sur fonds propres, deux séjours linguistiques de la magistrate à Londres, Angleterre. Il déplore le fait qu'aucun de ses enfants n'ait bénéficié d'une bourse de l'Etat ivoirien qu'il a servi pendant 37 années et demie, en raison de la mesure gouvernementale excluant des bourses gouvernementales les enfants dont les parents fonctionnaires avaient un niveau de revenu mensuel égal ou supérieur à 150 mille francs cfa. C'était une aberration d'autant plus que le salaire de 150 mille francs ne peut permettre de subvenir correctement aux dépenses d'une famille africaine normale, c'est-à dire élargie à des personnes autres que ses progénitures.

Quant à Allé Monné Blaise, il a eu cinq (5) enfants avec des niveaux d'instruction tout aussi élevés. Trois d'entre eux vivent et travaillent en Europe et deux exercent en Côte d'Ivoire.

En définitive, on peut noter, au sujet du trio d'amis, qu'ils sont des hommes riches de l'instruction et de l'éducation qu'ils ont pu donner respectivement à leurs enfants. Même retraités, tous les trois continuent de vivre leur amitié. Par exemple, les trois ont mis en place une tontine depuis environ un an. Chacun cotise la somme de cent cinquante mille francs CFA au titre de la tontine. Cela fait au total la somme de quatre cent cinquante mille francs CFA par mois qu'ils prennent à tour de rôle. Ce trio est assurément un modèle qui vit tranquillement sa retraite alors que la plupart des retraités broient du noir. Le trio d'amis fait désormais place malheureusement à Aké-Assi Laurent, avec la disparition en novembre 2011 d'Allé Monné Blaise et de Mao Nguessan Ernest en mai 2012. Professeur Aké-Assi Laurent a tenu à donner l'information suivante : « *Allé Monné Blaise a été le parrain de mon mariage, célébré à Paris, le 4 juillet 1964 (5è Arrondissement de Paris)* ». Aké-Assi a perdu, en l'espace de quelques mois, ses deux amis fidèles. Il a en a été profondément marqué.

Gnaba Logon Jean du quartier « *Kilomètres* 17 » a eu une amitié très longue avec le professeur Aké-Assi Laurent. Il donne les raisons de la longévité de cette amitié : « *Notre amitié dure depuis longtemps. Etant plus âgé que lui, je lui donnais des conseils à chacune de nos rencontres. Des gens, le voyant tout le temps venir chez moi, ont voulu nous séparer, en imaginant toutes sortes d'histoires. Ils n'y sont pas parvenus* ». Dans notre société moderne, il y a plus d'hommes et de femmes prêts à diviser qu'à unir leurs contemporains. Pour réaliser leur besogne, ils sont prêts à créer des situations d'ordre conflictuel entre conjoints, parents ou amis. Ils échouent toujours face à la solidité des amitiés non fondées sur le matériel.

L'amitié a un sens profond pour Aké-Assi Laurent. Il est très fidèle dans la gestion de ses relations avec ses amis. C'est, d'ailleurs, pour cette raison qu'il aimait retourner dans les quartiers où il a habité en vue d'y rencontrer ses anciens amis. Sa rencontre avec ses amis lui permettait non seulement de changer d'air (l'air de l'université et de la botanique) mais également d'échanger des idées avec eux sur de multiples aspects de la vie. Par la fréquentation de ses amis dont certains sont plus âgés que lui, Aké-Assi Laurent a pu améliorer ses connaissances en culture générale. Ces rencontres constituent, pour lui, une source inestimable d'apprentissage de la vie.

Le trio d'une amitié profonde et durable – Abidjan, 9 Août 2009

On observe de gauche à droite Monné Allé Blaise, Mao Nguessan Ernest et Aké-Assi Laurent. Ils se sont connus en France lorsqu'ils étaient étudiants. Monné Allé Blaise, parrain de mariage d'Aké-Assi à Paris, a été rappelé par le Seigneur en novembre 2011. Mao Nguessan Ernest a été également rappelé à Dieu le lundi 14 mai 2012 aux premières heures de la journée. Enfin, le trio n'existe plus, car Professeur Aké-Assi Laurent est décédé le 14 janvier 2014, dans une clinique d'Abidjan, suite à l'opération du nerf sciatique, à l'âge de 82 ans..

Sens élevé du partage avec les autres

En tant qu'homme, chercheur et chef de famille, Aké-Assi Laurent a souvent connu des moments difficiles notamment sur le plan financier. Il lui est, en effet, arrivé de manquer d'argent, d'être dans la dèche, comme cela arrive à n'importe qui. Lorsque cette situation se présente, il explique qu'il a « *la certitude que, dans les heures ou les jours qui suivent, il recevra de l'argent* ». Soit, c'est un chèque qu'il reçoit, soit c'est de l'argent liquide qu'on lui apporte ou qu'on lui donne, en signe de paiement d'un reliquat du coût d'une prestation réalisée quelques mois plutôt.

Aké-Assi Laurent a un sens élevé du partage. Il indique que des gens de toutes conditions viennent, souvent, de loin pour solliciter son intervention.

Il ajoute : « *Les gens pensent que j'ai beaucoup d'argent. Lorsqu'on me sollicite, alors je donne* ». C'est d'ailleurs pour cette raison que lorsque l'on lui dit qu'à l'église, l'on apprend à donner, à faire la libéralité, il rétorque qu'il fait cela déjà et qu'il n'a pas besoin de se rendre dans une église pour cela. Il avance également qu'il réalise un travail que Dieu agrée. La plantation d'arbres et la constitution progressive d'une forêt font, à son sens, partie intégrante de l'œuvre de Dieu. De ce point de vue, Professeur Aké-Assi Laurent a-t-il tort ? Assûrément non, car il est écrit dans le premier chapitre de la Genèse, au verset 12 : « *La terre produisit de la verdure, de l'herbe portant de la semence selon son espèce, et des arbres donnant du fruit et ayant en eux leur semence selon leur espèce. Dieu vit que cela était bon*».

Le parcours scientifique et professionnel exceptionnel que le savant a eu à accomplir est dû à la main de la providence. Les différents concours de circonstances se sont présentés d'une manière souvent inexplicable. Les rencontres avec Georges Mangenot, avec Félix Houphouët-Boigny et avec d'autres personnes n'ont-elles pas été possibles que grâce à la « *providence* » ?

Au sujet du grand sens de partage de professeur Aké-Assi Laurent, madame Coulibaly Madongui, actuellement secrétaire au Centre National de Floristique (CNF), affirme : « *Professeur Aké-Assi aime donner. Mais, quand il donne, il n'attend rien de celui à qui il donne. Il donne sans aucune arrière-pensée. Une fois, professeur Aké-Assi avait perdu un parent. Nous (les deux secrétaires) avions mis un peu d'argent de côté pour le « Yako » traditionnel. Nous le lui avions donné. Quelques jours plus tard, il nous a restitué l'argent que nous lui avions remis, en augmentant même le montant reçu. A partir de là, nous ne savions plus ce qu'il fallait faire. La philosophie de professeur Aké-Assi, c'est de ne pas déranger les gens, en leur faisant payer des cotisations pour telle ou telle situation qui se présente* ». Madame Coulibaly Madongui se souvient encore : « *Un jour, j'étais là et je reçois une recharge téléphonique d'un montant de 3.000 francs CFA sur mon mobile. Je ne savais pas qui a pu faire cela. J'ai appelé le numéro par lequel la recharge a été faite. C'était une cabine téléphonique. J'ai demandé au détenteur du téléphone de me décrire la personne qui venait de faire la recharge et l'endroit où il se trouvait. Après ses explications, j'ai compris que c'était le professeur Aké-Assi Laurent qui m'avait fait le don. Je me suis, en effet, souvenue de ce que, quelques semaines plutôt, je lui avais indiqué les difficultés que j'avais à créditer d'unités mon téléphone mobile dans mon quartier*».

Aké-Assi : un homme reconnaissant

Aké-Assi Laurent est un homme très reconnaissant. Ainsi, à son retour de France, il avait voulu manifester sa reconnaissance à Andon Kouadio, le menuisier bienfaiteur rencontré plusieurs années à Agboville. Il voulait le remercier et lui dire qu'il était allé étudier en France et qu'il était rentré au pays. Aké-Assi Laurent se souvient de l'épisode suivant : « *Un jour, j'étais dans la voiture d'un ami. C'était au Plateau. J'ai aperçu le menuisier d'Agboville sur une bicyclette. C'était sur le boulevard de la République. J'ai demandé à mon ami de s'arrêter. Je suis revenu en arrière. Mais, je ne l'ai pas revu. A partir de ce jour, j'ai entrepris des démarches pour le rencontrer. J'ai, par exemple, fait diffuser un communiqué à la radio. Il a été diffusé deux fois en baoulé et deux fois en français. Dans le communiqué, j'ai fourni mes coordonnées pour permettre au menuisier de me recontacter au cas où il entendrait mon message. Je n'ai eu aucune réponse. Après, j'ai entrepris d'autres démarches auprès de la chefferie baoulé de Treichville, sans suite. Finalement, j'ai appris qu'il était décédé* ». La nouvelle de la disparition de son ancien bienfaiteur l'a profondément attristé. Professeur Aké-Assi Laurent aurait tellement aimé le rencontrer pour lui témoigner sa reconnaissance. Il n'en a pas eu l'occasion. Il n'oublie jamais un bienfait dont il aurait bénéficié à un moment ou à un autre, durant son parcours. Professeur Aké-Assi Laurent explique son désir ardent de rencontrer son bienfaiteur : « *Je voulais surtout lui rappeler ce qu'il a fait pour moi en 1942. Il a dû oublier qu'il avait fait du bien à un enfant à l'époque* ». Mais, il n'avait pas pu le rencontrer. Cette rencontre, si elle avait eu lieu, elle aurait suscité beaucoup d'émotion chez l'un comme chez l'autre.

Dans le cadre de la réalisation de sa biographie, professeur Aké-Assi avait établi, pour moi, une liste de personnes que je devrais rencontrer. Parmi ces personnes, il y en avait qui l'avaient soutenu, techniquement et financièrement. Parmi les personnes qui lui ont apporté un appui financier, on peut citer deux : Madame Assana Sangaré Ouattara, pharmacienne, ancien ministre et ancien député à l'Assemblée Nationale de Côte d'Ivoire, et Monsieur Kouassi Brou Mathieu, ancien cadre de banque. En les mettant sur la liste des personnes à rencontrer, professeur Aké-Assi voudrait, à son tour, les remercier encore, puisqu'il a déjà eu l'occasion de leur témoigner sa gratitude. Entre ces personnes et le professeur Aké-Assi, une grande amitié est née. Pour matérialiser sa reconnaissance à ces personnes, il n'a pas hésité à porter, par exemple, son choix sur Madame Assana Sangaré Ouattara pour la préface de son récent livre à savoir « *Abrégé de médecine et pharmacopée africaines* ».

A la cérémonie de dédicace dudit livre, le 7 mars 2012, au Goethe Institute d'Abidjan, La Ministre, Assana Sangaré-Ouattara, était encore là, quoique convalescente, pour rendre hommage au savant Aké-Assi. A cette occasion, elle a prononcé une allocution dont le texte est intégralement reproduit ici :

« Permettez, avant tout propos, que j'adresse mon infinie gratitude aux Editions NEI-CEDA qui ont bien voulu, sur recommandation il est vrai, me solliciter pour le parrainage de cette cérémonie et c'est bien ce qui justifie ma présence à cette tribune cet après-midi. Je mesure la portée d'un tel choix et je ressens cela comme un honneur après celui qui m'a déjà été fait de signer la préface de l'ouvrage qui est au centre de notre rencontre d'aujourd'hui. Je m'en réjouis énormément.

Mesdames et Messieurs,

Est-il besoin de vous signaler la noblesse de la cause qui nous réunit ? Il s'agit de médecine, de pharmacie donc de science. Et, c'est pour cela que je voudrais saluer au passage cet aréopage du monde de la science dont la présence constitue un éloquent témoignage de l'intérêt que tous, nous portons au domaine scientifique. A cet effet, le fondateur de ce pays ne nous demandait-il pas de commencer à « chanter moins, à danser moins pour nous tourner vers la science, la technique et la technologie ? ».

Mesdames et Messieurs,

A présent, si vous m'autorisez, pour la commodité, je voudrais vous relater brièvement les circonstances de ma rencontre avec l'auteur, M. Laurent Aké-Assi. Je connaissais le Pr. Aké quand tout jeune, étudiante, j'ai été affectée au Département d'Immuno-Hématologie du CHU de Cocody en 1974. J'ai eu de l'admiration pour lui, pour ce qu'il faisait car moi aussi, j'ai été, un moment, passionnée par l'étude des plantes.

Plusieurs années après, c'est à l'occasion de la célébration du 20è anniversaire de Pharmafinance que ma consœur Juliette Egnankou m'a associée à une rencontre avec le Pr Aké-Assi. Ce fut alors le début de notre plaidoyer pour aider M. Aké-Assi qui le mérite bien.

Comme vous le voyez, les raisons sont donc nombreuses et suffisamment fondées pour vous inviter à prêter une attention particulière à ce que fait M. Aké.

Au-delà du simple soutien, c'est un impérieux devoir pour nous d'encourager cet autre pan de la recherche scientifique si nous voulons non seulement laisser aux générations futures des bases solides de nos immenses potentialités pharmaceutiques, mais éviter aussi à notre pays et, pourquoi pas, à l'Afrique leur trop grande dépendance dans ce domaine.

C'est pourquoi en parcourant les quelques lignes de la préface de cet ouvrage, vous pourriez lire ce clin d'œil que je me suis permise de faire aux gouvernants comme aux hommes de science : « les plantes médicinales, utilisées traditionnellement, constituent la base des soins médicaux dans les pays en voie de développement...Et les pouvoirs publics doivent intervenir et afficher une réelle volonté politique face à cette pratique médicale pratique parallèle. La tolérance affichée vis-à-vis de la médecine traditionnelle ne suffit pas. Elle gagnerait à être renforcée par un appui franc à des initiatives comme celles de M. Aké-Assi, ce chercheur discret, mais étonnement efficace et qui a beaucoup donné au pays.

Son œuvre, à travers cet important herbier qu'il constitue, ne doit pas disparaitre, mais plutôt servir de « moule scientifique » aux générations naissantes.

L'auteur, lui-même, le dit si bien quand il affirme qu'il est du devoir de chacun, à tout moment, de chercher à se rendre utile et surtout de faire profiter aux autres de ses connaissances, de ses recherches, de ses expériences. Ce sont ces raisons, affirme-t-il, qui l'ont poussé à écrire cet ouvrage.

Il nous faut donc, et pour cela, saluer les Editions NEI-CEDA pour avoir mis à la disposition de l'humanité le fruit de cette recherche obstinée du Pr Aké-Assi. Je conseille la lecture de cet ouvrage à tous, parce que non seulement il comporte la description des plantes, mais aussi leur usage thérapeutique.

Aujourd'hui, un véritable paradoxe nous étreint : vivre dans un pays dont l'importante richesse floristique est indéniable et se laisser envahir par la pharmacopée d'ailleurs. Il nous faut sortir de cette étreinte par la connaissance nécessaire et absolue des vertus thérapeutiques de notre flore aussi abondante et qui constitue une aubaine, car il est établi que 50% des médicaments prescrits aujourd'hui sont d'origine végétale.

C'est un proverbe bien de chez nous qui dit que « là où pousse l'herbe, il y a la vie ». Quelle évidence ?

C'est sur cet enseignement que je voudrais m'arrêter en vous invitant, Mesdames et Messieurs, à nourrir le ferme espoir dans une pharmacopée africaine revigorée, que dis-je, revitalisée grâce à la solidarité de tous dans la recherche scientifique.

Je souhaite à toutes et à tous une bonne cérémonie de dédicace. Je vous remercie.

Fait à Abidjan, le 07 Mars 2012

Madame Assana Sangaré Ouattara

Aké-Assi Laurent : un homme riche aujourd'hui ?

La notion de richesse ou de pauvreté est hautement relative. C'est pour cette raison que l'on éprouve beaucoup de difficultés à proposer des définitions qui conviennent à tous. A la question posée à professeur Aké-Assi Laurent de savoir s'il est un homme riche, il répond sans hésitation : « *Je ne suis pas un homme riche. Je n'ai aucune économie. J'ai une maison à Abidjan que j'habite avec mon épouse. J'ai une autre maison que je mets en location. J'ai une maison au village. J'ai une grande maison que je voudrais transformer pour en faire un Centre de Recherche en diversité biologique. J'ai deux costumes que je porte pour aller assister à une cérémonie officielle. J'ai préféré mettre mon argent dans l'instruction de mes enfants* ». C'est une véritable obsession, pour lui, de mettre « *son argent* » dans l'instruction de ses enfants. Il s'agit d'un choix stratégique d'une grande importance pour le futur de toute la famille. Pour lui, ce qui reste à la fin de la vie d'un homme ou d'une femme, c'est l'instruction qu'il ou qu'elle aura donnée à ses progénitures. Il n'y a rien qui puisse remplacer l'instruction que l'on permet à ses progénitures d'acquérir, de son vivant.

Professeur Aké-Assi Laurent n'est pas un homme riche, au sens où on l'entend généralement en Côte d'Ivoire et ailleurs, c'est-à-dire avec un compte bancaire bien garni, des immeubles de rapport, des actions en bourse, des plantations ou encore des biens matériels disséminés un peu partout. Mais, il n'est pas un homme malheureux non plus. Il se sent parfaitement bien, comme on le dit, dans sa peau. C'est pour cette raison que j'ai rétorqué au Professeur Aké-Assi Laurent pour lui dire : « Professeur, *vous êtes, au contraire, un homme extrêmement riche. Vous avez trois grandes richesses. Votre première richesse, ce sont vos enfants qui ont connu une réussite universitaire exceptionnelle. Concernant l'éducation que vous avez donnée à vos enfants, il est bon de noter que certaines personnes ont laissé des fortunes à leurs enfants. Mais, ces derniers, n'ayant pas reçu un bon niveau d'instruction et une bonne éducation ont fini par dilapider ces fortunes en un rien de temps pour n'avoir pas été suffisamment préparés à les gérer correctement, à les faire fructifier. Ce constat est dramatique. La misère ou la pauvreté a fini par élire progressivement domicile chez ces familles jadis nanties ou supposées telles* ».

Comme pour admettre qu'il n'est pas un homme aussi pauvre qu'il ne le pense, Professeur Aké-Assi Laurent avance : « *Chacun de mes enfants travaille. Si je suis en panne, chaque enfant peut me donner à la fin du mois la somme de 10 mille francs CFA. Cela me suffira* ». Professeur Aké-Assi Laurent est modeste en tout. S'il venait à être « *en panne* », chaque enfant lui apporterait plus que 10 mille francs *CFA* par mois. Peu importe le montant que chaque enfant pourrait apporter à son père lorsque celui-ci serait en panne. C'est la symbolique qui compte. Combien d'Ivoiriens, aujourd'hui, retraités, sont, en effet, en mesure de compter sur sept (7) enfants qui peuvent les dépanner à raison de dix mille francs *CFA*, par exemple, par mois ? Assurément, ils ne sont pas nombreux.

Au-delà de l'aspect matériel ou financier de la notion de richesse, le fait, pour le père de famille qu'il est, d'avoir donné un niveau d'instruction élevé à ses enfants signifie que le nom de la famille Aké-Assi, nom que portent fièrement les enfants, ne disparaitra pas aussi facilement dans les décennies et siècles à venir. Cela peut être une profonde source de satisfaction morale pour un père ou une mère de famille. De ce point de vue, professeur Aké-Assi Laurent n'a pas de raison de se plaindre. Au contraire, professeur Aké-

Assi est un homme riche de la qualité des ressources humaines développées qui font de lui un homme respectable et respecté au sein de notre communauté nationale.

La deuxième richesse de professeur Aké-Assi Laurent, c'est la forêt qu'il a constituée, de toutes pièces, année après année, au cœur de la métropole abidjanaise. C'est une véritable forêt. Elle constitue une richesse nationale, alors que la plupart des richesses que les hommes et les femmes acquièrent appartiennent à leurs seules familles. La forêt sert aux générations actuelles et servira surtout à celles du futur, dans le cadre du développement durable. A un moment où toute la planète entière est anxieuse face au réchauffement et au changement climatique, à la désertification et à ses conséquences inimaginables sur notre vie individuelle et collective, Aké-Assi Laurent offre une forêt en pleine agglomération abidjanaise. Le savant a fourni une contribution majeure à l'écologie urbaine d'Abidjan. On peut donc dire qu'il a été en avance sur ces concitoyens, par rapport à la question écologique urbaine.

La troisième richesse de Professeur Aké-Assi Laurent, c'est qu'il s'est bâti, par son parcours et l'œuvre qu'il a créée, une réputation qui va bien au-delà des frontières de la Côte d'Ivoire. Aujourd'hui, les gens viennent de partout pour le rencontrer. A ce sujet, Professeur Aké-Assi Laurent renchérit, lui-même : « *A partir du petit film qui passe à la télévision nationale première chaîne, plusieurs personnes veulent me rencontrer. Hier, une femme était venue directement du Mali pour me rencontrer. Après son départ, une autre personne est venue me voir. Elle m'a dit que sa rencontre avec moi a rempli sa journée* ».

Professeur Aké-Assi Laurent m'a fait savoir que les parents appellent la télévision nationale première chaîne pour réclamer la rediffusion du petit film retraçant un pan de sa vie. Cette tendance devrait se poursuivre et se renforcer dans les mois et années à venir. A la question de savoir ce qui lui a donné le plus de satisfaction dans sa vie, Professeur Aké-Assi Laurent cite en premier lieu la bonne éducation qu'il a pu donner à ses enfants, et ensuite sa carrière scientifique. Au sujet de la recherche de l'argent et des honneurs, Mao Nguessan indique : « *Aké-Assi Laurent n'a pas vraiment recherché la gloire et la richesse. Même, aujourd'hui encore il a des possibilités immenses de s'enrichir. Mais cela ne l'a jamais effleuré* ».

Au sujet justement de l'argent, Mao Nguessan Ernest présente une situation d'actualité : « *Depuis un an, nous avons décidé de faire une petite tontine à trois. Chaque mois, chacun donne la somme de 150 mille francs cfa. A la fin du mois de février 2011, c'est Aké-Assi qui prend. Ce matin, la femme d'Allé Monné Blaise, notre ami commun, a envoyé la cotisation de son mari. Moi-même, je n'ai pas encore eu ma pension à cause de la fermeture de la Société Ivoirienne de Banque (SIB). Je viens de prévenir*

Aké. Il m'a répondu, à son tour : « Moi-même je n'irai pas à la banque avant la semaine prochaine. N'en fais pas un problème »[93].

Profitant du passage de Madame Allé Monné Blaise à son domicile lors de l'entretien avec lui, Mao NGuessan Ernest m'apprend ceci : « *A l'occasion du mariage d'un ami en France, j'ai retrouvé madame Allé Monné avec laquelle j'ai passé le concours d'entrée en sixième. Nous étions contents de nous revoir à cette occasion* ».

Professeur Aké-Assi Laurent a une relation particulièrement simple, sobre avec l'argent. Face à l'argent, il est resté égal à lui-même. Il est resté digne. Ce n'est pas toujours facile pour un grand nombre d'Ivoiriens de rester maîtres de l'argent dans une société où l'on n'hésite pas à désigner du doigt celui qui n'a pas d'argent ou n'en dispose pas suffisamment pour survenir à ses besoins essentiels. Aujourd'hui, beaucoup de personnes sont pratiquement devenues des esclaves de l'argent, au point de ne voir que lui, en tout ce qu'elles font. Aké-Assi Laurent reconnaît certes l'utilité de l'argent dans la vie de l'Homme, mais il ne le place jamais au-dessus de lui. S'il a gardé toutes les valeurs que l'on lui (re)connait, c'est parce qu'il ne s'est pas laissé dominer par le phénomène argent, l'opium de notre société moderne. Pour terminer sur ce volet ''*argent*'', professeur Aké-Assi Laurent dit toujours ceci : « *Si j'ai un milliard de francs CFA aujourd'hui, qu'est-ce que je vais en faire ? Ce n'est pas nécessaire* ». Cette déclaration du savant Aké-Assi Laurent est étonnante pour la plupart de ses contemporains, quand on sait que ce que les uns et les autres font, c'est dans la perspective d'avoir des millions et certainement des milliards. Mais, elle ne peut guère surprendre ceux qui le connaissent, qui l'ont côtoyé et qui savent qu'il n'a pas un goût très poussé pour la recherche de l'argent, surtout de l'argent facile. C'est pour cette raison que professeur Aké-Assi Laurent n'a pas été corrompu, ni politiquement, ni moralement, ni intellectuellement. Il n'a donné aucune occasion à quiconque de le faire. C'est un grand parmi nous.

Acceptation de tout, sans lamentation

Aké-Assi Laurent n'est pas un homme à se lamenter sur une situation donnée. Il accepte tout, là même où on s'attend à le voir se plaindre, se lamenter, à rouspéter, à montrer de l'indignation. Durant les nombreuses rencontres que nous avons eues dans le cadre de la collecte d'informations sur sa vie, il a indiqué avoir été victime, à plusieurs occasions, de pratiques humiliantes, parfois inhumaines. Il a toujours accepté les choses telles qu'elles se sont présentées durant son parcours.

[93] C'était le vendredi 04 Mars 2011, alors que j'étais en plein entretien avec Monsieur Maho Nguessan .

A la suite des pillages dont l'université de Cocody a été le théâtre, le Ministre de l'Enseignement Supérieur et de la Recherche Scientifique, avait initié des visites des administrations, des centres, des instituts et des laboratoires de l'université pour se faire une idée exacte de leur niveau de destruction. Une de ces visites a eu lieu le jeudi 16 juin 2011. Le Centre National de Floristique figurait sur la liste des instituts à visiter. Le Ministre avait fait attendre le professeur Aké-Assi Laurent au Centre National de Floristique. Il avait donné des assurances qu'il passerait au Centre National de Floristique. Au départ, j'étais dans le convoi pour la visite. Mais, lorsque j'ai entendu que le ministre a donné des assurances qu'il allait passer au Centre National de Floristique, j'ai décidé de rejoindre le professeur Aké-Assi Laurent au CNF. Je ne l'avais pas vu depuis un mois, parce qu'il s'était rendu en France, dans le cadre de la présentation du deuxième film, « *Bois sacré* », réalisé par le professeur Diabaté Idriss et qui lui est consacré.

Professeur Aké-Assi Laurent et moi, nous nous étions assis sur un banc dans le hall du Centre National de Floristique. Nous avions passé plusieurs heures assis au même endroit. Nous avions échangé avec d'autres enseignants sur les multiples problèmes de l'Université de Cocody qui n'était pas au mieux de sa forme avant la crise politique. Les problèmes de l'Université de Cocody ont été exacerbés par les pillages qui y ont été perpétrés. Notre préoccupation, c'était de savoir comment l'université de Cocody pourrait se relever.

Pendant notre longue attente, due aux changements multiples intervenus dans le programme de visite du ministre, jamais professeur Aké-Assi Laurent n'a prononcé un seul mot pour manifester une certaine lassitude, une certaine déception, encore moins une certaine colère. Nous avions attendu de neuf heures à quatorze heures. Il était resté calme du début jusqu'à la fin de l'attente, là où d'autres personnes, de son rang, auraient manifesté leur indignation voire leur colère. A partir de 14 heures, nous avions décidé de quitter les lieux. Le savant était tranquillement rentré chez lui. Il venait, une fois de plus, de nous donner une véritable leçon de patience et d'humilité.

Paris – Mars 1959

Aké-Assi Laurent [à droite] et son ami N'Dri Kouamé Alexandre. « Un des enfants de N'Dri Kouamé Alexandre, Docteur Stéphane N'Dri, Chirugien Dentiste vient souvent me rendre visite. Il avait cherché à me rencontrer parce qu'on lui avait dit que j'étais ami, en France, à son défunt père » (Pr Aké–Assi Laurent).

CONCLUSION

Nous arrivons à la fin d'un parcours portant sur la biographie de professeur Aké-Assi Laurent, un homme que nous pouvons qualifier d'exceptionnel. Que peut-on retenir en guise de conclusion ? La première observation que l'on peut faire, c'est qu'il a eu un destin magnifique. Aké-Assi Laurent, c'est le génie ou le talent à l'état pur. A cela, il a ajouté le travail assidu, réalisé avec un courage et une détermination rares, durant de longues années, souvent dans des conditions matérielles difficiles. Cela lui a permis d'être là où il est aujourd'hui. Aké-Assi Laurent a mené un combat permanent pour changer sa situation personnelle par le travail individuel, persévérant, opiniâtre.

Le parcours d'un tel homme ne peut laisser indifférents les autres citoyens. Il impacte toute personne qui le rencontre, même pour la première fois. Lorsque l'on quitte professeur Aké-Assi Laurent, après une rencontre, même d'une dizaine de minutes, l'on retourne chez soi, différent de ce qu'on était avant la rencontre. Les mots ou les paroles qui sortent de sa bouche vous montrent que vous êtes en face d'un Ivoirien, d'un Africain totalement différent de ceux qu'on a l'habitude de rencontrer, de côtoyer, dans notre vie quotidienne. Il véhicule de très hautes valeurs humaines et morales qui nous amènent à le classer systématiquement parmi les sages de la terre.

La réussite de professeur Aké-Assi Laurent n'est pas le fait du hasard. Elle est due à la combinaison d'un certain nombre de facteurs. On peut notamment citer le sérieux dont il a fait preuve durant son long parcours, son intelligence supérieure à la moyenne, son extraordinaire humilité et sa très forte capacité de travail. Au sujet de ce dernier facteur, on peut faire remarquer que professeur Aké-Assi Laurent a toujours travaillé. Il travaille tout le temps.

Peut-on facilement écrire la biographie complète d'un homme aussi dense, aussi talentueux, aussi exceptionnel qu'Aké-Assi Laurent ? Il aura construit sa vie avec courage, patience et humilité, le tout fondé sur un travail assidu et permanent ? Il serait prétentieux, de ma part, de vouloir répondre à cette interrogation par l'affirmative. Quel être humain peut-il reconstituer l'intégralité du parcours de cet homme qui a sillonné les brousses sur tout le territoire ivoirien, qui a également fait de multiples investigations scientifiques au Bénin, au Ghana, au Burkina Faso, au Mali, en Sierra Leone, au Togo, au Nigéria, en Guinée, au Sénégal, en Ouganda, au Ghana, au Cameroun, en Egypte, au Maroc, à Madagascar, à Maurice, en Guadeloupe, en République Dominicaine, en Haïti, en Colombie, en France, en Angleterre, en Suisse, en Belgique, en Allemagne, au Pays-Bas, en Italie, en Suède, au Brésil, aux Etats-Unis, etc. Qui peut écrire l'historique complet du parcours d'un homme qui a réalisé diverses activités scientifiques, académiques et pédagogiques à travers le monde entier ?

Dans l'avant-propos, j'ai déjà prévenu le lecteur que je n'étais pas en mesure de restituer avec fidélité tous les détails du parcours fabuleux du savant. Comment peut-on, en effet, écrire sur la vie d'une personne qui, ce jour même, à quatre vingts ans passés, a travaillé plus qu'aucun autre Ivoirien ne l'aura fait. A son âge, même retraité, il arrive, chaque jour, à 6 heures 30 à son bureau. C'est simplement édifiant.

A la fin de l'exercice, la question que je me pose, moi-même, est de savoir si j'ai pu restituer l'intégralité des évènements qui se sont passés dans la vie dense de l'illustre savant. Une telle vie ne peut être contée par un autre homme. Pour réussir la biographie d'un homme de la trempe de Professeur Aké-Assi Laurent, il aurait fallu, en plus des moyens financiers colossaux à dégager, que je sois, moi-même, un savant. Comme je ne suis pas un savant, je conclue aisément que mon travail n'a pas été à la hauteur des attentes du savant et du public.

C'est un exercice audacieux auquel je me suis livré. Je dois avouer qu'au fur et à mesure que j'avançais dans le travail, je découvrais la densité et la complexité de la vie du savant. Il a fallu que je redouble d'ardeur pour ne pas décevoir le savant lui-même et son entourage, par simple abandon. Car, je me souviens de ce qu'il m'avait dit lors de notre toute première rencontre à son bureau : « *Monsieur YAO, avant vous, d'autres sont venus prendre mon CV dans l'intention d'écrire ma biographie; ils sont partis et ils ne sont plus revenus* ». Lorsqu'on a, entre ses mains, le très volumineux curriculum vitae de professeur Aké-Assi Laurent, on comprend tout de suite l'ampleur ou l'immensité du travail à réaliser. J'ai également compris pourquoi ces personnes n'ont pas eu le courage de revenir pour confirmer leur engagement à écrire sa biographie. Lorsque je suis sorti, ce jour-là, de son bureau et sur le chemin qui me menait du CNF au Centre de Recherches Architecturales et Urbaines (CRAU), j'ai dit ceci : « *Il faut que je relève le défi que je viens de me lancer, en décidant de réaliser la biographie de professeur Aké-Assi Laurent* ».

Pour arriver au présent livre, j'ai dû travailler très dur pour extraire un peu de la vie du savant pour le présenter au lecteur. J'ai eu cependant beaucoup de plaisir à réaliser le travail dont le fruit est le présent livre. Je confesse que ce travail comporte des faiblesses. J'espère, malgré tout, qu'il permettra au lecteur d'avoir une connaissance un peu plus poussée que celle qu'il avait du savant avant ce livre.

Au-delà de ses activités scientifiques et professionnelles qu'il a su conduire avec un rare brio, Aké-Assi Laurent nous montre toute l'étendue de ses talents. Il nous montre également des valeurs humaines indéniables. Dans un contexte national fortement marqué par une déperdition, de plus en plus, marquée des valeurs qui ont fondé notre société, un grand nombre de citoyens sont portés sur les activités mondaines, sur la recherche de la facilité, sur la corruption, sur la tricherie, sur le refus de l'effort individuel, Aké-Assi Laurent nous donne des raisons d'espérer.

Aké-Assi Laurent est un homme courageux qui a cru, avant tout, à son potentiel. Il n'a pas voulu baisser les bras malgré un environnement familial peu favorable au départ. Il nous enseigne l'attitude que nous devons adopter, dans un contexte africain généralement difficile. Il nous apprend à transcender les difficultés qui se présentent sur notre chemin, pour peu que l'on ait confiance en ce que l'on fait, pour peu qu'on ait la volonté d'aller au-delà du minimum exigé, afin de participer effectivement à la construction du progrès social et économique dans notre pays.

Je voudrais ici mettre en garde le lecteur. Aké-Assi Laurent a joué dans un registre trop différent, trop exceptionnel et avec un talent tellement rare qu'il serait prétentieux voire utopique de penser que son « *cas* » puisse facilement impacter l'Ivoirien lambda. Chaque Ivoirien, chaque Africain, qui lirait le présent livre, devrait savoir que le parcours d'Aké-Assi Laurent est unique, atypique. Par conséquent, il ne s'agit pas de dire : « *Je veux lui ressembler, coûte que coûte, pour que cela soit* ». Aucun Ivoirien, aucun Africain ne peut lui ressembler. Il serait également prétentieux de le penser. Je ne veux pas non plus dire qu'après Aké-Assi Laurent, il n'y aurait plus d'autres personnages d'exception, hommes ou femmes, en Côte d'Ivoire, en Afrique qui ne soient aussi capables de nous proposer un tel parcours.

Par contre, chaque Ivoirien, chaque Africain peut se permettre de prendre un peu d'Aké-Assi Laurent, en certains aspects de sa vie, pour bâtir la sienne, sans chercher à faire exactement comme lui. D'ailleurs, le savant lui-même nous a montré qu'il n'a pas suivi un modèle de vie. Il a bâti sa vie à partir de ses capacités intrinsèques, de ses convictions auxquelles se sont ajoutés des évènements dus à des concours de circonstances diverses qui ont jalonné son parcours.

Les spécialistes en science du management soutiennent que la chance sourit aux audacieux. Mon plus grand souhait, pour terminer, est que chaque Ivoirien, chaque Africain puisse créer, durant son séjour sur la terre des hommes, les conditions de la chance. Chacun sait, à peu près, à quoi s'en tenir, à partir de l'exemple de vie que nous donne Aké-Assi Laurent. Chacun sait, à partir de cette biographie, le chemin qu'il doit emprunter et parcourir pour arriver au sommet, dans son domaine d'activité. Chacun a la responsabilité de participer, par son engagement au travail personnel et continu, à l'œuvre de construction du progrès social et économique dans son pays, en Afrique ou dans le monde.

Beaucoup de grands hommes africains ont vécu et ont quitté la terre souvent dans une grande indifférence. Professeur Aké-Assi Laurent est indéniablement un grand homme. Il a bâti une œuvre scientifique et une grande maison à Andokoi, dans la commune de Yopougon, Abidjan. Lui et sa famille n'ont pas eu le privilège de l'habiter et d'en jouir pleinement. Altruiste, il se propose de donner cette maison à la communauté nationale en la transformant en fondation. Nous devons saluer ce geste, encore rare. C'est un mérite de penser collectif. L'une des meilleures manières de reconnaître ce grand mérite, c'est de donner vie à cette future fondation, afin qu'elle serve à toute la communauté scientifique nationale et, par-delà, à la société ivoirienne toute entière, à l'Afrique et au reste du monde.

LISTE DES SIGLES UTILISES

ACCT Agence de Coopération Culturelle et Technique
ANDE Agence Nationale de l'Environnement
ASCAD Académie des Arts, des Lettres et des Sciences et de la Diaspora
AUA Association des Universités Africaines
AUPELF Association des Universités Partiellement ou Entièrement de Langue Française
BEPC Brevet Elémentaire du Premier Cycle
BTS Brevet de Technicien Supérieur
C.A.M.E.S Conseil Africain et Malgache de l'Enseignement Supérieur
CEDA Centre d'Edition et de Diffusion Africaine
CE1 Cours Elémentaire Première année
CEPE Certificat d'Etudes Primaires Elémentaires
CFA Communauté Financière Africaine
CHU Centre Hospitalier Universitaire
CIRES Centre Ivoirien de Recherches Economiques et Sociales
CNF Centre National de Floristique
CNPS Caisse Nationale de Prévoyance Sociale
CNRS Centre National de Recherche Scientifique
CRAU Centre de Recherches Architecturales et Urbaines
CSRS Centre Suisse de Recherche Scientifique
DEA Diplôme d'Etudes Approfondies
DESS Diplôme d'Etudes Supérieures Spécialisées
DSRP Document de Stratégie de la Réduction de la Pauvreté
ENSA Ecole Nationale Supérieure d'Agronomie
ENSEA Ecole Nationale de Statistique et d'Economie Appliquée
FOM Maison de la France d'Outre-Mer (Cité universitaire, Paris)
GEPMCI Groupement des Exploitants des Plantes Médécinales en Côte d'Ivoire
GPS Global Positioning System / Système de localisation mondiale
IAB Institut Agricole de Bouake
IBAAN Institut de Botanique Aké-Assi
IDERT Institut d'Enseignement et de Recherche Tropicale
IFAN Institut Français d'Afrique Noire.
IFCC Institut Français du Café et du Cacao
INPHB Instit National Polytechnique Houphouët-Boigny de Yamoussoukro

INSET Institut National Supérieur de l'Enseignement Technique
LAMTO Lamotte et Tournier[94]
LANADA Laboratoire National d'Appui au Développement Agricole
NEI Nouvelle Edition Ivoirienne
OMS Organisation Mondiale de la Santé
ONG Organisation Non Gouvernementale
ORSC Office de la Recherche Scientifique Coloniale
ORSOM Office de la Recherche Scientifique d'Outre-Mer
ORSTOM Office de la Recherche Scientifique et Technique d'Outre Mer
PAA Port Autonome d'Abidjan
PASRES Programme d'Appui Stratégique à la Recherche et à l'Enseignement Supérieur
PDCI Parti Démocratique de Côte d'Ivoire
PDG Président Directeur Général
RAN Régie Abidjan Niger
RECI Réseau de l'Environnement de Côte d'Ivoire
SICOGI Société Ivoirienne de Construction et de Gestion Immobilière
SODEFOR Société de Développement de la Forêt
SYNARES Syndicat National de la Recherche et de l'enseignement supérieur
TAI Transport Aérien International
USA United States of America
U.A.T. Union Aéromaritime de Transports
UTA Union des Transports Aériens
UFR Unité de Formation et de Recherche
UNESCO United Nations Educational Scientific and Cultural Organisation
WWF Wild World Fund (Fonds Mondial pour la Nature)

[94] Maxime Lamotte était Professeur de zoologie à l'Ecole Normale Supérieure de Paris, rue d'Ulm.Jean Tournier a été le 1er Directeur de l'IFAN en Côte d'Ivoire.

LISTE DES PUBLICATIONS DU PROFESSEUR AKE-ASSI LAURENT

1) AKE ASSI, L., 1954, Note sur la patronymie baoulé. Notes africaines, IFAN, n°64, pp. 115-116 ;

2) AKE ASSI, L., 1959, Trois Psychotriées (Rubiacées) nouvelles de la Côte d'Ivoire, Bulletin Jard. Bot. Brux. 29, p.359 ;

3) AKE ASSI, L., 1960, Deux espèces nouvelles de Côte d'Ivoire. Bull Jard. Bot. Brux. 30, pp.15-18 ;

4) AKE ASSI, L., 1960, Quatre espèces nouvelles de Côte d'Ivoire, Bull Jard. Bot. Brux. 30 pp. 397-404 ;

5) AKE ASSI, L., 1961, Une variété nouvelle de papayer en Côte d'Ivoire. Bull. Jard. Bot. Brux. 31, p ; 307-309 ;

6) AKE ASSI, L., 1961, Une Passifloracée et deux Rubiacées nouvelles de Côte d'Ivoire. Bull. Jard. Bot. Brux. 31, pp. 311-318 ;

7) AKE ASSI, L., 1961, Une espèce nouvelle de Turraea
8) (Méliacées) de Côte d'Ivoire. Bull. Jard. Bot. Brux. 31, p.507-509 ;

9) AKE ASSI, L., 1961, Contribution à l'étude floristique de la Côte d'Ivoire et des territoires limitrophes. Thèse de doctorat d'Université, Faculté des Sciences de l'Université de Paris, 205 pages ;

10) AKE ASSI, L., 1962, Une Composée nouvelle pour l'Afrique occidentale. Bull. IFAN, tome 24, sér. A n°1 pp.168-170 ;

11) AKE ASSI, L., 1963, Etude floristique de la Côte d'Ivoire.
12) Encyclopédie biologique, Ed. Lechevalier, Paris, 321 pages ;

13) AKE ASSI, L., 1964, Une espèce nouvelle de Melanthera
14) (Composées) de Côte d'Ivoire, Adansonia, tome 4, pp. 982-985 ;

15) AKE ASSI, L., 1967, Un nouveau Dorstenia (Moracées) de Côte
16) d'Ivoire. Adansonia tome 6, pp.287-290 ;

17) AKE ASSI, L., 1970, Deux espèces d'introduction récente en Côte
18) d'Ivoire, Bull. IFAN, tome 32, sér. A, n°4, pp. 982-985 ;

19) AKE ASSI, L., 1971, Progrès dans la préparation de la Flore de la
20) Côte d'Ivoire. Mit. Bot. Saatssamml, Müchen 10. p. 27 ;

21) AKE ASSI, L., 1971, Présence d'un *Piper* d'Amérique du Sud sur
22) les pentes de la montagne Klouto (Togo). Mitt . Bot. Saatssamml,
23) Müchen 10 ;

24) AKE ASSI, L., 1971, Etude botanique de quelques paysages végétaux du Mali (1). Bull. de liaison du C.U.R.D, Université d'Abidjan, n°2, pp. 21-24 ;

25) AKE ASSI, L., 1972, Conception inédite pour la détermination des espèces de Crinum (Amaryllidaceae) de Côte d'Ivoire. Bull. IFAN, tome 34, sér.A n°3 pp.525-528 ;

26) AKE ASSI, L., 1973, Etude botanique de quelques paysages végétaux du Mali (1). Journ. Of West Africa Sci. Assoc. Vol. 18, n°1, pp. 38-41 ;

27) AKE ASSI, L., 1974, Un nouveau caféier hybride de Côte d'Ivoire. Bull. IFAN, tome 36, sér. A, n° 4 PP 900-901 ;

28) AKE ASSI, L., 1976, Esquisse de la Flore générale de la Côte d'Ivoire. Boissiera pp. 543-549 ;

29) AKE ASSI, L., 1976, Les vertus antimérragiques de Desmodium adscendens (Sw.) DC. (Papilionacées) chez les Bétés de la région de Gagnoa, en Côte d'Ivoire. Actes du CAMES, Niamey Juin 1976, p. 7 ;

30) AKE ASSI, L., 1976, Les caféiers spontanés de la Côte d'Ivoire , Ministère de la Recherche Scientifique, Comité technique ''Plantes stimulantes'', IFCC. p. 17 ;

31) AKE ASSI, L., 1977, Salvinia nymphellula Desv. (Salviniceae) : Fléau en extension vers l'Ouest de l'Afrique intertropicale, Bull. IFAN, tome 39 , sér. A, n°3. pp. 555-562 ;

32) AKE ASSI, L., 1979, Les caféiers spontanés en Afrique de l'Ouest. Publication de l'Association Scientifique Internationale du Café (ASIC), 8è Colloque d'Abidjan 1977, pp. 359-363 ;

33) AKE ASSI, L., 1979, La préservation des espèces végétales pour la santé humaine en Afrique au Sud du Sahara. Communications scientifiques présentées au 3è symposium Inter-Africain OUA/CSTR sur la pharmacopée africaine et les plantes médicinales africaines, Abidjan, 25-29 septembre 1979, pp. 27-31 ;

34) AKE ASSI, L.,1980, Les plantes et la thérapie de la stérilité des femmes en Côte d'Ivoire, Miscellanoeous Papers 19 (1980). Landbouwhceschool, Wageningen. pp. 13-32 ;

35) AKE ASSI, L.,1980, Une espèce nouvelle de Cola Schott et Endl. (Steruliacées) de Côte d'Ivoire. Bull. IFAN, tome 41. sér. A , n°3. pp. 483-489 ;

36) AKE ASSI, L.,1980, Cecropia peltata, Linné (Moracées). Ses origines, introduction et expansion dans l'Est de la Côte d'Ivoire. Bull. IFAN, tome 42. sér. A , n1 pp. 966102;

37) AKE ASSI, L., 1982, Une espèce nouvelle de Cassia Linn. (Caesalpiniacées) de Côte d'Ivoire. Bull. IFAN, tome 44. sér. A, n3 1-2, pp. 67-70 ;

38) AKE ASSI, L., 1983, Santé et valorisation des plantes médicinales en Côte d'Ivoire. Bothalia, 14, 3 et 4 : 603-605 ;

39) AKE ASSI, L., 1983, Quelques vertus médicinales de Cassia occidentalis Linn. (Caesalpiniacées) en Basse. Botha 14, 3 et 4, pp. 617-620 ;

40) AKE ASSI, L.,1984, Flore de la Côte d'Ivoire : Etudes descriptives et biogéographique, avec quelques notes ethnobotaniques. Thèse de doctorat d'Etat es-Sciences Naturelles. Faculté des Sciences, Université d'Abidjan, 2 juin 1984, 1206 pages ;

41) AKE ASSI, L., 1984, Les surprenantes vertus de la Kola. Balafon, Revue de la compagnie Air Afrique, n°65, pp. 28-33 ;

42) AKE ASSI, L., 1985, Le bananier plantain : son utilisation dans la médecine traditionnelle en Côte d'Ivoire. Actes de la 3è Réunion de la Coopération Internationale pour une recherche efficace sur le plantain et les bananes, pp. 170-171 ;

43) AKE ASSI, L., 1987, Fleurs d'Afrique, Ed. SAEP, Colma, 80 p.

44) AKE ASSI, L.,1987, A propos de trois combinaisons nouvelles dans les genres Heterotis Benth. (Melastomataceae) et Fagara L. (Rutaceae). Bulletin du Muséum National d'Histoire Naturelle, Paris, 4è série, 9, 1987, section B, Adansonia n4, pp. 459-460 ;

45) AKE ASSI, L., 1988, Plantes médicinales : Quelques Légumineuses utilisées dans la médecine de tradition africaine de

Côte d'Ivoire. Monographs in Systematic Botany from Missouri Botanical Garden. 25, :pp. 309-313 ;

46) AKE ASSI, L.,1988, Espèces rares en voie d'extinction de la flore de la Côte d'Ivoire. Monographs in Systematic Botany from Missouri Botanical Garden. 25, :pp. 461-463 ;

47) AKE ASSI, L.,1988, Quelques plantes utilisées dans le traitement des maladies cardiaques en Côte d'Ivoire. Bull. de liaison, A.C.C.T. , vol. 2, n1 pp. 91-100 ;

48) AKE ASSI, L.,1988, Utilisation de diverses espèces de Ficus Linn. (Moraceae) dans la pharmacopée traditionnelle africaine en Côte d'Ivoire. Actes du 12è Congrès de l'Association pour l'Etude Taxonomique de la Flore d'Afrique Tropicale (A.E.T.F.A.T), 10-14 septembre 1988, Hamburg (Allemagne). Mitt. Int. Allg. Hamburg Band 23 b S. pp. 1039-1046 ;

49) AKE ASSI, L.,1991, La diversité génétique des espèces végétales sous-exploitées d'Afrique. Proceedings of an International Conference on Crop Genetic Resources of Africa, 2630 september 1988, Nairobi, Kenya, vol. 1, pp. 53-88 ;

50) AKE ASSI, L.,1992, Aspect floristique de l'aménagement d'une forêt naturelle et des produits secondaires utilisés par la population locale. Compte-rendu du séminaire sur l'aménagement intégré des forêts denses humides et des zones agricoles périphériques, 25-28 février 1991, Abidjan, Côte d'Ivoire, Tropenbos. Série 1, pp. 221-229 ;

51) AKE ASSI, L.,1994, Recensement, identification et répartition biogéo-graphique des espèces alimentaires couramment employées dans l'agriculture traditionnelle en Afrique de l'Ouest. Safeguarding genetic basic of traditionnal crops. Technical Centre for Agricultural and Rural cooperation. International Plant Genetic Resources Institute, Wageningen (Netherlands), pp. 57-64;

52) AKE ASSI, L.,1994, Contribution au recensement et à 'identification de quelques plantes médécinales du Fouta Djallon (République de Guinée), Symposium sur la gestion des ressources naturelles en Guinée. Labé, 7-9 février 1994, 100 pages ;

53) AKE ASSI, L.,1995, Processus de dégradation de la nature entraînant la perte des ressources phytogénétiques en Côte d'Ivoire

et en Afrique de l'Ouest. Actes de la rencontre francophone de la coopération sur la " Diversité biologique et la valorisation des ressources phylogénétiques", ACCT, Rabat (Maroc), 4-8 septembre 1995, 10 pages ;

54) AKE ASSI, L.,1995, Pharmacopée traditionnelle et les plantes médicinales africaines dans le contexte thérapeutique actuel : intérêt et perspective d'avenir. In ACCT. Pratiques interculturelles en médecine et santé humaine, Presse Universitaire de Namur, Belgique, pp. 122-128 ;

55) AKE ASSI, L.,1995, Les palmiers (Arecaceae) : Taxonomie, chorologie, écologie et les diverses utilisations traditionnelles en Côte d'Ivoire. Actes du 90è Congrès de la Société Botanique Italienne, Palermo, 13-15 décembre 1995, 5 pages ;

56) AKE ASSI, L (1996), *Résumé des considérations générales*
57) *sur la flore naturelle de la Côte d'Ivoire,* in Actes du colloque de l'Unesco sur la « Problématique de la conservation de la biodiversité dans les sites naturels ». Patrimoine Mondial, UNESCO, Dakar (Sénégal), 6-9 octobre 1995, pp. 95-100 ;

58) AKE ASSI L (1996), Utilisations médicinales traditionnelles de quelques plantes servant en agroforesterie. Compte-rendu de la visite d'étude sur l'agroforesterie en Côte d'Ivoire, 16-27 septembre 1996, Ed. Baumer, CTA. pp. 240-244 ;

59) AKE ASSI L (1996), Effets de l'exploitation forestière sur la conservation de la diversité biologique en Afrique de l'Ouest. Conférence régionale sur le renforcement de la coopération dans le cadre de la gestion des réserves de la biodiversité et le développement durable, de la gestion des réserves de la biodiversité et le développement durable, Dakar, 7-9 octobre 1996, UNESCO-Dakar, Document technique, 15-18 ;

60) AKE ASSI L (1997), Inventaire floristique de quelques forêts classées de la région Sud-Ouest de la Côte d'Ivoire : Port-Gauthier, Dassioko, Monogaga. Projet FED "Aménagement des forêts côtières", Union Européenne-Sodefor (centre de Gestion de Gagnoa), 208 pages ;

61) AKE ASSI L (1998), Sur la flore, les herbiers et les Jardins Botaniques au Sahel. Atelier sur la flore, végétation et biodiversité

au Sahel. AAU Reports 39. Aarhus University Press, Denmark, pp. 1-13 ;

62) AKE ASSI L (1998), Diversification des utilisations des ignames : usage pharmaceutique traditionnel. Actes du séminaire international : l'igname, plante séculaire et culture d'avenir. CIRAD Montpellier, 3-6 juin 1997, pp. 263-273 ;

63) AKE ASSI L (1998), Impact de l'exploitation forestière et le développement agricole sur la conservation de la diversité biologique en Côte d'Ivoire, Le Flamboyant n° 48 pp. 20-22 ;

64) AKE ASSI L (1999), Effets de l'exploitation forestière sur la conservation de la diversité biologique en Afrique de l'Ouest : Le cas de la Côte d'Ivoire. Actes du premier atelier régional de formation sur la conservation et l'utilisation durable des ressources génétiques forestières en Afrique de l'Ouest, Afrique Centrale et Madagascar. Ouagadougou, 16-27 mars 1998. IPGRI, vers une approche régionale des ressources génétiques forestières en Afrique Subsaharienne, Rome, pp. 101-106 ;

65) AKE ASSI L. (2001), Protection et conservation des ressources végétales africaines : les plantes médicinales en voie de disparition. L'exemple de la Côte d'Ivoire. Programme de ressources génétiques forestières en Afrique au Sud du Sahara (Programme SAFORGEN), IPGRI, 106-108 ;

66) AKE ASSI L. (2001-2002), Flore de la Côte d'Ivoire : Catalogue systématique, biogéographique et écologie. Mémoires de botanique systématique. Conservatoire et Jardin Botaniques de Genève, 2 volumes ;

67) AKE ASSI L. (2001), Observation sur la diversité des Sapotaceae de la flore naturelle de la Côte d'Ivoire. Actes du 16è Congrès International de l'A.E.T.F.A.T., 28 août -2 septembre 2000, Syst. Greogr. Pl. 71, 187-195 (2001) ;

68) AKE ASSI L. (2004), Diversité floristique de la forêt de la Haute-Guinée. Symposium International ECOSYN, 6-10 septembre 2004, Abidjan (Côte d'Ivoire) ;

69) AKE ASSI L. (2005), Médecine traditionnelle et patrimoine thérapeutique ivoiriennes : essai de valorisation commerciale de quelques plantes employées traditionnellement dans la couverture

des soins de santé primaires. Cameroun Journal of Ethnobotany. Réseau camerounais d'Ethnobotanique, volume 1, n1, pp. 47-49 ;

70) AKE ASSI L. (2010), La diversité floristique de quelques régions de l'Afrique de l'Ouest : Le processus de sa dégradation ébauchée : le cas de la Côte d'Ivoire. Systématique et Conservation des plantes africaines. Comptes-rendus du 18è Congrès de l'A.E.T.F.A.T, Cameroun, Yaoundé, pp. 451-458 ;

71) AKE ASSI L. (2011), Abrégé de médecine et de pharmacopée ivoirienne : Quelques plantes employées, traditionnellement, dans la couverture des Soins de santé primaires, NEI/CEDA, 157 pages ;

72) AKE ASSI L. et BOUTON J. (1960), Une espèce nouvelle de Psychotria (Rubiacées) de Côte d'Ivoire. Bull. Jard. Brux. 30, PP.393-394 ;

73) AKE ASSI L. et BOUTON J. (1961), Un bracelet ébrié ancien, Notes africaines. IFAN, n 89, p. 4 ;

74) AKE ASSI L. et DIAN Boni (1988), Développement agricole et protection de la forêt : Quel avenir pour la forêt ivoirienne ? Actes du 12è Congrès de l'Association pour l'Etude Taxonomique de la Flore d'Afrique Tropicale (A.E.T.F.A.T), 4-10 septembre 1988, Hambourg (Allemagne) Mitt. Int. Allg. Bot. Hamaburg Band 23a, S. 169-176 ;

75) AKE ASSI L. et GAUTIER L. (2000), Deux combinaisons nouvelles dans les genres *Ouratea* Aubl. (Ochnaceae) et Synsepalum (ADC) Daniell (Sapotaceae) de la flore africaine. Candollea 55 : 281-282 ;

76) AKE ASSI L. et GUINKO Sita. (1991), Plantes utilisées dans la médecine traditionnelle. Editions Roche, Bâle (Suisse), 151 pages ;

77) AKE ASSI L. et GUINKO S. (1994), Confusion de deux taxons spécifiques ou subspécifiques au sein du genre Borassus L., en Afrique de l'Ouest. Actes du 14è Congrès A.E.T.F.A..T., Wageningen, 22-27 août 1994 ;

78) AKE ASSI L. et GUEDE LOROUGNON J. (1989), Une espèce nouvelle de Heckeldora Pierre (Meliaceae) de Côte d'Ivoire.

Bulletin de la Société Botanique de France, 136, Lettres bot., 1989 (2), 165-167 ;

79) AKE ASSI L. et JEREMIE J. (2009), Lectotypification de *Fagara mezoneurispinosa (*Rutaceae*),* basionyme de Zanthoxylum *mezoneurispinosum,* espèce endémique de Côte d'Ivoire. Adansonia 31 (1) : 169-174 ;

80) AKE ASSI L. et MANGENOT G. (1975), Une espèce nouvelle de Leptoderris de Côte d'Ivoire : Leptoderris miegei, sp. Nov. Boissiera, 24, pp. 313-315 ;

81) AKE ASSI L. et PARADIS G. (1982), Malacofaune et flore holocène d'un forage en bordure de la lagune Adjin (Côte d'Ivoire). GEOBIO. n15, pp. 43-52 ;

82) AKE ASSI L. et PARADIS G. (1983), Arguments en faveur de l'origine anthropique des savanes littorales de Côte d'Ivoire. Bull. Mus. Nat. Hist. Paris, 4è série, n5, section B. Adansonia n2, pp. 179-188 ;

83) AKE ASSI L. et PFEFFER P. (1975), Parc national de Taï : Inventaire de la Flore et de la Faune, Document du BDPA Paris n 75029, 58 pages ;

84) AKE ASSI L. et POCS , Th. (1983), Hépathiques de Côte d'Ivoire. Revue Cryptogamie-Bryologie-Lichénologie, Mus. Nat. Hist. Nat., 41 pp 65-70 ;

85) AKE ASSI L. et TAHIRI-ZAGRET, C. (1979), Plantes médicinales actives dans le domaine génital selon la pharmacopée ivoirienne. Communications scientifiques présentées au 3è Symposium Interafricain, OUA/CSTR. sur la pharmacopée traditionnelle et les plantes médicinales africaines, Abidjan, 25-29 septembre 1979, pp. 35-50 ;

86) AKE ASSI L., LEBBIE A. et KOUASSI Konan, E. (2005), La flore des forêts Classées de la Haute Dodo et du Cavally, Côte d'Ivoire. Une évaluation biologique de deux forêts Classées du Sud-Ouest de la Côte d'Ivoire. Bulletin RAP d'évaluation rapide n°34, Conservation International, pp. 35-38 ;

87) ADJANOHOUN, E. et AKE ASSI L. (1960), Sur l'existence de deux Composées nouvelles pour la Côte d'Ivoire. Bull. Soc. Bota. France, tome 107, n4-5, p. 212 ;

88) ADJANOHOUN, E. et AKE ASSI L. (1967), Inventaire floristique des forêts claires subsoudanaises et sousdanaises de Côte d'Ivoire septentrionale. Ann. Univ. Abidjan n3, pp. 89-148 ;

89) ADJANOHOUN, E. et AKE ASSI L. (1968), Essai de création de savanes incluses en Côte d'Ivoire forestière. Ann. Univ. Abidjan, n4, pp. 237-256 ;

90) ADJANOHOUN, E. et AKE ASSI L. (1979), Contribution au recensement des plantes médicinales de Côte d'Ivoire. Ministère de la Recherche Scientifique, Centre National de Floristique, Abidjan, 358 pages ;

91) ADJANOHOUN, E., AKE ASSI L. et GUILLAUMET, J.-L. (1966), Conservation de la végétation au Sud du Sahara : la Côte d'Ivoire. Acta Phytogeographica Suecica 54, pp. 76-81 ;

92) ADJANOHOUN, E., E. BOUET et AKE ASSI L., (1966), Contribution à l'étude panynologique de quelques Ptéridophytes de Côte d'Ivoire. Ann. Univ. Abidjan, n2. pp. 55-70 ;

93) AIDARA, TAHIRI-ZAGRET, ROBYN et AKE ASSI , L., (1979), Données préliminaires sur l'action du *Ficus capensis* (Moracées) sur la prolactinémie chez les rats. Département de Biologie et Physiologie Animale de l'Université d'Abidjan et Human Reproduction Research Unity. , Univ. Libre de Brux.. Hôpital St Pierre (Belgique), 17 pages ;

94) ANOMA, G. et AKE ASSI, L. (1989) Flore de la Côte d'Ivoire : Disparition de nombreuses espèces due à la destruction inconsidérée de l'espace naturel. Le cas de *Monanthotaxis capea (*E.G. et A. Camus*)* Verde. (Annonaceae). Médecine traditionnelle et pharmacopée. Bulletin de Liaison, A.C.C.T. , vol.3 n2 pp. 153-158 ;

95) BAMBA-KONE, D., DEMPAH, A.J., PELESSIER, Y., FOURASTE, I., et AKE ASSI, L., (1986), Plantes antifongiques en médecine traditionnelle africaine comme hémostatique. Poster présenté au 1ER Congrès sur les plantes et substances naturelles d'intérêt thérapeutique. Monastir, Tunisie, 7-9 mai 1986 ;

96) BAMBA-KONE, D., PELESSIER, Y., OZOUKOU, Z.F., DOUZOUA. L., KOUA. et AKE ASSI, L., (1986), Contrôle " in vitro" de l'activité des plantes utilisées en médecine traditionnelle comme Hémostatique. Poster présenté au 1ER Congrès sur les plantes et substances naturelles d'intérêt thérapeutique. Monastir, Tunisie, 7-9 mai 1986 ;

97) BASF AG, (BRINGNANN, G., AKE ASSI L., RÜBENACKER, M. AMMERMANN, E., LORENZ, G., ERF.)- Anwendung von Dioncophyllinen als Fungizide: D.O.S. DE 41 17 080.6, Anmeldung Vom 25.05.1991; Europ, Patentanm 29.04.1992;

98) BRINGNANN, G., RÜBENACKER, M., JANSEN, J.R., SCHEUTZOW, D., AKE ASSI L., (1990), On the structure of the Dioncophyllaceae-Alkaloids Dioncophilline A ("Triphyophylline" and "Omethyl- " Triphyophylline". Tetrahedon Lett. 31, pp. 639-642;

99) BRINGNANN, G., POKORNY, F., REUSCHER, H., LISCH. D., AKE ASSI L., (1990), Novel Ancistrocladaceae Type Naphthylisoquinoline Alkaloids from Ancistrocladus abbreviatus aphylogenetic Link Between the Two Families. Planta Med., 56. pp. 496-497;

100) BRINGNANN, G., RÜBENACKER, M., JANSEN, J.R., GEUDER, J., AKE ASSI L., (1990), Isolation, Structure Elucidation, And Stereoselective Total Synthesis of Alkaloids from Triphyophyllum peltatum. Planta Med., 56. pp. 495-496;

101) BRINGNANN, G., ZAGST, T., REUSCHER, H., AKE ASSI L., (1992), Ancistrobrevine B. The First Naphtylisoquinoline Alkaloids with A 5,8' – Coupling Site, and Related Compounds from Ancistrocladus abbreviatus. Phytochemistry. 31, 4011-4014 ;

102) BRINGNANN, G., POKORNY, F., STABLEIN, M., AKE ASSI L., (1991), Ancistrobevine- C-a "Mixed", Ancistrocladus/ Dioncophyllaceae-Type Naphtylisoquinoline Alkaloids from Ancistrocladus abbreviatus. Planta Med. (Suppl. 2), 57;

103) BRINGNANN, G., SCHNEIDER. CH., AKE ASSI L., (1991), Direct and modified Bicyclic Moieties of Naphtylisoquinoline Alkaloids from Ancistrocladus barteri. Planta Med. (Suppl. 2), 57;

104) BRINGNANN, G., ZAGST, T., AKE ASSI, L., (1991), Ancistrobrevine B. a Naphtylisoquinoline Alkaloids with a Novel Coupling Type from Ancistrocladus abbreviatus. Planta Med. (Suppl. 2), 57;

105) BRINGNANN, G., ORTMANN, T., RÜBENACKER, M., AKE ASSI L., (1991), An unusual, 4-Methoxylated Naphtylisoquinoline Alkaloids from the leaves of Triphyophyllum peltatum. Planta Med. (Suppl. 2), 57;

106) BRINGNANN, G., RÜBENACKER, M., VOGT, P., BUSSE, H., AKE ASSI L., PETERS, K., SCHMERING, H.G.V. (1991), Dioncopeltine A and Dioncolacto A: Alkaloids from Triphyophyllum peltatum. Phytochemistry. 30, pp. 1691- 1696 ;

107) BRINGNANN, G., RÜBENACKER, M., GEUDER, T., AKE ASSI L., (1991), Dioncophylline B, a Naphtylisoquinoline Alkaloids with a new Coupling Type from Triphyophyllum peltatum. Phytochemistry. 30, pp. 3845- 3847 ;

108) BRINGNANN, G., LISCH, D., REUSCHER., AKE ASSI, L., GUNTHER, K., (1991), Atrop-Diastereomer Separation by Racemate Resolution Techniques : N- Methyl-Dioncophylline A and its 7 Epimer from Ancistrocladus abbreviatus. Phytochemistry. 30, pp. 1307- 1310 ;

109) BRINGNANN, G., ORTHMANN, T., RÜBENACKER, M., AKE ASSI L., (1991), Dioncophyllacine B: A new 4-Methoxy-lated Naphtyliso quinoline Alkaloids from leaves of Triphyophyllum peltatum. Planta Med. 58, (Suppl. 1), 701-702;

110) BRINGNANN, G., WEIRICH, R., LISCH, D., AKE ASSI L., (1992), Ancistrobrevine D, an Unusual Alkaloids from Ancistrocladus abbreviatus. Planta Med. 58, (Suppl. 1), 703-704;

111) BRINGNANN, G., ZAGST, R., LISCH, D., AKE ASSI L., (1992), Dioncoline wand ist tropisomer, ''Inverse Hybrid Type''. Ancistrocladaceae/Dioncophylleacae Alkaloids from Ancistrocladus abbreviatus. Planta Med. 58, (Suppl. 1), 702-703;

112) BRINGNANN, G., OTHMANN, T., ZAGST, R., SHONER, B., AKE ASSI L., BURSCKA, CH., (1992), (+) Dioncophyllacine A, a Naphtylisoquinoline Alkaloids with a 4-Methoxy Substituent

from the leaves of Triphyophyllum peltatum. Phytochemistry. 31, pp. 4014- 4018 ;

113) BRINGNANN, G., RÜBENACKER, M., WEIRICH. R., AKE ASSI L., (1992), Dioncophylline C from the Roots of Triphyophyllum peltatum. The First 5,1 – Coupled Dioncophylleacae Alkaloids. Phytochemistry, 31, pp. 4019- 4024 ;

114) BRINGNANN, G., SCHNEIDER. CH., POKORNY, F., LORENTZ, H.J., FLEISCHMANN, H., SANKARANRAYANAN, A.S., ALMEIDA, M.R., GOVINDACHARI, T.R., AKE ASSI, L., (1993), The Cultivation of Tropical Lianas of the Genus Ancistrocladus barteri. Planta Med. *sous presse*;

115) BRINGNANN, G., KOCH, W., KOPPLER, D., RÜBENACKER, M., AKE ASSI L., (1993), A New Atropisomer Dioncophylline A Derivate from Triphyophyllum peltatum. Planta Med. *sous presse*;

116) BRINGNANN, G., POKORNY, F., STABLEIN, M., SCHAFFER, et M., AKE ASSI, L., (1993), Ancistrobrevine C from Ancistrocladus abbreviates: The First mixed ''Ancistrocladaceae /Dioncophylleacae-type'' Naphtylisoquinoline Alkaloids. Phytochemistry. 33, 1511- 1515 ;

117) BRINGNANN, G., SCHNEIDER. CH., AKE ASSI, L., (1993), Ancistrobarterine A. a New ''Meixed" ''Ancistrocladaceae /Dioncophylleacae-Type Alkaloids from Ancistrocladus barteri. Planta Med. *sous presse*;

118) BRINGNANN, G., RÜBENACKER, M., KOCH, W., KOPPLER, D., ORTMANN, T., SCHAFFER, M., AKE ASSI L., (1994), 5-0-Demethyl-8-0-metyl-7-epidincophylline A and ist ''Regular'' Configurated Atropisomer from Triphyophyllum peltatum. The First 5,1 – Coupled Dioncophylleacae Alkaloids. Phytochemistry, sous presse;

119) BRINGNANN, G., GÜNTHER C., SAEB, W., MIES, J. BRUN, R., et AKE ASSI L., (2000), 8-0-Methyldioncophyllinol B and revised Structures of other 7.6. – coupled Naphtylisoquinoline Alkaloids from Triphyophyllum peltatum (Dioncophylleacae). Phytochemistry, 54, 337-346;

120) CHATELAIN, C., AKE ASSI, L., SPICHIGER, R., et GAUTIER, L. (2011). Cartes de distribution des plantes de Côte d'Ivoire. Boissiera, volume 64. Mémoires de Botanique Systématique. Conservatoire et Jardin Botaniques, 327 pages ;

121) CHEVAUGEON, J., DIGBEU-KEULI et et AKE ASSI L., (1958), Le problème des pourridiés en Côte d'Ivoire. Rev. Mycol. 24, fasc. I, pp. 39-58;

122) DE SOUZA, C., LASSEY, A.F., KABORE, I.L., AKE ASSI, L., GUINKO, S., (1994). Contribution à l'étude des procédés de conservation des denrées alimentaires d'origine animale en milieu tropicaux. Microb. Hyg. Ali. Vol. 6 (16) pp. 3-12;

123) FRANCOIS, G., BRINGNANN, G., PHILLPSON, J.D., AKE ASSI, DOCHEZ, C., RÜBENACKER, M., SCHNEIDER, CH., WERY, M., WARHURST, D.C., KIRBY, G.C. (1994), Activity of Extracts and Naphtylisoquinoline Alkaloids from Triphyophyllum peltatum, Ancistrocladus abbreviates and A. barteri against Plasmodium faleiparum in vitro. Phytochemistry, sous presse;

124) GAUTHIER, L., AKE ASSI, L., CHATELAIN, C., et SPICHIGER, R., (2000), Ivoire : A geographic information system for biodiversity management in Ivory Coast . Timberlake J. et Kativu, S. (eds) African Plants Biodiversity, Taxonomy and uses, pp; 183-194, Royal Botanic Gardens, Kew.

125) HALLE, N. et AKE ASSI, L. (1962), Le genre Chytranthus
126) (Sapindaceae) en Côte d'Ivoire. Adansonia, tome 2, pp. 291-299 ;

127) KAMMACHER, P., ADJANOHOUN, E., ANOMA, G., et AKE ASSI L. (1971), La flore agrostologique de la Côte d'Ivoire. Mitt. Bota. Staats –samml, Müchen 10. pp. 30-37 ;

128) KAMMACHER, P., ADJANOHOUN, E., ANOMA, G., et AKE ASSI L. (1973), Nombres chromosomiques de Graminées de Côte d'Ivoire. Candollea, 28, pp. 191-217 ;

129) KAMMACHER, P. et AKE ASSI L. (1975), Un cas de modification du nombre chromosomique de base dans le genre Crinum en Afrique de l'Ouest. Boissiera 24, pp.207-213 ;

130) KAMMACHER, P. et AKE ASSI L. (1991), Influence de la fusion robersonienne dans la construction du carotype de certaines espèces du genre Crinum (Amaryllidaceae). Compte-rendu. Acad. Sci. Paris, t. 312 série 3. Pp. 701-706 ;

131) KEITA, A., DIAKITE, C., DIALLO, D., AKE ASSI, L. et DIARRA, N. (1990). Plantes et remèdes du plateau Dogon : Contribution aux études ethnobotaniques et floristiques. Ed. CRMT/PSMTM (Mali) et C.P. Perugia (Italie), pp. 25-115 ;

132) GUEDE LOROUGNON J.G. et AKE ASSI L. (1978), Un anticholérique efficace : Paullinia pinnata Linn. (Sapindacées), utilisé chez les Bété de la Région de Daloa en Côte d'Ivoire. Actes de la 11è Conférence biennale de l'ASOA-WASA, Lomé (Togo). Vol.3 p. 102 ;

133) LOROUGNON, J.G. et AKE ASSI L. (1988), Chorologie et Morphologie des Hypolytrées ouest-africaines : quelques précisions. Actes du colloque en hommage au Professeur G. MANGENOT, organisé par l'Université Paris Sud, Orsay, 16-18 novembre 1989. Bulletin de la Société Botanique de France, 136, Actuel. Bot. (3/4). pp.15-21 ;

134) LOROUGNON, J. et AKE ASSI L. (1989), Lutte contre l'odontalgie chez les Bété de la région de Daloa, en Côte d'Ivoire. Médecine traditionnelle et pharmacopée. Bulletin de Liaison, A.C.C.T, vol.3, n1, pp. 85-86 ;

135) MALAN, D. F., AKE ASSI, L., TRA BI FEZAN, H., NEUBA D.F.R. (2007), Diversité floristique du Parc National des Iles Ehotilé (Littoral Est de la Côte d'Ivoire), Bois et Forêts des Tropiques, n292 : 49-58 ;

136) MANGENOT, G. et AKE ASSI, L. (1959), Un genre nouveau de Nelsoniées. Bull. Jard. Bot. Brux. 24, p. 27 ;

137) MICHEL, S., SKALTSOUNIS, A.L., TILLEQUIN, F., KOCH, M. et AKE ASSI L. (1985), Alcaloïdes des feuilles de Strychnos dinklagei. Journ. of Natur. Prod. vol. 48, n1, pp.86-92 ;

138) NGUESSAN, K. Ed., AKE ASSI, L. et TRAORE, D., (2000), La tuberculose : le retour d'une meurtrière. Rev. Méd. Pharm Afri. vol. 14, pp. 99-113 ;

139) NGUESSAN, K., AKE ASSI, L. et TRAORE, D., (2001), Enquête et ethnobotanique sur la contraception et la thérapie de la stérilité féminine chez les ''Krobou'' (Côte d'Ivoire). Annales de botanique de l'Afrique de l'Ouest, n0 : 73-82 ;

140) NGUESSAN, K. Ed., AKE ASSI, L. et EGNANKOU, W.M.(1998), Inventaire de la diversité floristique de la zone d'intervention du projet G.E.P.R.E.N.A.F. : site de Warigué (Ferkéssédougou) et des Monts Tinguin (Dabakala). Ministère de l'Agriculture et des Ressources Animales, Direction de la Protection de la Nature, Abidjan,105 pages ;

141) NGUESSAN, K, E., AKE ASSI, L., KOUASSI, K. E., ASSI. Y.J., et SAGNE, Y.C. (2010), Flora inventory along a land use gradient. Below-ground biodiversity in Oumé (mid-west Côte d'Ivoire) . pp. 71-79.

142) OUATTARA, S. et AKE ASSI, L. (2001), Interactions entre flore et éléphant dans la Forêt Classée du Haut-Sassandra (Centre-Ouest de la Côte d'Ivoire). Annales de Botanique de l'Afrique de l'Ouest, n1, pp. 1-11 ;

143) ROMPAEY Renaat S.A.R. van, ADOU YAO, C.Y., DANGUEADHE KOLONGO, S., BLOM, E.C., AKE ASSI, L. et NGUESSAN KOUAKOU, E. (2000), Biodiversité végétale et écologie du paysage dans le sud du Parc National de Taï . Rapport de synthèse du projet 04/97-1111a du Programme Tropenbos Côte d'Ivoire ''Complément d'inventaire de la flore dans le Parc National de Taï (deuxième version), 37 pages ;

144) SERE, A., TAYOU KAMGUE, R., BA, A.C. et AKE ASSI, L. (1982), Spondianthus preussii Engl. var. preussii, plante toxique pour le bétail africain. Rev. Elev. Méd. Vêt. Pays Trop., 35, pp. 73-82.

BIBLIOGRAPHIE

- AKE ASSI, L., (1960), La flore de Côte d'Ivoire-Tribune Libre. Abidjan-Matin. 22 septembre 1960 ;
- AKE ASSI, L., (1960), S.O.S. Forêt du Banco. Abidjan-Matin. 30 octobre 1960;

- AKE ASSI, L., 1961, La culture du bananier en pleine savane peut épargner nos forêts d danger de mort. Abidjan-Matin. N° 108, 9 mai 1961 ;

- AKE-ASSI Laurent (1963) : Contribution à l'étude floristique de la Côte d'Ivoire et des pays limitrophes, Editions Paul Lechevalier, Paris, 1963 ;

- AKE-ASSI, L. (1996), *Résumé des considérations générales sur la flore naturelle de la Côte d'Ivoire,* in Actes du colloque de l'Unesco sur la « Problématique de la conservation de la biodiversité dans les sites naturels », Patrimoine Mondial, UNESCO, Dakar (Sénégal), 6-9 octobre 1995, pp. 95-100 ;

- AKE-ASSI, L. (2011), *Abidjan-Alerte à une hécatombe de cocotiers* », in Quotidien d'Abidjan du 29 septembre 2011 ;

- AKE-ASSI, L. et Traoré, D. (2010), « *Le déboisement en zones de forêts et de savanes, cause majeure du changement climatique et environnemental en Côte d'Ivoire », ,* in conférence prononcée le 18 février 2010, au Conseil Economique et social, d'Abidjan ;

- Artaud, J. (1976), *AKE ASSI : un paysan devenu savant*, in Ivoire Dimanche du 15 février 1976 ;

- Badet, J. (2003), *Un savant ivoirien au parcours exceptionnel*, in le quotidien ivoirien L'Inter du vendredi 24 octobre 2003 ;

- Bornstein, D. (2005), « *Comment changer le monde- Les entrepreneurs sociaux et le pouvoir des idées nouvelles* », Nouveaux Horizons, La Découverte, Paris, 2005, page 9 ;

- Bouvier, N. (1992), *Routes et déroutes,* Paris, Editions Metropolis, 1992 ;

- CRDI (1994), *Pour accélérer la transition vers le développement durable,* CRDI, Ottawa, 33 p ;

- Crozier, M. (1970), *La société bloquée*, Editions du Seuil, Paris, 1970 ;

- Djokoï, P. (2011) , *AKE ASSI, Botaniste de renommée mondiale*, in ANDE Magazine, n° 003- Juin 2011, page 6-7 ;

- (Le Flamboyant), N° 48 – Décembre 1998 ;

- (FM), « *Botanique : Humilité et grandeur d'un chercheur* », in Fraternité Matin du lundi 18 juin 1984

- G. Tyler Miller (1994), *Living in the environment,* Wadsworth Publishing Company, Belmont, 701 p;

- Gooré BI Hué (1995), « *Médecine du mystère* », rubrique Grandes Enquêtes de Fraternité Matin;

- Herbert A. S. (1983), *Administration et processus de décision,* Economica, Paris ;

- James Adams (1989), *L'explosion créatrice – Se libérer des idées toutes faites,* Nouveaux Horizons, InterEditions, Paris, 161 p ;

- Klitgaard, R. (1988), *Combattre la corruption*, Nouveaux Horizons, Los Angeles, 228 p ;

- Koné, N.D. (2011), *Environnement- Laurent Aké-Assi un savant méconnu des Ivoiriens, in Le Quotidien d'Abidjan, rubrique « Portrait »,* N° 0434 du lundi 19 septembre 2011, page 12 ;

- Lamy, M. (2002), *L'écologie dans tous ses états,* Editions Ellipses, Paris, 128 p ;

- Lamy, M. (2001), *Introduction à l'écologie humaine,* Editions Ellipses, Paris ;

- Laramée, A. (1997), *La communication environnementale- De la problématique à l'évaluation,* Collection Sciences de l'environnement, Sainte-Foy (Québec), 168 p ;

- Lethomas Annick (185), Flore de la Côte d'Ivoire. Doctoral Thesis. Taxon 34 (4) : 739-753 ;

- Mangenot, Georges (1978), La recherche botanique française depuis 1960. Travaux et Mémoires de l'Académie des Sciences d'Outre-Mer, Nouvelle série n°6, page 60 ;

- Marguier, M. (2011), *Les honneurs pour le ''génie de la brousse''*, in Midi Libre, n° 25939, dimanche 22 mai 2011 ;

- N'Diaye Alassane Salif (1999), Laurent Aké-Assi, Humilité et grandeur. Pour la prospérité. Hommages et réflexions ASA 2, Nouvelles imprimeries du Sénégal, p.103 ;

- Nguessan, R. (1995), *Médecine traditionnelle – La matière première abondante*», rubrique Grandes Enquêtes de Fraternité Matin;

- Sample, S. (2007), *Devenez un grand leader*, Editions Nouveaux Horizons-ARS, Paris ;

- Séguin, F. (1980), *Le sel de la science*, Québec Science Editeur, Québec ;

- Séry Bailly (2012), « *Laurent AKE-ASSI, un grand arbre parmi nous* », in Porteurs d'espoir, Séry Bailly (livre à paraître en 2012 chez L'Harmattan) ;

- Séry Bailly *(2007), Un grand arbre,* Le regard de Séry Bailly , in Le Courrier, N° 1060 du mercredi 11 juillet 2007 ;

- US Information Agency (1992), Environnement- Un pari sur l'avenir- En quête de solutions viables, Washington, 41 p ;

- Yevou, M. (2011), « *CSRS – Trois prix pour magnifier la recherche scientifique* » in Fraternité Matin du mardi 4 octobre 2011, page 3.

TABLE DES MATIERES

Structures éditoriales du groupe L'Harmattan

L'Harmattan Italie
Via degli Artisti, 15
10124 Torino
harmattan.italia@gmail.com

L'Harmattan Hongrie
Kossuth l. u. 14-16.
1053 Budapest
harmattan@harmattan.hu

L'Harmattan Sénégal
10 VDN en face Mermoz
BP 45034 Dakar-Fann
senharmattan@gmail.com

L'Harmattan Cameroun
TSINGA/FECAFOOT
BP 11486 Yaoundé
inkoukam@gmail.com

L'Harmattan Burkina Faso
Achille Somé – tengnule@hotmail.fr

L'Harmattan Guinée
Almamya, rue KA 028 OKB Agency
BP 3470 Conakry
harmattanguinee@yahoo.fr

L'Harmattan RDC
185, avenue Nyangwe
Commune de Lingwala – Kinshasa
matangilamusadila@yahoo.fr

L'Harmattan Congo
67, boulevard Denis-Sassou-N'Guesso
BP 2874 Brazzaville
harmattan.congo@yahoo.fr

L'Harmattan Mali
Sirakoro-Meguetana V31
Bamako
syllaka@yahoo.fr

L'Harmattan Togo
Djidjole – Lomé
Maison Amela
face EPP BATOME
ddamela@aol.com

L'Harmattan Côte d'Ivoire
Résidence Karl – Cité des Arts
Abidjan-Cocody
03 BP 1588 Abidjan
espace_harmattan.ci@hotmail.fr

L'Harmattan Algérie
22, rue Moulay-Mohamed
31000 Oran
info2@harmattan-algerie.com

L'Harmattan Maroc
5, rue Ferrane-Kouicha, Talaâ-Elkbira
Chrableyine, Fès-Médine
30000 Fès
harmattan.maroc@gmail.com

Nos librairies en France

Librairie internationale
16, rue des Écoles – 75005 Paris
librairie.internationale@harmattan.fr
01 40 46 79 11
www.librairieharmattan.com

Lib. sciences humaines & histoire
21, rue des Écoles – 75005 paris
librairie.sh@harmattan.fr
01 46 34 13 71
www.librairieharmattansh.com

Librairie l'Espace Harmattan
21 bis, rue des Écoles – 75005 paris
librairie.espace@harmattan.fr
01 43 29 49 42

Lib. Méditerranée & Moyen-Orient
7, rue des Carmes – 75005 Paris
librairie.mediterranee@harmattan.fr
01 43 29 71 15

Librairie Le Lucernaire
53, rue Notre-Dame-des-Champs – 75006 Paris
librairie@lucernaire.fr
01 42 22 67 13